工业和信息化精品系列教材

黑马程序员 ◉ 编著

JavaScript

前端开发案例教程

第 2 版

人民邮电出版社

北 京

图书在版编目（CIP）数据

JavaScript前端开发案例教程 / 黑马程序员编著
. -- 2版. -- 北京：人民邮电出版社，2022.9
工业和信息化精品系列教材
ISBN 978-7-115-59323-8

Ⅰ．①J… Ⅱ．①黑… Ⅲ．①JAVA语言－程序设计－
教材 Ⅳ．①TP312.8

中国版本图书馆CIP数据核字(2022)第155705号

内 容 提 要

JavaScript 是一门脚本语言，广泛应用于 Web 前端开发。通过编写 JavaScript 代码可以为网页添加各式各样的动态交互效果，为用户提供舒适、美观的体验。

本书共 12 章，主要内容包括初识 JavaScript、JavaScript 基本语法、数组、函数、对象、DOM、BOM、正则表达式、Web 服务器与 Ajax、jQuery 以及面向对象编程。本书不仅讲解知识，还将知识与精彩的案例相结合，使读者对知识的领悟更加透彻。

本书既可作为高等教育本、专科院校计算机相关专业的教材，也可作为 Web 前端爱好者的参考读物。

◆ 编　　著　黑马程序员
　　责任编辑　范博涛
　　责任印制　焦志炜

◆ 人民邮电出版社出版发行　　北京市丰台区成寿寺路 11 号
　　邮编　100164　电子邮件　315@ptpress.com.cn
　　网址　https://www.ptpress.com.cn
　　北京市艺辉印刷有限公司印刷

◆ 开本：787×1092　1/16
　　印张：19.75　　　　　　　　2022 年 9 月第 2 版
　　字数：490 千字　　　　　　2025 年 6 月北京第 9 次印刷

定价：59.80 元

读者服务热线：(010)81055256　印装质量热线：(010)81055316
反盗版热线：(010)81055315

FOREWORD

本书的创作公司——江苏传智播客教育科技股份有限公司（简称"传智教育"）作为我国第一个实现 A 股 IPO 上市的教育企业，是一家培养高精尖数字化专业人才的公司，主要培养人工智能、大数据、智能制造、软件开发、区块链、数据分析、网络营销、新媒体等领域的人才。传智教育自成立以来贯彻国家科技发展战略，讲授的内容涵盖了各种前沿技术，已向我国高科技企业输送数十万名技术人员，为企业数字化转型、升级提供了强有力的人才支撑。

传智教育的教师团队由一批来自互联网企业或研究机构，且拥有 10 年以上开发经验的 IT 从业人员组成，他们负责研究、开发教学模式和课程内容。传智教育具有完善的课程研发体系，一直走在整个行业的前列，在行业内树立了良好的口碑。传智教育在教育领域有 2 个子品牌：黑马程序员和院校邦。

一、黑马程序员——高端 IT 教育品牌

黑马程序员的学员多为大学毕业后想从事 IT 行业，但各方面的条件还达不到岗位要求的年轻人。黑马程序员的学员筛选制度非常严格，包括了严格的技术测试、自学能力测试、性格测试、压力测试、品德测试等。严格的筛选制度确保了学员质量，可在一定程度上降低企业的用人风险。

自黑马程序员成立以来，教学研发团队一直致力于打造精品课程资源，不断在产、学、研 3 个层面创新自己的执教理念与教学方针，并集中黑马程序员的优势力量，有针对性地出版了计算机系列教材百余种，制作教学视频数百套，发表各类技术文章数千篇。

二、院校邦——院校服务品牌

院校邦以"协万千院校育人、助天下英才圆梦"为核心理念，立足于中国职业教育改革，为高校提供健全的校企合作解决方案，通过原创教材、高校教辅平台、师资培训、院校公开课、实习实训、协同育人、专业共建、"传智杯"大赛等，形成了系统的高校合作模式。院校邦旨在帮助高校深化教学改革，实现高校人才培养与企业发展的合作共赢。

（一）为学生提供的配套服务

1. 请同学们登录"传智高校学习平台"，免费获取海量学习资源。该平台可以帮助同学们解决各类学习问题。

2. 针对学习过程中存在的压力过大等问题，院校邦为同学们量身打造了 IT 学习小助手——邦小苑，可为同学们提供教材配套学习资源。同学们快来关注"邦小苑"微信公众号。

（二）为教师提供的配套服务

1. 院校邦为其所有教材精心设计了"教案+授课资源+考试系统+题库+教学辅助案例"的系列教学资源。教师可登录"传智高校教辅平台"免费使用。

2. 针对教学过程中存在的授课压力过大等问题，教师可添加"码大牛"QQ（2770814393），或者添加"码大牛"微信（18910502673），获取最新的教学辅助资源。

前 言　PREFACE

本书在编写的过程中，结合党的二十大精神进教材、进课堂、进头脑的要求，将知识教育与思想政治教育相结合，通过案例加深学生对知识的认识与理解，注重培养学生的创新精神、实践能力和社会责任感。案例设计从现实需求出发，激发学生的学习兴趣和动手思考的能力，充分发挥学生的主动性和积极性，增强学习信心和学习欲望。在知识和案例中融入了素质教育的相关内容，引导学生树立正确的世界观、人生观和价值观，进一步提升学生的职业素养，落实德才兼备的高素质卓越工程师和高技能人才的培养要求。此外，编者依据书中的内容提供了线上学习的视频资源，体现现代信息技术与教育教学的深度融合，进一步推动教育数字化发展。

JavaScript 是一门脚本语言，主要用于 Web 前端开发，通过实现网页的动态交互提升用户体验。近几年，互联网行业开始追求高品质的网页，Web 前端领域技术日新月异，对于 Web 前端的开发者而言，JavaScript 已经成了一门必修的语言。

◆ 为什么要学习本书

本书主要讲解 JavaScript 语言，在学习本书之前，读者需要具备 HTML 和 CSS 语言基础。本书通过由浅入深的方式安排内容，不仅系统、全面地讲解知识，还穿插大量实战案例，可使读者既能掌握知识，又能将知识运用到案例中。本书通过案例加深读者对知识的领悟，提高读者独立思考以及解决问题的能力。

◆ 如何使用本书

全书共 12 章，各章内容介绍如下。
- 第 1 章为初识 JavaScript，本章带领读者初步了解 JavaScript 这门编程语言。
- 第 2 章讲解 JavaScript 基本语法，通过学习本章内容，读者能够使用 JavaScript 编写简单的程序。
- 第 3~5 章对数组、函数和对象进行详解，通过学习这 3 章的内容，读者可以加深对 JavaScript 的理解。学习这些内容后，读者不仅可以将数据整理成数组进行操作，还可以将特定功能封装成函数，并且可以通过对象来提升代码编写质量。
- 第 6 章和第 7 章围绕 DOM 进行讲解，要想熟练地操作页面中的元素，就必须将这两章内容理解透彻。
- 第 8 章讲解 BOM，内容包括 BOM 相关的对象、窗口事件以及定时器。本章的内容与浏览器密切相关，学习完这个章节，读者就可以开发实现浏览器交互效果了。
- 第 9 章讲解正则表达式，通过正则表达式开发人员可以很方便地对字符串进行处理。通过学习本章内容，读者可以用正则表达式进行表单验证。
- 第 10 章讲解 Web 服务器与 Ajax。页面上的一些数据并不是我们直接写在网页中的，而是需要从服务器动态地获取，页面中的数据会随着用户的相关操作而发生改变。通过学习本章内容，读者可以自己搭建一个基于 Node.js 和 Express 的 Web 服务器，完成 Ajax 交互效果。
- 第 11 章对 jQuery 进行详细讲解，学习 jQuery，可以帮助读者简化 DOM 和 Ajax 操作，用更少的代码做更多的事情。
- 第 12 章讲解面向对象编程。对于大型项目来说，传统的面向过程编程已经无法满足开发需求，面向对象编程则可以更好地组织项目中的代码，提升代码质量。本章将通过实现迷你版 jQuery 的案例使读者将面向对象思想应用到开发中，并通过"网页版 2048 游戏"的动手实践，帮助读者综合运用本书所学知识完成实际项目的开发。

在学习过程中，读者一定要多动手练习，有不懂的地方，可以登录"高校学习平台"，通过平台中的教学视频进行深入学习。读者还可在"高校学习平台"进行测试，以巩固所学知识。另外，如果读者在学习过程中遇到困难，建议不要纠结，先往后学习。随着学习的不断深入，前面不懂的地方慢慢也就理解了。

◆ 致谢

本书的编写和整理工作由江苏传智播客教育科技股份有限公司完成，主要参与人员有高美云、韩冬、张瑞丹等，全体编写人员在编写过程中付出了辛勤的劳动，除此之外，还有很多试读人员参与了本书的试读工作，并给出了宝贵的建议，在此向大家表示由衷的感谢。

◆ 意见反馈

尽管付出了最大的努力，但书中难免会有不妥之处，欢迎读者提出宝贵意见。您在阅读本书时，如果发现任何问题或有不认同之处，可以通过电子邮箱与我们联系。电子邮箱：itcast_book@vip.sina.com。

黑马程序员
2023 年 5 月于北京

目 录
CONTENTS

第 1 章

初识JavaScript

学习目标

★ 了解 JavaScript 基本概念，能够说出 JavaScript 的作用、由来、组成和特点

★ 熟悉常见浏览器的特点，能够说出浏览器的组成以及作用

★ 掌握下载和安装 Visual Studio Code 编辑器的方法，能够独立完成编辑器的下载和安装

★ 掌握 JavaScript 代码引入方式，能够通过行内式、内嵌式、外链式引入 JavaScript 代码

★ 掌握 JavaScript 常用的输入输出语句，并能够灵活运用

★ 掌握 JavaScript 注释的使用，能够合理运用单行注释、多行注释增强代码的可读性

拓展阅读

HTML（Hypertext Markup Language，超文本标记语言）、CSS（Cascading Style Sheets，串联样式表）和 JavaScript 是开发网页所必备的技术，大家在掌握 HTML 和 CSS 技术之后，已经能够编写出各式各样的网页，但若想让网页具有良好的交互性，还要使用 JavaScript。本章将介绍 JavaScript 的基本概念、开发工具和基本使用，让读者对 JavaScript 有一个初步的认识。

1.1 JavaScript 基本概念

1.1.1 JavaScript 概述

JavaScript 是 Web 开发领域中的一种功能强大的编程语言，主要用于开发交互式的网页。我们在计算机、手机等设备上浏览的网页，其多数交互逻辑都可以通过 JavaScript 实现。

对于网页而言，HTML、CSS 和 JavaScript 分别代表结构、样式和行为。HTML、CSS 和 JavaScript 的区别如表 1-1 所示。

表 1-1 HTML、CSS 和 JavaScript 的区别

语言	作用	说明
HTML	结构	决定网页的结构和内容，相当于人的身体
CSS	样式	决定网页呈现给用户的模样，相当于人的衣服、妆容
JavaScript	行为	实现业务逻辑和页面控制，相当于人的各种动作

在网页中，许多常见的交互效果都可以用 JavaScript 来实现，例如，轮播图、选项卡、地图、表单验证等。常见的交互效果如图 1-1 所示。

图1-1　常见的交互效果

下面简要介绍图 1-1 包含的交互效果，具体如下。

● 轮播图：通过 JavaScript 实现每隔一段时间自动切换图片的效果。

● 选项卡：通过 JavaScript 实现选项卡的切换效果。

● 地图：通过 JavaScript 实现地图的放大、缩小、滚动等效果。

● 表单验证：用户填写表单时，通过 JavaScript 检查用户填写的格式是否正确，如果格式有误，则提示用户更正。

除了以上交互效果，JavaScript 还可以实现网页从服务器动态获取数据。例如，用户在百度搜索引擎网站中进行搜索时，在输入框中输入几个字以后，网页会智能感知用户接下来要搜索的内容，如图 1-2 所示。

图1-2　网页智能感知用户接下来要搜索的内容

图 1-2 中，JavaScript 实现了在用户输入的过程中，即时地获取用户输入的内容，并将用户输入的内容发送到百度搜索服务器，获取感知结果，然后将感知结果输出到输入框下方的列表中。

1.1.2　JavaScript 的由来

1995 年，网景通信公司（Netscape Communications Corporation，简称网景公司）的创始人马克·安德森（Marc Andreessen）认为网页需要一种"胶水语言"，让网页设计师和兼职程序员可以很容易地组装图片和插件之类的组件，且代码可以直接编写在 HTML 代码中，于是招募了布兰登·艾奇（Brendan Eich），为网景导航者（Netscape Navigator）浏览器开发了 JavaScript 语言。

需要说明的是，JavaScript 语言和 Java 语言名称比较相似，这是因为网景公司在为 JavaScript 命名时，考虑到该公司与 Java 语言的开发商 Sun 公司（2009 年被 Oracle 公司收购）的合作关系。但实际上，JavaScript 和 Java 只是名字相似，本质上是完全不同的两种语言。

1996 年，网景公司在网景导航者 2.0 浏览器中正式内置了 JavaScript 语言。其后，微软公司（Microsoft Corporation）开发了一种与 JavaScript 语言相近的 JScript 语言，内置于 Internet Explorer 3.0 浏览器发布，与网景导航者浏览器竞争。后来，网景公司面临丧失 JavaScript 语言的主导权的局面，决定将 JavaScript 语言提交给 ECMA 国际（前身为欧洲计算机制造商协会，European Computer Manufacturers Association），希望 JavaScript 能够成为国际标准。

ECMA 国际是一个国际性会员制的信息和电信标准组织，该组织发布了 ECMA-262 标准文件，规定了浏览器脚本语言的标准，并将这种语言称为 ECMAScript。JavaScript 和 JScript 可以理解为 ECMAScript 的实现和扩展。

1.1.3　JavaScript 的组成

JavaScript 是由 ECMAScript、DOM、BOM 这 3 部分组成的。JavaScript 的组成部分如图 1-3 所示。
接下来对 JavaScript 的组成部分进行简要介绍。

- ECMAScript：规定了 JavaScript 的编程语法和基础核心内容，是所有浏览器厂商共同遵守的一套 JavaScript 语法工业标准。

- DOM：文档对象模型，是 W3C（World Wide Web Consortium，万维网联盟）组织制定的用于处理 HTML 文档和 XML（Extensible Markup Language，可扩展标记语言）文档的编程接口，它提供了对文档的结构化表述，并定义了一种方式使程序可以对该结构进行访问，从而改变文档的结构、样式和内容。

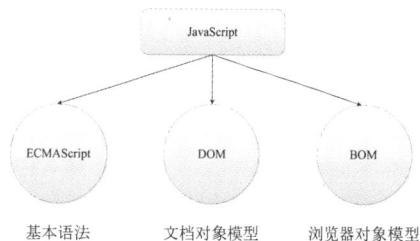

图1-3　JavaScript的组成部分

- BOM：浏览器对象模型，是一套编程接口，用于对浏览器进行操作，如刷新页面、弹出警告框、控制页面跳转等。

1.1.4　JavaScript 的特点

JavaScript 具有简单易用、可以跨平台、支持面向对象的特点，下面分别进行介绍。

1. 简单易用

JavaScript 是一门脚本语言（Script Language），语法规则比较松散，使开发人员能够快速完成程序的编写工作。这里所说的脚本语言是编程语言的一种类型，常见的脚本语言有 JavaScript、TypeScript、PHP、Python 等。使用非脚本语言（如 C、C++）编写的代码一般需要编译、链接，生成独立的可执行文件后才能运行，而使用脚本语言编写的代码以文本形式保存，依赖于解释器，只在被调用时自动进行解释或编译。

脚本语言通常具有简单易用的特点。

2. 可以跨平台

JavaScript 语言不依赖操作系统，仅需要浏览器的支持。无论用户使用的设备是 PC（Personal Computer，个人计算机）还是手机，无论用户使用的操作系统是 Windows、Linux 还是 Android、iOS，只要安装了支持 JavaScript 的浏览器，就能运行 JavaScript 程序。目前，几乎所有的浏览器都支持 JavaScript。

3. 支持面向对象

面向对象是软件开发中的一种重要的编程思想，JavaScript 能够通过面向对象思想进行编程。许多优秀的库和框架（如 jQuery）的诞生都离不开面向对象思想。面向对象使 JavaScript 开发变得快捷、高效，从而降低了开发成本。

1.2　开发工具

JavaScript 的开发工具主要包括浏览器和代码编辑器两种软件。浏览器用于执行、调试 JavaScript 代码，代码编辑器用于编写代码。本节将针对浏览器和代码编辑器这两种开发工具进行详细讲解。

1.2.1　浏览器

浏览器是用户访问互联网中各种网站所必备的工具。下面列举常见浏览器及其特点，如表 1-2 所示。

表 1-2　常见浏览器及其特点

厂商	浏览器	特点
微软	Internet Explorer	Windows 操作系统的内置浏览器，用户数量较多
微软	Edge	Windows 10 操作系统新增的浏览器，速度更快、功能更多
谷歌	Chrome	目前市场占有率较高的浏览器，具有简洁、快速的特点
Mozilla	Firefox	一款由 Mozilla 开发的网页浏览器
苹果	Safari	主要应用在 iOS、macOS 操作系统中的浏览器

表 1-2 列举的浏览器中，Internet Explorer（IE）浏览器的常见版本有 IE 6、IE 7、IE 8、IE 9、IE 10、IE 11。其中 IE 6 发布时间较早，跟不上 Web 技术发展，已经被淘汰。本书使用各方面比较优秀的 Chrome 浏览器进行讲解。

浏览器一般由渲染引擎（或称为排版引擎）和 JavaScript 引擎组成。渲染引擎负责解析 HTML 代码与 CSS 代码，用于实现网页结构和样式的渲染；JavaScript 引擎是 JavaScript 语言的解释器，用于读取网页中的 JavaScript 代码并执行。例如，Chrome 浏览器使用的渲染引擎是 Blink，使用的 JavaScript 引擎是 V8。

▌▌▌小提示：

"浏览器内核"是一个不太严谨的俗称，一般是指渲染引擎和 JavaScript 引擎。由于 JavaScript 引擎越来越独立，部分资料就倾向于单指渲染引擎。

1.2.2　代码编辑器

"工欲善其事，必先利其器"——一款优秀的代码编辑器能够极大提高程序开发效率与体验。在 JavaScript 开发中，常用的代码编辑器有 Visual Studio Code、Sublime Text、HBuilder 等，本书使用 Visual Studio Code。

Visual Studio Code（简称 VS Code）是由微软公司推出的一款免费、开源的代码编辑器，一经推出便受到开发者的欢迎。Visual Studio Code 编辑器具有如下特点。

（1）轻巧快速，占用系统资源较少。

（2）具备智能代码补全、语法高亮显示、自定义快捷键和代码匹配等功能。

（3）跨平台，可用于 macOS、Windows 和 Linux 系统。

（4）主题界面的设计比较人性化。例如，可以快速查找文件，可以通过分屏显示代码，可以自定义主题颜色，可以快速查看最近打开的项目文件和查看项目文件结构等。

（5）提供丰富的扩展（Extension），用户可以根据需要自行下载和安装扩展，以增强编辑器的功能。

接下来将讲解如何下载和安装 Visual Studio Code 编辑器，如何安装中文语言扩展，如何安装 Live Server 扩展以及如何创建项目。

1. 下载和安装 Visual Studio Code 编辑器

打开浏览器，登录 Visual Studio Code 官方网站，如图 1-4 所示。

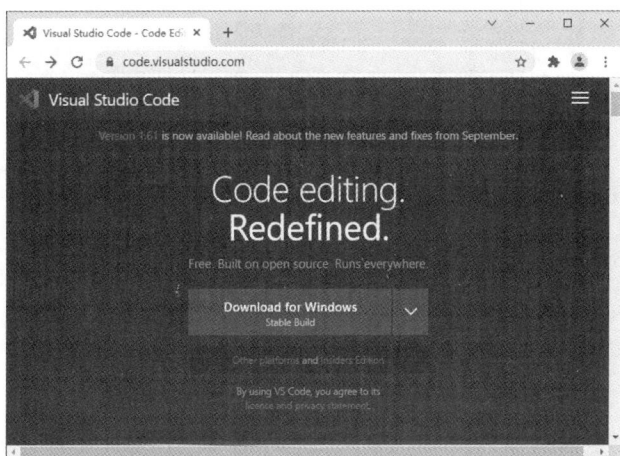

图1-4　Visual Studio Code官方网站

在图 1-4 所示的页面中，单击"Download for Windows"按钮，该页面会自动识别当前的操作系统并下载相应的安装包。如果需要下载其他系统的安装包，可以单击按钮右侧的"▾"按钮打开菜单，就会看到其他系统版本的下载选项，如图 1-5 所示。

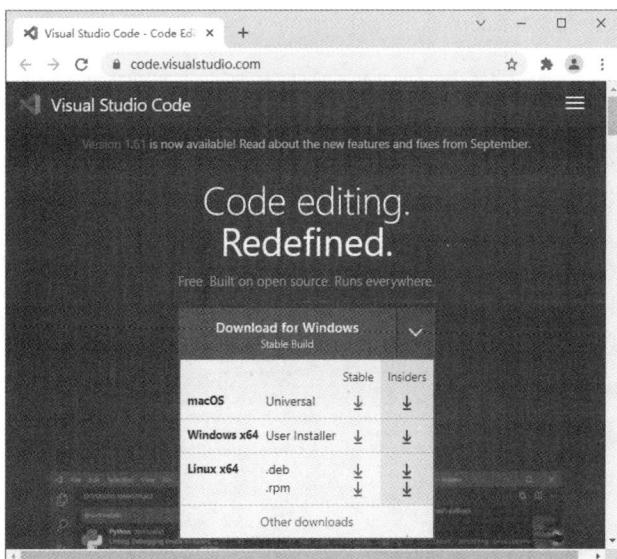

图1-5　其他系统版本的下载选项

下载 Visual Studio Code 安装包后，在下载目录中找到该安装包，如图 1-6 所示。

图1-6　Visual Studio Code安装包

双击图 1-6 所示的图标，启动安装程序，然后按照程序的提示一步一步进行操作，直到安装完成即可。Visual Studio Code 安装成功后，启动该编辑器，即可进入 Visual Studio Code 初始界面，如图 1-7 所示。

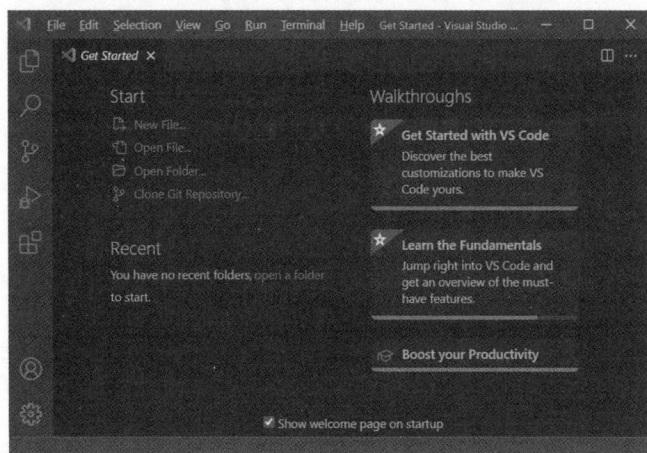

图1-7　Visual Studio Code初始界面

2. 安装中文语言扩展

安装 Visual Studio Code 编辑器后，该编辑器默认语言是英文，如果想要切换为中文，可以单击左侧边栏中的第 5 个图标按钮 Extensions 进入扩展界面，然后在搜索框中输入关键词"chinese"找到中文语言扩展，单击"Install"按钮进行安装，如图 1-8 所示。

图1-8　安装中文语言扩展

安装成功后，需要重新启动 Visual Studio Code 编辑器，中文语言扩展才可以生效。重启后，就会进入 Visual Studio Code 中文界面，如图 1-9 所示。

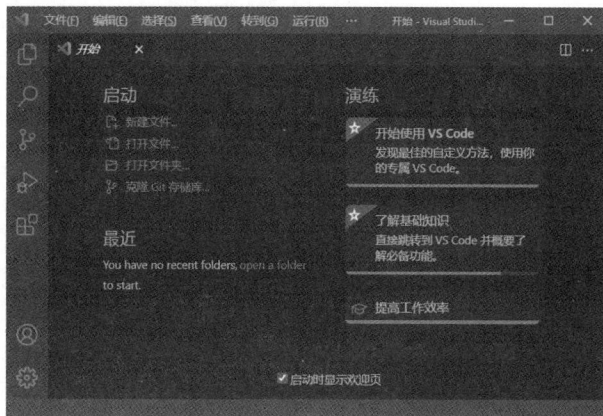

图1-9　Visual Studio Code中文界面

3. 安装 Live Server 扩展

Live Server 扩展用于搭建一个具有实时重新加载功能的本地服务器，本书中演示案例效果一般均使用该服务器（部分特殊案例除外）。首先单击左侧边栏中的第 5 个图标按钮 Extensions 进入扩展界面，然后在搜索框中输入关键词"live server"即可找到 Live Server 扩展，单击"Install"按钮进行安装，如图 1-10 所示。

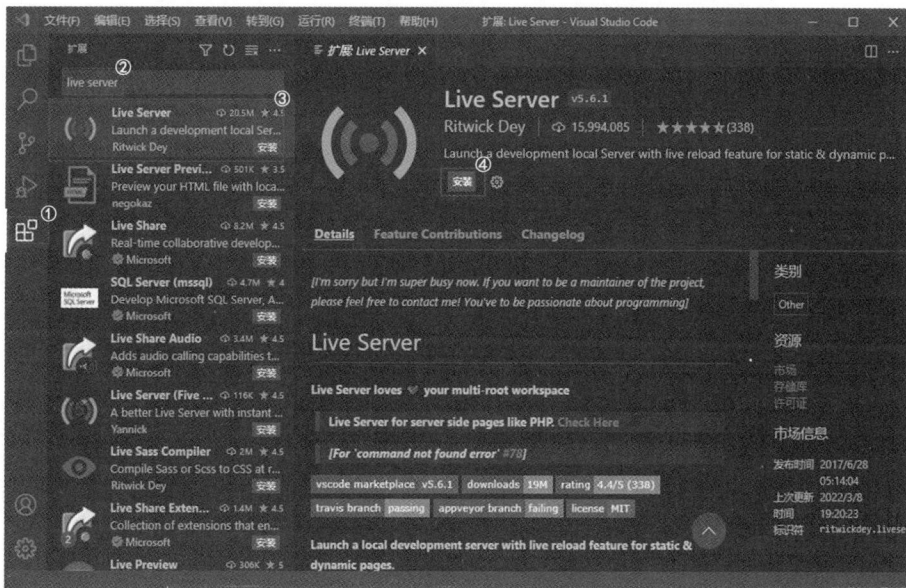

图1-10　安装Live Server扩展

安装 Live Server 扩展后，可在编写好的网页文件中右击，在弹出的快捷菜单中选择"Open with Live Server"调用浏览器打开网页文件。

4. 创建项目

在实际开发中，开发一个项目前需要创建项目文件夹，用于保存项目所需的文件。接下来在本地创建一个文件夹 chapter01，然后在 Visual Studio Code 编辑器中打开该文件夹。

首先在菜单栏中打开"文件"菜单，选择"打开文件夹…"，然后选择 chapter01 文件夹。打开文件夹后，效果如图 1-11 所示。

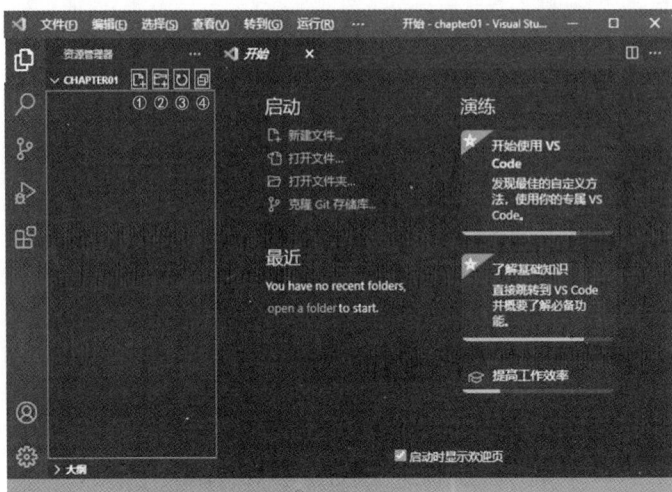

图1-11　打开文件夹后效果

图 1-11 中，资源管理器用于显示项目的目录结构，项目名称显示为 CHAPTER01。右侧有 4 个快捷操作按钮，图 1-11 中标注的按钮①用于新建文件，按钮②用于新建文件夹，按钮③用于刷新资源管理器，按钮④用于折叠文件夹。

1.3　JavaScript 基本使用

在介绍 JavaScript 的一些基本概念和开发工具后，本节将会讲解 JavaScript 基本使用，帮助大家快速上手 JavaScript。

1.3.1　JavaScript 初体验

为了帮助读者体验 JavaScript 的基本使用，下面我们将通过一个案例来演示如何编写一段简单的 JavaScript 代码。本案例实现当网页打开时自动弹出一个警告框，警告框的内容为 "Hello JavaScript"。在 Visual Studio Code 编辑器中创建 Example01.html 文件，具体代码如例 1-1 所示。

例 1-1　Example01.html

```
1  <!DOCTYPE html>
2  <html>
3  <head>
4    <meta charset="UTF-8">
5    <title>Document</title>
6  </head>
7  <body>
8    <script>
9      alert('Hello JavaScript');
10   </script>
11 </body>
12 </html>
```

例 1-1 中，第 9 行代码 "alert('Hello JavaScript');" 是 JavaScript 代码，其中 alert() 用于弹出警告框，"Hello JavaScript" 是警告框显示的内容。

保存代码，在 Visual Studio Code 编辑器中的 Example01.html 文件中右击，选择"Open with Live Server"，然后就会自动通过浏览器打开 Example01.html 文件。

例 1-1 的运行结果如图 1-12 所示。

图1-12　例1-1的运行结果

图 1-12 中，页面弹出了警告框，说明 JavaScript 代码执行成功了。

注意：

JavaScript 代码严格区分大小写。例如，将 alert() 改为 Alert()，则警告框将无法弹出。另外，JavaScript 代码对空格、换行、缩进不敏感，一条语句可以分成多行书写。例如，将 alert 后面的"("换到下一行，程序依然可以正确执行。

1.3.2　JavaScript 代码引入方式

在网页中编写 JavaScript 代码时，需要先引入 JavaScript 代码。JavaScript 代码有 3 种引入方式，分别是行内式、嵌入式和外链式，下面分别进行讲解。

1. 行内式

行内式是将 JavaScript 代码作为 HTML 标签的属性值使用。例如，在单击超链接"test"时，弹出一个警告框提示"Hello"，示例代码如下。

```
<a href="javascript:alert('Hello');">test</a>
```

需要说明的是，行内式只有在临时测试或者特殊情况下使用，一般情况下不推荐使用行内式，因为行内式有如下缺点。

（1）行内式可读性较差，尤其是在 HTML 文件中编写大量 JavaScript 代码时，不方便阅读。

（2）行内式在遇到多层引号嵌套的情况时，引号非常容易混淆，导致代码出错。

2. 嵌入式

嵌入式（或称内嵌式）使用 <script> 标签包裹 JavaScript 代码，直接编写到 HTML 文件中，通常将其放到 <head> 标签或 <body> 标签中。<script> 标签的 type 属性用于告知浏览器脚本类型，HTML5 中该属性的默认值为"text/javascript"，因此在使用 HTML5 时可以省略 type 属性。嵌入式的示例代码如下。

```
<script>
  JavaScript 代码
</script>
```

在 1.3.1 小节中，例 1-1 使用的引入方式就是嵌入式。

3. 外链式

外链式（或称外部式）是将 JavaScript 代码写在一个单独的文件中，一般使用".js"作为文件的扩展名，在 HTML 页面中使用 <script> 标签的 src 属性引入".js"文件。外链式适合 JavaScript 代码量较多的情况。

在 HTML 页面中引入".js"文件，示例代码如下。

```
<script src="test.js"></script>
```

　　上述代码表示引入当前目录下的 test.js 文件。需要注意的是，外链式的<script>标签内不可以编写 JavaScript 代码。

　　为了帮助初学者更好地理解外链式，下面利用外链式实现浏览网页时在页面中自动弹出警告框。创建 Example02.html 文件，引入 Example02.js 文件，具体代码如例 1-2 所示。

例 1-2　Example02.html

```
1  <!DOCTYPE html>
2  <html>
3  <head>
4    <meta charset="UTF-8">
5    <title>Document</title>
6  </head>
7  <body>
8    <script src="Example02.js"></script>
9  </body>
10 </html>
```

　　例 1-2 中，<script>标签的 src 属性设置了要引入的文件为 Example02.js。

　　创建 Example02.js 文件，在该文件中编写如下代码。

```
alert('Hello JavaScript');
```

　　保存代码，在浏览器中访问 Example02.html 文件，页面效果与例 1-1 相同。

　　以上讲解了 JavaScript 的 3 种引入方式。现代网页开发中提倡结构、样式、行为的分离，即分离 HTML、CSS、JavaScript 这 3 部分代码，这样更有利于文件的维护。当需要编写大量的、逻辑复杂的、具有特定功能的 JavaScript 代码时，推荐使用外链式。外链式相比嵌入式，具有以下 3 点优势。

　　（1）外链式存在于独立文件中，有利于修改和维护，而嵌入式会导致 HTML 代码与 JavaScript 代码混合在一起。

　　（2）外链式可以利用浏览器缓存提高速度。例如，在多个页面中引入相同的 JavaScript 文件时，打开第 1 个页面后，浏览器将 JavaScript 文件缓存下来，下次打开其他页面时就不用重新下载该文件了。

　　（3）外链式有利于 HTML 页面代码结构化，把大段的 JavaScript 代码分离到 HTML 页面之外，既美观，也方便文件级别的代码复用。

▌▌多学一招：JavaScript 异步加载

　　浏览器执行 JavaScript 代码时，无论使用嵌入式还是外链式，页面的加载和渲染都会暂停，等待脚本执行加载后才会继续。为了尽可能减小对整个页面的影响，建议将不需要提前执行的<script>标签放在<body>标签内的底部位置。

　　为了减小 JavaScript 阻塞问题对页面造成的影响，可以使用 HTML5 为<script>标签新增的两个可选属性 async 和 defer 实现异步加载。所谓异步加载，指的是浏览器在加载 JavaScript 文件时不阻塞页面的加载和渲染。下面分别介绍这两个属性的作用。

　　（1）async

　　async 用于异步加载，即先下载文件，不阻塞其他代码执行，下载完成后再执行，示例代码如下。

```
<script src="file.js" async></script>
```

　　（2）defer

　　defer 用于延后执行，即先下载文件，直到网页加载完成再执行代码，示例代码如下。

```
<script src="file.js" defer></script>
```

　　添加 async 或 defer 属性后，即使文件下载失败，也不会阻塞后面的 JavaScript 代码执行。

1.3.3　常用输入输出语句

在日常开发中，为了方便数据的输入和输出，JavaScript 提供了一些常用的输入输出语句，具体如表 1–3 所示。

表 1–3　常用的输入输出语句

类型	语句	说明
输入	prompt()	用于在浏览器中弹出输入框，用户可以输入内容
输出	alert()	用于在浏览器中弹出警告框
	document.write()	用于在网页中输出内容
	console.log()	用于在控制台中输出信息

在 1.3.1 小节的示例中已经演示过 alert() 的使用，这里不再演示，接下来将分别演示 document.write()、console.log() 和 prompt() 的使用。

1. document.write()

document.write() 的输出内容中如果含有 HTML 标签，会被浏览器解析。下面利用 document.write() 在页面中输出"我是 document.write() 语句！"，示例代码如下。

```
document.write('我是document.write()语句！');
```

上述示例代码的运行结果如图 1–13 所示。

图1–13　document.write() 运行结果

2. console.log()

利用 console.log() 语句在控制台输出"我是 console.log() 语句！"，示例代码如下。

```
console.log('我是console.log()语句！');
```

console.log() 的输出结果需要在浏览器的控制台中查看。在 Chrome 浏览器中按"F12"键（或在网页空白区域右击，在弹出的菜单中选择"检查"）启动开发者工具，然后切换到"Console"（控制台）面板，即可看到 console.log() 的输出结果。上述示例代码的运行结果如图 1–14 所示。

3. prompt()

利用 prompt() 语句实现在页面中弹出一个带有提示信息的输入框，示例代码如下。

```
prompt('请输入姓名：');
```

上述示例代码运行后，将在页面中弹出一个输入框并提示用户"请输入姓名:"，运行结果如图 1–15 所示。

图1–14　console.log() 运行结果

图1–15　prompt() 运行结果

▌▌▌ **脚下留心：使用"\"对结束标签转义**

若输出的内容中包含 JavaScript 结束标签，需要使用"\"对结束标签的"/"进行转义，即"<\/script>"，示例代码如下。

```
document.write('<script>alert(123);<\/script>');
```

上述示例代码执行后，页面中可以正确弹出警告框。若没有进行转义，</script>标签将被当成结束标签，程序会出错，页面将不会弹出警告框。

▌▌▌ **多学一招：在浏览器控制台中执行代码**

在浏览器的控制台中可以直接输入 JavaScript 代码并执行。例如，利用控制台实现在页面中弹出一个警告框。首先进入控制台，可以看到一个闪烁的光标，此时可以输入代码。在控制台输入代码的效果如图1-16 所示。

如图1-16 所示，按"Enter"键，即可看到 JavaScript 代码的运行结果，如图1-17 所示。

图1-16   在控制台输入代码

图1-17   JavaScript代码运行结果

图1-17 所示的页面中弹出了警告框，说明浏览器的控制台中可以直接输入 JavaScript 代码并执行。

1.3.4   JavaScript 注释

在日常开发中，为了增强代码的可读性，可以给代码加注释，注释在解析程序时会被 JavaScript 解释器忽略。JavaScript 支持单行注释和多行注释，下面将分别讲解这两种注释方式。

1. 单行注释"//"

单行注释以"//"开始，到该行结束之前的内容都是注释，示例代码如下。

```
alert('Hello, JavaScript');    // 输出 Hello, JavaScript
```

上述示例中，"//"和后面的"输出 Hello, JavaScript"是一条单行注释。

2. 多行注释"/* */"

多行注释以"/*"开始，以"*/"结束。多行注释中可以嵌套单行注释，但不能再嵌套多行注释，具体示例如下。

```
/*
    alert('Hello, JavaScript');
*/
```

▌▌▌ **小提示：**

在 Visual Studio Code 编辑器中，可以使用快捷键对当前选中的行添加注释或取消注释。单行注释使用快捷键"Ctrl+/"，多行注释使用快捷键"Shift+Alt+A"。

本章小结

本章首先介绍了什么是 JavaScript，以及 JavaScript 的用途、由来、组成和特点，然后讲解了浏览器和代码编辑器相关的内容，最后讲解了 JavaScript 的基本使用，包括 JavaScript 初体验、JavaScript 引入方式、常用输入输出语句和 JavaScript 注释。希望读者通过本章的学习，掌握 JavaScript 的基础知识，能够编写简单的 JavaScript 程序。

课后练习

一、填空题

1. JavaScript 由＿＿＿＿、＿＿＿＿、＿＿＿＿3 部分组成。
2. JavaScript 的基本语法遵循的标准是＿＿＿＿。
3. 浏览器一般由渲染引擎和＿＿＿＿组成。
4. 嵌入式使用＿＿＿＿标签包裹 JavaScript 代码，直接编写到 HTML 文件中。
5. 单行注释以＿＿＿＿开始。

二、判断题

1. JavaScript 主要用于开发交互式的网页。　　　　　　　　　　　　　　　　（　　　）
2. 通过外链式引入 JavaScript 代码时，可以省略</script>标签。　　　　　　（　　　）
3. JavaScript 不可以跨平台。　　　　　　　　　　　　　　　　　　　　　（　　　）
4. JavaScript 代码严格区分大小写。　　　　　　　　　　　　　　　　　　（　　　）
5. 多行注释中可以嵌套多行注释。　　　　　　　　　　　　　　　　　　　（　　　）

三、选择题

1. 下列选项中，为 JavaScript 代码添加多行注释的语法为（　　　）。
A. <!— —>　　　　　　　　B. //　　　　　　　　C. /* */　　　　　　　　D. #
2. 下列选项中，关于 JavaScript 的说法错误的是（　　　）。
A. JavaScript 是脚本语言　　　　　　　　B. JavaScript 可以跨平台
C. JavaScript 不支持面向对象　　　　　　D. JavaScript 主要用于实现业务逻辑和页面控制
3. 下列选项中，关于行内式的说法错误的是（　　　）。
A. 行内式可读性较差，尤其是在 HTML 文件中编写大量 JavaScript 代码时不方便阅读
B. 使用行内式，在遇到多层引号嵌套的情况时，非常容易混淆，导致代码出错
C. 行内式只有在临时测试或者特殊情况下使用，一般情况下不推荐使用行内式
D. 行内式适合在 JavaScript 代码量非常大的情况下使用
4. 下列选项中，属于输入语句的是（　　　）。
A. console.log()　　　　B. prompt()　　　　C. alert()　　　　D. document.write()
5. 下列选项中，用于通过控制台查看结果的语句是（　　　）。
A. console.log()　　　　B. prompt()　　　　C. alert()　　　　D. document.write()

四、简答题

1. 简述 JavaScript 的组成。
2. 简述外链式和嵌入式比较有什么优势。

五、编程题

利用外链式引入 JavaScript 代码，实现在页面中弹出警告框，内容为"我是通过外链式引入的 JavaScript 代码"。

第 2 章
JavaScript基本语法

★ 了解什么是变量，能够说出变量的概念

★ 掌握变量的命名规则，能够为变量命名

★ 掌握变量的声明与赋值，能够声明变量并为其赋值

★ 熟悉数据类型的分类，能够说出 JavaScript 中有哪些数据类型

★ 掌握常用的基本数据类型，能够根据实际需求声明基本数据类型的变量

★ 掌握数据类型检测，能够检测变量的数据类型是否符合预期

★ 掌握数据类型转换，能够根据实际需求进行数据类型转换

★ 掌握表达式的使用，能够根据具体需求使用表达式

★ 掌握运算符的使用，能够使用运算符完成运算

★ 熟悉运算符的优先级，能够区分表达式中运算符的优先级

★ 掌握选择结构语句，能够根据需求选择合适的选择结构语句

★ 掌握循环结构语句，能够根据需求选择合适的循环结构语句

★ 掌握跳转语句，能够实现程序中的流程跳转

★ 掌握循环嵌套，能够根据程序需要使用循环嵌套语句

拓展阅读

学习任何一门语言，都需要掌握这门语言的基本语法，JavaScript 语言也不例外。只有掌握了 JavaScript 的基本语法，才能游刃有余地学习后续内容。本章将针对 JavaScript 的变量、数据类型、表达式、运算符以及流程控制等基本语法进行详细讲解。

2.1 变量

2.1.1 什么是变量

在程序中，经常需要保存一些临时数据。例如，将两个数字相加的结果保存起来，以便在后面的计算中使用。为了保存这些临时数据，我们可以在程序中声明一些变量。

　　变量指的是程序在内存中申请的一块用来存放数据的空间。变量由变量名和变量值组成，通过变量名可以访问变量的值。我们可以把内存想象成一家酒店，变量相当于酒店中的房间，变量名相当于房间号，变量值相当于房间的入住人。例如，程序在内存中保存变量名为 room1 和 room2 的两个变量，变量值分别为"小明"和"小强"，如图 2-1 所示。

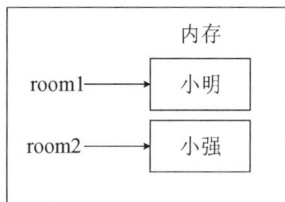

图2-1　变量

　　图 2-1 中，通过变量名 room1 可以访问变量值"小明"，通过变量名 room2 可以访问变量值"小强"。

2.1.2　变量的命名规则

　　变量的命名类似于父母给孩子取名字，变量有了名字才能更好地进行辨认。在对变量命名时，应遵循变量的命名规则，从而避免代码出错。JavaScript 中变量的具体命名规则如下。

- 不能以数字开头，且不能含有+、−等运算符，如 56name、56-name 就是非法变量名。
- 严格区分大小写，如 it 与 IT 是两个不同的变量名。
- 不能使用 JavaScript 中的关键字命名。关键字是 JavaScript 语言中被事先定义并赋予特殊含义的单词，如 var 就是一个关键字。

　　为了提高代码的可读性，在对变量命名时应遵循以下建议。

- 使用字母、数字、下画线和美元符号（$）来命名，如 str、arr3、get_name、$a。需要说明的是，只要程序不报错，其他字符（如中文字符）也能作为变量名使用，但是不推荐这么做。
- 尽量要做到"见其名知其义"，如 price 表示价格，age 表示年龄等。
- 采用驼峰命名法，第 1 个单词首字母小写，后面的单词首字母大写，如 myBooks。

学习变量命名的规则后，下面列举一些合法变量名和非法变量名，具体如下。

```
// 以下是合法变量名
number
it123
$tuition
myScore
// 以下是非法变量名
88shout
&num
var
```

　　上面列举的变量名中，88shout 以数字开头，因此不是合法变量名；&num 中以&字符开头，不符合变量命名规则；var 为 JavaScript 中的关键字，也不能用作变量名。

▌▌**多学一招：常见的关键字**

JavaScript 中常见的关键字如表 2-1 所示。

表 2-1　JavaScript 中常见的关键字

break	case	catch	class	const	continue
debugger	default	delete	do	else	export
extends	finally	for	function	if	import
in	instanceof	new	return	super	switch
this	throw	try	typeof	var	void
while	with	yield	enum	let	—

表 2-1 中，每个关键字都有特殊的作用和含义。例如，const 关键字用于声明常量，function 关键字用于定义函数，typeof 关键字用于检测数据类型，var 关键字用于声明变量。在本书后面的章节中将继续讲解这些常见的关键字，这里读者只需熟悉即可。

此外，ECMAScript 规范还预留了一些关键字，称为未来保留关键字，目前没有特殊的功能，但是在未来的某个时间可能会加上功能。接下来列举一些未来保留关键字，如表 2-2 所示。

表 2-2　未来保留关键字

implements	package	public
interface	private	static
protected	–	–

表 2-2 中列举的未来保留关键字不建议用作变量名，以免未来它们转换为关键字时程序出错。

2.1.3　变量的声明与赋值

在程序中，经常需要使用变量来保存一些数据，在使用变量时，需要先声明变量，这就类似于住酒店时需要先预订房间。变量声明后，即可为变量赋值，从而完成数据的存储。变量的声明与赋值有两种方式，第 1 种是先声明后赋值，第 2 种是声明的同时并赋值。接下来将分别讲解这两种方式。

1. 先声明后赋值

JavaScript 中变量通常使用 var 关键字声明。变量声明完成后，默认值会被设定为 undefined，表示未定义，如果需要使用变量保存具体的值就需要为其赋值。变量先声明后赋值的示例代码如下。

```
1  // 声明变量
2  var myName;              // 声明一个名称为 myName 的变量
3  var age, sex;            // 同时声明 2 个变量
4  // 为变量赋值
5  myName = '小明';         // 为变量赋值'小明'
6  age = 18;               // 为变量赋值 18
7  sex = '男';             // 为变量赋值'男'
```

上述示例代码中，第 2 行代码用于声明一个变量名为 myName 的变量；第 3 行代码用于同时声明两个变量，变量名分别为 age 和 sex；第 5~7 行代码用于为变量 myName、age 和 sex 赋值，变量的值分别为'小明'、18 和男'。

变量赋值以后，如何查看变量的值呢？可以用 console.log() 方法将变量的值输出到控制台。例如，在上述示例代码的基础上继续编写如下代码，输出变量的值。

```
console.log(myName);        // 输出变量 myName 的值
console.log(age);           // 输出变量 age 的值
console.log(sex);           // 输出变量 sex 的值
```

上述代码的输出结果如图 2-2 所示。

图 2-2 中，控制台显示了"小明""18"和"男"，说明已经将变量的值输出到控制台。

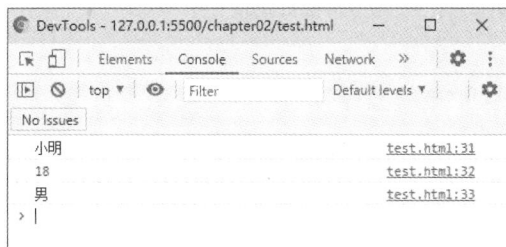

图2-2　输出结果

2. 声明的同时并赋值

在声明变量的同时为变量赋值，这个过程又称为定义变量或初始化变量，示例代码如下。

```
var myName = '小明';                    // 声明变量，同时赋值为'小明'
```

上述示例代码用于声明 myName 变量并赋值为'小明'。

⫿⫿⫿ **小提示：**

JavaScript 的语法比较松散，在函数外对一个未声明的变量赋值时，可以省略 var 关键字，但实际开发中不推荐这么做。

2.1.4 【案例】交换两个变量的值

假设我们在一家西餐厅用餐，我们左手拿着西餐刀，右手握着西餐叉，但是西餐的礼仪是左手握西餐叉，右手拿西餐刀，因此我们需要将左右手的西餐工具交换。本案例将实现交换左右手的西餐工具。

交换的过程是先将左手的西餐刀放到餐桌上，然后将右手的西餐叉给左手，最后用右手拿餐桌上的西餐刀，经过这样一个交换的过程就实现了左手握西餐叉，右手拿西餐刀。

我们可以将左手、右手和餐桌看作 3 个变量，把左手看作变量 leftHand，变量值为西餐刀；把右手看作变量 rightHand，变量值为西餐叉；把餐桌看作变量 temp，用来临时存储数据。接下来演示交换过程，如图 2-3 所示。

图 2-3 中，数字 1、2 和 3 表示交换顺序。

下面编写代码实现西餐刀和西餐叉的交换，具体代码如例 2-1 所示。

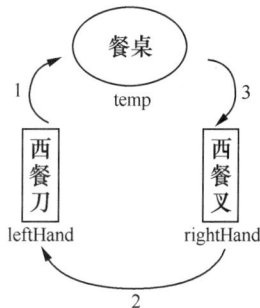

图2-3　交换过程

例 2-1　Example01.html

```
1  <script>
2    var leftHand = '西餐刀';
3    var rightHand = '西餐叉';
4    var temp = leftHand;              // 声明 temp 变量并赋值为 leftHand 的值
5    leftHand = rightHand;             // 将 rightHand 的值赋给 leftHand
6    rightHand = temp;                 // 将 temp 的值赋给 rightHand
7    console.log(leftHand);
8    console.log(rightHand);
9  </script>
```

例 2-1 中，第 2 行代码用于声明变量 leftHand 并赋值为'西餐刀'；第 3 行代码用于声明变量 rightHand 并赋值为'西餐叉'；第 4～6 行代码利用变量 temp 实现了 leftHand 变量值和 rightHand 变量值的交换，其中第 4

行代码用于声明 temp 变量，并赋值为变量 leftHand 的值；第 7~8 行代码用于在控制台输出变量 leftHand 和变量 rightHand 交换后的值。

保存代码，在浏览器中进行测试。打开开发者工具，进入控制台，查看运行结果，如图 2-4 所示。

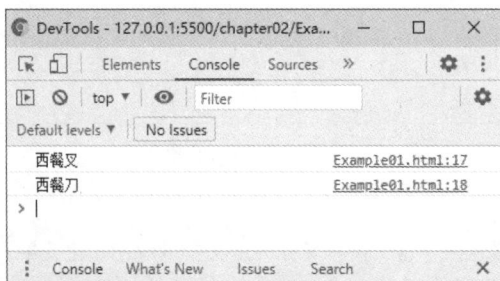

图2-4　例2-1的运行结果

图 2-4 中，先输出了"西餐叉"，然后输出了"西餐刀"，说明成功实现了两个变量值的交换。

2.2　数据类型

通过 2.1 节的学习可知，变量是存储数据的容器，变量可以保存多种多样的数据，例如字符串、数字等。这些数据在计算机中需要分类型存储，例如将一串字符存为字符串型数据，将数字存为数字型数据等。接下来将对数据类型进行讲解。

2.2.1　数据类型分类

每一种编程语言都有自己所支持的数据类型，JavaScript 也不例外。JavaScript 将数据类型分为两大类，分别是基本数据类型（或称为值类型）和复杂数据类型（或称为引用类型），如图 2-5 所示。

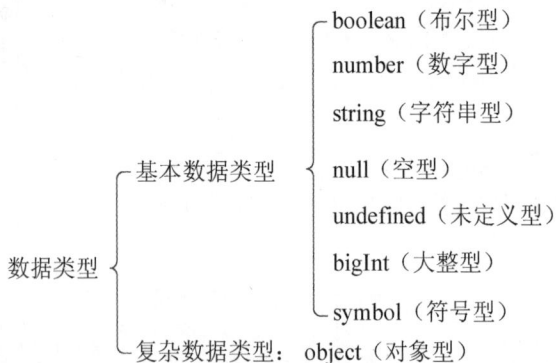

图2-5　数据类型分类

需要说明的是，JavaScript 中的数组、函数和正则表达式都属于对象，所以图 2-5 中复杂数据类型只列出了对象。由于复杂数据类型的使用比较难，这里读者只需了解，具体会在后面的章节详细讲解。

2.2.2　常用的基本数据类型

JavaScript 中常用的基本数据类型有布尔型、数字型、字符串型、空型和未定义型，大整型和符号型不经常使用，接下来将对常用的基本数据类型进行详细讲解。

1. 布尔型

通常一件事存在成功或者失败两种情况，一个条件存在成立和不成立两种情况，假设用程序来表示两种情况，应该如何表示呢？我们可以使用 true 表示成功或成立的情况，使用 false 表示失败或不成立的情况。

JavaScript 中的 true 和 false 两个值属于布尔型数据，用于逻辑判断。需要注意的是，JavaScript 中严格区分大小写，因此 true 和 false 只有全部为小写时才表示布尔型数据。下面演示声明两个变量，分别赋值为 true 和 false，示例代码如下。

```
1  var flag1 = true;
2  var flag2 = false;
```

上述代码中，第 1 行代码声明了变量 flag1 并赋值为布尔型的 true；第 2 行代码声明了变量 flag2 并赋值为布尔型的 false。

2. 数字型

JavaScript 中的数字可以分为整数和浮点数（可以表示小数），它们同属于数字型，在数字前面还可以添加 "−" 符号表示负数，添加 "+" 符号表示正数（通常情况下省略 "+"）。接下来讲解数字型数据中的整数和浮点数。

（1）整数

在 JavaScript 中使用整数时，一般情况下使用十进制表示，除此之外还可以使用二进制、八进制或十六进制表示。下面演示声明 4 个变量，分别赋值为二进制、八进制、十进制、十六进制的整数，示例代码如下。

```
1  var bin = 0b11010;        // 二进制表示的 26
2  var oct = 0o32;           // 八进制表示的 26
3  var dec = 26;             // 十进制数 26
4  var hex = 0x1a;           // 十六进制表示的 26
```

在上述代码中，以 0b 开始的数字表示二进制数，以 0o 开始的数字表示八进制数，以 0x 开始的数字表示十六进制数。另外，JavaScript 还允许用以 0 开始的数字表示八进制数，但目前已不推荐。

（2）浮点数

浮点数可以使用标准格式和科学记数法格式表示。标准格式指的是数学中小数的写法；科学记数法格式指的是将数字表示成一个数与 10 的 n 次幂相乘的形式，在程序中使用 E（或 e）后面跟一个数字的方式表示 10 的 n 次幂。使用标准格式和科学记数法格式表示浮点数的示例代码如下。

```
1  // 标准格式
2  var fnum1 = -7.26;
3  var fnum2 = 7.26;
4  // 科学记数法格式
5  var fnum3 = 3.14E6;
6  var fnum4 = 8.96E-3;
```

上述代码中，第 2 行代码的 fnum1 变量使用标准格式表示负数 7.26；第 3 行代码的 fnum2 变量使用标准格式表示正数 7.26；第 5 行代码的 fnum3 变量使用科学记数法格式表示 3.14×10^6；第 6 行代码的 fnum4 变量使用科学记数法表示 8.96×10^{-3}。

使用数字型数据时，当前系统允许的最大值和最小正数值可通过如下代码查询。

```
console.log(Number.MAX_VALUE);        // 最大值：1.7976931348623157e+308
console.log(Number.MIN_VALUE);        // 最小值：5e-324
```

上述代码中，使用 Number.MAX_VALUE 获取了 JavaScript 中数字型数据的最大值，Number.MIN_VALUE 获取了 JavaScript 中数字型数据的最小正数值。

3. 字符串型

字符串是指计算机中用于表示文本的一系列字符，在 JavaScript 中使用单引号（''）或双引号（""）来标注字符串，示例代码如下。

```
1   // 单引号字符串
2   var num = '';                      // 表示空字符串
3   var slogan = '知识';               // 表示字符串'知识'
4   // 双引号字符串
5   var total = "";                    // 表示空字符串
6   var str = "知识就是力量";          // 表示字符串"知识就是力量"
```

上述代码中，第 2~3 行代码使用单引号标注字符串，其中，第 2 行代码的 num 变量用于保存空字符串，第 3 行代码的 slogan 变量用于保存字符串'知识'；第 5~6 行代码使用双引号标注字符串，其中，第 5 行代码的 total 变量用于保存空字符串，第 6 行代码的 str 变量用于保存字符串"知识就是力量"。

字符串的单、双引号可以嵌套使用，如果要在单引号中使用单引号，或在双引号中使用双引号，需要使用"\"对单引号或双引号进行转义，以区分。接下来将讲解单、双引号嵌套使用的情况，示例代码如下。

```
1   // 单引号中包含双引号
2   var color = '"red"blue';           // 字符串内容为"red"blue
3   // 双引号中包含单引号
4   var food = "'pizza'bread";         // 字符串内容为'pizza'bread
5   // 单引号中包含单引号
6   var say1 = 'I\'m ...';             // 字符串内容为I'm ...
7   // 双引号中包含双引号
8   var say2 = "\"Tom\"";              // 字符串内容为"Tom"
```

上述代码中，第 2 行代码使用单引号标注具有双引号内容的字符串；第 4 行代码使用双引号标注具有单引号内容的字符串；第 6 行代码在单引号内嵌套单引号，单引号中的\'会被转义为 1 个单引号字符；第 8 行代码在双引号内嵌套双引号，双引号中的\"会被转义为 1 个双引号字符。

在字符串中使用换行符、水平制表符等特殊符号时，也需要利用"\"进行转义。JavaScript 中常用的转义字符如表 2-3 所示。

表 2-3　JavaScript 中常用的转义字符

转义字符	含义
\'	一个单引号字符
\"	一个双引号字符
\n	换行符
\t	水平制表符
\f	换页符
\b	退格符
\xhh	由两位十六进制数字 hh 表示的 ISO-8859-1 字符。如"\x61"表示"a"
\v	垂直制表符
\r	回车符
\\	反斜线"\"
\0	空字符
\uhhhh	由 4 位十六进制数字 hhhh 表示的 Unicode 字符。如"\u597d"表示"好"

4. 空型

空型只有一个特殊的 null 值，表示变量未指向任何对象，示例代码如下。

```
var a = null;
console.log(a);          // 输出结果：null
```

上述代码中，变量 a 被赋值为 null，在控制台输出变量 a 时，结果为 null。需要注意的是，JavaScript 语法对大小写敏感，因此只有是小写的 null 时才表示空型。

5. 未定义型

未定义型只有一个特殊的值 undefined，表示声明的变量还未被赋值。未定义型的示例代码如下。

```
var a;
console.log(a);          // 输出结果：undefined
```

上述代码中，声明变量 a 以后没有赋值，因此输出变量 a 的值是 undefined。

▍▍ 多学一招：数字型中的特殊值

JavaScript 中数字型有 3 个特殊值，分别是 Infinity（无穷大）、-Infinity（无穷小）和 NaN（Not a Number，非数字），具体示例如下。

```
1  console.log(Number.MAX_VALUE * 2);      // 输出结果：Infinity
2  console.log(-Number.MAX_VALUE * 2);     // 输出结果：-Infinity
3  console.log('aaa' - 2);                 // 输出结果：NaN
```

上述代码中，第 1 行代码使用数字型最大值乘 2，输出结果为 Infinity；第 2 行代码使用数字型最小值乘 2，输出结果为-Infinity；第 3 行代码使用字符串'aaa'减去 2，输出结果为 NaN。

如果想要判断一个变量的值是否为数字，可以使用 isNaN()进行判断，返回结果为布尔值，true 表示变量的值不是数字，false 表示变量的值是数字，示例代码如下。

```
1  console.log(isNaN(2));                  // 输出结果：false
2  console.log(isNaN('aaa'));              // 输出结果：true
```

上述代码中，第 1 行代码中的 2 是数字，因此输出结果为 false；第 2 行代码中的'aaa'是字符串而不是数字，因此输出结果为 true。

2.2.3　数据类型检测

在开发中有时需要进行数据类型检测，例如在进行数学计算的时候，只有当要进行计算的值是数字型的数据时才可以进行计算，这时就需要检测要进行计算的值是什么类型的数据。JavaScript 提供了 typeof 操作符，当不确定一个变量或值是什么类型的数据时，可以利用 typeof 操作符进行数据类型检测。typeof 操作符以字符串形式返回检测结果，语法格式如下。

```
// 语法格式 1
typeof 需要进行数据类型检测的数据
// 语法格式 2
typeof(需要进行数据类型检测的数据)
```

上述语法格式中，语法格式 1 只能检测单个操作数，而语法格式 2 可以对表达式进行检测，只需将表达式写在小括号中即可。

接下来演示使用 typeof 操作符检测数据类型，示例代码如下。

```
1  console.log(typeof 2);                  // 输出结果：number
2  console.log(typeof '2');                // 输出结果：string
3  console.log(typeof true);               // 输出结果：boolean
4  console.log(typeof null);               // 输出结果：object
5  console.log(typeof undefined);          // 输出结果：undefined
```

上述示例代码中，第 1 行代码中的 2 是数字型数据，因此使用 typeof 操作符检测类型时输出 number；第 2 行代码中的'2'是字符串型数据，因此使用 typeof 操作符检测类型时输出 string；第 3 行代码中的 true 是布尔型数据，因此使用 typeof 操作符检测类型时输出 boolean；第 4 行代码在利用 typeof 操作符检测 null 的类型时返回的是 object 而不是 null，这是 JavaScript 最初实现时的历史遗留问题；第 5 行代码中的 undefined 是未定义型数据，因此使用 typeof 操作符检测类型时输出 undefined。

2.2.4　数据类型转换

数据类型转换指的是将一种数据类型转换为另一种数据类型。例如，在进行加法计算时，如果检测出来数据是字符串型数据，通常有两种处理办法，第 1 种办法是不进行计算，并提示用户"请输入正确的数字"；第 2 种办法是将字符串型数据转换为数字型数据再计算。若要选择第 2 种处理办法，就可以利用数据类型转换来实现，接下来将详细讲解 JavaScript 中的数据类型转换。

1. 将数据转换为布尔型数据

在进行数据的比较、条件的判断时，经常需要将数据转换为布尔型数据。使用 Boolean() 可以将给定数据转换为布尔型数据，转换时，代表空或者否定的值（如空字符串、数字 0、NaN、null 和 undefined）会被转换为 false，其余的值会被转换为 true，示例代码如下。

```
1  console.log(Boolean(''));          // 输出结果: false
2  console.log(Boolean(0));           // 输出结果: false
3  console.log(Boolean(NaN));         // 输出结果: false
4  console.log(Boolean(null));        // 输出结果: false
5  console.log(Boolean(undefined));   // 输出结果: false
6  console.log(Boolean(2));           // 输出结果: true
7  console.log(Boolean('2'));         // 输出结果: true
```

在上述示例中，第 1～5 行代码用于将空字符串、数字 0、NaN、null 和 undefined 转换为布尔型数据，结果为 false；第 6 行代码用于将数字 2 转换为布尔型数据，结果为 true；第 7 行代码用于将字符串'2'转换为布尔型数据，结果为 true。

2. 将数据转换为数字型数据

开发中，经常需要将数据转换为数字型进行一些计算，例如将字符串型数据转换为数字型数据进行算术运算。JavaScript 中提供了 parseInt()、parseFloat() 和 Number()，可以将数据转换为数字型数据。不同类型数据转换为数字型数据的结果如表 2-4 所示。

表 2-4　不同类型数据转换为数字型数据的结果

待转换数据	parseInt() 转换结果	parseFloat() 转换结果	Number() 转换结果
纯数字字符串	对应的数字	对应的数字	对应的数字
空字符串	NaN	NaN	0
null	NaN	NaN	0
undefined	NaN	NaN	NaN
false	NaN	NaN	0
true	NaN	NaN	1

表 2-4 中，在转换纯数字字符串时会忽略前导零，如'0123'字符串会被转换为 123。利用 parseInt()、parseFloat() 和 Number() 进行数据类型转换时，若数据开头有正号"+"或负号"−"，会被当成正数或者负数，如'-123'会被转换为-123。使用 parseInt() 或 parseFloat() 将字符串转换为数字型数据时，若字符串开头部分可被识别为数字，则转换为相应的数字；若字符串末尾部分有非数字字符，则这些非数字字符会被自动忽略；若字符串开头部分无法被识别为数字，则转换为 NaN。

下面将详细讲解如何使用 parseInt()、parseFloat() 和 Number() 将数据转换为数字型数据。

（1）parseInt()

parseInt() 会直接省略数据的小数部分，返回数据的整数部分，使用 parseInt() 将数据转换为数字型数据的示例代码如下。

```
console.log(parseInt('123.1'));          // 输出结果：123
```

上述示例代码将字符串 123.1 转换为数字 123，忽略了小数部分。

需要注意的是，使用 parseInt() 进行数据类型转换时，parseInt() 会自动识别进制，例如将 "0xF" 转换为整数，parseInt() 会自动检测 "0xF" 为十六进制数，示例代码如下。

```
console.log(parseInt('0xF'));            // 输出结果：15
```

上述示例代码中，"0xF" 以 0x 开头，parseInt() 会将该数据当作十六进制数据，转换结果为 15。

若 "0xF" 省略 0x，parseInt() 将无法自动识别，此时可以通过第 2 个参数设置进制数，进制数的取值为 2～36。将 "F" 转换为整数的示例代码如下。

```
console.log(parseInt('F'));              // 输出结果：NaN
console.log(parseInt('F', 16));          // 输出结果：15
```

上述示例代码中，将 "F" 转换为整数时，省略了 0x，parseInt() 无法识别该数据的进制数，输出结果为 NaN，当设置 parseInt() 第 2 个参数为 16 时，parseInt() 将 "F" 当作十六进制数，转换结果为 15。

（2）parseFloat()

parseFloat() 会将数据转换为数字型数据中的浮点数。使用 parseFloat() 将数据转换为浮点数的示例代码如下。

```
1  console.log(parseFloat('123.1'));      // 输出结果：123.1
2  console.log(parseFloat('314e-2'));     // 输出结果：3.14
```

上述代码中，第 1 行代码将字符串 123.1 转换为数字 123.1；第 2 行代码将字符串 314e-2 转换为数字 3.14。

（3）Number()

Number() 用于将数据转换为数字型数据，示例代码如下。

```
1  console.log(Number('123.1'));          // 输出结果：123.1
2  console.log(Number('123.a'));          // 输出结果：NaN
```

上述示例代码中，第 1 行代码用于将字符串 123.1 转换为数字型数据，结果为数字 123.1；第 2 行代码用于将字符串'123.a'转换为数字型数据，结果为 NaN。

3. 将数据转换为字符串型数据

在开发中，需要将数据转换为字符串型数据时，可以利用 JavaScript 提供的 String() 或 toString() 进行转换，它们的区别是前者可以将任意类型数据转换为字符串型数据；而后者只能将除 null 和 undefined 之外的数据转换为字符串型数据。toString() 在进行数据类型转换时，可通过参数设置，将数字转换为指定进制的字符串。将数据转换为字符串型数据的示例代码如下。

```
1  var num1 = 12, num2 = 26;
2  console.log(String(num1));             // 输出结果：12
3  console.log(num1.toString());          // 输出结果：12
4  console.log(num2.toString(2));         // 输出结果：11010
```

上述示例代码中，第 1 行代码声明了两个数字型变量 num1 和 num2 并为它们赋值；第 2 行代码使用 String() 将变量 num1 转换为字符串型数据并在控制台输出；第 3 行代码使用 toString() 将变量 num1 转换为字符串型数据并在控制台输出；第 4 行代码使用 toString() 将十进制数 26 转换为二进制数 11010，然后将二进制数 11010 转换为字符串型数据并在控制台输出。

2.3　表达式

表达式是一组代码的集合，每个表达式的执行结果都是一个值。前面学过的变量和各种类型的数据都可以用于构成表达式。

基本的表达式是一个变量或值，它不再包含其他表达式。下面列举一些基本的表达式。

```
a                    // 表达式 a（变量 a）
1.23                 // 表达式 1.23
'hello'              // 表达式'hello'
true                 // 表达式 true
false                // 表达式 false
null                 // 表达式 null
```

在表达式中可以使用运算符来完成一些运算，表达式的值是使用运算符运算后的值。下面列举一些含有运算符的表达式。

```
1 + 2                // 表达式 1 + 2
a + b                // 表达式 a + b
'a' + 'b'            // 表达式'a' + 'b'
```

我们可以将表达式的值赋给一个变量，例如"a = 1 + 2"，表示将表达式"1 + 2"的值"3"赋给变量 a，同时，"a = 1 + 2"也构成了一个表达式，称为赋值表达式，赋值表达式的值是被赋值的变量的值，即赋值后变量 a 的值。赋值表达式的示例代码如下所示。

```
var a;                       // 声明变量
a = 1 + 2;                   // 将表达式"1 + 2"的值"3"赋给变量 a
console.log(a = 1 + 2);      // 输出结果：3
```

上述代码中，首先声明了变量 a，然后将表达式"1 + 2"的值"3"赋给了变量 a，此时"a = 1 + 2"是赋值表达式，所以输出赋值表达式的值为 3。

2.4　运算符

在开发中，经常需要对变量中存储的数据进行运算，JavaScript 提供了多种类型的运算符（也称为操作符），专门用于告诉程序执行特定运算或逻辑操作。本节将讲解 JavaScript 中常用的运算符和运算符的优先级。

2.4.1　算术运算符

算术运算符用于对两个变量或数字进行算术运算，与数学中的加、减、乘、除运算类似。下面列举一些 JavaScript 中常用的算术运算符，如表 2-5 所示。

表 2-5　JavaScript 中常用的算术运算符

运算符	运算	示例	结果
+	加	5 + 5	10
−	减	6 − 4	2
*	乘	3 * 4	12
/	除	3 / 2	1.5
%	取模（取余）	5 % 7	5
**	幂运算	3 ** 2	9
++	自增（前置）	a = 2; b = ++a;	a = 3; b = 3;
++	自增（后置）	a = 2; b = a++;	a = 3; b = 2;
−−	自减（前置）	a = 2; b = −−a;	a = 1; b = 1;
−−	自减（后置）	a = 2; b = a−−;	a = 1; b = 2;

表 2-5 中，自增和自减运算是难点，那么什么是自增和自减运算呢？自增和自减运算可以快速对变量的

值进行递增或递减运算。自增和自减运算符既可以放在变量前也可以放在变量后。当放在变量前时，称为前置自增（自减）运算符；放在变量后面时，称为后置自增（自减）运算符。前置和后置的区别在于，前置返回的是计算后的结果，后置返回的是计算前的结果。自增和自减运算的示例代码如下。

```
1  var a = 1, b = 1, c = 2, d = 2;
2  // 自增
3  console.log(++a);     // 输出结果: 2
4  console.log(a);       // 输出结果: 2
5  console.log(b++);     // 输出结果: 1
6  console.log(b);       // 输出结果: 2
7  // 自减
8  console.log(--c);     // 输出结果: 1
9  console.log(c);       // 输出结果: 1
10 console.log(d--);     // 输出结果: 2
11 console.log(d);       // 输出结果: 1
```

上述示例代码中，第 1 行代码用于声明变量并赋值；第 3~6 行代码演示自增的情况，其中，第 3 行代码输出变量 a 自增后的值，结果为 2，第 5 行代码先输出变量 b 的值，结果为 1，再对变量 b 进行自增；第 8~11 行代码演示自减的情况，其中，第 8 行代码输出变量 c 自减后的值，结果为 1；第 10 行代码先输出变量 d 的值，结果为 2，再对变量 d 进行自减。

算术运算符的使用看似简单，也容易理解，但是在实际应用过程中还需要注意以下 4 点。

（1）进行四则混合运算时，运算顺序要遵循数学中"先乘除后加减"的原则。例如，执行"var a = 8 + 6 − 3 * 4 / 2"后，a 的值为 8。

（2）在进行取模运算时，运算结果的正负取决于被模数（% 左边的数）的正负，与模数（% 右边的数）的正负无关。例如，执行"var a = (−8) % 7, b = 8 % (−7)"后，a 的值为 −1，b 的值为 1。

（3）在开发中尽量避免利用浮点数进行运算，有时 JavaScript 的精度可能导致结果产生偏差。例如，0.1 + 0.2，我们理想中的值应该是 0.3，但是 JavaScript 的计算结果却是 0.30000000000000004。此时，可以将参与运算的数据转换为整数，计算后再转换为浮点数即可。例如：将 0.1 和 0.2 分别乘 10，相加后再除以 10，即可得到 0.3。

（4）"+"和"−"在算术运算中还可以表示正数或负数，例如，(+2.1) + (−1.1) 的运算结果为 1。

▌多学一招：toFixed() 方法

使用 toFixed() 方法可以规定浮点数的小数位数，该方法的语法格式如下。

```
numObj.toFixed(digits)
```

上述语法格式中，numObj 表示数字型数据或变量；digits 表示小数点后数字的个数，超过该参数值会发生四舍五入，参数值介于 0~20（包括 20），如果忽略该参数，则默认为 0。需要注意的是，该方法返回的结果为字符串。

下面演示 toFixed() 方法的使用，示例代码如下。

```
1  var num = 1.235;
2  console.log(num.toFixed());     // 输出结果: 1
3  console.log(num.toFixed(1));    // 输出结果: 1.2
4  console.log(num.toFixed(2));    // 输出结果: 1.24
```

上述示例代码中，第 1 行代码用于声明变量 num 并赋值为浮点数 1.235；第 2 行代码用于保留 num 的整数部分，输出结果为字符串 1；第 3 行代码用于将 num 四舍五入后保留 1 位小数，输出结果为字符串 1.2；第 4 行代码用于将 num 四舍五入后保留两位小数，输出结果为字符串 1.24。

另外，使用 toFixed() 方法可以避免遇到浮点数精度偏差问题，示例代码如下。

```
1  var num = 0.1 + 0.2;
2  console.log(num);              // 输出结果: 0.30000000000000004
3  console.log(num.toFixed(2));   // 输出结果: 0.30
```

上述示例代码中，第 3 行代码通过 toFixed(2) 保留两位小数，输出结果为 0.30。

2.4.2　字符串运算符

在项目开发中，假设有两个变量，一个变量存放名字"小强"，另一个变量存放性别"男"，现在需要显示"小强：男"，应该如何实现呢？这时就需要将字符串"小强""："" 男"拼接起来。字符串拼接就需要使用字符串运算符，JavaScript 中，加号"+"可以用于字符串拼接，示例代码如下。

```
1  var name = '小强';
2  var sex = '男';
3  var str = name + ': ' + sex;  // 字符串拼接
4  console.log(str);
```

上述示例代码中，第 1~2 行代码用于声明 name 变量和 sex 变量并赋值；第 3 行代码用于将变量 name、"："和变量 sex 使用字符串运算符"+"拼接并赋值给变量 str；第 4 行代码用于在控制台输出拼接后的字符串 str。

▌多学一招：隐式转换

通过 2.2.4 小节的学习，相信读者已经能实现类型转换，2.2.4 小节学习的类型转换属于显式转换，显式转换是手动进行的，也称为强制类型转换。实现类型转换还有另一种方式，即隐式转换。什么是隐式转换呢？隐式转换是自动发生的，当操作的两个数据类型不同时，JavaScript 会按照既定的规则来进行自动转换。接下来将讲解如何利用隐式转换实现数据类型的转换，示例代码如下。

```
1  // 利用隐式转换将数据转换为数字型数据
2  console.log('12' - 0);          // 输出结果: 12
3  console.log('12' * 1);          // 输出结果: 12
4  console.log('12' / 1);          // 输出结果: 12
5  // 利用隐式转换将数据转换为字符串型数据
6  console.log(12 + '');           // 输出结果: 12
7  console.log(true + '');         // 输出结果: true
8  console.log(null + '');         // 输出结果: null
9  console.log(undefined + '');    // 输出结果: undefined
```

上述示例代码中，第 2~4 行代码利用运算符减号"−"、乘号"*"和除号"/"实现了隐式转换，将字符串型数据 12 转换为数字型数据 12；第 6 行代码使用运算符加号"+"实现了隐式转换，将数字型数据 12 转换为字符串型数据；第 7 行代码使用运算符加号"+"实现了隐式转换，将布尔型数据 true 转换为字符串型数据；第 8 行代码使用运算符加号"+"实现了隐式转换，将空型数据 null 转换为字符串型数据；第 9 行代码使用运算符加号"+"实现了隐式转换，将未定义型数据 undefined 转换为字符串型数据。

2.4.3　【案例】根据用户输入的数据完成求和运算

本案例将会实现提示用户输入两个数据，输入完成后对两个数据进行求和运算，在控制台输出求和的结果。

在使用 prompt() 接收用户输入的数据时，由于 prompt() 返回的结果是字符串型数据，如果直接将两个字符串型数据进行相加，会将两个字符串进行拼接，无法完成求和运算，此时就需要进行数据类型转换。考虑到用户可能想要对浮点数求和，这里使用 parseFloat() 将用户输入的数据转换成浮点数。接下来编写代码实现根据用户输入的数据完成求和运算，具体如例 2-2 所示。

例 2-2　Example02.html

```
1  <script>
2    var n1 = prompt('请输入第一个要进行运算的数据: ');
3    var n2 = prompt('请输入第二个要进行运算的数据: ');
4    // 相加后保留两位小数
5    var result = (parseFloat(n1) + parseFloat(n2)).toFixed(2);
6    console.log(result);
7  </script>
```

例 2-2 中, 第 2~3 行代码用于声明 n1 和 n2 变量并赋值为用户输入的数据; 第 5 行代码通过变量 result 保存 n1 和 n2 相加的结果, 并使用 toFixed() 方法将相加的结果保留了两位小数; 第 6 行代码用于在控制台输出变量 result 的值。

保存代码, 在浏览器中进行测试, 页面弹出第 1 个输入框, 如图 2-6 所示。

图 2-6 中, 在弹出的第 1 个输入框中输入第 1 个数据 "12", 单击 "确定" 按钮后, 页面弹出第 2 个输入框, 如图 2-7 所示。

图2-6　第1个输入框

在弹出的第 2 个输入框中输入第 2 个数据 "34.5", 单击 "确定" 按钮后, 进入控制台, 查看例 2-2 的输出结果, 如图 2-8 所示。

图2-7　第2个输入框

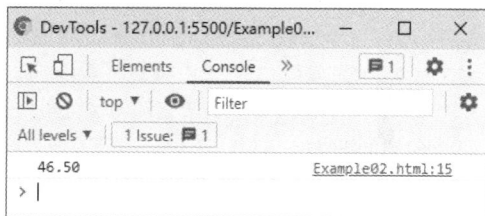

图2-8　例2-2的输出结果

图 2-8 中, 控制台输出了 "46.50", 说明已经成功实现了求和运算。

2.4.4　赋值运算符

赋值运算符用于将运算符右边的值赋给左边的变量。在开发中, 初始化一个变量时, 就使用到了最基本的赋值运算符 "=", 除了 "=" 赋值运算符, JavaScript 中还有一些常用的赋值运算符, 如表 2-6 所示。

表 2-6　JavaScript 中常用的赋值运算符

运算符	运算	示例	结果
=	赋值	a = 3, b = 2;	a = 3 ; b = 2;
+=	加并赋值	a = 3, b = 2; a += b;	a = 5; b = 2;
	字符串拼接并赋值	a = 'abc'; a += 'def';	a = 'abcdef';
-=	减并赋值	a = 3, b = 2; a -= b;	a = 1; b = 2;
*=	乘并赋值	a = 3, b = 2; a *= b;	a = 6; b = 2;
/=	除并赋值	a = 3,b = 2; a /= b;	a = 1.5; b = 2;
%=	取模并赋值	a = 3, b = 2; a %= b;	a = 1; b = 2;

（续表）

运算符	运算	示例	结果
**=	幂运算并赋值	a = 3; a **= 2;	a = 9;
<<=	左移位并赋值	a = 9, b = 2; a <<= b;	a = 36; b = 2;
>>=	右移位并赋值	a =- 9, b = 2; a >>= b;	a = -3; b = 2;
>>>=	无符号右移位并赋值	a = -9, b = 2; a >>>= b;	a = 1073741821; b = 2;
&=	按位与并赋值	a = 3, b = 9; a &= b;	a = 1; b = 9;
^=	按位异或并赋值	a = 3, b = 9; a ^= b;	a = 10; b = 9;
|=	按位或并赋值	a = 3, b = 9; a |= b;	a =11; b = 9;

表 2-6 中，<<=、>>=、>>>=、&=、^=和|=与位运算符有关，关于位运算符的使用将在 2.4.8 小节进行详细讲解。接下来演示赋值运算符的使用，示例代码如下。

```
var a = 3;
a += 2;              // 相当于 a = a + 2
console.log(a);      // 输出结果：5
a -= 2;              // 相当于 a = a - 2
console.log(a);      // 输出结果：3
a *= 2;              // 相当于 a = a * 2
console.log(a);      // 输出结果：6
a /= 2;              // 相当于 a = a / 2
console.log(a);      // 输出结果：3
a %= 2;              // 相当于 a = a % 2
console.log(a);      // 输出结果：1
a **= 2;             // 相当于 a = a ** 2
console.log(a);      // 输出结果：1
```

另外，当"+="运算符左右两边同为字符串型数据或有一边为字符串型数据时，将进行字符串拼接并赋值，示例代码如下。

```
var a = '小明';
a += 18;
console.log(a);      // 输出结果：小明 18
```

上述示例代码中，变量 a 的值为字符串型数据，使用"+="运算符将进行字符串拼接，因此输出结果为"小明 18"。

2.4.5 比较运算符

在项目开发时，若要在电商网站的首页显示两款商品中销量高的商品，应该如何实现呢？这时就需要先比较两款商品的销量，然后选出销量高的产品。JavaScript 中的比较运算符用于对两个数据进行比较，比较结果是布尔值 true 或 false。接下来列举一些 JavaScript 中常用的比较运算符，如表 2-7 所示。

表 2-7　JavaScript 中常用的比较运算符

运算符	运算	示例	结果
>	大于	5 > 4	true
<	小于	5 < 4	false
>=	大于或等于	5 >= 4	true
<=	小于或等于	5 <= 4	false
==	等于	5 == 4	false

（续表）

运算符	运算	示例	结果
!=	不等于	5 != 4	true
===	全等	5 === 5	true
!==	不全等	5 !== 5	false

需要注意的是，运算符"=="和"!="在比较不同类型的数据时，首先会自动将要进行比较的数据转换为相同的数据类型，然后进行比较，而运算符"==="和"!=="在比较不同类型的数据时，不会进行数据类型的转换。接下来通过代码演示比较运算符的使用。

```
1  console.log(12 >= 12);      // 输出结果: true
2  console.log(12 == '12');    // 输出结果: true
3  console.log(12 === '12');   // 输出结果: false
```

上述示例代码中，第 1 行代码比较数字 12 是否大于或等于数字 12，输出结果为 true；第 2 行代码比较字符串'12'是否等于数字 12，首先将字符串'12'转换为数字 12，再进行比较，输出结果为 true；第 3 行代码比较数字 12 和字符串'12'是否全等，"==="左右两边数据的类型不同，因此输出结果为 false。

2.4.6　逻辑运算符

现实生活中，学校要选一批学生代表学校参加红歌合唱时，一般会对学生有一定的要求，例如，要求学生的音乐成绩在 80 分以上，并且身高不能低于 160 cm。在程序中，也会遇到条件判断的情况，此时可以利用逻辑运算符来实现。

JavaScript 中的逻辑运算符用于条件判断，常用的逻辑运算符如表 2-8 所示。

表 2-8　JavaScript 中常用的逻辑运算符

运算符	运算	示例	结果
&&	与	a && b	如果 a 的值为 true，则输出 b 的值；如果 a 的值为 false，则输出 a 的值
||	或	a || b	如果 a 的值为 true，则输出 a 的值；如果 a 的值为 false，则输出 b 的值
!	非	!a	若 a 为 true，则结果为 false，否则相反

接下来演示逻辑运算符的使用，示例代码如下。

```
1  // 逻辑"与"
2  console.log(123 && 456);        // 输出结果: 456
3  console.log(0 && 456);          // 输出结果: 0
4  console.log(2 > 1 && 3 > 1);    // 输出结果: true
5  console.log(2 < 1 && 3 > 1);    // 输出结果: false
6  // 逻辑"或"
7  console.log(123 || 456);        // 输出结果: 123
8  console.log(0 || 456);          // 输出结果: 456
9  console.log(2 > 1 || 3 < 1);    // 输出结果: true
10 console.log(2 < 1 || 3 < 1);    // 输出结果: false
11 // 逻辑"非"
12 console.log(!(2 > 1));          // 输出结果: false
13 console.log(!(2 < 1));          // 输出结果: true
```

上述示例代码的运算过程如下。

- "123 && 456"中，左表达式"123"转换为布尔值为 true，因此输出右表达式"456"的值，结果为 456。
- "0 && 456"中，左表达式"0"转换为布尔值为 false，因此输出左表达式"0"的值，结果为 0。

- "2 > 1 && 3 > 1"中，左表达式"2 > 1"值为 true，因此输出右表达式"3 > 1"的值，结果为 true。
- "2 < 1 && 3 > 1"中，左表达式"2 < 1"值为 false，因此输出左表达式"2 < 1"的值，结果为 false。
- "123 || 456"中，左表达式"123"转换为布尔值为 true，因此输出左表达式"123"的值，结果为 123。
- "0 || 456"中，左表达式"0"转换为布尔值为 false，因此输出右表达式"456"的值，结果为 456。
- "2 > 1 || 3 < 1"中，左表达式"2 > 1"值为 true，因此输出左表达式"2 > 1"的值，结果为 true。
- "2 < 1 || 3 < 1"中，左表达式"2 < 1"值为 false，因此输出右表达式"3 < 1"的值，结果为 false。
- "!(2 > 1)"相当于"!true"，结果为 false。
- "!(2 < 1)"相当于"!false"，结果为 true。

逻辑运算符在使用时，是按从左到右的顺序进行求值，因此运算时需要注意，可能会出现"短路"的情况。"短路"指的是，如果通过左表达式能够确定最终值，则不运算右表达式的值。下面通过代码演示短路效果，示例如下。

```
1  var num = 1;
2  false && num++;          // && 短路情况
3  console.log(num);        // 输出结果：1
4  true || num++;           // || 短路情况
5  console.log(num);        // 输出结果：1
```

上述代码中，第 1 行代码用于声明变量 num 并赋值为 1；第 2 行代码中左表达式的值为 false，所以不执行 num++；第 3 行代码用于输出 num 的值，因为 num++ 未执行，所以输出变量 num 的值为 1；第 4 行代码中左表达式的值为 true，所以不执行 num++；第 5 行代码用于输出 num 的值，因为 num++ 未执行，所以输出变量 num 的值为 1。

2.4.7　三元运算符

三元运算符也称为三元表达式，使用问号"?"和冒号":"两个符号来连接，根据条件表达式的值来决定问号后面的表达式和冒号后面的表达式哪个被执行。三元运算符的具体语法格式如下。

```
条件表达式 ? 表达式 1 : 表达式 2
```

上述语法格式中，如果条件表达式的值为 true，则返回表达式 1 的执行结果；如果条件表达式的值为 false，则返回表达式 2 的执行结果。

下面演示三元运算符的使用。声明变量 age 并赋值，判断变量 age 的值是否大于等于 18，如果大于等于 18，则输出"已成年"，否则输出"未成年"，示例代码如下。

```
var age = 15;
var status = age >= 18 ? '已成年' : '未成年';
console.log(status);        // 输出结果：未成年
```

上述代码中，变量 age 表示年龄，首先执行条件表达式"age >= 18"，因为 age 的值为 15，15 小于 18，所以条件表达式的值为 false，此时就会将值"未成年"赋给变量 status，最后在控制台输出的结果为"未成年"。

2.4.8　位运算符

位运算符用来对数据进行二进制运算，在运算时，位运算符会将参与运算的操作数视为由二进制数（0 和 1）组成的 32 位的串。例如，十进制数字 9 用二进制表示为 00000000 00000000 00000000 00001001，可以简写为 1001。位运算符运算时会将二进制数的每一位进行运算，具体如表 2-9 所示。

表 2-9 位运算符

运算符	名称	说明
&	按位"与"	将操作数进行按位"与"运算，如果两个二进制位都是 1，则该位的运算结果为 1，否则为 0
|	按位"或"	将操作数进行按位"或"运算，只要二进制位上有一个值是 1，该位的运算结果就为 1，否则为 0
~	按位"非"	将操作数进行按位"非"运算，如果二进制位为 0，则按位"非"的结果是 1；如果二进制位为 1，则按位非的结果为 0
^	按位"异或"	将操作数进行按位"异或"运算，如果二进制位相同，则按位"异或"的结果为 0，否则为 1
<<	左移	将操作数的二进制位按照指定位数向左移动，运算时，右边的空位补 0，左边移走的部分舍去
>>	右移	将操作数的二进制位按照指定位数向右移动，运算时，左边的空位根据原数的符号位补 0 或者 1，原来是负数就补 1，是正数就补 0
>>>	无符号右移	将操作数的二进制位按照指定位数向右移动，不考虑原数的正负，运算时，左边的空位补 0

需要注意的是，JavaScript 中位运算符仅能对数字型的数据进行运算。在对数字进行位运算之前，程序会将所有的操作数转换为二进制数，然后逐位运算。接下来将分别讲解位运算符的使用。

（1）使用"15 & 9"将 15 与 9 进行按位"与"运算，数字 15 对应的二进制数为 1111，数字 9 对应的二进制数为 1001，具体演算过程如下。

```
    00000000 00000000 00000000 00001111
&   00000000 00000000 00000000 00001001
    ─────────────────────────────────────
    00000000 00000000 00000000 00001001
```

运算结果为 1001，对应十进制的数字为 9。

（2）使用"15 | 9"将 15 与 9 进行按位"或"运算，具体演算过程如下。

```
    00000000 00000000 00000000 00001111
|   00000000 00000000 00000000 00001001
    ─────────────────────────────────────
    00000000 00000000 00000000 00001111
```

运算结果为 1111，对应十进制的数字为 15。

（3）使用"~15"对 15 进行按位"非"运算，具体演算过程如下。

```
~   00000000 00000000 00000000 00001111
    ─────────────────────────────────────
    11111111 11111111 11111111 11110000
```

上述运算结果为补码，符号位（最左边的一位）是 1 表示负数，为了将其转换为十进制数，我们需要计算其原码，如下所示。

```
11111111 11111111 11111111 11110000    补码
11111111 11111111 11111111 11101111    反码（补码减 1）
10000000 00000000 00000000 00010000    原码（反码符号位不变，其他位取反）
```

根据计算后的原码可知，"~15"的结果对应的十进制数字为-16。

（4）使用"15 ^ 9"对 15 与 9 进行按位"异或"运算，具体演算过程如下。

```
^   00000000 00000000 00000000 00001111
    00000000 00000000 00000000 00001001
    ─────────────────────────────────────
    00000000 00000000 00000000 00000110
```

运算结果为 110，对应十进制的数字为 6。

（5）使用"9<<2"对9进行左移2位运算，具体演算过程如下。

```
00000000 00000000 00000000 00001001        << 2
─────────────────────────────────────────────
00000000 00000000 00000000 00100100
```

运算结果为100100，对应十进制的数字为36。

（6）使用"9>>2"对9进行右移2位运算，具体演算过程如下。

```
00000000 00000000 00000000 00001001        >> 2
─────────────────────────────────────────────
00000000 00000000 00000000 00000010
```

运算结果为10，对应十进制的数字为2。

（7）使用"15>>>2"对15进行无符号右移2位运算，具体演算过程如下。

```
00000000 00000000 00000000 00001111        >>> 2
─────────────────────────────────────────────
00000000 00000000 00000000 00000011
```

运算结果为11，对应十进制的数字为3。

2.4.9　运算符优先级

日常生活中，我们在火车站排队时，标示牌上写着"军人优先"，表示军人可以优先进站，其余人士后进站。在程序中，运算符也遵循先后的顺序，我们把这种顺序称作运算符的优先级。接下来通过表格列出 JavaScript 中运算符的优先级，如表 2-10 所示。

表 2-10　JavaScript 中运算符的优先级

结合方向	运算符
无	()
左	.、[]、new（有参数，无结合性）
右	new（无参数）
无	++（后置）、--（后置）
右	!、~、-（负数）、+（正数）、++（前置）、--（前置）、typeof、void、delete
右	**
左	*、/、%
左	+、-
左	<<、>>、>>>
左	<、<=、>、>=、in、instanceof
左	==、!=、===、!==
左	&
左	^
左	|
左	&&
左	||
右	?:
右	=、+=、=、*=、/=、%=、<<=、>>=、>>>=、&=、^=、|=
左	,

表 2-10 中，运算符的优先级高低由上到下递减，同一单元格的运算符具有相同的优先级，左结合方向

表示同级运算符的执行顺序为从左向右，右结合方向则表示同级运算符的执行顺序为从右向左。

小括号"()"是优先级最高的运算符，运算时要先计算小括号内的表达式。当表达式中有多个小括号时，最内层小括号中的表达式优先级最高。下面演示未加小括号的表达式和加小括号表达式的运算区别。

```
console.log(8 + 6 * 3);          // 输出结果: 26
console.log((8 + 6) * 3);        // 输出结果: 42
```

在上述示例中，表达式"8 + 6 * 3"按照运算符优先级的顺序，先执行乘法"*"，再执行加法"+"，因此结果为26。而加了小括号的表达式"(8 + 6) * 3"的执行顺序是先执行小括号内的加法，再执行乘法，因此输出结果为42。

当一个表达式中有多种运算符时，我们可以根据自己的需要为表达式添加小括号，这样可以使代码更清楚，并且可以避免错误的发生。

2.4.10　【案例】计算圆的周长和面积

在学习数学时，我们计算圆的周长和面积要通过数学里的运算符完成计算，那么在程序中，我们如何使用 JavaScript 中的运算符实现圆的周长和面积的计算呢？首先我们要知道圆的周长公式和面积公式。圆的周长公式为 $2\pi r$，圆的面积公式为 πr^2。公式中，π 表示圆周率，代码中使用圆周率的近似值 3.14；r 表示圆的半径。接下来根据公式编写代码实现计算圆的周长和面积，具体代码如例 2-3 所示。

例 2-3　Example03.html

```
1  <script>
2    var r = prompt('请输入圆的半径: ');
3    r = parseFloat(r);
4    var c = 2 * 3.14 * r;
5    var s = 3.14 * r * r;
6    // 在控制台输出圆的周长和面积
7    console.log('圆的周长为: ' + c.toFixed(2));
8    console.log('圆的面积为: ' + s.toFixed(2));
9  </script>
```

例 2-3 中，第 2 行代码通过变量 r 接收用户输入的半径；第 3 行代码用于将变量 r 转换为数字型数据；第 4 行代码声明变量 c，用于保存圆的周长；第 5 行代码声明变量 s，用于保存圆的面积。

保存代码，在浏览器中进行测试，例 2-3 的页面初始效果如图 2-9 所示。

在弹出的输入框中输入 5，单击"确定"按钮后，进入控制台查看例 2-3 的输出结果，如图 2-10 所示。

图2-9　例2-3的页面初始效果

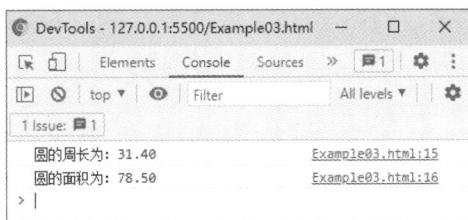

图2-10　例2-3的输出结果

图 2-10 中，控制台中输出了圆的周长和面积，说明已经实现了使用 JavaScript 运算符计算圆的周长和面积。

2.5　流程控制

现实生活中，我们做一件事，从开始到结束往往需要经过一个流程，这个流程如何执行由我们自身来决定。一个程序的执行也有流程，很多时候我们需要通过控制程序中的流程来实现程序的功能，这就是流程控制。程序的流程控制通过 3 种结构实现，分别是顺序结构、选择结构和循环结构。顺序结构指的是程序按照代码的先后顺序自上而下地执行，由于顺序结构比较简单，本节不过多介绍。本节将讲解选择结构、循环结构，以及在循环结构中用到的跳转语句。

2.5.1　选择结构

所谓选择结构语句，指的是根据语句中的条件进行判断，进而执行与条件相对应的代码，因此选择结构语句也称为条件判断语句。常用的选择结构语句有 if 语句、if…else 语句、if…else if…else 语句和 switch 语句。下面将分别讲解这 4 种选择结构语句。

1. if 语句

if 语句也称为单分支语句，当满足某种条件时，就进行某种处理，具体语法格式如下。

```
if ( 条件表达式 ) {
  代码段
}
```

上述语法格式中，条件表达式的值是一个布尔值，当该值为 true 时，执行"{}"中的代码段，否则不进行任何处理。当代码段中只有一条语句时，"{}"可以省略。if 语句的执行流程如图 2-11 所示。

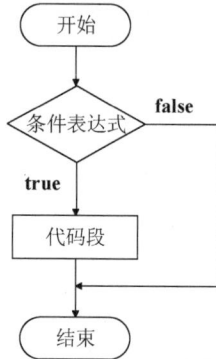

图2-11　if语句的执行流程

了解 if 语句的执行流程后，接下来编写代码，使用 if 语句实现只有当年龄（age 变量值）大于等于 18 周岁时，才输出"已成年"，否则无输出，示例代码如下。

```
var age = 15;                // 声明变量 age 并赋值为 15
if (age >= 18) {
  console.log('已成年');     // 在控制台输出"已成年"
}
```

上述示例代码中，声明了变量 age 并赋值为 15。if 语句判断表达式"age >= 18"的值，变量 age 的值为 15，15 小于 18，所以表达式的值为 false，因此不做任何处理。如果将变量 age 的值改为 19，则输出结果为"已成年"。

2. if…else 语句

if…else 语句也称为双分支语句，当满足某种条件时，就进行某种处理，否则进行另一种处理，具体语法格式如下。

```
if ( 条件表达式 ) {
  代码段 1
} else {
  代码段 2
}
```

上述语法格式中，当条件表达式的值为 true 时，执行代码段 1；当条件表达式的值为 false 时，执行代码段 2。if...else 语句的执行流程如图 2-12 所示。

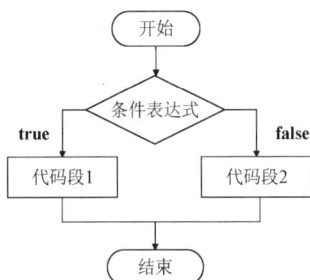

图2-12　if...else语句的执行流程

了解 if...else 语句的执行流程后，接下来编写代码，使用 if...else 语句实现当年龄（age 值）大于等于 18 周岁时，输出"已成年"，否则输出"未成年"，示例代码如下。

```
var age = 15;                    // 声明变量 age
if (age >= 18) {
  console.log('已成年');          // 当 age >= 18 时在控制台输出"已成年"
} else {
  console.log('未成年');          // 当 age < 18 时在控制台输出"未成年"
}
```

上述示例代码中，声明了变量 age 并赋值为 15。if 语句首先判断表达式"age >= 18"的值，变量 age 的值为 15，15 小于 18，所以执行 else 后"{}"中的代码，因此在控制台输出"未成年"。如果将变量 age 的值改为 19，将会在控制台输出"已成年"。

3. if...else if...else 语句

if...else if...else 语句也称为多分支语句，所谓多分支语句，指的是有多个条件的语句，它可针对不同情况进行不同的处理，具体语法格式如下。

```
if (条件表达式 1) {
  代码段 1
} else if (条件表达式 2) {
  代码段 2
}
...
else if (条件表达式 n) {
  代码段 n
} else {
  代码段 n+1
}
```

上述语法格式中，当条件表达式 1 的值为 true 时，执行代码段 1；当条件表达式 1 的值为 false 时，继续判断条件表达式 2 的值，当条件表达式 2 的值为 true 时，执行代码段 2，以此类推。若所有表达式都为 false，则执行最后 else 中的代码段 n+1，如果最后没有 else，则直接结束。if...else if...else 语句的执行流程如图 2-13 所示。

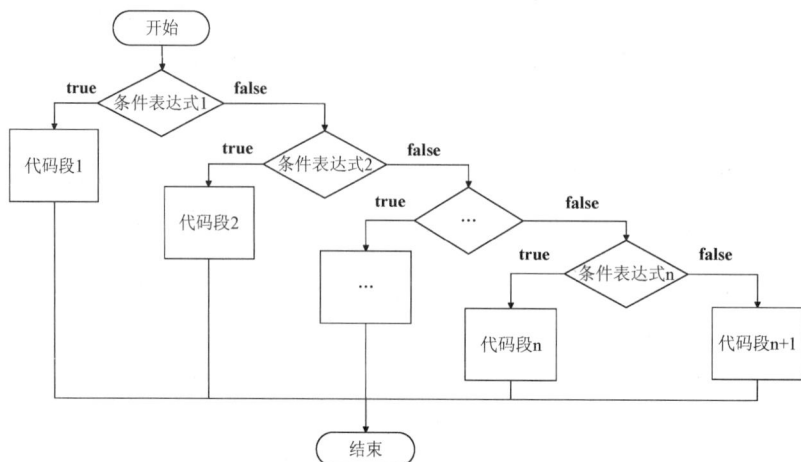

图2-13 if...else if...else语句的执行流程

了解 if...else if...else 语句后，接下来编写代码，使用 if...else if...else 语句实现对一个学生的考试成绩按分数进行等级的划分：90～100 分为优秀，80～90 分为良好，70～80 分为中等，60～70 分为及格，小于 60 分则为不及格，示例代码如下。

```
var score = 88;
if (score >= 90) {
  console.log('优秀');
} else if (score >= 80) {
  console.log('良好');
} else if (score >= 70) {
  console.log('中等');
} else if (score >= 60) {
  console.log('及格');
} else {
  console.log('不及格');
}
```

上述示例代码中，声明 score 变量并赋值为 88。if 语句首先判断表达式 "score >= 90" 的值，88 小于 90，因此表达式的值为 false，继续判断表达式 "score >= 80" 的值，88 大于等于 80，表达式的值为 true，执行 "console.log('良好')"，最后在控制台输出 "良好"。

4. switch 语句

在程序中，当我们需要根据某个表达式的值做出判断，从而决定执行哪一段代码时，可以使用 switch 语句来实现。switch 语句也是多分支语句，相比 if...else if...else 语句，switch 语句可以使代码更加清晰简洁，便于阅读。switch 语句的语法格式如下。

```
switch ( 表达式 ) {
  case 值1:
    代码段1;
    break;
  case 值2
    代码段2;
    break;
  ...
  default:
    代码段n;
}
```

上述语法格式中，首先计算表达式的值，然后将表达式的值和每个 case 的值进行比较，数据类型不同时会发生自动类型转换。比较后，若相等则执行 case 后对应的代码段，遇到 break 语句时跳出 switch 语句，若省略 break 语句，将继续执行下一个 case 语句。如果所有 case 的值与表达式的值都不相等，则执行 default 后的代码段，default 是可选的，可以根据实际需要来设置。switch 语句的执行流程如图 2-14 所示。

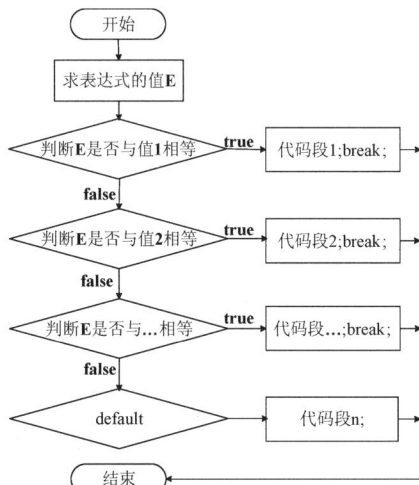

图2-14　switch语句的执行流程

了解 switch 语句的执行流程后，接下来通过代码进行演示。使用 switch 语句判断变量 week 的值，当 week 变量的值为 1~6 时输出"星期一"~"星期六"，为 0 时输出"星期日"，若没有与 week 变量的值相等的 case 值则输出"错误"，具体示例代码如下。

```javascript
var week = 2;
switch (week) {
  case 0:
    console.log('星期日');
    break;
  case 1:
    console.log('星期一');
    break;
  case 2:
    console.log('星期二');
    break;
  case 3:
    console.log('星期三');
    break;
  case 4:
    console.log('星期四');
    break;
  case 5:
    console.log('星期五');
    break;
  case 6:
    console.log('星期六');
    break;
  default:
    console.log('错误');
};
```

上述示例代码中，声明了 week 变量并赋值为 2，switch 语句首先计算表达式的值为 week 变量的值 2，然后将表达式的值与 case 值比较，匹配到与表达相等的 case 值，执行 "console.log('星期二')"，在控制台输出 "星期二"。

2.5.2　【案例】查询水果的价格

日常生活中，我们去水果店买水果，结账时售货员要查询所买水果的价格来计算总价。例如，当售货员输入 "苹果" 时，查询苹果的价格；输入 "桃子" 时，查询桃子的价格。接下来将使用 switch 语句实现查询水果的价格。

首先声明变量 fruit，用来接收售货员输入的水果名称，然后利用 switch 语句实现查询对应水果的价格，具体代码如例 2-4 所示。

例 2-4　Example04.html

```
1  <script>
2    var fruit = prompt('请您输入查询的水果: ');
3    switch (fruit) {
4      case '苹果':
5        console.log('苹果的价格是 3.5 元/斤');
6        break;
7      case '桃子':
8        console.log('桃子的价格是 3 元/斤');
9        break;
10     case '芒果':
11       console.log('芒果的价格是 5 元/斤');
12       break;
13     case '榴莲':
14       console.log('榴莲的价格是 23.8 元/斤');
15       break;
16     default:
17       console.log('没有此水果')
18   }
19 </script>
```

例 2-4 中，第 2 行代码通过 fruit 变量保存售货员输入的水果名称；第 3～18 行代码利用 switch 语句实现根据售货员输入的水果名称查询对应水果的价格，当 case 后没有和 fruit 变量匹配的值时，执行 default 后的代码，输出 "没有此水果"。

保存代码，在浏览器中进行测试，例 2-4 的初始页面效果如图 2-15 所示。

在弹出的输入框中输入 "榴莲"，单击 "确定" 按钮后，打开开发者工具，进入控制台，例 2-4 的输出结果如图 2-16 所示。

图2-15　例2-4的初始页面效果　　　　　图2-16　例2-4的输出结果

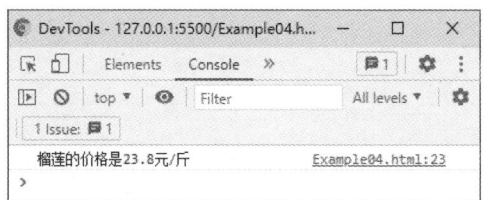

图 2-16 中，控制台输出了 "榴莲的价格是 23.8 元/斤"，说明利用 switch 语句实现了查询水果的价格。

2.5.3 循环结构

循环结构是为了在程序中反复执行某个功能而设置的一种程序结构，它用来实现一段代码的重复执行。例如，连续输出 1~100 的整数，如果不使用循环结构，需要编写 100 次输出代码才能实现，而使用循环结构，仅使用几行简单的代码就能让程序自动输出。

在循环结构中，由循环体及循环条件组成的语句称为循环语句，一组被重复执行的语句称为循环体，循环体能否重复执行，取决于循环条件。JavaScript 提供了 3 种循环语句，分别是 for 语句、while 语句和 do…while 语句。接下来将对这 3 种循环语句进行详细讲解。

1. for 语句

在程序开发中，for 语句一般用于循环次数已知的情况，其语法格式如下。

```
for (初始化变量; 条件表达式; 操作表达式) {
    循环体
}
```

上述语法格式中，初始化变量指的是初始化一个用来作为计数器的变量，通常使用 var 关键字声明一个变量并赋初值；条件表达式用来决定循环是否继续，即循环条件；操作表达式是每次循环最后执行的代码，通常用于对计数器变量进行更新（递增或递减）。for 语句的执行流程如图 2-17 所示。

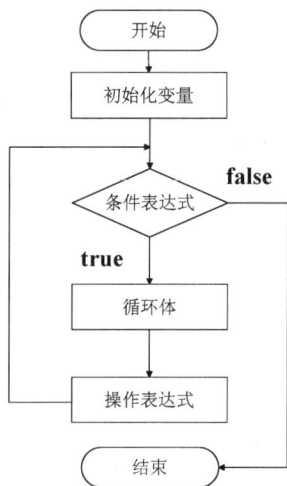

图2-17 for语句的执行流程

通过图 2-17 可知，for 语句执行的流程是先初始化变量，然后判断条件表达式的值，当条件表达式的值为 false 时，直接结束循环；当条件表达式的值为 true 时，执行 1 次循环体，然后执行操作表达式，至此完成第 1 次循环。接下来进入下一次循环，继续判断条件表达式的值，直到条件表达式的值为 false 时，结束循环。

了解 for 语句的执行流程后，编写代码利用 for 语句在控制台输出 1~100 的整数，示例代码如下。

```
for (var i = 1; i <= 100; i++) {
  console.log(i);          // 输出 1,2,3,4,5,6,…,100
}
```

上述示例代码中，"var i = 1"表示声明计数器变量 i 并赋初始值为 1；"i <= 100"为循环条件，当计数器变量 i 小于等于 100 时进入循环体；"i++"为操作表达式，用于每次循环为计数器变量 i 加 1。上述示例代码的执行流程如下。

① 执行"var i = 1"初始化变量。

② 判断"i <= 100"是否为 true，如果为 true，则向下执行③，否则结束循环。

③ 执行循环体，通过"console.log(i)"输出变量 i 的值。

④ 执行"i++"，将 i 的值加 1。

⑤ 判断"i <= 100"是否为 true，和第②步相同。只要满足"i <= 100"这个条件，就会一直循环。当 i 的值加到 101 时，判断结果为 false，循环结束。

为了帮助读者掌握 for 语句的使用，下面通过案例进行演示，编写代码利用 for 语句实现计算 1～100 的偶数的和，具体代码如例 2-5 所示。

例 2-5　Example05.html

```
1  <script>
2    var result = 0;                    // 初始化 result 变量
3    for (var i = 1; i <= 100; i++) {
4      if (i % 2 == 0) {                // 判断 i 是否为偶数
5        result += i;                   // 将偶数进行累加
6      }
7    }
8    console.log('1～100 的偶数的和为：' + result);
9  </script>
```

例 2-5 中，第 2 行代码初始化变量 result，用于保存 1～100 的偶数的和，初始值为 0；第 3～7 行代码利用 for 语句将 1～100 的偶数进行循环累加，其中，第 4～6 行代码用于判断 i 的值是否为偶数，如果是偶数则进行累加；第 8 行代码用于在控制台输出 1～100 的偶数的和。

保存代码，在浏览器中进行测试。打开开发者工具，进入控制台，查看例 2-5 的输出结果，如图 2-18 所示。

图 2-18 中，输出了 1～100 偶数的和为 2550，说明利用 for 语句已经成功计算出了 1～100 偶数的和。

2. while 语句

while 语句和 for 语句都能够实现循环，语句也可以相互转换，但在不能够确定循环次数的情况下，while 语句更适合用于实现循环。while 语句的语法格式如下。

```
while (条件表达式) {
  循环体
}
```

上述语法格式中，若条件表达式的值为 true，将循环执行循环体，直到条件表达式的值为 false 时才结束循环。

为了帮助读者直观地理解 while 语句的执行流程，下面通过图 2-19 进行说明。

图2-18　例2-5的输出结果

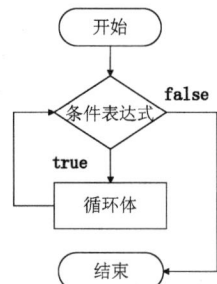

图2-19　while语句的执行流程

通过图 2-19 可知，若条件表达式的值永远为 true，则会出现死循环，因此为了保证循环可以正常结束，应该保证条件表达式的值存在 false 的情况。

了解 while 语句的执行流程后，编写代码，利用 while 语句在控制台输出 1~100 的整数，示例代码如下。

```
1  var i = 1;
2  while (i <= 100) {
3    console.log(i);
4    i++;
5  }
```

上述示例代码中，第 1 行代码用于声明 i 变量并赋值为 1；第 2 行代码的 "i <= 100" 是循环条件；第 4 行代码用于变量 i 自增。上述示例代码的执行流程如下。

① 执行 "var i = 1"，初始化变量 i；

② 判断 "i <= 100" 是否为 true，如果为 true，向下执行③，否则结束循环；

③ 执行循环体，通过 "console.log(i)" 输出变量 i 的值；

④ 执行 "i++"，将 i 的值加 1；

⑤ 判断 "i <= 100" 是否为 true，和第②步相同。只要满足 "i <= 100" 这个条件，就会一直循环。当 i 的值加到 101 时，判断结果为 false，循环结束。

为了帮助读者巩固 while 语句的使用，下面通过案例进行演示，利用 while 语句实现计算 1~100 的偶数的和，具体代码如例 2-6 所示。

例 2-6　Example06.html

```
1  <script>
2    var i = 1;
3    var result = 0;
4    while (i <= 100) {
5      if (i % 2 == 0) {
6        result += i;
7      }
8      i++;
9    }
10   console.log('1~100 的偶数的和为：' + result);
11 </script>
```

例 2-6 中，第 2 行代码初始化变量 i，用于循环计数；第 3 行代码声明 result 变量，用于保存 1~100 的偶数的和；第 4~9 行代码利用 while 语句实现计算 1~100 的偶数的和，其中，第 5~7 行代码用于判断变量 i 是否为偶数，如果是偶数则进行累加，第 8 行代码用于为变量 i 加 1；第 10 行代码用于在控制台输出 1~100 的偶数的和。

例 2-6 的输出结果同例 2-5 的输出结果。

3. do...while 语句

do...while 语句的功能和 while 语句类似，其区别在于 while 语句是先判断条件表达式的值，再根据条件表达式的值决定是否执行循环体，而 do...while 语句会无条件地执行 1 次循环体，然后判断条件表达式的值，根据条件表达式的值决定是否继续执行循环体。do...while 语句的具体语法格式如下。

```
do {
  循环体
} while (条件表达式);
```

为了直观地理解 do...while 语句的执行流程，下面通过图 2-20 进行说明。

通过图 2-20 可知，do...while 语句先执行循环体，然后判断条件表达式的值，若条件表达式的值为 true，将进入下一次循环，若条件表达式的值为 false，则结束循环。

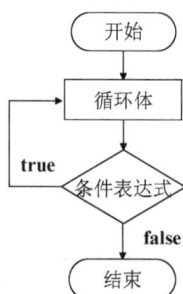

图2-20　do...while语句的执行流程

了解 do...while 语句的执行流程后，编写代码使用 do...while 语句在控制台输出 1～100 的整数，示例代码如下。

```
var i = 1;
do {
  console.log(i);
  i++;
} while (i <= 100)
```

上述示例代码中变量 i 为计数器变量，"i <=100" 为循环条件，上述示例代码的执行流程如下。

① 首先执行 "var i = 1"，初始化变量 i；

② 执行循环体，通过 "console.log(i)" 在控制台输出变量 i 的值；

③ 执行 "i++"，将变量 i 的值加 1；

④ 执行表达式 "i <= 100"，若表达式的值为 true，则继续执行②，只要表达式的值为 true 就一直循环，当 i 的值为 101 时将结束循环。

为了帮助读者巩固 while 语句的使用，下面通过案例进行演示，利用 do...while 语句实现计算 1～100 的偶数的和，具体代码如例 2-7 所示。

例 2-7　Example07.html

```
1  <script>
2    var i = 1;
3    var result = 0;
4    do {
5      if (i % 2 == 0) {
6        result += i;
7      }
8      i++;
9    } while (i <= 100)
10   console.log('1～100 的偶数的和为: ' + result);
11 </script>
```

例 2-7 中，第 2 行代码用于声明变量 i 并赋初始值为 1；第 3 行代码声明变量 result，用于保存 1～100 的偶数的和；第 4～9 行代码利用 do...while 语句实现循环并计算 1～100 的偶数的和，其中，第 4～7 行代码用于判断变量 i 是否为偶数，如果是偶数则进行累加，第 8 行代码用于为变量 i 加 1；第 10 行代码用于在控制台输出 1～100 的偶数的和。

例 2-7 的输出结果同例 2-5 的输出结果。

▌▌多学一招：断点调试

断点调试是指在程序的某一行设置一个断点进行调试。断点调试时，程序运行到这一行就会停住，然后就可以控制代码一步一步地执行，在这个过程中可以看到每个变量当前的值。断点调试可以帮助我们观察程序的运行过程。

在 Chrome 浏览器的开发者工具中可以进行断点调试。按 "F12" 键启动开发者工具后，切换到 "Sources" 面板，如图 2-21 所示。

图2-21　"Sources" 面板

从图 2-21 中可以看出，"Sources" 面板有左、中、右 3 栏，左栏是目录结构，中栏是网页源代码，右栏是 JavaScript 调试区。

在中栏显示的网页源代码中，单击某一行代码的行号，即可添加断点，再次单击，可以取消断点。例如，为 for 语句添加断点，如图 2-22 所示。

图2-22　断点调试

在添加断点后，刷新网页，程序就会在断点的位置暂停，此时按 "F11" 键让程序单步执行，可在右栏的 "Watch" 中观察变量的值的变化。

2.5.4　跳转语句

循环语句一般会根据设置好的循环条件停止执行，在循环执行过程中，若需要跳出本次循环或跳出整个循环，就需要用到跳转语句。常用的跳转语句有 continue 和 break 语句，接下来将分别讲解这两个语句的使用。

1. continue 语句

continue 语句用来立即跳出本次循环，也就是跳过 continue 语句后面的代码，继续下一次循环。例如，一个人吃苹果，一共有 5 个苹果，吃到第 3 个苹果时，发现里面有虫子，就扔掉第 3 个苹果，继续吃第 4 个和第 5 个苹果。接下来通过代码演示扔掉第 3 个苹果，继续吃第 4 个和第 5 个苹果，示例代码如下。

```
1  for (var i = 1; i <= 5; i++) {
2    if (i == 3) {
3      continue; // 跳出本次循环，直接跳到 i++
4    }
5    console.log('我吃完了第' + i +'个苹果');
6  }
```

上述示例代码中，使用 for 语句表示吃苹果的过程，第 2~4 行代码用于判断变量 i 是否等于 3，相当于判断当前的苹果是否为第 3 个，如果判断结果为 true，将跳出本次循环，表示扔掉第 3 个苹果，继续吃第 4、5 个苹果。

上述示例代码的输出结果如图 2-23 所示。

图 2-23 中，控制台依次输出了 "我吃完了第 1 个苹果" "我吃完了第 2 个苹果" "我吃完了第 4 个苹果" "我吃完了第 5 个苹果"，说明使用 continue 语句跳出了第 3 次循环。

2. break 语句

break 语句在循环语句中使用时，其作用是立即跳出整个循环，也就是将循环结束。例如，一个人吃 5 个苹果，吃到第 3 个苹果的时候，发现里面有只虫子，不想吃了，于是扔掉了有虫子的苹果和剩下的苹果。接下来通过代码演示扔掉有虫子的苹果和剩下的苹果，示例代码如下。

```
1  for (var i = 1; i <= 5; i++) {
2    if (i == 3) {
3      break;    // 跳出整个循环
4    }
5    console.log('我吃完了第' + i +'个苹果');
6  }
```

上述示例代码中，使用 for 语句表示吃苹果的过程，第 2~4 行代码用于判断变量 i 是否等于 3，相当于判断当前的苹果是否为第 3 个，如果判断结果为 true，将跳出整个循环，表示 "不吃" 第 3、4、5 个苹果了。

上述示例代码的输出结果如图 2-24 所示。

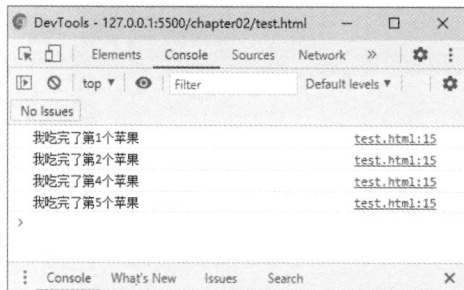

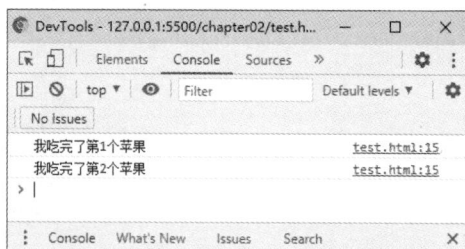

图2-23　continue语句示例代码的输出结果　　　　图2-24　break语句示例代码的输出结果

图 2-24 中，控制台输出了 "我吃完了第 1 个苹果" 和 "我吃完了第 2 个苹果"，说明使用 break 语句跳出了整个循环。

2.5.5　循环嵌套

循环嵌套指的是在一个循环语句中再定义一个循环语句。for 语句、while 语句、do...while 语句都可以进行嵌套，并且它们之间可以互相嵌套。在循环嵌套语句中，为了区分每个循环，可以给循环语句起别名，有了别名后，通过 "跳转语句 别名" 的方式可以跳出循环。如果不想区分每个循环，别名可以省略。

下面以 for 语句循环嵌套 for 语句为例进行演示，for 语句循环嵌套的语法格式如下。

```
外层循环别名:
for (初始化变量;条件表达式; 操作表达式) {
  内层循环别名:
  for (初始化变量;条件表达式; 操作表达式) {
    循环体
  }
}
```

上述语法格式中，内层循环写在了外层循环的循环体中，内层循环的执行顺序遵循 for 语句的执行顺序，且外层循环每执行 1 次，内层循环执行全部次数。

为了帮助读者更好地理解循环嵌套的使用，下面使用 for 语句循环嵌套实现在控制台输出 4 行 4 列的"☆"，具体代码例 2-8 所示。

例 2-8　Example08.html

```
1  <script>
2    var str = '';
3    for (var i = 0; i < 4; i++) {
4      for (var j = 0; j < 4; j++) {
5        str += '☆'
6      }
7      str += '\n';
8    }
9    console.log(str);
10 </script>
```

例 2-8 中，第 3 行代码的外层 for 语句用于控制输出的行数，且内层循环每次结束后添加一个换行符；第 4 行的内层 for 语句用于控制"☆"的个数。

保存代码，在浏览器中进行测试，例 2-8 的输出结果如图 2-25 所示。

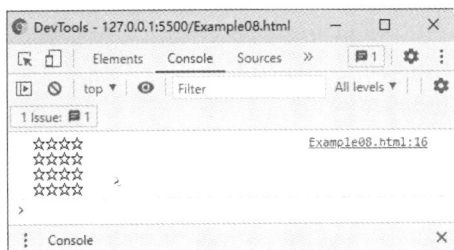

图 2-25　例 2-8 的输出结果

通过图 2-25 所示的输出结果可知，利用 for 语句循环嵌套实现了输出 4 行 4 列的"☆"。

下面将演示如何跳出外层循环，首先编写一个循环嵌套的程序，给外层循环定义一个别名，示例代码如下。

```
1  outSide:
2  for (var i = 0; i < 3; i++) {
3    console.log('我是外层的第' + i + '次');
4    for (var j = 0; j < 3; j++) {
5      console.log(' ' + ' ' + '我是内层的第' + j + '次');
6    }
7  }
```

上述示例代码中，第 1 行代码用来定义外层循环的别名；第 2~7 行代码在 for 语句中又定义了一个 for 语句，实现了双重 for 语句。

上述示例代码的输出结果如图 2-26 所示。

图 2-26 是没有使用跳转语句的输出效果，下面在第 5 行代码前添加代码，实现当内层循环 j 的值为 2 时使用 break 语句跳出外层循环，示例代码如下。

```
if (j == 2) {
  break outSide;
}
```

添加跳转语句后输出结果如图 2-27 所示。

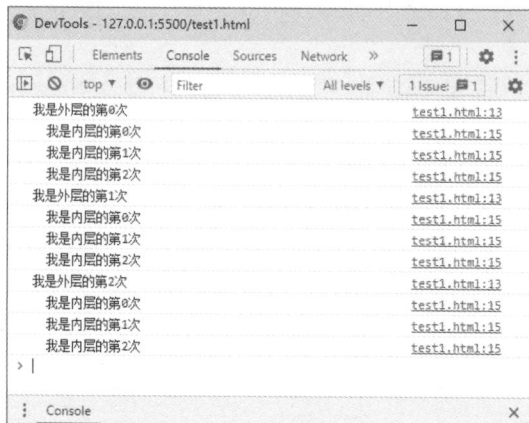

图2-26　未使用跳转语句

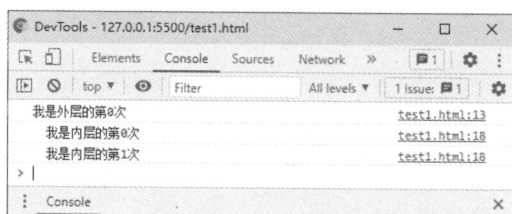

图2-27　添加跳转语句

通过图 2-27 所示的输出结果可知，利用"break outSide"实现了跳出外层循环 outSide。

动手实践：输出"金字塔"

金字塔是世界建筑的奇迹之一。本案例将利用循环语句以及条件判断语句输出一个由"*"组成的金字塔形状的图形（下称金字塔）。金字塔的层数是由用户输入的，例如，用户输入 5，表示输出 5 层的金字塔，顶端为金字塔的第 1 层，金字塔从第 1 层起，每层的"*"遵循"1，3，5，7，9，11，…"的规律。为了防止用户输入字母、特殊符号等其他字符，需要在程序中判断用户输入的值是否为纯数字。下面以 5 层金字塔为例，演示程序的输出效果，如图 2-28 所示。

图 2-28 中的金字塔是由空格和"*"组成的，空格在"*"的前面，用于控制"*"的位置。为了便于读者理解，下面对金字塔进行画图分析，如图 2-29 所示。

图2-28　金字塔

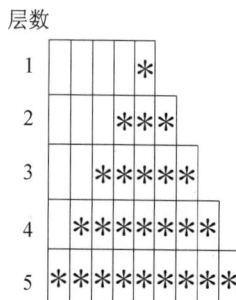

图2-29　金字塔分析

通过分析图 2-29，可以得出以下两条规律。

- 每层中"*"的数量 = 当前层数 × 2 − 1。例如当前为第 4 层，则"*"数量 = 4 × 2 − 1 = 7。
- 每层"*"前的空格 = 金字塔层数 − 当前层数。例如当前层数为第 3 层，则空格数 = 5 − 3 = 2。

　　下面根据用户指定的层数完成金字塔的输出，通过 for 语句嵌套来实现金字塔效果，外层的 for 语句控制金字塔的层数，内层 for 语句控制"*"前的空格和"*"的数量，具体代码如例 2-9 所示。

例 2-9　Example09.html

```
1  <script>
2    var str = '';
3    var level = prompt('请设置金字塔的层数');
4    // 获取输入的纯数字，其余情况皆转为 NaN
5    level = parseInt(level) && Number(level);
6    // 判断用户输入的数据是否合法
7    if (isNaN(level)) {
8      alert('金字塔的层数必须是纯数字');
9    }
10   // 循环遍历金字塔的层数
11   for (var i = 1; i <= level; ++i) {
12     // 计算"*"前的空格并累加到 str 中
13     var blank = level - i;
14     for (var k = 0; k < blank; ++k) {
15       str += ' ';
16     }
17     // 计算"*"的数量并累加到 str 中
18     var star = i * 2 - 1;
19     for (var j = 0; j < star; ++j) {
20       str += '*';
21     }
22     // 换行
23     str += '\n';
24   }
25   console.log(str);
26 </script>
```

　　例 2-9 中，第 2 行代码用于声明 str 变量并赋值为空字符串。第 3~9 行代码用于接收并验证用户指定的金字塔层数是否合法，若不合法，则执行第 8 行代码给出提示信息；若合法，则执行第 11~25 行代码，按照规律输出金字塔，其中，第 13~16 行代码用于计算每层中"*"前的空格数，第 18~21 行代码用于计算每层中"*"的数量，第 23 行代码用于换行，第 25 行代码用于在控制台输出金字塔。

　　保存代码，在浏览器中进行测试，例 2-9 的初始页面效果如图 2-30 所示。

　　图 2-30 中，在弹出的输入框中输入"5"，单击"确定"按钮，页面显示 5 层的金字塔如图 2-31 所示。

图2-30　例2-9的初始页面效果　　　　　　　　　　图2-31　5层的金字塔

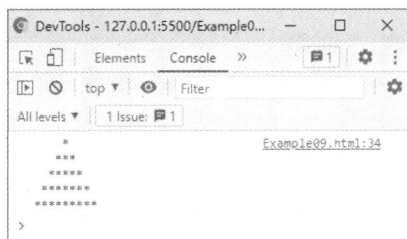

　　如图 2-31 所示，控制台中显示了 5 层的金字塔，说明利用循环成功在控制台中输出了 5 层的金字塔。

本章小结

本章首先讲解了变量，包括变量的概念、命名规则、声明与赋值，然后讲解了 JavaScript 中的数据类型、表达式以及运算符的使用，最后讲解了流程控制，包括选择结构、循环结构和跳转语句。通过本章的学习，读者应掌握 JavaScript 的基本语法，能够利用 JavaScript 编写简单的程序。

课后练习

一、填空题

1. 在声明变量的同时为变量赋值，这个过程又称为＿＿＿＿＿。

2. 利用＿＿＿＿＿操作符可以进行数据类型检测。

3. Boolean(NaN)的运行结果等于＿＿＿＿＿。

4. 运算符优先级中，优先级最高的是＿＿＿＿＿。

5. ＿＿＿＿＿语句用于立即跳出整个循环，也就是将循环结束。

二、判断题

1. JavaScript 中的变量名不区分大小写。　　　　　　　　　　　　　　　　（　　　）

2. 变量还未被初始化时的默认值为 undefined。　　　　　　　　　　　　　（　　　）

3. JavaScript 中，表达式 "0.1 + 0.2 == 0.3" 的值为 true。　　　　　　　　（　　　）

4. JavaScript 中，加号 "+" 可以连接两个字符串。　　　　　　　　　　　（　　　）

5. 表达式 "8 % (−7)" 的值为−1。　　　　　　　　　　　　　　　　　　　（　　　）

三、选择题

1. 下列选项中，属于非法变量名的是（　　　）。

A. myName　　　　　　B. $price　　　　　　C. const　　　　　　D. get_name

2. 下列选项中，不属于基本数据类型的是（　　　）。

A. boolean　　　　　　B. object　　　　　　C. string　　　　　　D. null

3. 下列选项中，表达式 "123 && 456" 的值是（　　　）。

A. 123　　　　　　　　B. true　　　　　　　C. false　　　　　　D. 456

4. 下列选项中，不属于比较运算符的是（　　　）。

A. =　　　　　　　　　B. ==　　　　　　　　C. ===　　　　　　　D. !==

5. 下列选项中，属于循环结构语句的是（　　　）

A. if 语句　　　　　　B. if...else 语句　　　　C. for 语句　　　　　D. switch 语句

四、简答题

1. 简述 JavaScript 中的数据类型。

2. 列举 4 个常用的选择结构语句。

五、编程题

1. 通过 JavaScript 实现验证用户输入的密码是否正确，正确密码为 "admin"，若用户输入的密码正确，则提示 "密码输入正确!"，否则提示 "密码输入错误!"。

2. 通过 JavaScript 中的 for 语句实现求 1~100 的所有能被 3 整除的整数之和。

第3章
数 组

学习目标

★ 熟悉数组的概念，能够说出数组的组成

★ 掌握数组的创建，能够使用两种方式实现数组的创建

★ 掌握获取和修改数组长度的方法，能够实现获取和修改数组的长度

★ 掌握访问数组的方法，能够实现访问整个数组和访问数组元素

★ 掌握遍历数组的方法，能够使用 for 语句实现数组的遍历

★ 掌握添加、修改和删除数组元素的方法，能够实现添加、修改和删除数组元素

★ 熟悉二维数组的概念，能够说出什么是二维数组

★ 掌握创建与遍历二维数组的方法，能够实现二维数组的创建和遍历

★ 掌握数组的排序，能够实现数组的冒泡排序和插入排序

拓展阅读

数组（Array）是一种复杂数据类型，用来将一组数据集合在一起，通过一个变量就可以访问一组数据，并且数据可以是任意类型的数据，例如字符串、数字、数组或对象等。因此，利用数组可以很方便地对数据进行分类和批量处理。本章将对数组进行详细讲解。

3.1　初识数组

在开发中，经常需要保存一批相关联的数据并进行处理。例如，保存一个班级中所有学生的考试成绩，然后求班级成绩的平均分，我们需要使用多个变量分别保存每位学生的成绩，再将这些变量相加后除以班级人数，求出平均分。这种方法非常麻烦，JavaScript 为我们提供了数组，使用数组可以轻松保存班级内每位学生的成绩，然后通过对数组的处理求出平均分。

数组是存储一系列值的集合，它是由零个、一个或多个元素组成的，各元素之间使用逗号","分隔。数组中的每个元素由"索引"和"值"构成。其中，"索引"也可称为"下标"，以数字表示，默认情况下从 0 开始依次递增，用于识别元素；"值"为元素的内容，可以是任意类型的数据，例如数字、字符串、数组、对象等。数组中索引和值的关系如图 3-1 所示。

图 3-1 中，数组中包含 6 个元素，元素的类型为数字型，索引依次为 0、1、2、3、4、5。

索引：

0	1	2	3	4	5

值：

80	100	75	90	67	66

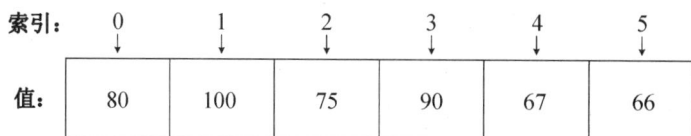

图3-1　数组中索引和值的关系

3.2　创建数组

数组在 JavaScript 中有两种创建方式，一种是通过 new Array()方式创建数组，另一种是直接使用数组字面量"[]"创建数组，下面将分别对这两种实现方式进行详细讲解。

1. 使用 new Array()方式创建数组

使用 new Array()方式创建数组，示例代码如下。

```
1  var arr = new Array();                      // 创建空数组
2  var arr = new Array(3);                     // 创建包含 3 个空元素的数组
3  var arr = new Array('语文', '数学', '英语');   // 含有 3 个元素
```

上述示例代码中，第 1 行代码中的 new Array()用于创建一个空数组；第 2 行代码用于创建含有 3 个空元素的数组；第 3 行代码用于创建含有 3 个元素的数组，元素的类型为字符串型，元素的索引依次为 0、1、2。

在数组中可以保存任意类型的元素，示例代码如下。

```
// 在数组中保存各种常见的数据
var arr1 = new Array(123, 'abc', true, null, undefined);
```

上述示例代码中，数组 arr1 中共有 5 个元素，第 1 个元素的类型为数字型，其索引为 0；第 2 个元素的类型为字符串型，其索引为 1；第 3 个元素的类型为布尔型，其索引为 2；第 4 个元素的类型为空型，其索引为 3；第 5 个元素的类型为未定义型，其索引为 4。

数组中还可以保存数组，示例代码如下。

```
// 在数组中保存数组
var arr2 = new Array(1, new Array(21, 22), 3);
```

上述示例中，数组 arr2 中共有 3 个元素，其中第 2 个元素是一个数组，可以通过 arr2[1][0]的方式访问 21，arr2[1][1]的方式访问 22。

2. 使用数组字面量创建数组

使用数组字面量创建数组的方式与使用 new Array()创建数组的方式类似，只需将 new Array()替换为"[]"即可。使用数组字面量创建数组的示例代码如下。

```
var empty = [];                          // []相当于 new Array()
var arr = ['语文', '数学', '英语', '历史'];   // 含有 4 个元素
```

上述示例中使用"[]"创建了两个数组，数组 empty 是一个空数组，相当于使用 new Array()创建的空数组，数组 arr 中包含 4 个元素，其索引依次为 0、1、2、3。

使用两种方式创建数组时，都允许在最后一个元素后加逗号，但直接使用数组字面量创建数组与使用 new Array()方式创建数组有一定的区别，前者可以创建含有空存储位置的数组，即在数组中使用逗号，而后者则不可以。创建数组时加逗号的示例代码如下。

```
var weather = ['wind', 'fine',];   // 相当于: new Array('wind', 'fine',)
var mood = ['sad', , , ,'happy'];  // 控制台输出 mood: (5) ["sad", empty × 3, "happy"]
```

上述示例中，数组 weather 最后一个元素 fine 后面的逗号可以存在也可以省略；数组 mood 中含有 3 个空存储位置。

3.3　数组的基本操作

通过 3.1 节和 3.2 节的学习，相信大家已经熟悉了什么是数组并且掌握了数组的创建方式。在开发中，经常会对数组进行操作，例如获取和修改数组长度，访问、遍历数组以及添加、修改和删除数组元素等。本节将讲解数组的基本操作。

3.3.1　获取和修改数组长度

学校开学时需要给每个班分配教室，此时需要先获取现有教室中的座位数，然后根据学生的人数调整教室里的座位。在开发中，数组类似于教室，对于一个现有的数组，有时也需要获取其长度，或者修改其长度。数组的长度指的是数组中元素的个数。接下来分别讲解获取数组长度和修改数组长度。

1. 获取数组长度

使用"数组名.length"可以获取数组长度，数组长度为数组元素最大索引加1，示例代码如下。

```
var arr1 = [78, 88, 98];
var arr2 = ['a', , , , 'b', 'c'];
console.log(arr1.length); // 输出结果: 3
console.log(arr2.length); // 输出结果: 6
```

在上述代码中，数组 arr1 中包含 3 个数组元素，因此使用 arr1.length 获取数组的长度为 3。数组 arr2 中没有值的数组元素会占用空存储位置，因此数组的索引依然会递增，使用 arr2.length 获取数组的长度为 6。

2. 修改数组长度

使用"数组名.length = 数字"的方法可以修改数组的长度。修改数组长度有 3 种情况，第 1 种情况是修改的数组长度大于数组原长度，第 2 种情况是修改的数组长度等于数组原长度，第 3 种情况是修改的数组长度小于数组原长度。下面将分别讲解这 3 种情况。

（1）修改的数组长度大于数组原长度

当使用"数组名.length"修改数组长度后，若 length 的值大于数组中原来的元素个数，则没有值的数组元素会占用空存储位置，示例代码如下。

```
var arr1 = [];
arr1.length = 5;            // 修改数组长度为 5
console.log(arr1);          // 输出结果: (5) [empty × 5]
var arr2 = [1, 2, 3];
arr2.length = 4;            // 修改数组长度为 4
console.log(arr2);          // 输出结果: (4) [1, 2, 3, empty]
```

上述示例中，arr1 数组创建时为空数组，其长度为 0，修改长度为 5 后，大于数组原长度，因此在 arr1 数组存在 5 个空存储位置；arr2 数组创建时长度为 3，修改长度为 4 后，大于数组原长度，因此 arr2 数组的长度为 4，最后多了一个空存储位置。

（2）修改的数组长度等于数组原长度

当使用"数组名.length"修改数组长度后，若 length 的值等于数组中原来的元素个数，则数组长度不变，示例代码如下。

```
var arr3 = ['a', 'b'];
arr3.length = 2;           // 修改数组长度为 2
console.log(arr3);         // 输出结果: (2) ["a", "b"]
```

上述示例中，arr3 数组创建时长度为 2，修改长度为 2 后，等于数组原长度，因此数组的长度不变。

（3）修改的数组长度小于数组原长度

当使用"数组名.length"修改数组长度后，若 length 的值小于数组中原来的元素个数，多余的数组元素将会被舍弃，示例代码如下。

```
var arr4 = ['Apple', 'Orange', 'Melon', 'Pear'];
arr4.length = 3;        // 修改数组长度为 3
console.log(arr4);      // 输出结果: (3) ["Apple", "Orange", "Melon"]
```

上述示例中，arr4 数组创建时长度为 4，修改长度为 3 后，小于数组原长度，因此 arr4 数组的长度为 3，最后一个元素"Pear"被舍弃。

3.3.2　访问数组

数组创建完成后，若想要查看数组中某个具体的元素，可以通过"数组名[索引]"的方式获取指定元素的值。为了帮助读者更好地掌握如何访问数组元素，接下来通过案例进行演示。创建含有 4 个元素的数组 arr，先访问整个数组 arr，再访问数组中第 1 个元素和第 3 个元素，具体代码如例 3-1 所示。

例 3-1　Example01.html

```
1  <script>
2    var arr = ['hello', 'JavaScript', 22.48, true];
3    console.log(arr);            // 输出整个数组
4    console.log(arr[0]);         // 输出数组中第 1 个元素
5    console.log(arr[2]);         // 输出数组中第 3 个元素
6  </script>
```

例 3-1 中，第 2 行代码用于创建包含 4 个元素的数组 arr；第 3 行代码用于在控制台输出 arr 数组，包含数组元素的长度和所有数组元素；第 4~5 行代码用于在控制台输出数组中索引为 0 和 2 的元素。

保存代码，在浏览器中进行测试。打开开发者工具，进入控制台，查看例 3-1 的运行结果，如图 3-2 所示。

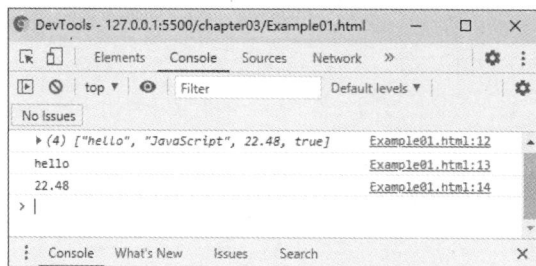

图3-2　例3-1的运行结果

图 3-2 中，在控制台中输出了"(4) ["hello", "JavaScript", 22.48, true]"和 hello、22.48，说明使用"console.log(数组名)"实现了访问整个数组，使用"数组名[索引]"实现了访问数组元素。

3.3.3　遍历数组

在实际开发中，一个数组中有多个元素，若使用"数组名[索引]"的方式访问数组中的所有元素非常麻烦而且加大了代码量，这时可以使用 JavaScript 中提供的另一种访问数组的方式——遍历数组，也就是将数组中的元素全部访问一遍，可以利用 for 语句来实现遍历数组。

为了使读者更好地掌握如何遍历数组，接下来通过对班级成绩求平均分的案例进行演示。首先使用数组保存班级中所有学生的成绩，然后通过遍历数组对数组元素求和，最后使用求和结果除以数组的长度求出班级的平均分。具体代码如例 3-2 所示。

例 3-2　Example02.html

```
1  <script>
2    var arr = [80, 99, 60, 57, 69, 71, 80, 77, 92, 90];
3    var sum = 0;
4    for (var i = 0; i < arr.length; i++) {
5      sum += arr[i];
6    }
7    console.log(sum / arr.length);
8  </script>
```

例 3-2 中，第 2 行代码用于创建保存班级中所有学生考试成绩的数组 arr；第 3 行代码通过 sum 变量保存数组元素的求和结果；第 4~6 行代码使用 for 语句实现了数组的遍历，其中第 5 行代码实现了数组元素的累加；第 7 行代码使用求和结果 sum 除以数组长度 arr.length 实现班级成绩平均分的计算。

保存代码，在浏览器中进行测试。打开开发者工具，进入控制台，查看例 3-2 的运行结果，如图 3-3 所示。

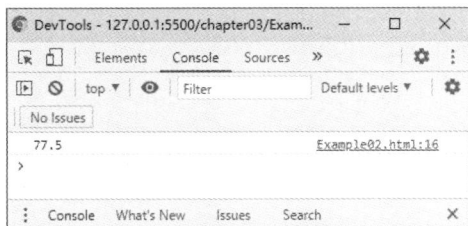

图3-3　例3-2的运行结果

图 3-3 中，在控制台输出了 "77.5"，说明使用 for 语句实现了数组元素遍历并成功求出班级平均分。

3.3.4　添加数组元素

在实际开发中，若某个年级中一个班级新增了几位学生，需要将学生信息保存到对应班级的数组中，这时就需要为数组添加数组元素。使用 "数组名[索引] = 值" 的方式可以实现为数组添加数组元素，示例代码如下。

```
var oldClass = ['小明', '小强'];
oldClass[2] = '小亮';
oldClass[3] = '小东';
console.log(oldClass);      // 输出结果: (4) ["小明", "小强", "小亮", "小东"]
```

上述示例代码中，在 oldClass 数组中新添加了两名同学的信息，分别为 "小亮" 和 "小东"，两名同学的索引分别为 2 和 3。

添加数组元素时允许索引不按照数字顺序连续添加，其中未设置具体值的元素，会以空存储位置的形式存在。需要注意的是，即使添加元素的索引的顺序不同，在输出数组时，仍然会按照数组索引从小到大的顺序显示。接下来演示不按照数字顺序添加数组元素，示例代码如下。

```
1  var newClass = [];
2  newClass[0] = 'Ani';
3  newClass[4] = 'Calen';
4  newClass[3] = 'Mastin';
5  console.log(newClass);      // 输出结果: (5) ["Ani", empty × 2, "Mastin", "Calen"]
```

上述示例代码中，第 1 行代码用于创建空数组 newClass；第 2 行代码用于为数组 newClass 添加数组元素，其索引为 0，值为 "Ani"；第 3 行代码用于为数组 newClass 添加数组元素，其索引为 4，值为 "Calen"；第 4 行代码用于为数组 newClass 添加数组元素，其索引为 3，值为 "Mastin"。

3.3.5　修改数组元素

修改数组元素与添加数组元素的方式相似，不同的是修改数组元素是为已含有值的元素重新赋值。修改数组元素的示例代码如下。

```
var arr = ['a', 'b', 'c', 'd'];
arr[2] = 123;
arr[3] = 456;
console.log(arr);              // 输出结果：(4) ["a", "b", 123, 456]
```

上述示例代码中，创建 arr 数组时第 3 个和第 4 个元素的值分别为 c 和 d，修改后的值分别为 123 和 456。

3.3.6　删除数组元素

在创建数组后，有时也需要根据实际情况，删除数组中的某个元素值。例如，一个保存全班学生信息的数组，若这个班级中有一个学生转学了，在这个保存学生信息的数组中就需要删除此学生的信息，此时，可以利用 delete 关键字删除该数组元素的值，示例代码如下。

```
var oldClass = ['小明', '小强', '小亮', '小东'];
console.log(oldClass);        // 输出结果：(4) ["小明", "小强", "小亮", "小东"]
delete oldClass[1];           // 删除数组中第 2 个元素
console.log(oldClass);        // 输出结果：(4) ["小明", empty, "小亮", "小东"]
```

从上述代码可知，delete 关键字只能删除数组中指定索引的元素值，删除后该元素依然会占用一个空存储位置。

3.3.7　【案例】查找班级最高分和最低分

在班级管理中，老师为了帮助到每一位学生，经常会在考试之后邀请分数较高的同学为大家分享学习经验和学习方法，并且会为分数较低的学生分析原因。这时，我们可以把所有学生的分数保存到数组中，通过查找数组中最大值和最小值找到分数最高和分数最低的学生。

如何查找数组中最大值和最小值呢？首先假设数组中第一个元素为最大值，然后使用 for 语句从数组索引为 1 的元素开始遍历到最后一个元素，将当前元素与预先设置的最大值比较，如果当前元素比最大值大，那就将当前元素设置为最大值，再继续比较下一个元素，遍历完成后即可找到最大值。查找最小值的方法与查找最大值的方法类似。

下面编写代码完成查找班级中最高分和最低分，具体代码如例 3-3 所示。

例 3-3　Example03.html

```
1  <script>
2   var arr = [90, 80, 88, 60, 85, 56];
3   var max = min = arr[0];  // 假设第 1 个元素为最大值和最小值
4   for (var i = 1; i < arr.length; i++) {
5    if (arr[i] > max) {      // 若当前元素比最大值大，修改最大值为当前元素
6      max = arr[i];
7    }
8    if (arr[i] < min) {      // 若当前元素比最小值小，修改最小值为当前元素
9      min = arr[i];
10    }
11  }
12  console.log('班级中最高分为' + max);
13  console.log('班级中最低分为' + min);
14 </script>
```

例 3-3 中，第 2 行代码用于创建用来保存学生成绩的数组 arr；第 3 行代码通过 max 和 min 变量预先设置最大值和最小值；第 4～11 行代码使用 for 语句遍历数组，从数组的第 2 个元素开始，到最后一个元素结束，最终找到最大值和最小值，其中第 5～7 行代码用于判断当前元素是否比最大值大，如果结果为 true，那么设置最大值为当前元素，第 8～10 行代码用于判断当前元素是否比最小值小，如果结果为 true，那么设置最小值为当前元素；第 12～13 行代码用于在控制台输出最大值和最小值。

保存代码，在浏览器中进行测试。打开开发者工具，进入控制台，查看例 3-3 的运行结果，如图 3-4 所示。

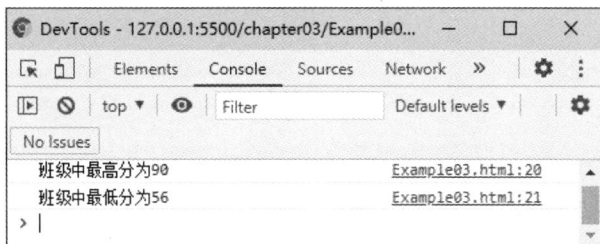

图3-4　例3-3的运行结果

图 3-4 中，在控制台输出了"班级中最高分为 90""班级中最低分为 56"。说明利用数组遍历实现了查找数组中最大值和最小值。

3.4　二维数组

3.4.1　什么是二维数组

根据维数，数组可以划分为一维数组、二维数组、三维数组等。一维数组指的是数组元素的值是非数组类型的数据，二维数组指的是数组元素的值是一个一维数组。下面结合生活中的实例来讲解二维数组。期末考试结束后，老师要统计班级内每位学生的语文、数学和英语成绩，小强、小明和小东的成绩如图 3-5 所示。

图 3-5 中，小强的成绩分别为 80、100、75，小明的成绩为 90、67、66，小东的成绩为 99、87、85。若要将这些成绩保存，很显然一维数组不能满足需求，这时可以使用二维数组来保存。

接下来通过二维数组保存学生成绩，如图 3-6 所示。

图3-5　各科成绩

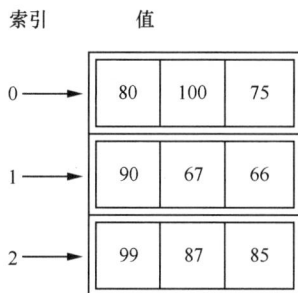

图3-6　通过二维数组保存学生成绩

图 3-6 中，假设二维数组名称为 arr，则 arr 数组中共有 3 个元素，每个元素都是一维数组。访问二维数组中的元素需要使用两个"[]"，例如，arr[0]数组中的第 1 个成绩 80 使用 arr[0][0]访问，第 2 个成绩 100 使用

arr[0][1]访问，第 3 个成绩 75 使用 arr[0][2]访问。

3.4.2 创建与遍历二维数组

在 3.2 节中，已经学习了一维数组的两种创建方式，二维数组的创建与之类似，只需将数组元素设置为数组即可。下面演示使用 new Array()和"[]"创建二维数组，示例代码如下。

```
// 使用 new Array()创建二维数组
var info = new Array(
    new Array('Tom', 13, 155),
    new Array('Lucy', 11, 152)
);
// 使用"[]"创建二维数组
var num = [
    [1, 3],
    [2, 4]
];
```

上述代码中，info 的第一个元素（info[0]）是一个一维数组['Tom', 13, 155]，info[0]的第一个元素（info[0][0]）是字符串型数据 Tom。

在创建完二维数组后，如何遍历二维数组中的元素，对其进行操作呢？通过 3.3.3 小节的学习，我们知道一维数组可以利用 for 语句进行遍历，那么二维数组只需在遍历数组后，再次遍历数组的元素即可获取到二维数组的元素值。

为了让大家更加清晰地了解二维数组的创建与遍历，接下来通过案例进行演示。首先创建二维数组 arr，然后利用 for 语句遍历二维数组并在控制台输出二维数组中每个元素，具体代码如例 3-4 所示。

例 3-4　Example04.html

```
1  <script>
2    var arr = [[12, 59, 66], [100, 888]];        // 创建二维数组
3    for (var i = 0; i < arr.length; i++) {        // 遍历数组 arr
4      for (var j = 0; j < arr[i].length; j++) {   // 遍历数组 arr 的元素
5        console.log(arr[i][j]);                   // 输出二维数组中每个元素
6      }
7    }
8  </script>
```

例 3-4 中，第 2 行代码创建二维数组 arr；第 3~7 行代码用于遍历数组并输出二维数组中每个元素，其中第 3 行代码用于遍历数组 arr，第 4 行代码用于遍历数组 arr 的元素，第 5 行代码用于在控制台输出二维数组中的每个元素。

保存代码，在浏览器中进行测试。打开开发者工具，进入控制台，查看例 3-4 的运行结果，如图 3-7 所示。

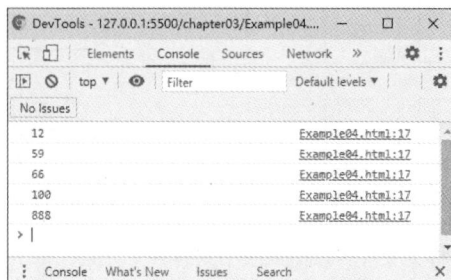

图3-7　例3-4的运行结果

图 3-7 中，控制台输出了 12、59、66、100、888 这些数字，说明已经使用 for 语句实现了二维数组遍历并完成了在控制台输出二维数组中每个元素。

3.4.3　【案例】二维数组转置

二维数组转置指的是将二维数组的横向元素转换为纵向元素。为了让大家理解二维数组的转置，下面通过示意图进行讲解，具体如图 3-8 所示。

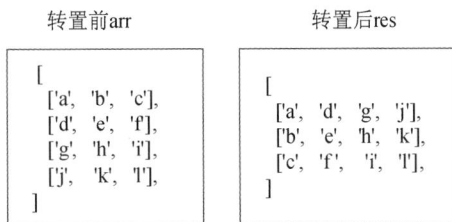

转置前arr

```
[
  ['a',  'b',  'c'],
  ['d',  'e',  'f'],
  ['g',  'h',  'i'],
  ['j',  'k',  'l'],
]
```

转置后res

```
[
  ['a',  'd',  'g',  'j'],
  ['b',  'e',  'h',  'k'],
  ['c',  'f',  'i',  'l'],
]
```

图3-8　二维数组转置

通过图 3-8 可知，二维数组以矩阵的形式存储，矩阵由行和列组成，矩阵的每一行的元素称为横向元素，每一列的元素称为纵向元素。图 3-8 中转置后的数组 res 中的每一行元素是转置前数组 arr 的每一列元素，即数组由 4 行 3 列转置成了 3 行 4 列。分析图 3-8 可以发现如下规律。

```
res[0][0] = arr[0][0]
res[0][1] = arr[1][0]
res[0][2] = arr[2][0]
res[0][3] = arr[3][0]
```

根据规律，可以得出二维数组转置的公式为 res[i][j] = arr[j][i]，且 res 数组的长度等于 arr 元素（如 arr[0]）的长度，res 元素（如 res[0]）的长度等于 arr 数组的长度。

接下来，通过代码演示二维数组的转置，创建二维数组 arr，根据二维数组转置的公式完成转置，具体代码如例 3-5 所示。

例 3-5　Example05.html

```
1  <script>
2   var arr = [['a', 'b', 'c'], ['d', 'e', 'f'], ['g', 'h', 'i'], ['j', 'k', 'l']];
3   var res = [];
4   for (var i = 0; i < arr[0].length; ++i) {   // i 表示 arr 数组中的纵向元素索引
5     res[i] = [];
6     for(var j = 0; j < arr.length; ++j){        // j 表示 arr 数组中的横向元素索引
7       res[i][j] = arr[j][i];                    // 为二维数组赋值
8     }
9   }
10  console.log(arr);
11  console.log(res);
12 </script>
```

例 3-5 中，第 2 行代码用于创建转置前的数组 arr；第 3 行代码创建数组 res 用于保存转置后的数组；第 4~9 行代码用于完成数组转置，其中第 4 行代码用于获取 arr 数组中的纵向元素索引，第 6 行代码用于获取 arr 数组中的横向元素索引，第 7 行代码用于为二维数组赋值。

保存代码，在浏览器中进行测试。打开开发者工具，进入控制台，查看例 3-5 的运行结果，如图 3-9 所示。

图 3-9 中，控制台首先输出了转置前的数组 arr，数组的长度为 4，数组元素的长度为 3，然后输出了转置后的数组 res，数组长度为 3，数组元素的长度为 4。

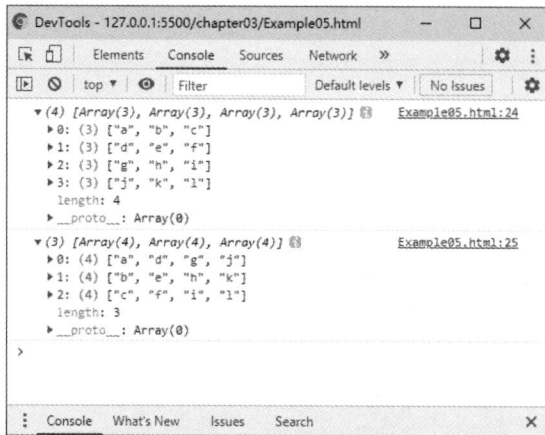

图3-9　例3-5的运行结果

3.5　数组排序

数组排序是指将数组中的元素排列成一个有序的序列，那么排序有什么意义呢？试想开发一个销售管理系统，在页面中输出产品列表时，如果没有按照销量顺序排列，很难看出哪些产品更畅销，此时就需要一种算法，能够比较销量数组中每个元素值的大小。常见的排序算法有冒泡排序和插入排序，本节将详细讲解冒泡排序和插入排序。

3.5.1　冒泡排序

冒泡排序是计算机科学领域中较简单的排序算法。冒泡排序是按照要求从小到大排序或从大到小排序，通过不断比较数组中相邻两个元素的值，将较小或较大的元素前移。之所以称为冒泡排序，是因为排序的过程类似于水杯中气泡上浮的过程。

下面演示如何对一组数字"98，31，5，27，2，78"进行冒泡排序，按照从小到大的顺序排列，具体排序过程如图 3-10 所示。

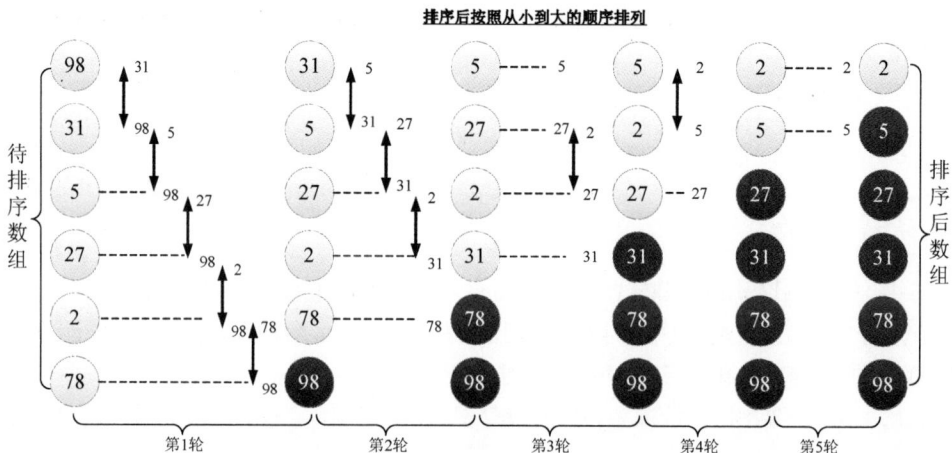

图3-10　冒泡排序过程

通过图 3-10 可知，数组中共有 6 个元素，利用冒泡排序算法经过 5 轮排序实现了数组元素从小到大的排序。第 1 轮排序的过程是首先比较 98 和 31，98 大于 31，进行交换；再比较 98 和 5，98 大于 5，进行交换；接着比较 98 和 27，98 大于 27，进行交换；再比较 98 和 2，98 大于 2，进行交换；最后比较 98 和 78，98 大于 78，进行交换。经过第 1 轮排序，找到了数组中值最大的元素，并将其位置调整到最后。第 2、3、4、5 轮排序与第 1 轮排序过程相似，比较两个相邻的元素，如果前面元素的值大于后面元素的值，则进行交换。

通过分析冒泡排序过程可知，冒泡排序比较的轮数是数组长度减 1，每轮比较的次数等于数组的长度减当前的轮数。了解冒泡排序的原理后，接下来演示冒泡排序的实现，创建一个无序数组，利用冒泡排序实现数组元素按照从小到大的顺序排列，具体代码如例 3-6 所示。

例 3-6　Example06.html

```
1  <script>
2   var arr = [98, 31, 5, 27, 2, 78];
3   console.log('待排序数组: ' + arr);
4   for (var i = 1; i < arr.length; i++) {        // 控制需要比较的轮数
5    for (var j = 0; j < arr.length - i; j++) {   // 控制参与比较的元素
6     if (arr[j] > arr[j + 1]) {                  // 比较相邻的两个元素
7       var temp = arr[j];
8       arr[j] = arr[j + 1];
9       arr[j + 1] = temp;
10     }
11    }
12   }
13   console.log('排序后的数组：' + arr);
14  </script>
```

例 3-6 中，第 4～12 行代码用于循环冒泡排序，其中，第 5～11 行代码用于循环比较数组中两个相邻的元素，如果当前元素大于后一个元素，则交换两个元素的值。

保存代码，在浏览器中进行测试。打开开发者工具，进入控制台，查看例 3-6 的运行结果，如图 3-11 所示。

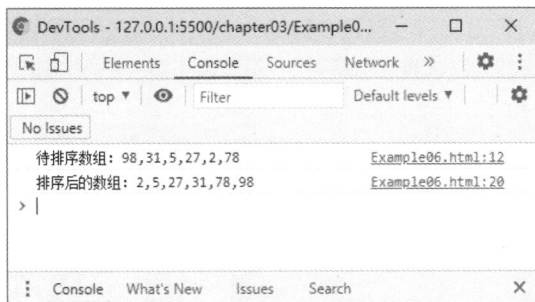

图3-11　例3-6的运行结果

图 3-11 中，首先在控制台输出了待排序数组，然后输出了排序后的数组，说明利用冒泡排序实现了数组元素从小到大的排序。

3.5.2　插入排序

插入排序是冒泡排序的优化，是一种直观的简单排序算法。插入排序的思想是将数据插入一个有序的序列中的合适位置上，从而实现将数据从小到大或从大到小排列。

下面演示如何对一组数字 "98，7，65，54，12，6" 进行插入排序，按照从小到大的顺序排列，具体排序过程如图 3-12 所示。

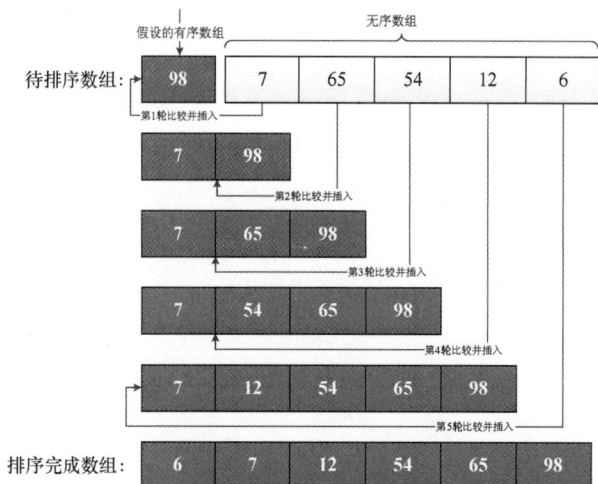

图3-12　插入排序过程

通过图 3-12 可知，数组中有 6 个元素，利用插入排序算法经过 5 轮比较并插入实现了数组从小到大的排序。接下来分析插入排序的过程，首先将 98 看作有序数组中的一个元素，剩余元素看作无序数组，具体排序过程如下。

- 第 1 轮比较 98 和 7，98 大于 7，因此将 7 插入 98 前面，插入后进入第 2 轮。
- 第 2 轮先比较 98 和 65，98 大于 65，因此将 65 插入 98 前面；然后比较 7 和 65，7 不大于 65，进入第 3 轮。
- 第 3 轮先比较 98 和 54，98 大于 54，因此将 54 插入 98 前面；然后比较 65 和 54，65 大于 54，因此将 54 插入 65 前面；最后比较 7 和 54，7 不大于 54，进入第 4 轮。
- 第 4 轮、第 5 轮的比较方式与前 3 轮相同，最终完成了数组排序。

通过分析插入排序过程可知，插入排序比较的轮数与无序数组的长度相等，每次插入时，将无序数组元素与有序数组中的所有元素进行比较，比较后找到对应位置插入，最后即可得到一个有序数组。了解插入排序的原理后，接下来演示插入排序的实现，创建数组 arr，利用插入排序实现数组元素按照从小到大的顺序排列，具体如例 3-7 所示。

例 3-7　Example07.html

```
1  <script>
2    var arr = [98, 7, 65, 54, 12, 6];           // 待排序数组
3    console.log('待排序数组：' + arr);
4    // 按照从小到大的顺序排列
5    for (var i = 1; i < arr.length; i++) {      // 遍历无序数组索引
6      // 遍历有序数组，将无序数组中的元素插入有序数组中
7      for (var j = i; j > 0; j--) {
8        if (arr[j - 1] > arr[j]) {
9          var temp = arr[j - 1];
10         arr[j - 1] = arr[j];
11         arr[j] = temp;
12       }
13     }
14   }
15   // 输出从小到大排序后的数组
16   console.log('排序后的数组：' + arr);
17 </script>
```

例 3-7 中，我们假设待查找的数组 arr 的第 1 个元素是一个按从小到大排列的有序数组，arr 剩余的元素为无序数组。然后通过第 5~14 行代码完成插入排序。其中，第 7~13 行代码用于将无序数组中的元素插入有序数组的合适位置中。

保存代码，在浏览器中进行测试。打开开发者工具，进入控制台，查看例 3-7 的运行结果，如图 3-13 所示。

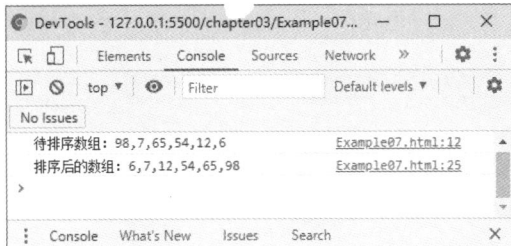

图3-13　例3-7的运行结果

图 3-13 中，首先在控制台输出了待排序数组，然后输出了排序后的数组，说明利用插入排序实现了数组元素从小到大的排序。

动手实践：统计每位学生的总成绩

期末考试结束后，老师经常需要统计每位学　总成绩，接下来将利用代码实现统计每位学生的总成绩。
首先利用二维数组保存每位学生的各科成绩　　后通过对二维数组的遍历，将每位学生的各科成绩相加，从而计算出总成绩。具体代码如例 3-8 所示。

例 3-8　Example08.html

```
1  <script>
2   var stu = [
3    [88, 70, 60, 60],          // 第 1 位学生的成绩数组
4    [66, 46, 60, 80],          // 第 2 位学生的成绩数组
5    [100, 80, 112, 90]         // 第 3 位学生的成绩数组
6   ];
7   for (var i = 0, sum; i < stu.length; i++) {
8     sum = 0;
9     for (var j = 0; j < stu[i].length; j++) {
10      sum += stu[i][j];
11    }
12    console.log('第' + (i + 1) + '位学生的总成绩为' + sum);
13  }
14 </script>
```

例 3-8 中，第 2~6 行代码定义二维数组 stu，用于保存每位学生各科的成绩；第 7~13 行代码利用 for 语句遍历数组并实现了计算每位学生的总成绩，其中第 7 行代码用于遍历 stu 数组，第 8 行代码通过 sum 变量保存学生的总成绩，第 9 行代码用于遍历 stu 数组中各元素，第 10 行代码用于实现将每位学生的各科成绩相加并保存到 sum 变量中，第 12 行代码用于在控制台输出每位学生的总成绩。

保存代码，在浏览器中进行测试。打开开发者工具，进入控制台，查看例 3-8 的运行结果，如图 3-14 所示。

图 3-14 中，在控制台输出了"第 1 位学生的总成绩为 278""第 2 位学生的总成绩为 252""第 3 位学生的总成绩为 382"，说明利用 for 语句实现了二维数组遍历并计算每位学生的总成绩。

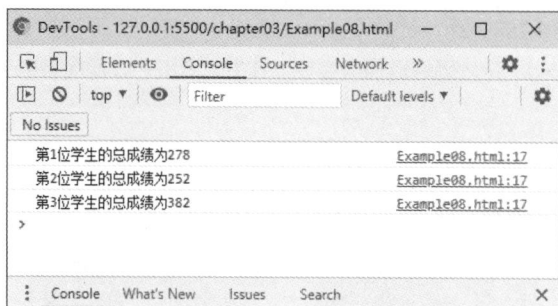

图3-14　例3-8的运行结果

本章小结

本章首先讲解了初识数组，然后讲解了创建数组，其中主要包括创建数组的两种方式，最后讲解了数组的基本操作、二维数组的操作和数组排序。学习完本章后希望读者能够掌握创建数组的两种方式，并且能够获取和修改数组长度，访问、遍历、添加、修改和删除数组元素，能够实现二维数组的创建和遍历以及能够完成冒泡排序和插入排序。

课后练习

一、填空题

1. 数组由一个或多个＿＿＿＿＿＿＿组成。

2. 数组的索引在默认情况下从＿＿＿＿＿＿＿开始依次递增。

3. 数组有两种创建方式，一种是通过 new Array()，另一种是直接使用＿＿＿＿＿＿＿。

4. 使用＿＿＿＿＿＿＿可以获取数组的长度。

5. 使用＿＿＿＿＿＿＿的方式可以添加或修改数组元素。

二、判断题

1. 数组['a', 'b', 'c']中，元素'a'的索引是 1。　　　　　　　　　　　　　　　　（　　　）

2. 使用"[]"方式创建数组时不能创建含有空存储位置的数组。　　　　　　　　　（　　　）

3. 数组的长度等于数组最大索引加 1。　　　　　　　　　　　　　　　　　　　（　　　）

4. 使用 delete 关键字删除数组中的元素后，该元素依然会占用一个空存储位置。（　　　）

5. 二维数组转置指的是将二维数组横向元素保存为纵向元素。　　　　　　　　　（　　　）

三、选择题

1. 下列选项中，创建数组方式错误的是（　　　　）。

A. var arr = new Array('张三', '李四', '王五');

B. var arr = new array('张三', '李四', '王五');

C. var arr = ['张三', '李四', '王五'];

D. var arr = ['张三', '李四', , '王五'];

2. 下列选项中，关于数组的描述错误的是（　　　　）。

A. 可以使用"数组名.length"获取数组的长度

B. 使用 for 语句可以实现遍历数组

C. 添加数组元素时，必须按照索引顺序添加

D. 修改数组元素与添加数组元素的写法相同

3. 执行代码 "var arr = [1, 2, 3]; arr.length = 4" 后，arr.length 的值为（　　）。

A. 1　　　　　　　　B. 2　　　　　　　　C. 3　　　　　　　　D. 4

4. 执行代码 "var arr = [[1, 3], [5, 7]];" 后，arr[1][0]的值为（　　）。

A. 1　　　　　　　　B. 3　　　　　　　　C. 5　　　　　　　　D. 7

5. 执行代码 "var arr = [1, 2, 3]; delete arr[1];" 后，arr.length 的值为（　　）。

A. 1　　　　　　　　B. 2　　　　　　　　C. 3　　　　　　　　D. 4

四、简答题

1. 简述修改数组长度的 3 种情况。

2. 列举两种实现数组排序的算法。

五、编程题

1. 将数组['一', '二', '三', '四', '五']反转，反转后的数组为['五', '四', '三', '二', '一']。

2. 利用冒泡排序将数组[11, 58, 60, 13, 79, 90]中的元素从大到小排序。

第4章

函 数

学习目标

★ 熟悉函数的概念，能够说出函数的作用

★ 掌握函数的定义与调用，能够根据程序需要定义函数并且完成函数的调用

★ 掌握函数参数的设置，能够根据程序的需要设置相关参数

★ 掌握如何获取函数调用时传递的所有实参，能够通过 arguments 对象获取函数调用时传递的所有实参

★ 熟悉函数内外变量的作用域，能够区分全局变量和局部变量

★ 掌握函数表达式，能够实现函数表达式的定义与调用

★ 掌握匿名函数，能够实现匿名函数的定义与调用

★ 掌握回调函数，能够实现回调函数的定义与调用

★ 掌握函数嵌套与作用域链，能够实现嵌套函数的定义与调用并且能够描述出什么是作用域链

★ 掌握递归函数，能够实现递归函数的定义与调用

★ 熟悉什么是闭包函数，能够说出闭包函数的用途

★ 掌握闭包函数，能够实现闭包函数的定义与调用

拓展阅读

在日常开发中，若程序中有多个重复的功能，例如数组排序，如果每次用到该功能时都编写一遍该功能的逻辑代码，非常麻烦，而且当需要修改该功能的逻辑代码时，需要进行多处修改，为此，JavaScript 提供了函数。函数可以避免功能相同的代码的重复编写，将程序中重复的代码封装起来，提高程序的可读性，减少开发者的工作量，便于后期的维护。本章将针对函数的内容进行详细讲解。

4.1 初识函数

4.1.1 什么是函数

函数用于封装一段完成特定功能的代码，相当于将包含一条或多条语句的代码块"包裹"起来，用户在使用时只需关心参数和返回值，就能完成特定的功能。对开发人员来说，利用函数实现某个功能时，可以把精力放在要实现的具体功能上，而不用研究函数内的代码是怎样工作的。函数的优势在于提高代码的复用性，

降低程序维护的难度。

JavaScript 中函数分为内置函数和自定义函数。内置函数是可以直接使用的函数，例如，parseInt()函数能够实现返回解析字符串后的整数值。自定义函数是指实现某个特定功能的函数。自定义函数在使用之前要定义，定义后即可调用。在实现功能时可以调用相对应的函数。

4.1.2 函数的定义与调用

在开发一个功能复杂的模块时，可能需要重复编写大量代码，这时可以使用自定义函数将重复的代码封装起来，在需要时直接调用即可。JavaScript 中可以根据具体情况自定义函数，自定义函数语法格式如下。

```
function 函数名([参数1，参数2，…]) {
  函数体
}
```

从上述语法格式可以看出，函数的定义是由 function 关键字、函数名、参数和函数体 4 部分组成的。其中，function 是定义函数的关键字；函数名可由字母、数字、下画线和$符号组成，但是函数名不能以数字开头，且不能是 JavaScript 中的关键字；参数是外界传递给函数的值，此时的参数称为形参，它是可选的，多个参数之间使用"，"分隔，"[]"用于在语法格式中标识可选参数，实际编写代码时不用写"[]"；函数体是由函数内所有代码组成的整体，专门用于实现特定功能。

当函数定义完成后，要想在程序中发挥函数的作用，需要调用这个函数。函数的调用非常简单，只需通过"函数名()"的方式即可调用，小括号中可以传入参数。函数调用的语法格式如下。

```
函数名称([参数1，参数2，…])
```

在上述语法格式中，参数表示传递给函数的值，也称为实参，"[参数1，参数2,…]"表示实参列表，实参个数可以是零个、一个或多个。通常情况下，函数的实参列表与形参列表顺序对应。当函数体内不需要参数时，调用时可以不传参。

若在调用函数后需要返回函数的结果，在函数体中可以使用 return 关键字返回，这个返回的结果称为返回值。需要说明的是，函数定义与调用的编写顺序不分前后。

在初步了解自定义函数的语法之后，下面通过案例练习函数的定义与调用，具体代码如例 4-1 所示。

例 4-1 Example01.html

```
1  <script>
2    function show() {
3      return '这是一个自定义函数';
4    }
5    console.log(show());
6  </script>
```

在例 4-1 中，第 2~4 行代码用于定义 show()函数，其中第 3 行代码使用 return 关键字返回字符串"这是一个自定义函数"；第 5 行代码用于在控制台输出调用 show()函数后的返回值。

保存代码，在浏览器中进行测试。打开开发者工具，进入控制台，查看例 4-1 的运行结果，如图 4-1 所示。

图4-1 例4-1的运行结果

图 4-1 中，控制台输出了字符串"这是一个自定义函数"，说明成功定义并调用了 show() 函数。

4.1.3   函数参数的设置

函数在定义时根据参数的不同，可分为两种类型，一种是无参函数，指的是在定义函数时不设置参数的函数。另一种是有参函数，指的是在定义函数时设置了参数的函数。接下来我们将分别学习两种常见的参数设置。

1. 无参函数

无参函数适用于不需要提供任何数据即可完成指定功能的情况，示例代码如下。

```
function greet() {
  console.log('Hello everybody!');
}
```

需要注意的是，在自定义函数时，即使函数的功能实现不需要设置参数，小括号"()"也不能省略。

2. 有参函数

在项目开发中，若函数体内的操作需要使用用户传递的数据，此时函数定义时需要设置形参，用于接收用户调用函数时传递的实参，示例代码如下。

```
function maxNum(a, b) {
  a = parseInt(a);
  b = parseInt(b);
  return a >= b ? a : b;
}
```

上述定义的 maxNum() 函数用于比较形参 a 和 b 的大小，首先在该函数体中对参数 a 和 b 进行处理，确保参与比较运算的数据的类型都是数字型，再利用 return 关键字返回比较的结果。

▌▌ **多学一招：含有默认值的参数与剩余参数**

对于函数参数的设置，在 ES6（ECMAScript 6.0）中提供了更灵活的方式，如设置形参的默认值等，具体使用如下。

（1）含有默认值的参数

在设置函数的形参时，还可以为其指定默认值。当调用者未传递该参数时，函数将使用默认值进行操作，示例代码如下。

```
function greet(name, say = 'Hi, I\'m ') {
  console.log(say + name);
}
greet('Li Ming');
```

从上述代码可以看出，函数在调用时仅传递了一个参数"Li Ming"，greet() 函数的第 2 个参数 say 将使用默认值"Hi, I'm "，运行结果如图 4-2 所示。

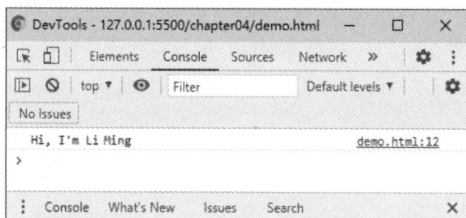

图4-2   含有默认值的参数

（2）剩余参数

在函数定义时，除了可以指定具体数量的形参，还可以利用"...变量名"的方式动态接收用户传递的不确定数量的实参，示例代码如下。

```
function transferParam(num1, ...theNums) {
  console.log(theNums);       // 在控制台输出用户调用函数时传递的剩余参数
}
transferParam(0, 1, 2, 3, 4);
```

在上述代码中，num1 参数用于保存用户调用 transferParam()函数时传递的第 1 个参数，theNums 变量则以数组的形式保存了用户传递的剩余参数，运行结果如图 4-3 所示。

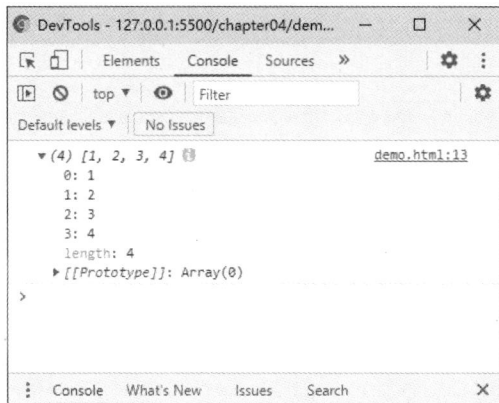

图4-3 剩余参数

若定义 transferParam()函数时，所有参数的数量都不确定，则可以将上述代码修改成以下形式。

```
function transferParam(...theNums) {
  console.log(theNums);       // 在控制台输出用户调用函数时传递的参数
}
transferParam(1, 2, 3, 4);
```

上述代码运行结果与图 4-3 相同。

4.1.4 获取函数调用时传递的所有实参

若不能确定函数的形参个数，定义函数时可以不设置形参，在函数体中直接通过 arguments 对象获取函数调用时传递的实参。arguments 是当前函数的一个内置对象，所有函数都内置了一个 arguments 对象，该对象保存了函数调用时传递的所有实参。实参的个数可通过 arguments.length 获取，具体的实参值可通过数组遍历的方式获取。

在了解如何获取函数调用时传递的所有实参后，接下来通过对实参列表求和的案例来讲解 arguments 对象的应用。首先定义 sum()函数，通过 arguments 对象来获取所有实参，并在控制台输出实参列表，最后对实参列表进行求和并在控制台输出求和结果，具体代码如例 4-2 所示。

例 4-2 Example02.html

```
1  <script>
2    function sum() {
3      console.log(arguments.length);       // 输出实参个数
4      console.log(arguments);               // 输出 arguments 对象
5      var result = 0;
6      for (i = 0; i < arguments.length; i++) {
7        result = result + arguments[i];
8      }
9      console.log(result);
```

```
10  }
11  sum(1, 2, 3, 4, 5);
12 </script>
```

在例 4-2 中，第 2～10 行代码用于自定义一个 sum()函数，其中，第 3 行代码用于在控制台输出实参个数；第 4 行代码用于输出 arguments 对象；第 5 行代码定义了一个 result 变量，用于保存求和结果；第 6～8 行代码用于遍历实参列表，并对实参进行累加求和；第 9 行代码用于在控制台输出求和的结果；第 11 行代码用于调用 sum()函数。

保存代码，在浏览器中进行测试。打开开发者工具，进入控制台，查看例 4-2 的运行结果，如图 4-4 所示。

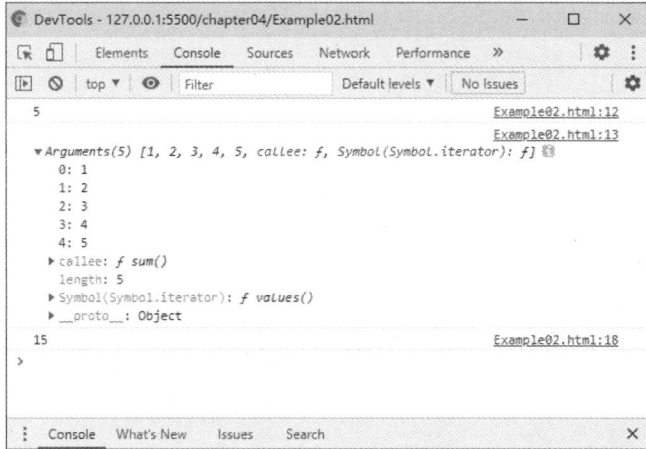

图4-4　例4-2的运行结果

图 4-4 中，控制台首先输出了实参的个数为"5"，然后输出了 arguments 对象的实参列表，最后输出了实参求和的结果为"15"。控制台输出的结果说明了在不确定形参个数时，可以通过 arguments 对象在函数体内获取函数调用时传递的实参，实参的个数可通过 length 属性获取，具体的实参值可通过数组遍历的方式获取。

4.1.5　【案例】求任意两数的最大值

在 4.1.2 小节和 4.1.3 小节中，讲解了函数的定义与调用和函数参数的设置，为了帮助大家更好地掌握函数，接下来通过求任意两数的最大值的案例讲解函数的应用。

定义 maxNum()函数，接收两个数字，通过比较两数的大小求出最大值，返回并在控制台输出最大值，具体代码如例 4-3 所示。

例 4-3　Example03.html

```
1  <script>
2    function maxNum(num1, num2) {
3      if (num1 > num2) {
4        return num1;
5      } else {
6        return num2;
7      }
8    }
9    console.log(maxNum(10, 30));
10 </script>
```

在例 4-3 中，第 2~8 行代码用于自定义 maxNum() 函数，其中第 3~7 行代码用于比较两个数的大小并返回最大值；第 9 行代码用于调用 maxNum() 函数并传入需要比较的两个数，最终在控制台输出 maxNum() 函数的返回值。

保存代码，在浏览器中进行测试。打开开发者工具，进入控制台，查看例 4-3 的运行结果，如图 4-5 所示。

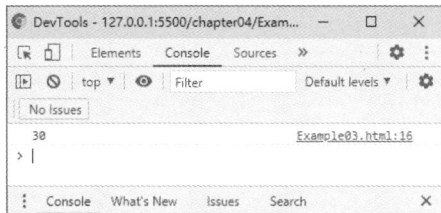

图4-5　例4-3的运行结果

图 4-5 中，控制台输出 "30"，说明通过调用 maxNum() 函数，求出了 10 和 30 中的最大值是 30。

4.2　函数内外变量的作用域

通过前面的学习，我们知道变量需要先定义后使用，但这并不意味着，定义变量后就可以在任意位置使用该变量。例如，在自定义函数中定义一个 age 变量，在函数外进行访问输出，示例代码如下。

```
function info() {
  var age = 18;
}
info();
console.log(age);  // 报错，提示 Uncaught ReferenceError: age is not defined
```

上述代码执行后，控制台会出现 age is not defined 错误信息，表示 age 变量没有被定义。之所以出错是因为 age 变量只能在 info() 函数体内使用。由上述示例可知，变量需要在被定义的区域内才可以使用，这个区域是变量的作用范围。

变量的作用范围被称为变量的作用域。JavaScript 根据作用域使用范围的不同，可以将变量划分为全局变量和局部变量，具体说明如下。

① 全局变量：不在任何函数内定义（显式定义）的变量或在函数内省略 var 定义（隐式定义）的变量都称为全局变量，它的作用域称为全局作用域，在同一个页面文件中的所有脚本内都可以使用。

② 局部变量：在函数体内利用 var 关键字声明的变量称为局部变量，它的作用域称为函数作用域，仅在该函数体内有效。

为了便于初学者更好地理解变量的作用域，下面通过案例进行演示。定义两个同名变量 a，其中一个变量 a 定义为全局变量并赋值为 "one"，另一个变量 a 定义为局部变量并赋值为 "two"，然后在控制台输出这两个同名变量，具体代码如例 4-4 所示。

例 4-4　Example04.html

```
1  <script>
2    var a = 'one';                  // 全局变量
3    function test() {
4      var a = 'two';                // 局部变量
5      console.log(a);
6    }
7    test();
```

```
8    console.log(a);
9  </script>
```

例 4-4 中，第 2 行代码定义了一个全局变量 a；第 3~6 行代码定义了 test() 函数，其中，第 4 行代码在 test() 函数内使用 var 关键字定义了一个局部变量 a。我们在定义变量时两个变量的名称同为 a，那么请大家思考第 5 行代码输出的是哪个变量 a 的值，第 8 行代码输出的是哪个变量 a 的值。

保存代码，在浏览器中进行测试。打开开发者工具，进入控制台，查看例 4-4 的运行结果，如图 4-6 所示。

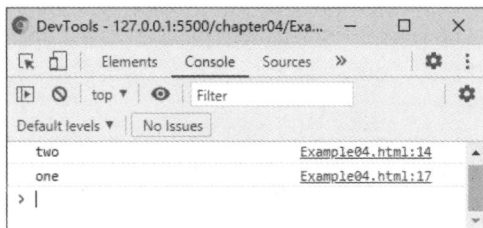

图4-6　例4-4的运行结果

图 4-6 中，控制台输出了 "two" 和 "one"。虽然在例 4-4 中，全局变量 a 和局部变量 a 名称相同，但它们之间互不影响。在 test() 函数内输出的变量 a 的值为 "two"，在 test() 函数外输出的变量 a 的值为 "one"。

4.3　函数进阶

通过前面的学习，相信大家已经掌握了函数的使用。但函数的内容不仅包括函数的定义与调用、函数参数的设置和函数内外变量的作用域等，还包括函数表达式、匿名函数以及回调函数等。本节将讲解函数的进阶内容。

4.3.1　函数表达式

函数表达式指的是将函数值赋给变量的表达式，通过 "变量名()" 的方式即可完成函数的调用，小括号 "()" 内可以传入参数。函数表达式也是 JavaScript 中另一种实现自定义函数的方式，示例代码如下。

```
var fn = function sum(num1, num2) {      // 定义求和函数表达式
  return num1 + num2;
};
fn(2,3);                                 // 调用函数
```

从上述代码可以看出，函数表达式与函数的定义方式几乎相同，不同的是函数表达式的定义必须在调用前，且调用时采用的是 "变量名()" 的方式，不能通过函数名称（如 sum）进行调用，而函数定义的方式则不限制定义与调用的顺序。函数表达式中的函数名如果不需要可以省略。

4.3.2　匿名函数

在项目开发中，通常需要团队合作来完成一个完整的项目。每个程序员编写代码实现功能时，经常会定义一些函数，在给这些函数命名时经常会遇到与其他人取相同名字的情况，那么如何来解决命名冲突问题呢？使用 JavaScript 中的匿名函数可以有效避免函数名的冲突问题。所谓匿名函数，指的是没有名字的函数，也就是在定义函数时省略函数名。下面介绍匿名函数的 3 个使用场景。

1. 函数表达式中省略函数名

利用函数表达式实现匿名函数，调用时使用 "变量名()"，示例代码如下。

```
var fn = function (num1, num2) {
  return num1 + num2;
};
```

在上述示例中，访问匿名函数需要使用 fn() 来调用。通常情况下，如果函数的返回值需要使用变量来接收时，可以使用函数表达式来实现匿名函数的调用，并且可以通过"变量名()"的方式调用多次。

2. 匿名函数自调用

匿名函数自调用就是将匿名函数写在小括号内，然后对其进行调用，具体示例代码如下。

```
(function (num1, num2) {
  console.log(num1 + num2);
})(2, 3);
```

上述示例中，使用小括号"()"标注匿名函数，匿名函数后小括号"()"表示给匿名函数传递参数并立即执行，完成函数的自调用。自调用只能调用一次。在开发中，如果希望某个功能只能实现一次，可以使用匿名函数的自调用方式来完成。

3. 处理事件

使用匿名函数处理事件在项目开发中经常使用，例如使用匿名函数处理单击事件，示例代码如下。

```
document.body.onclick = function () {
  alert('Hi, everybody!');
};
```

在上述示例中，利用匿名函数处理单击事件，实现在页面中弹出警告框提示"Hi, everybody!"。在后面的章节中将继续学习使用匿名函数处理事件，例如使用匿名函数处理鼠标事件、键盘事件等，这里不做过多介绍。

多学一招：箭头函数

箭头函数是 ES6 中新增的函数，它用于简化函数定义的语法。箭头函数以小括号开头，在小括号中可以放置参数，小括号后跟着箭头"=>"，箭头后跟着函数体。箭头函数的语法格式如下。

```
() => { };
```

从上述语法格式中可以看出，箭头函数是匿名函数。将箭头函数赋给一个变量，然后可以通过变量名实现箭头函数的调用。下面将 4.3.2 小节中自调用方式中匿名函数改为箭头函数，示例代码如下。

```
var fn = (num1, num2) => {
  return num1 + num2;
};
```

上述示例代码中，定义了箭头函数并将箭头函数值赋给变量 fn，小括号"()"内 num1 和 num2 是箭头函数的参数，大括号"{}"内是函数体。使用"fn()"可以实现箭头函数的调用。

箭头函数存在两种特殊情况，第 1 种是省略大括号和 return 关键字的情况，第 2 种是省略参数外部小括号的情况。接下来将分别讲解这两种情况。

（1）省略大括号和 return 关键字

在箭头函数中，当函数体只有一句代码，且代码的执行结果就是函数的返回值时，可以省略函数体的大括号以及 return 关键字。下面通过代码演示省略大括号和 return 关键字的情况，定义一个箭头函数接收两个参数，计算两数相加的结果并返回，示例代码如下。

```
var fn = (num1, num2) => num1 + num2;
```

上述示例代码中，函数体内只有一句代码"num1 + num2"，且函数的返回值是"num1 + num2"的结果，因此可以省略大括号"{}"和 return 关键字。

（2）省略参数外部小括号

在箭头函数中，当参数只有 1 个时，可以省略参数外部的小括号。下面通过代码演示省略参数外部小括号的情况，定义一个箭头函数接收 1 个参数，并在控制台输出这个参数，示例代码如下。

```
var fn = name => {
  console.log(name);
};
```

上述示例代码中，箭头函数只接收 1 个参数，因此省略了参数外部的小括号。

4.3.3　回调函数

在日常生活中，我们去饭店吃饭，因为每位顾客的口味不同，所以厨师做出来的菜很难满足所有的顾客。那么饭店应该怎样解决这个问题呢？为了满足顾客的需求，厨师允许顾客自行添加调味料。顾客"调用"厨师做菜以后，厨师又"调用"顾客添加调味料，厨师"调用"顾客的过程就可以称为"回调"。

一个函数 A 作为参数传递给一个函数 B，然后在 B 的函数体内调用函数 A，此时我们称函数 A 为回调函数。其中，匿名函数常用作函数的参数传递，以实现回调函数。项目开发中，若想要函数体中某部分功能由调用者决定，则可以使用回调函数。

为了让读者更好地掌握回调函数，接下来通过案例进行演示。定义 cooking() 函数，用于厨师完成做菜，并将菜设为参数传给 flavour() 函数，flavour() 函数用于为菜添加调味料。具体代码如例 4-5 所示。

例 4-5　Example05.html

```
1  <script>
2    function cooking(flavour) {
3      // 厨师做菜
4      var food = '鱼香肉丝';
5      food = flavour(food);
6      return food;
7    }
8    var food = cooking(function (food) {
9      return food += '特辣';  // 顾客自行添加调味料
10   });
11   console.log(food);
12 </script>
```

例 4-5 中，第 2～7 行代码定义 cooking() 函数，用于厨师完成做菜并调用 flavour() 函数进行调味，其中，第 4 行代码定义 food 变量，表示厨师做的菜，第 5 行代码用于调用 flavour() 函数，并将 food 作为参数，第 6 行代码用于返回 cooking() 函数的返回值。第 8～10 行代码用于调用 cooking() 函数，并将函数作为参数，其中函数实现为菜添加调味料的功能。第 11 行代码用于在控制台输出添加调味料后的菜品。

保存代码，在浏览器中进行测试。打开开发者工具，进入控制台，查看例 4-5 的运行结果，如图 4-7 所示。

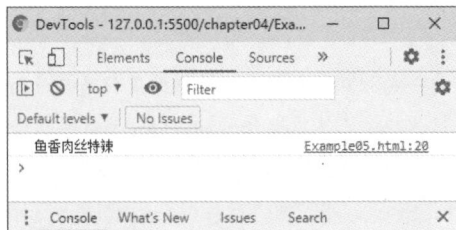

图 4-7　例 4-5 的运行结果

图 4-7 中，控制台输出了"鱼香肉丝特辣"，说明使用回调函数实现了为厨师做的菜添加调味料的功能。

4.4　嵌套与递归

　　在开发中,我们经常需要在一个函数内部再定义一个函数来实现某些特定的功能,这时就形成了嵌套。嵌套函数的优点在于可以使内层函数轻松获取外层函数的参数以及变量。函数中有一种特殊的调用方式,即一个函数在其函数体内调用自身,这种调用方式称为递归调用。本节将讲解函数嵌套与作用域链和递归调用。

4.4.1　函数嵌套与作用域链

　　在开发项目时,一个复杂的功能往往需要定义多个函数来完成,对于其中一个函数而言,它可能依赖另外一些函数才能运行。但是,如果我们希望这些依赖的函数只能在本函数内部访问,其他函数不能访问,这时候可以把这些依赖的函数定义在本函数内部,这样在一个函数内部定义其他函数就形成了嵌套函数。对于嵌套函数而言,内层函数只能在外层函数作用域内执行,在内层函数执行的过程中,若需要引入某个变量,首先会在当前作用域中寻找,若未找到,则继续向上一层级的作用域寻找,直到全局作用域,我们将这种链式的查询关系称为作用域链。

　　为了让初学者了解函数嵌套与作用域链的执行流程,接下来通过案例进行演示。定义 fn1()、fn2()、fn3() 函数,在 fn3() 函数内输出变量 i 的值,具体代码如例 4-6 所示。

例 4-6　Example06.html

```
1  <script>
2   var i = 26;
3   function fn1() {          // 定义的第 1 个函数
4    var i = 24;
5    function fn2() {         // 定义的第 2 个函数
6     function fn3() {        // 定义的第 3 个函数
7      console.log(i);
8     }
9     fn3();
10   }
11   fn2();
12  }
13  fn1();
14 </script>
```

　　例 4-6 中,fn1()函数内嵌套了 fn2()函数,fn2()函数内嵌套了 fn3()函数,并在 fn3()函数体中输出变量 i。但是 fn3()和 fn2()函数中都没有变量 i 的定义,因此程序会继续向上层寻找,在 fn1()函数中找到了变量 i 的定义。

　　保存代码,在浏览器中进行测试。打开开发者工具,进入控制台,查看例 4-6 的运行结果,如图 4-8 所示。

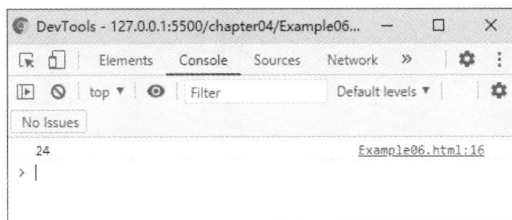

图4-8　例4-6的运行结果

　　图 4-8 中,控制台输出的结果为 "24",说明 i 的值为 fn1()函数内定义的 i 的值。对于嵌套函数 fn3()来说,

输出变量 i 的过程是先从本函数内部寻找变量 i 是否存在，很明显 fn3() 函数内部没有定义变量 i。接着向上层的 fn2() 寻找，fn2() 中也不存在变量 i 的定义。继续向上层 fn1() 寻找，fn1() 中存在变量 i 的定义，因此控制台输出 i 的值为 24。

4.4.2　递归调用

递归调用是函数嵌套调用中一种特殊的调用，它指的是一个函数在其函数体内调用自身的过程，这种函数称为递归函数。递归调用可以利用简单的代码实现复杂的计算。需要注意的是，递归调用必须要加退出条件。

为了让大家更好地理解递归调用，下面通过根据用户的输入计算指定数据的阶乘案例进行演示。定义 factorial() 函数，利用递归调用实现阶乘计算，具体代码如例 4-7 所示。

例 4-7　Example07.html

```
1  <script>
2   function factorial(n) {
3    if (n == 1) {
4     return 1;                      // 递归出口
5    }
6    return n * factorial(n - 1);
7   }
8   var n = prompt('求 n 的阶乘\n n 是大于等于 1 的正整数，如 2 表示求 2!。');
9   n = parseInt(n);
10  if (isNaN(n)) {
11   console.log('输入的 n 值不合法');
12  } else {
13   console.log(n + '的阶乘为：' + factorial(n));
14  }
15 </script>
```

例 4-7 中，第 2~7 行代码定义了递归函数 factorial()，用于实现 n 的阶乘计算，当 n 不等于 1 时，递归调用当前变量 n 乘 factorial(n−1)，直到 n 等于 1 时，返回 1；第 8 行代码用于接收用户传递的数据；第 9 行代码用于处理用户传递的数据；第 10~14 行代码用于对用户传递的数据进行判断，当符合要求时调用 factorial() 函数，否则在控制台给出提示信息。

保存代码，在浏览器中进行测试，例 4-7 的页面初始效果如图 4-9 所示。

在图 4-9 所示的输入框中输入 4，单击"确定"按钮后，打开开发者工具，进入控制台，查看例 4-7 的运行结果，如图 4-10 所示。

图4-9　例4-7的页面初始效果

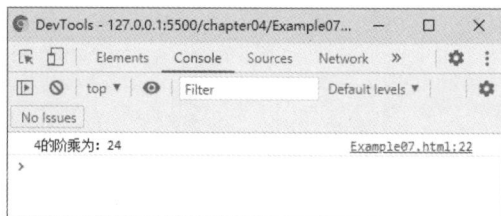

图4-10　例4-7的运行结果

图 4-10 中，控制台输出了"4 的阶乘为：24"，说明利用递归函数实现了根据用户的输入计算指定数据的阶乘。

为了便于大家对递归调用的理解，接下来演示递归调用执行过程，如图 4-11 所示。

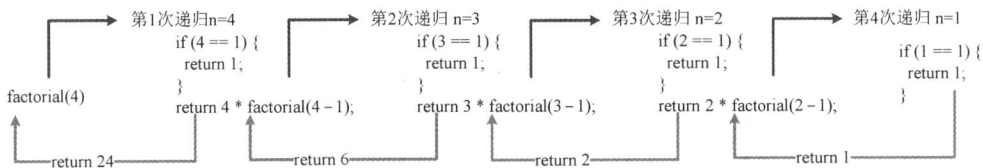

图4-11 递归调用执行过程

图 4-11 演示了 factorial() 函数的递归调用全部过程。其中，factorial() 函数被调用了 4 次，并且每次调用时，n 的值都会递减。当 n 的值为 1 时，所有递归调用的函数都会以相反的顺序相继结束，所有的返回值相乘，最终得到的结果为 24。

另外，递归调用也可以用于遍历维数不固定的多维数组。需要注意的是，递归调用占用的内存和资源比较多，一旦使用不当可能会造成程序死循环，因此在开发中要慎重使用函数的递归调用。

4.4.3 【案例】求斐波那契数列第 N 项的值

斐波那契数列又称黄金分割数列，指的是 "1, 1, 2, 3, 5, 8, 13, 21, ⋯" 这样一个数列，从中可以找出的规律是 "这个数列从第 3 项开始，每一项都等于前两项之和"。

根据斐波那契数列的规律可知，求斐波那契数列第 N 项的值可以利用递归方法来实现。求斐波那契数列第 N 项值的思路是：先要判断 N 表示第几项，如果 N 小于 0，则提示输入的数字不能小于 0；如果 N 等于 0，则返回第 0 项的值 0；如果 N 等于 1，则返回第 1 项的值 1；如果 N 大于 1，则进行递归调用，实现前两项值相加。

接下来演示求斐波那契数列第 N 项值的案例，以 N 为 10 进行计算，斐波那契数列第 10 项的值为 55。定义 recursion() 函数，利用递归方法求斐波那契数列第 10 项的值，具体代码如例 4-8 所示。

例 4-8 Example08.html

```
1  <script>
2  function recursion(num) {
3    if (num < 0) {
4      return '输入的数字不能小于0';
5    } else if (num == 0) {
6      return 0;
7    } else if (num == 1) {
8      return 1;
9    } else if (num > 1) {
10     return recursion(num - 1) + recursion(num - 2);
11   }
12  }
13  console.log(recursion(10));
14 </script>
```

例 4-8 中，第 2~12 行代码用于定义函数 recursion()，参数 num 指的是求斐波那契数列中第 num 项的值，其中，第 3~11 行代码用于判断 num 的值并实现求第 num 项的值，当 num 小于 0 时直接返回错误提示信息，当 num 等于 0 时返回 0，当 num 等于 1 时返回 1，当 num 大于 1 时返回其前两项的和；第 13 行代码用于调用函数 recursion()，并在控制台输出斐波那契数列第 10 项的值。

保存代码，在浏览器中进行测试。打开开发者工具，进入控制台，查看例 4-8 的运行结果，如图 4-12 所示。

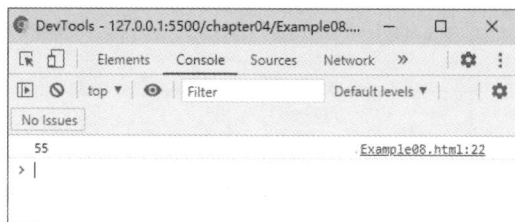

图4-12　例4-8的运行结果

图 4-12 中，控制台输出了 "55"，说明利用递归函数成功计算出了斐波那契数列第 10 项的值。

4.5　闭包函数

4.5.1　什么是闭包函数

在 JavaScript 中，闭包（Closure）是函数和其周围的词法环境（Lexical Environment）的组合，通过闭包可以让开发者从内层函数访问外层函数作用域中的变量和函数，其中，内层函数被称为闭包函数。

在实际开发中，经常会将闭包函数作为它外层函数的返回值。当外层函数被调用后，用变量接收返回值，这个变量保存的就是闭包函数的引用，通过这个变量可以调用闭包函数。当外层函数执行完成后，由于闭包函数被函数外的变量引用，所以闭包函数就不会被自动从内存中释放。如果闭包函数又访问了外层函数内的变量，则外层函数内的变量也不会被自动从内存中释放。

通过闭包函数可以实现从外层函数外部间接地访问外层函数内部的变量。例如，当需要修改变量的值时，可以将新值用参数传递给闭包函数，在闭包函数中完成修改；当需要获取变量的值时，可以在闭包函数中返回变量的值。

需要注意的是，滥用闭包函数可能会造成内存空间的浪费，降低程序的处理速度。

4.5.2　闭包函数的实现

闭包函数常见的实现方式是在一个函数 A 内部创建另一个函数 B，然后将函数 B 作为函数 A 的返回值返回。当调用函数 A 后，调用者就会得到函数 B，通过函数 B 来访问函数 A 中的局部变量。

为了让大家更加清楚闭包函数的实现，下面通过代码进行演示。定义 fn1()函数和 fn2()函数，利用闭包函数实现在 fn2()函数中访问 fn1()函数内定义的局部变量 num，并统计 fn2()函数被调用的次数，具体代码如例 4-9 所示。

例 4-9　Example09.html

```
1  <script>
2    function fn1() {
3      var num = 0;
4      function fn2() {
5        ++num;
6        console.log('我被调用的第' + num + '次');
7      }
8      return fn2;
9    }
10   var fn = fn1();
11   fn();
12   fn();
13   fn();
14 </script>
```

上述代码中，第 2～9 行代码定义了 fn1() 函数，其中，第 3 行代码在 fn1() 函数内部定义了一个局部变量 num，用于统计 fn2() 函数被调用的次数，第 4～7 行代码在 fn1() 函数内定义了 fn2() 函数，用于输出调用次数，第 8 行代码使用 return 关键字返回了 fn2() 函数。第 10 行代码定义了变量 fn 并赋值为 fn1() 函数的返回值，此时 fn1() 函数是闭包函数。

保存代码，在浏览器中进行测试。打开开发者工具，进入控制台，查看例 4-9 的运行结果，如图 4-13 所示。

图 4-13 中，控制台输出了"我被调用的第 1 次""我被调用的第 2 次""我被调用的第 3 次"，说明利用闭包函数实现了在 fn2() 函数中访问 fn1() 函数内部的局部变量并输出了 fn2() 函数被调用的次数。

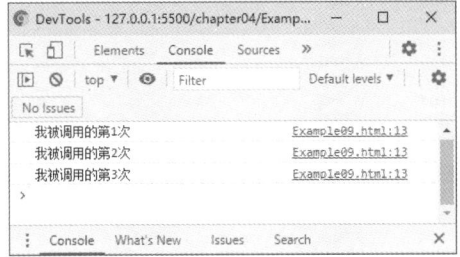

图4-13　例4-9的运行结果

动手实践：获取指定年份的 2 月份的天数

在日常生活中，每个公司的考勤组一般会先计算出每个月员工应出勤的天数，这样方便考勤人员记录考勤。而 2 月份是一个特殊的月份，考勤人员在计算 2 月份应出勤天数时非常麻烦，因为 2 月份的天数由年份决定，年份又分为平年和闰年，平年的 2 月份只有 28 天，闰年的 2 月份有 29 天。接下来将实现获取指定年份的 2 月份的天数。

首先接收用户输入的年份，然后利用函数判断用户输入的年份是否为闰年，最后根据判断结果返回对应年份的 2 月份的天数。

下面开始编写代码，具体代码如例 4-10 所示。

例 4-10　Example10.html

```
1  <script>
2    // 用户输入年份，输出当前年份 2 月份的天数
3    function feb() {
4      var year = prompt('请输入年份：');
5      if (leapYear(year)) {
6        alert('当前年份是闰年，2 月份有 29 天');
7      } else {
8        alert('当前年份是平年，2 月份有 28 天');
9      }
10   }
11   feb();
12   // 判断是否为闰年的函数
13   function leapYear(year1) {
14     var flag = false;
15     if (year1 % 4 == 0 && year1 % 100 != 0 || year1 % 400 == 0) {
16       flag = true;
17     }
18     return flag;
19   }
20 </script>
```

上述代码中，第 3～10 行代码用于定义 feb() 函数，其中第 4 行代码定义变量 year，用于接收用户输入的年份，第 5～9 行代码用于调用 leapYear () 函数，并根据判断结果输出当前年份的 2 月份天数；第 11 行代码用于调用 feb() 函数；第 13～19 行代码用于定义 leapYear () 函数，并判断输入的年份是否为闰年。

保存代码，在浏览器中进行测试，例 4-10 的页面初始效果如图 4-14 所示。

图 4-14 中，在弹出的输入框中输入"2000"，单击"确定"按钮，页面中显示 2000 年 2 月份的天数如图 4-15 所示。

图4-14　例4-10的页面初始效果

图4-15　2000年2月份天数

通过图 4-15 可知，当前已经实现了获取 2000 年 2 月份的天数。

本章小结

本章首先讲解了初识函数，主要讲解了函数的概念、函数的定义与调用，以及函数参数的一些使用细节，并结合求任意两数的最大值的案例帮助读者掌握函数的使用；然后讲解了函数内外变量的作用域、匿名函数、嵌套与递归和闭包函数；最后通过一个动手实践的案例，帮助读者更好地理解函数。通过本章的学习，希望读者能够熟练掌握函数的使用。

课后练习

一、填空题

1. JavaScript 中函数分为内置函数和_____。
2. JavaScript 中实参的个数可通过_____获取。
3. 使用_____关键字可以返回函数的结果。
4. JavaScript 中函数的作用域分为全局作用域和_____。
5. 函数通过_____方式调用。

二、判断题

1. 函数 showTime() 与 showtime() 表示的是同一个函数。　　　　　　　　　　（　　）
2. 函数定义与调用的编写顺序不分前后。　　　　　　　　　　　　　　　　　（　　）
3. 变量定义完成后可以在任意位置使用。　　　　　　　　　　　　　　　　　（　　）
4. 匿名函数可避免函数名的冲突问题。　　　　　　　　　　　　　　　　　　（　　）
5. 闭包函数可以在函数外部读取函数内部的变量。　　　　　　　　　　　　　（　　）

三、选择题

1. 阅读以下代码，执行 fn1(4,5) 的返回值是（　　）。

```
function fn1(x, y){
  return (++x) + (y++);
}
```

A. 9　　　　　　　　　B. 10　　　　　　　　　C. 11　　　　　　　　　D. 12

2. 下列选项中，函数名命名错误的是（　　　）。

A. getMin B. show C. const D. it_info

3. 下列选项中，可以用于获取用户传递的实参值的是（　　　）。

A. arguments.length B. theNums C. params D. arguments

4. 下列选项中，关于函数表达式的说法错误的是（　　　）。

A. 函数表达式指的是将定义的函数的值赋给一个变量

B. 函数表达式是一种实现自定义函数的方式

C. 函数表达式的定义可以在调用前，也可以在调用后

D. 函数表达式调用时采用的是"变量名()"的方式

5. 下列选项中，属于匿名函数的是（　　　）。

A. function (a, b) {} B. function sum(a, b) {}

C. function show(a, b) {} D. function minNum(a, b) {}

四、简答题

1. 简述什么是 JavaScript 中的作用域链。

2. 简述闭包函数的用途。

五、编程题

1. 编写函数实现获取所有实参并对所有实参求平均值。

2. 利用函数求数组[10, 9, 15, 12, 7]中的最大值。

第5章

5章

对　象

学习目标

★ 了解什么是对象，能够说出 JavaScript 中的对象的概念

★ 掌握对象的创建方式，能够使用 3 种方式创建对象

★ 掌握对象的遍历，能够遍历对象的属性和方法

★ 熟悉值类型和引用类型，能够说出值类型和引用类型的特点

★ 掌握 Math 对象的使用，能够使用 Math 对象的常用方法和属性实现有关数学的运算

★ 掌握 Date 对象的创建，能够使用构造函数创建 Date 对象

★ 掌握 Date 对象的使用，能够使用 Date 对象的常用方法处理日期和时间

★ 掌握 Array 对象的使用，能够使用 Array 对象的常用方法对数组进行操作

★ 掌握数组类型检测的两种常用方式，能够使用两种方式检测变量的类型是否为数组

★ 掌握 String 对象的使用，能够使用 String 对象的常用方法处理字符串

★ 掌握 MDN Web 文档的查阅方式，能够在 MDN Web 文档中查询对象

在日常开发中，经常需要对数组、日期或者字符串进行一些操作，例如对数组元素进行排序，虽然我们可以使用插入排序或者冒泡排序来完成，但是这两种排序方式实现起来都比较麻烦。为了提高开发效率，JavaScript 提供了一些常用的内置对象，可以帮助我们快速实现程序的某些功能。例如，5.7.1 小节会讲到如何用内置对象 Array 的 sort() 方法完成数组元素排序，sort() 方法会帮我们完成数组元素排序，我们只需调用该方法即可，所以开发效率高。当内置对象无法满足开发需求时，还可以通过自定义对象来实现程序的功能。本章将针对 JavaScript 中的对象进行详细讲解。

5.1　初识对象

在现实生活中，对象是一个具体的实物，是一种看得见、摸得着的东西。例如，一部手机、一辆汽车、一个学生，都可以看成"对象"。我们可以通过描述对象的特征来区分对象，例如通过描述学生的性别、姓名和年龄来区分学生对象。

在程序中，如果要描述一个学生的特征，可以定义多个变量来描述，例如，定义变量 name 来描述学生的姓名，定义变量 age 来描述学生的年龄，定义变量 sex 来描述学生的性别等。但是当需要描述多个学生时，如果每个学生的姓名、年龄和性别都通过变量来描述，会使程序出现大量的变量，导致程序难以维护。此时，我们可以通过对象来描述学生，将学生的特征保存在对象中。

在 JavaScript 中，对象属于复杂数据类型，它是由属性和方法组成的一个集合，属性是指对象的特征，方法是指对象的行为。例如，学生的特征有姓名、年龄和性别，这些特征可以用对象的属性来表示；学生的行为有打招呼、唱歌、写作业，这些行为可以用对象的方法来表示。

在代码中，属性可以看成对象中保存的数据，方法可以看成对象中保存的函数。对象的属性和方法统称为对象的成员。

5.2　对象的创建

在 JavaScript 中，创建对象有 3 种常用的方式，分别是利用字面量创建对象、利用构造函数创建对象和利用 Object() 创建对象。本节将详细讲解这 3 种创建对象的方式。

5.2.1　利用字面量创建对象

在 JavaScript 中，使用对象的字面量创建对象，就是用大括号 "{}" 来标注对象成员，每个对象成员使用键值对的形式保存，即 "key: value" 的形式。

对象字面量的语法格式如下。

```
{ key1: value1, key2: value2, … }
```

上述语法格式中，key1 和 key2 表示对象成员的名称，value1 和 value2 表示对象成员的值，多个对象成员之间用 "," 隔开。需要说明的是，当对象不需要成员时，键值对可以省略，此时表示空对象。

了解对象字面量的语法格式后，接下来演示如何使用字面量创建对象，示例代码如下。

```
// 创建一个空对象
var obj = {};
// 创建一个学生对象
var stu1 = {
  name: '小明',               // name 属性
  age: 18,                    // age 属性
  sex: '男',                  // sex 属性
  sayHello: function () {     // sayHello()方法
    console.log('Hello');
  }
};
```

在上述示例代码中，obj 是一个空对象，该对象没有任何成员；stu1 对象中包含 4 个成员，分别是 name、age、sex 和 sayHello()，其中 name、age 和 sex 是对象的属性，sayHello() 是对象的方法。

对象创建完成后，如何使用对象的成员呢？使用对象成员有两种方式，第 1 种方式是使用 "."，第 2 种方式是使用 "[]"，具体示例代码如下。

```
1  // 第1种方式
2  console.log(stu1.name);      // 访问对象的属性，输出结果：小明
3  stu1.sayHello();             // 调用对象的方法，输出结果：Hello
4  // 第2种方式
5  console.log(stu1['age']);    // 访问对象的属性，输出结果：18
6  stu1['sayHello']();          // 调用对象的方法，输出结果：Hello
```

上述示例代码中，第 2 行代码使用 "." 访问对象的属性 name，输出结果为 "小明"；第 3 行代码使用 "."

调用对象的方法 sayHello()，输出结果为"Hello"；第 5 行代码使用"[]"访问对象的属性 age，输出结果为"18"；第 6 行代码使用"[]"调用对象的方法 sayHello()，输出结果为"Hello"。

　　如果对象的成员名中包含特殊字符，则可以用字符串来表示成员名，通过"[]"来访问，示例代码如下。

```
var stu2 = {
  'name-age': '小明-18'
};
console.log(stu2['name-age']);        // 输出结果：小明-18
```

上述示例代码中，对象的属性包含特殊字符"-"，所以对象的属性使用字符串'name-age'表示，通过 stu2['name-age']进行访问，输出结果为"小明-18"。

　　对象创建完成后，用户可以通过为属性或方法赋值的方式来添加对象成员。下面演示如何为 obj 对象添加对象成员，示例代码如下。

```
1  var obj = {};
2  obj.name = 'Jack';                  // 为对象添加 name 属性（演示"."语法）
3  obj['age'] = 18;                    // 为对象添加 age 属性（演示"[]"语法）
4  obj.sayHello = function () {        // 为对象添加 sayHello()方法（演示"."语法）
5    console.log('Hello');
6  };
7  obj['sing'] = function () {         // 为对象添加 sing()方法（演示"[]"语法）
8    console.log('大海');
9  };
10 console.log(obj.name);             // 访问 name 属性，输出结果：Jack
11 console.log(obj.age);              // 访问 age 属性，输出结果：18
12 obj.sayHello();                    // 调用 sayHello()方法，输出结果：Hello
13 obj.sing();                        // 调用 sing()方法，输出结果：大海
```

上述示例代码中，第 1 行代码用于创建 obj 对象；第 2 行代码使用"."为 obj 对象添加属性 name；第 3 行代码使用"[]"为 obj 对象添加属性 age；第 4～6 行代码使用"."为 obj 对象添加方法 sayHello()；第 7～9 行代码使用"[]"为 obj 对象添加方法 sing()；第 10 行代码用于访问 obj 对象的 name 属性，并在控制台输出，输出结果为"Jack"；第 11 行代码用于访问 obj 对象的 age 属性，并在控制台输出，输出结果为"18"；第 12 行代码用于调用 obj 对象的 sayHello()方法，输出结果为"Hello"；第 13 行代码用于调用 obj 对象的 sing()方法，输出结果为"大海"。

　　如果访问对象中不存在的成员，则返回 undefined，示例代码如下。

```
var obj = {};                         // 创建一个空对象
console.log(obj.name);                // 输出结果：undefined
```

上述示例代码中，obj 是一个空对象，该对象中不存在属性 name，因此输出结果为 undefined。

5.2.2　利用构造函数创建对象

　　当需要创建一个班级中所有的学生对象时，如果使用字面量的方式创建学生对象，需要将创建每个学生对象的代码都写一遍，非常麻烦。如何能够高效地创建出这些学生对象呢？其实我们可以把学生看成一类对象，将学生拥有的共同特征和行为写在构造函数中，然后通过构造函数创建这些学生对象。

　　所谓构造函数，就是一个提供生成对象的模板并描述对象基本结构的函数，主要用来在创建对象时初始化对象，即为对象的成员赋初始值。通过一个构造函数可以创建多个对象，这些对象都有相同的结构。利用构造函数创建对象的过程称为实例化，利用构造函数创建出来的对象称为构造函数的实例对象。

　　定义构造函数的语法和定义普通函数的语法类似，与普通函数的区别是，构造函数的名称推荐首字母大写。定义构造函数的语法格式如下。

```
function 构造函数名([参数1, 参数2, …]) {
  函数体
}
```

上述语法格式中，构造函数的参数可以有一个或多个，也可以省略。

在构造函数的函数体中可以为新创建的对象添加成员，其语法格式如下。

```
1  this.属性 = 值;
2  this.方法 = function ([参数1, 参数2, …]) {
3    方法体
4  };
```

上述语法格式中，this 表示新创建出来的对象，第 1 行代码表示为对象添加属性，第 2~4 行代码表示为对象添加方法。

定义构造函数后，使用构造函数创建对象的语法格式如下。

```
var 变量名 = new 构造函数名([参数1, 参数2, …]);
```

上述语法格式中，参数可以有多个，当不需要传入参数时，参数可以省略，且小括号"()"也可以省略。

为了帮助读者更好地理解如何利用构造函数创建对象，接下来通过代码进行演示。首先定义一个 Student() 构造函数，然后利用 Student() 构造函数创建学生对象，实现自我介绍，具体代码如例 5-1 所示。

例 5-1　Example01.html

```
1  <script>
2    // 定义一个 Student() 构造函数
3    function Student(name, age) {
4      this.name = name;
5      this.age = age;
6      this.introduce = function () {
7        console.log('大家好，我叫' + this.name + '，今年' + this.age + '岁');
8      };
9    }
10   // 使用 Student() 构造函数创建对象
11   var stu1 = new Student('小明', 18);
12   stu1.introduce();
13   var stu2 = new Student('小强', 19);
14   stu2.introduce();
15   var stu3 = new Student('小红', 18);
16   stu3.introduce();
17 </script>
```

例 5-1 中，第 3~9 行代码用于定义一个 Student() 构造函数，其中第 4~5 行代码表示学生对象的属性 name 和 age，值由创建对象时传入的实参来决定，第 6~8 行代码表示学生对象的方法 introduce()，调用该方法时完成自我介绍；第 11~16 行代码用于通过 Student() 构造函数创建 stu1 对象、stu2 对象和 stu3 对象，并分别调用 stu1 对象、stu2 对象和 stu3 对象的 instroduce() 方法。

保存代码，在浏览器中进行测试。打开开发者工具，进入控制台，查看例 5-1 的运行结果，如图 5-1 所示。

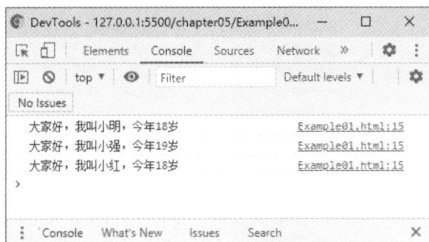

图5-1　例5-1的运行结果

图 5-1 中，通过控制台的输出结果可以看出，利用构造函数成功创建了多个学生对象并完成了自我介绍。

多学一招：静态成员和实例成员

在 JavaScript 中，构造函数本身也是对象，所以构造函数也有成员。为了区分构造函数的成员和实例对象的成员，我们将构造函数的成员称为静态成员，将实例对象的成员称为实例成员。下面通过代码演示静态成员和实例成员的区别，示例代码如下。

```javascript
1  function Person(name) {
2    // 添加实例成员
3    this.name = name;
4    this.say = function () {
5      console.log('Hello');
6    };
7  }
8  // 添加静态成员
9  Person.class = '102 班';
10 Person.run = function () {
11   console.log('run');
12 };
13 // 使用静态成员
14 console.log(Person.class);        // 输出结果：102 班
15 Person.run();                     // 输出结果：run
16 // 使用实例成员
17 var p1 = new Person('小明');
18 console.log(p1.name);             // 输出结果：小明
19 p1.say();                         // 输出结果：Hello
```

上述示例代码中，Person()构造函数的 class 属性和 run()方法属于静态成员，实例对象 p1 的 name 属性和 say()方法属于实例成员。

5.2.3　利用 Object()创建对象

在第 3 章学习数组时，我们使用 new Array()来创建数组，Array()是 JavaScript 的一个内置构造函数。数组有构造函数，对象也有构造函数，对象的构造函数为 Object()。

接下来使用 Object()构造函数创建 obj 对象，示例代码如下。

```javascript
1  var obj = new Object();           // 创建了一个空对象
2  obj.name = '小明';                // 创建对象后，为对象添加属性
3  obj.age = 18;                     // 创建对象后，为对象添加属性
4  obj.sayHello = function () {      // 创建对象后，为对象添加方法
5    console.log('Hello');
6  };
```

上述示例代码中，第 1 行代码利用 Object()构造函数创建了一个空对象 obj；第 2 行代码为 obj 对象添加了属性 name，值为'小明'；第 3 行代码为 obj 对象添加了属性 age，值为 18；第 4～6 行代码为 obj 对象添加了方法 sayHello()。

5.3　对象的遍历

在开发中，有时需要查询一个对象拥有哪些属性和方法，这时就需要进行对象的遍历。对象的遍历是指遍历对象中所有的成员。使用 for...in 语法可以进行对象的遍历，其语法格式如下。

```
for (var 变量 in 对象) {
  具体操作
}
```

上述语法格式中，变量表示对象中的成员名，对象表示需要进行遍历的对象，在具体操作中，可以通过"console.log(对象[变量])"访问对象的属性，通过"对象[变量]()"调用对象的方法。

了解了遍历对象的语法，接下来编写代码实现对象的遍历。首先创建一个包含 name、age 和 sex 属性的学生对象 stu，然后利用 for…in 语法实现学生对象成员的遍历，在控制台输出学生对象的所有信息，具体代码如例5-2 所示。

例 5-2 Example02.html

```
1  // 准备一个待遍历的学生对象 stu
2  var stu = {
3    name: '小明',
4    age: 18,
5    sex: '男'
6  };
7  // 遍历学生对象 stu
8  for (var k in stu) {
9    console.log(k + '---' + stu[k]);
10 }
```

在上述代码中，第 2～6 行代码用于创建一个 stu 对象，对象中包含 3 个属性；第 8～10 行代码用于遍历 stu 对象，其中第 9 行代码用于在控制台输出对象中属性的名称和对应的值。

保存代码，在浏览器中进行测试。打开开发者工具，查看例 5-2 的运行结果，如图 5-2 所示。

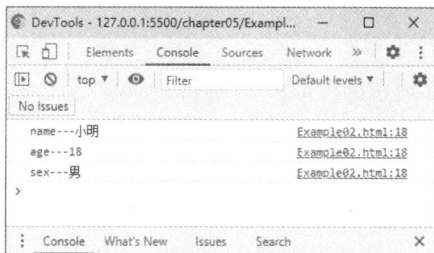

图5-2 例5-2的运行结果

图 5-2 中，控制台输出了"name---小明""age---18"和"sex---男"，说明利用 for…in 语法实现了遍历学生对象 stu，并成功在控制台输出了学生对象的所有信息。

> **多学一招：判断对象成员是否存在**

当需要判断一个对象中的某个成员是否存在时，可以使用 in 运算符，判断的结果为 true 或 false，表示存在或不存在，具体示例如下。

```
var obj = { name: 'Tom', age: 16 };
console.log('age' in obj);     // 输出结果：true
console.log('gender' in obj);  // 输出结果：false
```

上述示例代码中，obj 对象有两个成员，分别为 name 和 age，没有 gender 成员，因此判断 age 成员是否存在时控制台输出 true，判断 gender 成员是否存在时控制台输出 false。

5.4 值类型和引用类型

在第 2 章学习数据类型时，我们知道 JavaScript 中的基本数据类型又称为值类型，复杂数据类型又称为引用类型，那么值类型和引用类型有什么区别呢？

值类型和引用类型的区别是，当值类型的数据被赋给变量或作为函数的参数传递时，是将具体的值保存给了变量或参数，而当引用类型的数据被赋给变量或作为函数的参数传递时，数据本身只有一份，变量或参数中保存的是对数据的引用。

为了帮助读者更好地理解值类型和引用类型的区别，下面通过代码进行演示。

```
1  // 值类型
2  var a = 10;
3  var b = a;
4  a++;
5  console.log(b);              // 输出结果：10
6  // 引用类型
7  var obj = { a: 10 };
8  var obj1 = obj;
9  obj.a++;
10 console.log(obj1.a);         // 输出结果：11
```

上述示例代码中，第2行代码用于声明变量a并赋值为10；第3行代码用于声明变量b，并将变量a赋值给变量b，此时是将变量a的值10赋给了变量b，因为a和b是两个独立的变量，所以执行第4行代码并不会影响变量b，因此第5行代码在控制台输出变量b的值为10。

第7行代码声明变量obj，该变量保存了 "{a:10}" 对象的引用；第8行代码用于将变量obj赋值给变量obj1，变量obj和变量obj1的关系如图5-3所示。

图5-3中，变量obj和obj1引用了同一个对象。当执行第9行代码后，对象中的属性a的值改为了11，则obj1.a的结果也是11。

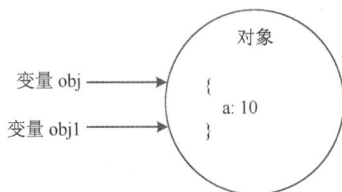

图5-3　变量obj和变量obj1的关系

当两个变量引用同一个对象后，如果给其中一个变量重新赋值为其他对象，或者重新赋值为其他值，则该变量将不再引用原来的对象，但另一个变量仍然引用原来的对象，示例代码如下。

```
1  var obj = { a: 10 };
2  var obj1 = obj;
3  // obj 重新引用一个新创建的对象
4  obj = { age: 15 };
5  // obj1 仍然引用原来的对象
6  console.log(obj1.a);         // 输出结果：10
```

在上述代码中，第1行代码创建的对象最开始只有obj引用，执行第2行代码后，变量obj和obj1都引用该对象，执行第4行代码后，只有obj1引用该对象。

当对象作为函数的参数来传递时，如果在函数的参数中修改对象的属性或方法，则在函数外面被引用的对象也会同步修改，因为它们操作的是同一个对象，示例代码如下。

```
1  function change(obj1) {
2    obj1.a = 15;                // 在函数内修改了对象的属性
3  }
4  var obj = { a: 10 };
5  change(obj);
6  console.log(obj.a);          // 输出结果：15
```

在上述代码中，当调用change()函数后，change()函数修改了obj1.a的值。修改后，在函数外面通过obj变量访问到的结果是修改后的值，说明变量obj和参数obj1引用的是同一个对象。

5.5　Math 对象

日常开发中，我们有时需要获取圆周率、绝对值、最大值、最小值等，如果自己编写逻辑代码，非常麻烦，此时通过 Math 对象提供的属性和方法可以快速完成开发需求。接下来将详细讲解 Math 对象。

5.5.1　Math 对象的使用

Math 对象表示数学对象，用来进行与数学相关的运算。Math 对象的常用属性和方法如表 5-1 所示。

表 5-1　Math 对象的常用属性和方法

属性和方法	作用
PI	获取圆周率，结果为 3.141592653589793
abs(x)	获取 x 的绝对值
max([value1[,value2, ...]])	获取所有参数中的最大值
min([value1[,value2, ...]])	获取所有参数中的最小值
pow(base, exponent)	获取基数（base）的指数（exponent）次幂，即 base^{exponent}
sqrt(x)	获取 x 的平方根，若 x 为负数，则返回 NaN
ceil(x)	获取大于或等于 x 的最小整数，即向上取整
floor(x)	获取小于或等于 x 的最大整数，即向下取整
round(x)	获取 x 的四舍五入后的整数值
random()	获取大于或等于 0 且小于 1 的随机值

下面通过代码演示 Math 对象的使用。

（1）利用 PI 实现获取圆周率，并计算半径为 3 的圆的周长，示例代码如下。

```
console.log(2 * Math.PI * 3);          // 输出结果：18.84955592153876
```

上述示例代码中，Math.PI 表示圆周率，半径为 3 的圆的周长为 18.84955592153876。

（2）利用 abs() 方法实现计算数字 -25 的绝对值，示例代码如下。

```
console.log(Math.abs(-25));            // 输出结果：25
```

上述示例代码中，利用 Math.abs() 方法计算出数字 -25 的绝对值为 25。

（3）利用 max() 方法和 min() 方法实现计算一组数"5，3，11，6"的最大值和最小值，示例代码如下。

```
console.log(Math.max(5, 3, 11, 6));    // 输出结果：11
console.log(Math.min(5, 3, 11, 6));    // 输出结果：3
```

上述示例代码中，利用 Math.max() 方法计算出"5，3，11，6"中最大值为 11；利用 Math.min() 方法计算出"5，3，11，6"中最小值为 3。

（4）利用 pow() 方法实现计算 2 的 4 次幂，然后利用 sqrt() 方法对其结果求平方根，示例代码如下。

```
1  var a = Math.pow(2, 4);
2  console.log(a);                     // 输出结果：16
3  console.log(Math.sqrt(a));          // 输出结果：4
```

上述示例代码中，第 1 行代码定义变量 a，利用 Math.pow() 方法计算出 2 的 4 次幂并将计算结果赋给变量 a；第 2 行代码用于在控制台输出变量 a 的值，结果为 16；第 3 行代码利用 Math.sqrt() 方法对变量 a 的值求平方根，并在控制台输出，结果为 4。

（5）利用 ceil() 方法实现计算大于或等于 1.1 和 1.9 的最小整数，利用 floor() 方法实现计算小于或等于 1.1 和 1.9 的最大整数，示例代码如下。

```
console.log(Math.ceil(1.1));           // 输出结果：2
console.log(Math.ceil(1.9));           // 输出结果：2
console.log(Math.floor(1.1));          // 输出结果：1
console.log(Math.floor(1.9));          // 输出结果：1
```

上述示例代码中，利用 Math.ceil() 方法计算出大于或等于 1.1 和 1.9 的最小整数为 2；利用 Math.floor() 方法计算出小于或等于 1.1 和 1.9 的最大整数为 1。

（6）利用 round() 方法实现计算数字 1.1、1.5、1.9、-1.5 和-1.6 四舍五入后的整数值，示例代码如下。

```
console.log(Math.round(1.1));          // 输出结果: 1
console.log(Math.round(1.5));          // 输出结果: 2
console.log(Math.round(1.9));          // 输出结果: 2
console.log(Math.round(-1.5));         // 输出结果: -1（取较大值）
console.log(Math.round(-1.6));         // 输出结果: -2
```

上述示例代码中，利用 Math.round() 方法计算出 1.1 四舍五入后的整数值为 1，1.5 和 1.9 四舍五入后的整数值为 2，-1.5 四舍五入后的整数值为-1，-1.6 四舍五入后的整数值为-2。

（7）利用 random() 方法生成一个大于等于 0 且小于 1 的随机数，示例代码如下。

```
console.log(Math.random());            // 输出结果: 0.925045617789475
```

上述示例代码中，输出了一个大于等于 0 且小于 1 的随机数 0.925045617789475。使用 random() 方法生成随机数时，每次调用输出的结果不同。

若希望生成指定范围内的随机数，可使用下列方式来生成。

```
// 生成 m~n（不包括 n）的随机数
Math.random()* (n - m) + m;
// 生成 m~n 的随机整数
Math.floor(Math.random()* (n - m + 1) + m);
// 生成 0~n 的随机整数
Math.floor(Math.random()* (n + 1));
// 生成 1~n 的随机整数
Math.floor(Math.random()* n + 1);
```

5.5.2 【案例】猜数字游戏

班级内开展活动日，老师提出了猜数字游戏，游戏的规则是，老师随机抽取一个 1~10 的数字，同学们来猜这个数字，如果同学们猜的数字比老师抽取的数字大，则提示猜大了；如果同学们猜的数字比老师抽取的数字小，则提示猜小了；如果同学们猜的数字与老师抽取的数字相同，则提示猜对了。如果要用程序来实现猜数字游戏，该如何编写代码呢？

首先定义 getRandom() 函数实现随机生成一个 1~10 的数字，然后利用循环结构实现让程序一直执行，在程序中接收同学们输入的数字，判断输入的数字和随机数的大小。如果输入的数字大于随机数，则程序提示"你猜大了"；如果输入的数字小于随机数，则程序提示"你猜小了"；如果两个数字相等，就提示"恭喜你，猜对了"，结束程序。

接下来编写代码实现猜数字游戏，具体代码如例 5-3 所示。

例 5-3　Example03.html

```
1  <script>
2    function getRandom(min, max) {
3      return Math.floor(Math.random()* (max - min + 1) + min);
4    }
5    var random = getRandom(1, 10);
6    while (true) {  // 死循环，利用 break 来跳出循环
7      var num = prompt('请输入一个 1~10 的整数: ');
8      if (num === null) {
9        break;
10     } else if (num > random) {
11       alert('你猜大了');
```

```
12     } else if (num < random) {
13       alert('你猜小了');
14     } else {
15       alert('恭喜你，猜对了');
16       break;
17     }
18   }
19 </script>
```

例 5-3 中，第 2~4 行代码定义了 getRandom() 函数，用于生成随机数；第 5 行代码定义变量 random 用来保存生成的随机数；第 6~18 行代码利用循环来完成猜数字游戏，其中，第 7 行代码定义变量 num 用于接收用户输入的数字，第 8~17 行代码利用 if…else if…else 语句来判断用户输入的数字和随机数的大小关系，并执行相对应的代码。

保存代码，在浏览器中进行测试，例 5-3 的运行结果如图 5-4 所示。

图 5-4 中，在弹出的输入框中输入 "5"，单击 "确定" 按钮后，例 5-3 的运行结果如图 5-5 所示。

图 5-5 中，页面中弹出警告框提示 "你猜小了"，说明随机数是一个大于 5 的数。继续在页面弹出的输入框中输入数字，如果输入的数字比随机数大，页面将弹出警告框提示

图5-4　例5-3的运行结果

"你猜大了"，直到输入的数字和随机数相等时，页面将弹出警告框提示 "恭喜你，猜对了"，此时的运行结果如图 5-6 所示。

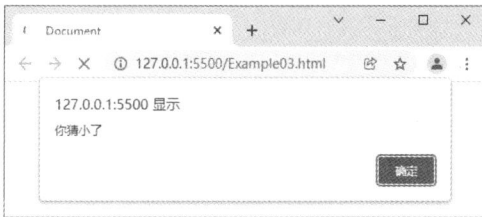

图5-5　输入 "5" 后的运行结果

图5-6　猜对数字的运行结果

通过图 5-6 可知，当前已经猜对了随机数。单击 "确定" 按钮，猜数字程序结束。

5.6　Date 对象

在开发中，经常需要处理日期和时间，例如，获取系统当前的日期和时间、计算时间差等，此时可以通过 Date 对象来完成。本节将详细讲解 JavaScript 中的 Date 对象。

5.6.1　Date 对象的创建

JavaScript 中的 Date 对象表示日期对象，需要使用 Date() 构造函数创建后才能使用。Date() 构造函数的使用有 3 种形式：第 1 种形式是构造函数不传入参数；第 2 种形式是构造函数传入数字型参数；第 3 种形式是构造函数传入字符串型参数。接下来将分别讲解这 3 种形式。

1. 构造函数不传入参数

使用 Date() 构造函数创建对象时，不传参数表示使用系统当前时间，示例代码如下。

```
var date1 = new Date();
console.log(date1);
// 输出结果: Fri Aug 13 2021 10:30:45 GMT+0800 (中国标准时间)
```

上述示例代码创建对象时没有传入参数，所以输出结果为对象创建时系统的当前时间，即"Fri Aug 13 2021 10:30:45 GMT+0800 (中国标准时间)"。

2. 构造函数传入数字型参数

为 Date() 构造函数传入以数字表示的年、月、日、时、分、秒参数时，最少需要指定年、月两个参数，后面的参数若省略会自动使用默认值，且月的取值范围是 0~11，0 表示 1 月，1 表示 2 月，以此类推。需要注意的是，当传入的数字大于合理范围时，会自动转换成相邻数字，将月份设为-1 表示去年 12 月，设为 12 表示明年 1 月。

为构造函数传入数字型参数的示例代码如下。

```
var date2 = new Date(2021, 7, 14, 10, 30, 45);
console.log(date2);
// 输出结果: Sat Aug 14 2021 10:30:45 GMT+0800 (中国标准时间)
```

上述示例代码创建对象时，传入了"2021, 7, 14, 10, 30, 45"，输出结果为"Sat Aug 14 2021 10:30:45 GMT+0800 (中国标准时间)"。

3. 构造函数传入字符串型参数

为 Date() 构造函数传入以字符串表示的日期和时间时最少需要指定年份，需要注意的是，日期和时间的格式有多种，这里以"年-月-日 时:分:秒"格式为例进行讲解。

为 Date() 构造函数传入字符串型参数的示例代码如下。

```
var date3 = new Date('2021-08-15 10:30:45');
console.log(date3);
// 输出结果: Sun Aug 15 2021 10:30:45 GMT+0800 (中国标准时间)
```

上述示例代码创建 date3 对象时，传入字符串'2021-08-15 10:30:45'，输出结果为"Sun Aug 15 2021 10:30:45 GMT+0800 (中国标准时间)"。

5.6.2　Date 对象的使用

创建 Date 对象后，对象中存放的是一个以字符串表示的日期和时间。如果想要单独获取或设置年、月、日、时、分、秒中的某一项，可以通过调用 Date 对象的相关方法来实现。Date 对象的常用方法分为获取日期和时间的方法和设置日期和时间的方法，分别如表 5-2 和表 5-3 所示。

表 5-2　获取日期和时间的方法

方法	作用
getFullYear()	获取表示年份的 4 位数字，如 2021
getMonth()	获取月份，范围为 0~11（0 表示 1 月，1 表示 2 月，依次类推）
getDate()	获取月份中的某一天，范围为 1~31
getDay()	获取星期，范围为 0~6（0 表示星期日，1 表示星期一，依次类推）
getHours()	获取小时数，范围为 0~23
getMinutes()	获取分钟数，范围为 0~59
getSeconds()	获取秒数，范围为 0~59
getMilliseconds()	获取毫秒数，范围为 0~999
getTime()	获取从 1970-01-01 00:00:00（UTC）到 Date 对象中存放的时间经历的毫秒数

表 5-3 设置日期和时间的方法

方法	作用
setFullYear(value)	设置年份
setMonth(value)	设置月份
setDate(value)	设置月份中的某一天
setHours(value)	设置小时数
setMinutes(value)	设置分钟数
setSeconds(value)	设置秒数
setMilliseconds(value)	设置毫秒数
setTime(value)	通过从 1970-01-01 00:00:00（UTC）开始计时的毫秒数来设置时间

了解 Date 对象常用的方法后，接下来通过案例演示如何使用 Date 对象提供的方法设置和获取日期，并将获取到的日期输出到控制台，具体代码如例 5-4 所示。

例 5-4　Example04.html

```
1  <script>
2    var date = new Date();
3    // 设置年、月、日
4    date.setFullYear(2022);
5    date.setMonth(7 - 1);
6    date.setDate(1);
7    // 获取年、月、日
8    var year = date.getFullYear();
9    var month = date.getMonth();
10   var day = date.getDate();
11   // 输出结果
12   console.log(year + '年' + (month + 1) + '月' + day + '日');
13 </script>
```

上述示例代码中，第 2 行代码用于创建对象 date，表示系统当前时间；第 4~6 行代码用于设置对象 date 的年、月、日为 2022 年 7 月 1 日；第 8~10 行代码中，变量 year、month、date 分别用来保存获取到的对象 date 中的年份、月份和月份中的某一天；第 12 行代码用于在控制台输出结果。

保存代码，在浏览器中进行测试。打开开发者工具，查看例 5-4 的运行结果，如图 5-7 所示。

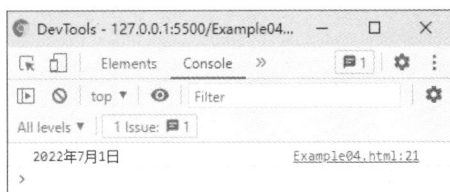

图5-7　例5-4的运行结果

图 5-7 中，控制台输出 "2022 年 7 月 1 日"，说明已经成功设置了日期并获取到了结果。

5.6.3　【案例】时间差计算

我们在网上购物时，经常会看到商家推出一些抢购活动，网页上会显示活动开始时间的倒计时，如 "距离活动开始还有 39 天 19 时 02 分 11 秒"，其中，"39 天 19 时 02 分 11 秒" 是一个时间差。本案例将会编写程序完成时间差的计算。

定义一个函数，用于计算时间差，该函数的参数表示活动开始时间，在函数内获取当前时间，并计算当前时间到活动开始时间还有多长时间，以 "×天×时×分×秒" 的格式返回计算结果。

接下来编写代码实现时间差的计算，具体代码如例 5-5 所示。

例 5-5   Example05.html

```
1  <script>
2    function countDown(time) {
3      var nowTime = new Date();
4      var overTime = new Date(time);
5      var times = (overTime - nowTime) / 1000;
6      var d = parseInt(times / 60 / 60 / 24);        // 天数
7      d = d < 10 ? '0' + d : d;
8      var h = parseInt(times / 60 / 60 % 24);        // 小时
9      h = h < 10 ? '0' + h : h;
10     var m = parseInt(times / 60 % 60);             // 分钟
11     m = m < 10 ? '0' + m : m;
12     var s = parseInt(times % 60);                  // 秒数
13     s = s < 10 ? '0' + s : s;
14     return d + '天' + h + '时' + m + '分' + s + '秒';
15   }
16   console.log(countDown('2021-9-25 09:00:00'));
17 </script>
```

例 5-5 中，第 2~15 行代码定义函数 countDown()，其中第 4 行代码用于设置活动开始时间，第 5 行代码通过活动开始时间减去当前时间计算出剩余的毫秒数，然后将剩余的毫秒数除以 1000 得出剩余的秒数。第 6~14 行代码用于将剩余的秒数转换成剩余的天数（d）、小时（h）、分钟（m）、秒数（s），并使用 return 返回。第 16 行代码调用 countDown() 函数，设置活动开始时间为 2021-9-25 09:00:00，并在控制台输出函数返回的时间差。

保存代码，在浏览器中进行测试。打开开发者工具，进入控制台，查看例 5-5 的运行结果，如图 5-8 所示。

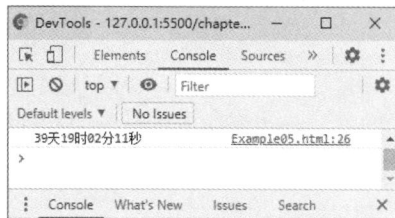

图 5-8   例 5-5 的运行结果

图 5-8 中，控制台输出了时间差 "39 天 19 时 02 分 11 秒"。需要说明的是，根据读者当前实验时间的不同，输出结果也不同。

5.7   Array 对象

通过第 3 章的学习，相信大家已经掌握了创建数组的两种方式以及数组的基本操作等。在 JavaScript 中，数组也是一种对象，称为数组对象或 Array 对象，使用 Array 对象提供的方法可以对数组进行操作。接下来将详细讲解 Array 对象。

5.7.1   Array 对象的使用

JavaScript 中，Array 对象用于在单个变量中存储多个值。Array 对象提供了一些常用方法，包括添加或删除数组元素的方法、改变数组元素顺序的方法、获取数组索引的方法、将数组转为字符串的方法等，接下来将分别讲解这些常用的方法。

1. 添加或删除数组元素的方法

Array 对象提供了添加或删除数组元素的方法，这些方法可以实现在数组的末尾或开头添加新的数组元素，或在数组的末尾或开头删除数组元素，具体如表 5-4 所示。

表 5-4　添加或删除数组元素的方法

方法	作用
push(element1, ...)	在数组末尾添加一个或多个元素，会修改原数组，返回值为数组的新长度
unshift(element1, ...)	在数组开头添加一个或多个元素，会修改原数组，返回值为数组的新长度
pop()	删除数组的最后一个元素，会修改原数组，若是空数组则返回 undefined，否则返回值为删除的元素
shift()	删除数组的第一个元素，会修改原数组，若是空数组则返回 undefined，否则返回值为删除的元素
splice(start[, deleteCount[, item1[, ...]]])	在指定索引处删除或添加数组元素，会修改原数组，返回值是一个由被删除的元素组成的新数组

表 5-4 中，push()方法和 unshift()方法的 element1 参数表示要添加的数组元素，可以传多个参数；splice()方法的 start 参数表示要删除或添加的数组元素的起始索引，deleteCount 参数为可选参数，表示要删除的数组元素个数，item1 参数为可选参数，表示要添加的数组元素，可以传多个参数。

下面对表 5-4 中的方法的具体使用进行代码演示。

（1）使用 push()方法和 unshift()方法在数组中添加元素，然后使用 pop()方法和 shift()方法删除元素，示例代码如下。

```
1  var arr = ['星期一', '星期二', '星期三', '星期四', '星期五'];
2  console.log(arr.push('星期六'));          // 输出结果：6
3  console.log(arr.unshift('星期日'));        // 输出结果：7
4  console.log(arr.pop());                    // 输出结果：星期六
5  console.log(arr.shift());                  // 输出结果：星期日
```

上述示例代码中，第 1 行代码用于定义 arr 数组，其长度为 5；第 2 行代码用于在 arr 数组末尾添加元素'星期六'；第 3 行代码用于在 arr 数组开头添加元素'星期日'；第 4 行代码用于删除 arr 数组的最后一个元素；第 5 行代码用于删除 arr 数组的第一个元素。

（2）使用 splice()方法在数组的指定索引处添加或删除数组元素，示例代码如下。

```
1  var arr = ['sky', 'wind', 'snow', 'sun'];
2  arr.splice(2, 2);
3  console.log(arr);      // 输出结果：(2) ['sky', 'wind']
4  arr.splice(1, 1, 'snow');
5  console.log(arr);      // 输出结果：(2) ['sky', 'snow']
6  arr.splice(1, 0, 'hail', 'sun');
7  console.log(arr);      // 输出结果：(4) ['sky', 'hail', 'sun', 'snow']
```

在上述代码中，第 1 行代码用于定义 arr 数组，其长度为 4；第 2 行代码用于从索引 2 开始，删除 2 个元素；第 4 行代码用于从索引 1 开始，删除 1 个元素，再添加'snow'元素；第 6 行代码用于从索引 1 处添加'hail'和'sun'元素。

2. 改变数组元素顺序的方法

Array 对象提供了改变数组元素顺序的方法，具体如表 5-5 所示。

表5-5　改变数组元素顺序的方法

方法	作用
reverse()	颠倒数组中元素的索引，该方法会改变原数组，返回新数组
sort([compareFunction])	对数组的元素进行排序，返回新数组。compareFunction 为可选参数，是指定元素按某种顺序进行排列的函数

需要注意的是，sort()方法没有传参数时是将元素转换为字符串，然后根据各个字符的 Unicode 代码点进行排序。如果要让元素按某种顺序进行排列，可以为 sort()方法传入 compareFunction 参数，该参数是一个函数，会被 sort()方法多次调用，每次调用时选取数组中的两个元素进行排序，直到整个数组排序完成。

通过 compareFunction 参数传入的函数，其语法格式如下。

```
function (参数1, 参数2) {
  return 值;
}
```

上述语法格式中，参数 1 和参数 2 由 sort()方法传入，表示数组中待排序的两个元素，函数的返回值决定了两个元素的排列顺序，具体规则如下。

- 返回值是正数，第 2 个元素会被排列到第 1 个元素之前。
- 返回值是 0，两个元素的顺序不变。
- 返回值是负数，第 1 个元素会被排列到第 2 个元素之前。

了解上述语法格式后，下面讲解如何实现数组元素的升序排序和降序排序，具体如下。

（1）实现升序排序，要保证在第 1 个元素大于第 2 个元素的情况下，函数的返回值是正数；两个元素相等的情况下，函数的返回值是 0；在第 1 个元素小于第 2 个元素的情况下，函数的返回值是负数。为了实现这个效果，我们可以在函数中使用 return 关键字返回参数 1 减参数 2 的结果。

（2）实现降序排序，要保证在第 2 个元素大于第 1 个元素的情况下，函数的返回值是正数；两个元素相等的情况下，函数的返回值是 0；在第 2 个元素小于第 1 个元素的情况下，函数的返回值是负数。为了实现这个效果，我们可以在函数中使用 return 关键字返回参数 2 减参数 1 的结果。

接下来通过代码演示 reverse()方法和 sort()方法的使用，示例代码如下。

```
1  // 反转数组
2  var arr = [10, 2, 18, 4];
3  arr.reverse();
4  console.log(arr);// 输出结果: (4) [4, 18, 2, 10]
5  // 升序排序
6  arr.sort(function (a, b) {
7    return a - b;
8  });
9  console.log(arr);// 输出结果: (4) [2, 4, 10, 18]
10 // 降序排序
11 arr.sort(function (a, b) {
12   return b - a;
13 });
14 console.log(arr);// 输出结果: (4) [18, 10, 4, 2]
```

上述代码中，第 3 行代码实现了数组元素的反转；第 6~8 行代码实现了将数组元素升序排序；第 11~13 行代码实现了将数组元素降序排序。

3. 获取数组元素索引的方法

在开发中，若要查找指定的元素在数组中的索引，可以利用 Array 对象提供的获取数组元素索引的方法，具体如表 5-6 所示。

表 5-6　获取数组元素索引的方法

方法	作用
indexOf(searchElement[, fromIndex])	返回指定元素在数组中第一次出现的索引，如果不存在则返回−1
lastIndexOf(searchElement[, fromIndex])	返回指定元素在数组中最后一次出现的索引，如果不存在则返回−1

表 5-6 中，searchElement 参数表示要查找的元素，fromIndex 参数为可选参数，表示从指定索引开始查找。需要注意的是，lastIndexOf()是逆向查找，也就是从后向前查找，当第一次找到元素时就返回其索引，此时找到的元素刚好是数组中最后一次出现的元素。另外，使用 indexOf()方法和 lastIndexOf()方法查找元素索引时，只有要查找的元素值与数组元素值全等时才查找成功。

下面我们通过代码演示 indexOf()方法和 lastIndexOf()方法的使用，示例代码如下。

```
1  var arr = ['red', 'green', 'blue', 'pink', 'blue'];
2  console.log(arr.indexOf('blue'));       // 输出结果: 2
3  console.log(arr.lastIndexOf('blue'));   // 输出结果: 4
```

上述示例代码中，第 1 行代码用于定义 arr 数组，该数组共包含 5 个元素；第 2 行代码用于查找元素'blue'第一次出现的索引，输出结果为 2；第 3 行代码用于查找元素'blue'最后一次出现的索引，输出结果为 4。

4. 将数组转换为字符串的方法

在开发中，若需要将数组转换为字符串，可以利用 Array 对象的 toString()方法和 join()方法实现，具体如表 5-7 所示。

表 5-7　将数组转换为字符串的方法

方法	作用
toString()	把数组转换为字符串，用逗号分隔数组中的每个元素
join([separator])	将数组的所有元素连接成一个字符串，默认使用逗号分隔数组中的每个元素。separator 参数为可选参数，用于指定字符串的分隔符

需要注意的是，当数组元素为 undefined、null 或空数组时，对应的元素会被转换为空字符串。

为了让大家更加清楚地了解数组转字符串方法的使用，下面我们用代码演示，创建数组 arr，分别使用 toString()和 join()方法实现将数组 arr 转为字符串，示例代码如下。

```
1  // 使用 toString()
2  var arr = ['a', 'b', 'c'];
3  console.log(arr.toString());     // 输出结果: a,b,c
4  // 使用 join()
5  console.log(arr.join());         // 输出结果: a,b,c
6  console.log(arr.join(''));       // 输出结果: abc
7  console.log(arr.join('-'));      // 输出结果: a-b-c
```

上述示例代码中，第 2 行代码用于创建数组 arr；第 3 行代码使用 toString()方法将数组 arr 转为字符串，输出结果为“a,b,c”；第 5~7 行代码使用 join()方法，根据不同的分隔符将数组 arr 转成了不同样式的字符串。

5. 其他方法

除了前面讲解的几种方法，JavaScript 还提供了很多其他常用的数组方法。例如 fill()方法、slice()方法和 concat()方法等。具体如表 5-8 所示。

表 5-8　其他方法

方法	作用
fill(value[, start[, end]])	用一个固定值填充数组中从起始索引到终止索引内的全部元素，不包括终止索引。返回填充后的数组。value 表示要填充的数组元素值，start 和 end 为可选参数，分别表示填充的起始索引和终止索引

（续表）

方法	作用
slice([begin[, end]])	截取数组元素，返回被截取元素组成的新数组。begin 和 end 为可选参数，表示截取的起始索引和终止索引，截取的结果不包含终止索引的值
concat(value1 [, value2[, ...[, valueN]]])	连接两个或多个数组，或者将值添加到数组中，不影响原数组，返回一个新数组，value 为数组或值

在表 5-8 中，slice()和 concat()方法在执行后返回一个新的数组，不会对原数组产生影响，fill()方法在执行后不会返回新的数组，会对原数组产生影响。

下面通过代码演示 fill()方法、slice()方法和 concat()方法的使用。

```
1  // fill() 的使用
2  console.log([0, 1, 2].fill(4));          // 输出结果: (3) [4, 4, 4]
3  console.log([0, 1, 2].fill(4, 1));       // 输出结果: (3) [0, 4, 4]
4  console.log([0, 1, 2].fill(4, 1, 2));    // 输出结果: (3) [0, 4, 2]
5  // slice() 的使用
6  console.log([0, 1, 2].slice());          // 输出结果: (3) [0, 1, 2]
7  console.log([0, 1, 2].slice(1));         // 输出结果: (2) [1, 2]
8  console.log([0, 1, 2].slice(1, 2));      // 输出结果: [1]
9  // concat() 的使用
10 console.log([0, 1, 2].concat(3));        // 输出结果: (4) [0, 1, 2, 3]
11 console.log([0, 1, 2].concat([3, 4]));   // 输出结果: (5) [0, 1, 2, 3, 4]
```

上述代码中，第 2~4 行代码用于填充数组元素；第 6~8 行代码用于截取数组元素；第 10 行代码用于将值添加到数组中；第 11 行代码用于连接两个数组。

5.7.2　数组类型检测

在开发中，有时候需要检测变量的类型是否为数组类型。例如，在函数中，要求传入的参数必须是一个数组，不能传入其他类型的值，否则会出错，所以这时候可以在函数中检测参数的类型是否为数组类型。数组类型检测有两种常用的方式，分别是使用 instanceof 运算符和使用 Array.isArray()方法，示例代码如下。

```
1  var arr = [];
2  var obj = {};
3  // 第 1 种方式
4  console.log(arr instanceof Array);      // 输出结果: true
5  console.log(obj instanceof Array);      // 输出结果: false
6  // 第 2 种方式
7  console.log(Array.isArray(arr));        // 输出结果: true
8  console.log(Array.isArray(obj));        // 输出结果: false
```

在上述示例代码中，第 1 行代码用于创建数组 arr；第 2 行代码用于创建对象 obj；第 4 行代码使用 instanceof 运算符检测 arr 是否为数组，输出结果为 true，表示 arr 是数组；第 5 行使用 instanceof 运算符检测 obj 是否为数组，输出结果为 false，表示 obj 不是数组；第 7 行代码使用 Array.isArray()方法检测 arr 是否为数组，输出结果为 true；第 8 行代码使用 Array.isArray()方法检测 obj 是否为数组，输出结果为 false。

5.7.3　【案例】统计不及格学生的人数

期末考试结束后，老师需要统计成绩不及格的学生人数来检验这一阶段自己的教学质量以及学生对知识的吸收程度，并且通过成绩来帮助学生分析不及格的原因。本案例将实现统计不及格学生的人数。

首先将所有学生的成绩保存到数组中，然后对数组中的每个成绩进行判断，如果成绩低于 60 分，就将成绩放到一个新的数组中，最后计算新数组的长度实现统计不及格人数。

接下来编写代码实现统计考试成绩不及格的人数，具体代码如例5-6所示。

例5-6　Example06.html

```
1  <script>
2    var score = [59, 66, 64, 80, 78, 90, 55, 37, 60, 52];
3    var failScore = [];                    // 创建用于保存不及格成绩的数组
4    for (var i = 0; i < score.length; i++) {
5      if (score[i] < 60) {                 // 判断成绩是否及格
6        failScore.push(score[i]);          // 将不及格的成绩放到 failScore 中
7      }
8    }
9    console.log(failScore);
10   console.log('不及格的人数为：' + failScore.length);
11 </script>
```

例5-6中，第2行代码创建数组 score，用于保存所有考试成绩；第3行代码创建数组 failScore，用于保存不及格成绩；第4~8行代码用于遍历数组 score，并将不及格的成绩存放到数组 failScore 中，其中第5~7行代码用于判断数组 score 中的成绩是否小于60，如果小于则使用 push()方法将成绩放到数组 failScore 中；第9行代码用于在控制台输出数组 failScore；第10行代码用于在控制台输出不及格的人数。

保存代码，在浏览器中进行测试。打开开发者工具，进入控制台，查看例5-6的运行结果，如图5-9所示。

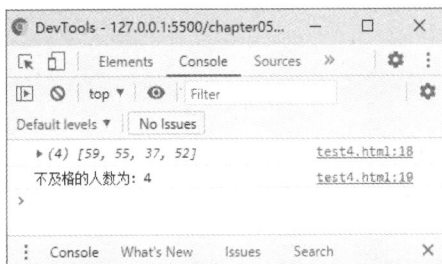

图5-9　例5-6的运行结果

图5-9中，控制台先输出了"(4) [59, 55, 37, 52]"，说明实现了不及格成绩的汇总，然后输出了"不及格的人数为：4"，说明已经实现了统计不及格的人数。

5.7.4　【案例】去除重复的比赛项目

学校即将组织秋季运动会，比赛项目根据各个班提交的项目来决定，但是每个班提交的比赛项目可能会重复，本案例将实现去除重复的比赛项目。首先将每个班提交的比赛项目全部放到一个数组中，然后定义去重函数，该函数接收需要去重的数组，通过遍历数组的方式找出不重复的比赛项目，将不重复的比赛项目保存到新数组中，最后返回新数组。

接下来编写代码实现去除重复的比赛项目，具体代码如例5-7所示。

例5-7　Example07.html

```
1  <script>
2    var arr = ['短跑', '接力', '短跑', '拔河', '跳绳', '接力', '拔河', '跳远'];
3    function unique(arr) {
4      var newArr = [];
5      for (var i = 0; i < arr.length; i++) {
6        if (newArr.indexOf(arr[i]) === -1) {
7          newArr.push(arr[i]);
8        }
```

```
9     }
10    return newArr;
11   }
12   console.log(unique(arr));
13 </script>
```

例 5-7 中，第 2 行代码创建数组 arr，用于保存各班提交的比赛项目；第 3～11 行代码用于实现去重，其中第 4 行代码创建数组 newArr，表示去重后的数组，第 5～9 行代码用于在数组 newArr 中查找数组 arr 中的项目是否存在，如果不存在将数组 arr 中的项目添加到数组 newArr 中，第 10 行代码用于返回 newArr 数组；第 12 行代码用于调用 unique() 函数，参数为数组 arr，并在控制台输出去重后的数组。

保存代码，在浏览器中进行测试。打开开发者工具，进入控制台，查看例 5-7 的运行结果，如图 5-10 所示。

图 5-10 中，控制台输出了"(5) ["短跑", "接力", "拔河", "跳绳", "跳远"]"，说明已经实现了去除重复比赛项目，确定了最终的比赛项目有 5 个，分别是短跑、接力、拔河、跳绳和跳远。

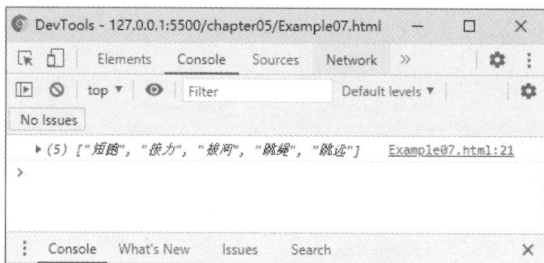

图5-10　例5-7的运行结果

5.8　String 对象

在 JavaScript 中，String 对象提供了一些用于对字符串进行处理的属性和方法，可以很方便地实现字符串的查找、截取、替换、大小写转换等操作。本节将对 JavaScript 中的 String 对象进行详细讲解。

5.8.1　String 对象的创建

JavaScript 中，String 对象表示字符串对象，使用 String() 构造函数来创建。在 String() 构造函数中传入字符串，就会在创建出来的 String 对象中保存传入的字符串，示例代码如下。

```
var str = new String('apple');      // 创建 String 对象
console.log(str);                   // 输出结果: String {"apple"}
```

上述示例代码实现了创建 String 对象并在控制台输出了该对象，结果为 "String {"apple"}"。

通过前面的学习，相信大家已经掌握了如何定义字符串变量，那么字符串变量和 String 对象有什么区别呢？其实，字符串变量也可以像 String 对象一样访问属性和方法，但是字符串变量并不是一个对象，它只是一个字符串型数据。接下来通过代码演示字符串变量和 String 对象的区别，示例代码如下。

```
1  var str = 'apple';
2  var str1 = new String('apple');
3  console.log(str.length);         // 输出结果: 5
4  console.log(str1.length);        // 输出结果: 5
5  console.log(typeof (str));       // 输出结果: string
6  console.log(typeof (str1));      // 输出结果: object
```

上述示例代码中，第 1 行代码用于定义字符串变量，并赋值为'apple'；第 2 行代码用于创建 String 对象，值为'apple'；第 3 行代码使用字符串变量 str 访问 length 属性，结果为 5；第 4 行代码使用 String 对象 str1 访问 length 属性，结果为 5；第 5 行代码使用 typeof 运算符检测字符串变量 str 的数据类型，结果为 string；第 6 行代码使用 typeof 运算符检测 String 对象 str1 的数据类型，结果为 object。

5.8.2　String 对象的使用

String 对象提供了一些常用的方法用于对字符串进行处理，如根据字符串返回索引的方法、根据索引返回字符的方法以及字符串截取、连接、替换和大小写转换的方法，接下来将讲解 String 对象常用的方法。

1. 根据字符串返回索引的方法

String 对象提供了用于根据字符串返回索引的方法，具体如表 5-9 所示。

表 5-9　根据字符串返回索引的方法

方法	作用
indexOf(searchValue [, fromIndex])	获取 searchValue 在字符串中首次出现的索引，如果找不到则返回−1。可选参数 fromIndex 表示从指定索引开始向后搜索，默认为 0
lastIndexOf(searchValue [, fromIndex])	获取 searchValue 在字符串中最后一次出现的索引，如果找不到则返回−1。可选参数 fromIndex 表示从指定索引开始向前搜索，默认为最后一个字符的索引

下面通过代码演示 indexOf()方法和 lastIndexOf()方法的使用，查找字符串'HelloWorld'中，'o'首次出现的索引和最后一次出现的索引，示例代码如下。

```
1  var str = 'HelloWorld';
2  str.indexOf('o');        // 获取'o'在字符串中首次出现的索引，返回结果：4
3  str.lastIndexOf('o');    // 获取'o'在字符串中最后一次出现的索引，返回结果：6
```

上述示例代码中，第 1 行代码定义变量 str，用于保存字符串'HelloWorld'；第 2 行代码使用 indexOf()方法查找'o'首次出现的索引，结果为 4；第 3 行代码使用 lastIndexOf()方法查找'o'最后一次出现的索引，结果为 6。通过结果可知，索引从 0 开始计算，字符串第一个字符的索引是 0，第 2 个字符的索引是 1，以此类推，最后一个字符的索引是字符串的长度减 1。

2. 根据索引返回字符的方法

在 JavaScript 中，String 对象提供了用于根据索引返回字符的方法，具体如表 5-10 所示。

表 5-10　根据索引返回字符的方法

方法	作用
charAt(index)	获取索引（index）对应的字符，字符串第 1 个字符的索引为 0
charCodeAt(index)	获取索引（index）对应的字符的 ASCII

下面通过代码演示 charAt()方法和 charCodeAt()方法的使用，查找字符串'Apple'中索引为 2 的字符，以及索引为 0 的字符的 ASCII，示例代码如下。

```
1  var str = 'Apple';
2  console.log(str.charAt(2));       // 输出结果：p
3  console.log(str.charCodeAt(0));   // 输出结果：65（字符 A 的 ASCII 为 65）
```

上述示例代码中，第 1 行代码定义变量 str，用于保存字符串'Apple'；第 2 行代码使用 charAt()方法查找索引为 2 的字符；第 3 行代码使用 charCodeAt()方法获取索引为 0 的字符的 ASCII。

3. 字符串截取、连接、替换和大小写转换的方法

String 对象提供了一些用于字符串截取、连接、替换和大小写转换的方法，具体如表 5-11 所示。

表 5-11　字符串截取、连接、替换和大小写转换的方法

方法	作用
concat(str1[, str2, str3...])	连接一个或多个字符串
slice(start[, end])	截取从起始（start）索引到终止（end）索引之间的 1 个子字符串，若省略 end 则表示从起始（start）索引开始截取到字符串末尾

（续表）

方法	作用
substring(start[, end])	截取从起始（start）索引到终止（end）索引之间的 1 个子字符串，基本和 slice() 的作用相同，但是参数为负数时会被视为 0
substr(start[, length])	截取从起始（start）索引开始的长度为 length 的子字符串，若省略 length 则表示从起始（start）索引开始截取到字符串末尾
toLowerCase()	获取字符串的小写形式
toUpperCase()	获取字符串的大写形式
split([separator[, limit]]	使用 separator（分隔符）将字符串分割成数组，limit 用于限制数量
replace(str1, str2)	使用 str2 替换字符串中的 str1，返回替换结果，只会替换第一次出现的 str1

下面通过代码演示表 5-11 中的方法。

（1）使用 concat() 方法连接字符串'Hello'和'World'，示例代码如下。

```
1  var str = 'Hello';
2  var str1 = 'World';
3  console.log(str.concat(str1));          // 输出结果: HelloWorld
```

上述示例代码中，第 1 行代码定义变量 str，用于保存字符串'Hello'；第 2 行代码定义变量 str1，用于保存字符串'World'；第 3 行代码用于连接 str 和 str1，并在控制台输出，结果为"HelloWorld"。

（2）分别使用 slice()、substring() 以及 substr() 方法从字符串'HelloWorld'中截取出字符串'el'和'World'，示例代码如下。

```
1  var str = 'HelloWorld';
2  // 利用 slice() 方法实现
3  console.log(str.slice(1, 3));           // 输出结果: el
4  console.log(str.slice(5));              // 输出结果: World
5  // 利用 substring() 方法实现
6  console.log(str.substring(1, 3));       // 输出结果: el
7  console.log(str.substring(5));          // 输出结果: World
8  // 利用 substr() 方法实现
9  console.log(str.substr(1, 2));          // 输出结果: el
10 console.log(str.substr(5));             // 输出结果: World
```

上述示例代码中，使用 3 种方法实现了截取字符串'el'和'World'。slice() 方法和 substring() 方法的参数有两个时，第 1 个参数"1"表示从索引 1 开始截取，第 2 个参数"3"表示截取到索引 3，但不包括索引 3。substr() 方法有两个参数时，第 1 个参数"1"表示从索引 1 开始截取，第 2 个参数"2"表示截取的长度。

（3）使用 toLowerCase() 和 toUpperCase() 方法将字符串'HelloWorld'转换成小写形式和大写形式，示例代码如下。

```
1  var str = 'HelloWorld';
2  console.log(str.toLowerCase());         // 输出结果: helloworld
3  console.log(str.toUpperCase());         // 输出结果: HELLOWORLD
```

上述示例代码中，第 1 行代码定义变量 str，用于保存字符串'HelloWorld'；第 2 行代码用于将字符串转换成小写形式，结果为"helloworld"；第 3 行代码用于将字符串转换成大写形式，结果为"HELLOWORLD"。

（4）使用 split() 方法将字符串'HelloWorld'以字符'l'分割，示例代码如下。

```
1  var str = 'HelloWorld';
2  console.log(str.split('l'));            // 输出结果: (4) ["He", "", "oWor", "d"]
3  console.log(str.split('l', 3));         // 输出结果: (3) ["He", "", "oWor"]
```

上述示例代码中，第 2 行代码表示将字符串以字符'l'分割，结果为"(4) ["He", "", "oWor", "d"]"；第 3 行代码表示将字符串以字符'l'分割，并限制分割后的数量为 3，结果为"(3) ["He", "", "oWor"]"。输出结果中有空字符串，是因为原字符串中有两个连续的"l"。

（5）使用 replace() 方法将字符串'RainyDay and SunnyDay'中的第 1 个'Day'替换成'天'，示例代码如下。

```
1  var str = 'RainyDay and SunnyDay';
2  console.log(str.replace('Day', '天')); // 输出结果：Rainy 天 and SunnyDay
```

上述示例代码中，第 2 行代码将字符串中的第 1 个'Day'替换成'天'，结果为"Rainy 天 and SunnyDay"。

5.8.3　【案例】判断用户名是否合法

在开发用户注册和登录功能时，经常需要对用户输入的用户名进行格式验证。本案例要求用户名长度在 3～10 范围内，不允许出现敏感词 admin 的任何大小写形式。

首先接收用户输入的用户名，然后利用选择结构语句判断用户输入的用户名是否合法，其中判断用户名是否为敏感词的任何大小写形式时，可以先将用户名全部转换为大写形式或小写形式再进一步判断。

下面编写代码实现判断用户名是否合法，具体代码如例 5-8 所示。

例 5-8　Example08.html

```
1  <script>
2    var username = prompt('请输入用户名');
3    if (username.length < 3 || username.length > 10) {
4      alert('用户名长度必须在 3～10 范围内');
5    } else if (username.toLowerCase().indexOf('admin') !== -1) {
6      alert('用户名中不能包含敏感词：admin');
7    } else {
8      alert('恭喜您，该用户名可以使用');
9    }
10 </script>
```

例 5-8 中，第 2 行代码定义变量 username，用于接收用户输入的用户名；第 3～9 行代码用于判断用户名是否合法，其中第 3 行代码通过 length 属性判断用户名的长度，第 5 行代码用于将用户名转换为小写形式后，查找里面是否包含敏感词 admin。

保存代码，在浏览器中进行测试，例 5-8 的初始页面效果如图 5-11 所示。

图 5-11 中，在弹出的输入框中，输入"Jack"，单击"确定"按钮，页面将提示"恭喜您，该用户名可以使用"；输入"ad"，单击"确定"按钮，页面将提示"用户名长度必须在 3～10 范围内"；输入"adMin"，单击"确定"按钮，页面将提示"用户名中不能包含敏感词：admin"。下面以用户名合法的情况为例展示页面效果，用户名合法的页面效果如图 5-12 所示。

图 5-11　例 5-8 的初始页面效果　　　　　　图 5-12　用户名合法的页面效果

5.9　查阅 MDN Web 文档

前面学习的 Math 对象、Date 对象、Array 对象以及 String 对象属于 JavaScript 中的内置对象，除了这 4

个内置对象，JavaScript 还提供了很多内置对象，我们可以根据需求来使用这些内置对象。对于大部分开发者来说，不必花费时间研究这些内置对象的实现原理是什么，重要的是快速掌握内置对象的使用，从而快速地投入开发工作中。

在日常开发中，若需要使用其他内置对象，可以在 MDN Web 文档中查询所需内置对象的使用方法。在 MDN Web 文档中查询内置对象有两种方式，一种是通过链接查找内置对象，另一种是通过关键字搜索内置对象，下面分别进行讲解。

1. 通过链接查找内置对象

MDN Web 文档提供了所有内置对象的链接，通过单击某个内置对象的链接即可进入某个内置对象的页面进行查看，具体步骤如下。

（1）打开 MDN Web 文档网站，在网站的导航栏中单击 "Technologies" – "JavaScript"，页面效果如图 5-13 所示。

图5-13   MDN Web文档

（2）在图 5-13 所示的页面中向下滚动，可以在左侧边栏中找到 "内置对象"，将该选项展开后，可以看到所有内置对象的链接，如图 5-14 所示。

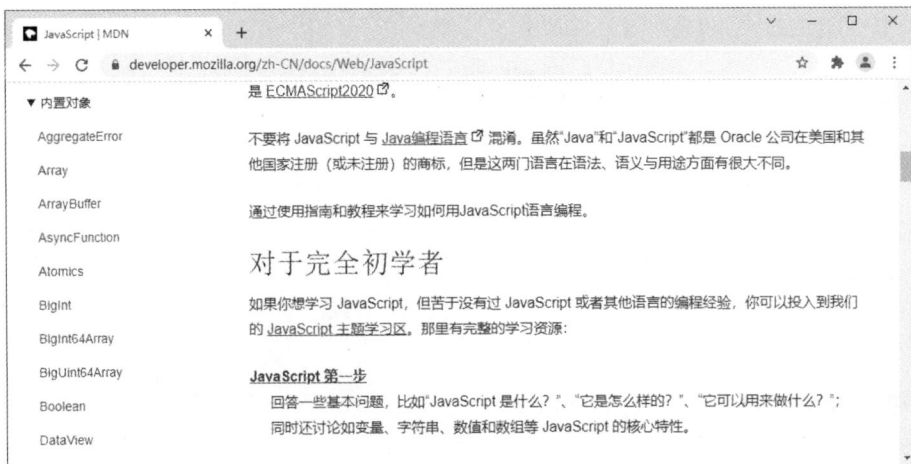

图5-14   内置对象

（3）图 5-14 中，单击 Array 内置对象的链接，页面会显示有关 Array 内置对象的知识，如图 5-15 所示。

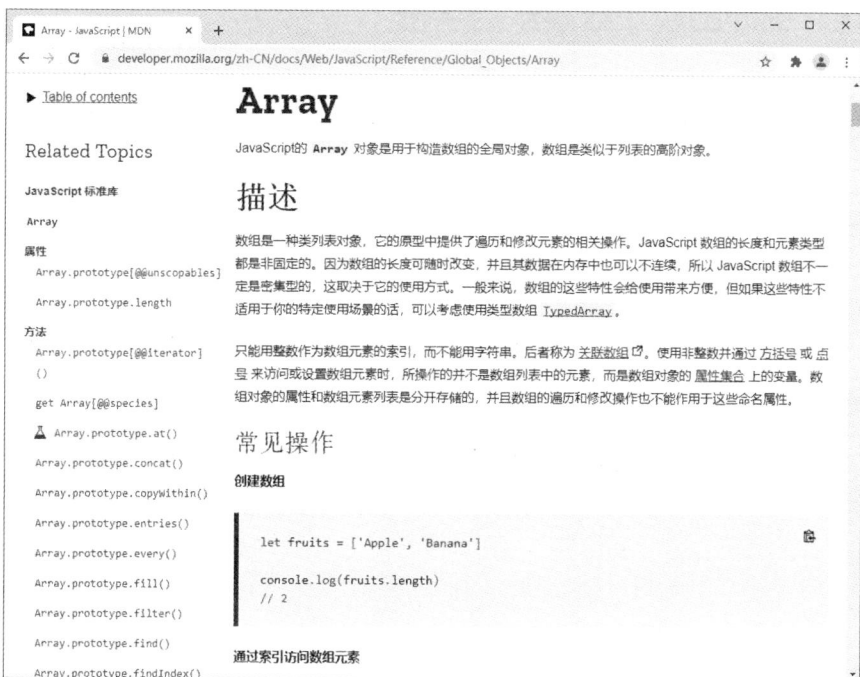

图5-15　查询Array内置对象

图 5-15 中，页面显示了 Array 内置对象的相关知识，读者可通过单击左侧边栏中的"属性"或"方法"学习如何使用所需属性或方法。

2. 通过关键字搜索内置对象

MDN Web 文档提供了搜索框，在搜索框中输入关键字可以快速查找内置对象。例如，在搜索框中输入关键字"Array"，效果如图 5-16 所示。

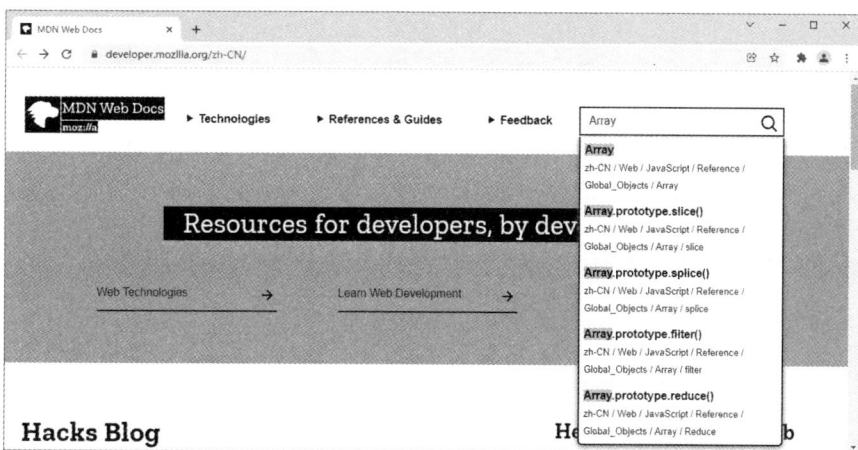

图5-16　在搜索框中输入关键字Array

图 5-16 中，通过 MDN Web 文档的搜索框搜索到了 Array 内置对象以及与 Array 关键字相关的页面，此时单击列表中的第 1 项，即可进入 Array 内置对象的页面。

至此已经通过两种方式完成了在 MDN Web 文档中查询内置对象。

动手实践：统计出现次数最多的字符

学习完本章的内容，下面我们来动手实现统计用户输入的字符串中出现次数最多的字符，实现思路如下。

（1）定义一个变量用于接收用户的输入。

（2）利用循环实现统计每个字符出现的次数，将结果存入对象。

（3）利用对象的遍历找到出现次数最多的字符，在页面中弹出警告框提示用户出现次数最多的字符以及该字符出现的次数。

下面编写代码实现统计出现次数最多的字符及其出现次数，具体代码如例 5-9 所示。

例 5-9　Example09.html

```
1  <script>
2    var str = prompt('请输入字符串: ');
3    // 统计每个字符出现的次数
4    var o = {};
5    for (var i = 0; i < str.length; i++) {
6      var chars = str.charAt(i);         // 利用 chars 保存字符串中的每一个字符
7      if (o[chars]) {                     // 利用对象的属性来查找元素
8        o[chars]++;
9      } else {
10       o[chars] = 1;
11     }
12   }
13   var max = 0;                          // 保存出现次数最大值
14   var ch = '';                          // 保存出现次数最多的字符
15   // 遍历对象
16   for (var k in o) {
17     if (o[k] > max) {
18       max = o[k];
19       ch = k;
20     }
21   }
22   alert('出现次数最多的字符是: ' + ch + ', 共出现了' + max + '次')
23 </script>
```

例 5-9 中，第 2 行代码用于接收用户输入的字符串并赋值给变量 str；第 4 行代码创建对象 o，用于保存每个字符以及字符出现的次数；第 5~12 行代码用于通过循环完成字符的统计；第 13 行代码定义变量 max，用于保存字符出现次数的最大值；第 14 行代码定义变量 ch，用于保存出现次数最多的字符；第 16~21 行代码通过对象的遍历找到了出现次数最多的字符，将其赋值给变量 ch，并将其出现的次数赋值给变量 max。

保存代码，在浏览器中进行测试，例 5-9 的初始页面效果如图 5-17 所示。

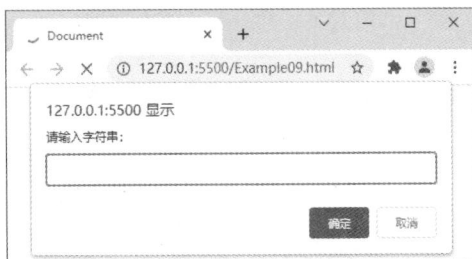

图5-17　例5-9的初始页面效果

在图 5-17 所示的页面中，输入字符串"Banana"，页面中弹出警告框，如图 5-18 所示。

图5-18　例5-9的弹出警告框

图 5-18 中，页面弹出了警告框，提示用户出现次数最多的字符及其出现的次数，说明已经实现了案例的效果。

本章小结

本章首先讲解了什么是对象，然后讲解了对象的创建、对象的遍历、值类型和引用类型以及 Math 对象、Date 对象、Array 对象、String 对象，最后讲解了如何查阅 MDN Web 文档。学习完本章后，希望读者能够利用 JavaScript 中的对象来完成实际开发中的需求。

课后练习

一、填空题

1. 若 var a = {}; 则 console.log(a == {}); 的输出结果为_____。
2. 执行"console.log(Math.ceil(1.1));"的输出结果为_____。
3. Date 对象的_____方法，用于获取星期。
4. Array 对象的_____方法，用于在数组末尾添加一个或多个元素。
5. String 对象的_____方法，用于连接多个字符串。

二、判断题

1. 对象是由属性和方法组成的一个集合。　　　　　　　　　　　　　　（　　　）
2. 对象中未赋值的属性的值为 undefined。　　　　　　　　　　　　　（　　　）
3. obj.name 和 obj['name']访问到的是同一个属性。　　　　　　　　　（　　　）
4. 执行代码"console.log(Math.random());"的输出结果可能是 1。　　　（　　　）
5. 数组类型检测有两种常用的方式，分别是使用 instanceof 运算符和使用 Array.isArray()方法。（　　　）

三、选择题

1. 下列选项中，获取从 1970-01-01 00:00:00 到 Date 对象所代表时间经历的毫秒数的方法是（　　　）。

A. getTime()　　　　　B. setTime()　　　　　C. getFullYear()　　　　　D. getMonth()

2. 下列选项中，删除数组第一个元素的方法是（　　　）。

A. pop()　　　　　　　B. unshift()　　　　　C. shift()　　　　　　　D. push()

3. 下列数组的常用方法中，不会影响原数组的方法是（　　　）。

A. concat()　　　　　　B. push()　　　　　　C. unshift()　　　　　　D. pop()

4. 下列选项中，执行代码"var obj = {}; console.log(obj.name);"输出结果正确的是（　　　）。

A. false　　　　　　　B. 0　　　　　　　　　C. null　　　　　　　　D. undefined

5. 下列选项中，执行代码 "var str = 'ObjEcT'; console.log(str.toLowerCase());" 输出结果正确的是（   ）。

A. Object   B. OBJECT   C. object   D. oBJeCt

四、简答题

1. 列举 JavaScript 中创建对象的方式。

2. 列举 Array 对象中用于添加或删除数组元素的常用方法。

五、编程题

1. 请用对象字面量的形式创建一个宠物狗对象，具体信息如下。

- 名称：可可。
- 品种：阿拉斯加犬。
- 年龄：5 岁。
- 颜色：红色。
- 技能：汪汪叫、摇尾巴。

2. 利用 Date 对象的相关方法，实现统计 for 语句从 1 累加到 10000 所需的执行时间。

第6章

DOM（上）

拓展阅读

学习目标

★ 熟悉 Web API 的概念，能够说出 Web API 的作用

★ 熟悉什么是 DOM，能够说出 DOM 中文档、元素和节点的关系

★ 掌握多种获取元素的方法，能够根据不同场景选择合适的方法获取元素

★ 了解事件的概念，能够说出事件的 3 个要素

★ 掌握事件的注册，能够为页面中的元素注册事件

★ 掌握操作元素内容的方法，能够根据不同场景选择合适的方法操作元素内容

★ 掌握操作元素样式的方法，能够根据不同场景选择合适的方法操作元素样式

★ 掌握操作元素属性的方法，能够根据不同场景选择合适的方法操作元素属性

通过前面的学习，相信大家应该已经掌握了 JavaScript 的基础知识。但是，要想实现网页交互效果，仅仅掌握基础知识是不够的。例如，通过 JavaScript 改变元素的内容、样式和属性，为元素注册事件，要实现这些功能，都需要用到 DOM 的相关知识。本章将针对 DOM 的一些基本知识进行详细讲解。

6.1 Web API 简介

API（Application Program Interface，应用程序接口）是软件系统预先定义的接口，用于软件系统不同组成部分的衔接。例如，开发一个美颜相机的手机应用，该手机应用需要使用手机上的摄像头来拍摄画面，那么手机的操作系统就需要将访问摄像头的功能开放给手机应用，为此，手机操作系统提供了摄像头 API，手机应用通过摄像头 API 就可以获得访问摄像头的功能。

Web API 是指在 Web 开发中用到的 API。在 JavaScript 语言中，Web API 被封装成了对象，用来帮助开发者实现某种功能。开发人员无须访问对象源代码，也无须理解对象内部工作机制和细节，只需掌握对象的属性和方法具体如何使用即可。例如，在前面的开发中，经常使用 console.log()。这里的 console 就是一个 Web API 对象，用于操作控制台，它的 log() 方法用于在控制台输出信息。

通过第 1 章的学习，我们知道 JavaScript 由 3 部分组成，分别是 ECMAScript、DOM 和 BOM。其中，DOM 和 BOM 各包含一系列对象，而这些对象都属于 Web API。

6.2   DOM 简介

DOM（Document Object Model，文档对象模型）是 W3C 组织制定的用于处理 HTML 文档和 XML 文档的编程接口。利用 DOM 可完成元素获取以及元素内容、属性和样式的操作。在实际开发中，许多带有交互效果的页面，如改变盒子的大小、Tab 栏的切换、购物车功能等，都离不开 DOM。

DOM 将整个文档视为树形结构，这个结构被称为文档树。下面具体解释 DOM 中的一些基本的名词。

- 文档（document）：一个页面就是一个文档。
- 元素（element）：页面中的所有标签都是元素。
- 节点（node）：页面中所有的内容在文档树中都是节点（如元素节点、文本节点、注释节点等）。在 DOM 中，所有的节点都会被看作是对象，这些对象拥有自己的属性和方法。

需要说明的是，元素是节点的一种类型，所有的元素都是节点；但节点不一定都是元素，因为节点还包括文本、注释等其他类型的节点。

下面演示一个简单的文档树示例，如图 6-1 所示。

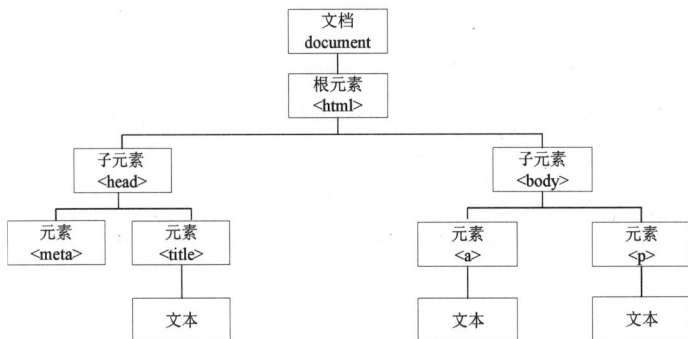

图6-1   文档树示例

图 6-1 中，document 表示文档节点，在程序中通过 document 对象来访问。根元素在网页中对应的标签是<html>标签，它有两个子元素，这两个子元素分别对应<head>标签和<body>标签。如果一个标签内包含文本，则文本属于文本节点。

6.3   获取元素

在学习 CSS 时，要为 HTML 元素设置样式，首先需要通过 CSS 选择器选择目标元素，然后才能为目标元素设置样式。同理，利用 DOM 操作元素，首先也需要先获取目标元素，然后才能对目标元素进行操作。在 DOM 中可以根据 id 属性、标签名、name 属性、类名、CSS 选择器等方式获取元素，也可以直接获取基本结构元素。本节针对如何获取元素进行讲解。

6.3.1   根据 id 属性获取元素

设想一下，在页面中有一个 ul 无序列表，若要从列表中获取其中一项，即在众多 li 元素中获取一个，如何实现呢？此时可以为目标元素设置 id 属性作为唯一标识，然后结合 document 对象提供的 getElementById() 方法获取目标元素。

getElementById() 方法在使用时只需将 id 属性值作为参数传入即可，调用后会返回一个元素对象，这个元素对象就是根据 id 属性获取的目标元素。

根据 id 属性获取元素的示例代码如下。

```
document.getElementById('id属性值');
```

初步了解 getElementById()方法后，下面通过案例演示该方法的使用。首先通过 ul 无序列表搭建一个点餐页面，页面中有一个菜单，菜单里面有多个菜品，将每个菜品放在一个 li 元素中，然后为标签内容为"鱼香肉丝"的元素设置 id 属性，最后通过 getElementById()方法获取元素，具体代码如例 6-1 所示。

例 6-1　Example01.html

```
1  <body>
2    <ul>
3      <li id="flag">鱼香肉丝</li>
4      <li>宫保鸡丁</li>
5      <li>糖醋里脊</li>
6      <li>凉拌黄瓜</li>
7    </ul>
8    <script>
9      // 根据 id 属性获取元素
10     var Obox = document.getElementById('flag');
11     console.log(Obox);
12   </script>
13 </body>
```

例 6-1 中，第 2~7 行代码定义了无序列表，无序列表中有 4 个菜品，要获取的是第一个菜品，其 id 属性值为"flag"；第 10 行代码用于获取 id 属性值为"flag"的元素，获取后赋值给变量 Obox。需要注意的是，代码是以自上而下的顺序加载的，所以第 8~12 行的<script>标签及其内部的 JavaScript 代码要写在</ul>标签的下方，这样才可以获取到目标元素。

保存代码，在浏览器中进行测试，打开开发者工具，进入控制台，例 6-1 的运行结果如图 6-2 所示。

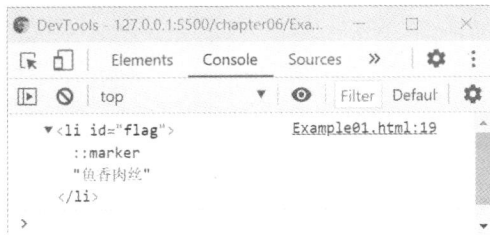

图6-2　例6-1的运行结果

图 6-2 中，控制台输出了一个 id 为"flag"的 li 元素，该元素的内容为"鱼香肉丝"，说明成功获取了目标元素。

6.3.2　根据标签名获取元素

例 6-1 中，如果要获取全部菜品，就要为每个元素设置 id 属性并通过 getElementById()方法逐一获取，这是一件非常烦琐的事情。其实，document 对象还提供了一种通过标签名获取元素的方法，即 getElementsByTagName()方法。

getElementsByTagName()方法在使用时只需将标签名作为参数传入即可。因为具有相同标签名的元素可能有多个，所以该方法返回的结果不是单个元素对象，而是一个集合。

根据标签名获取元素的示例代码如下。

```
document.getElementsByTagName('标签名');
```

初步了解 getElementsByTagName()方法后，下面通过案例演示该方法的使用。在一个由 ul 无序列表搭建的菜单中，获取标签内容为菜品的所有元素，具体代码如例 6-2 所示。

例 6-2　Example02.html

```
1  <body>
2    <ul>
3      <li>鱼香肉丝</li>
4      <li>宫保鸡丁</li>
5      <li>糖醋里脊</li>
6      <li>凉拌黄瓜</li>
7    </ul>
8    <script>
9      // 根据标签名获取元素
10     var lis = document.getElementsByTagName('li');
11     console.log(lis);
12   </script>
13 </body>
```

例 6-2 中，第 2~7 行代码定义了 ul 无序列表，第 10 行代码通过 getElementsByTagName()方法获取标签名为 li 的元素。

保存代码，在浏览器中进行测试，打开开发者工具，进入控制台，例 6-2 的运行结果如图 6-3 所示。

图 6-3 中的控制台输出了一个长度为 4 的集合，并且集合里的元素都是 li 元素。为了验证该结果就是要获取的元素，我们需要遍历集合中的每个元素并在控制台输出。接下来在例 6-2 的第 11 行代码后添加如下代码。

```
1  for (var i = 0; i < lis.length; i++) {
2    console.log(lis[i]);
3  }
```

上述代码用于对集合进行遍历，并输出集合中的每个元素。

例 6-2 添加代码后的运行结果如图 6-4 所示。

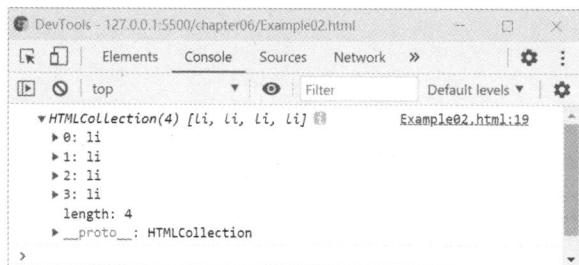

图6-3　例6-2的运行结果

图6-4　例6-2添加代码后的运行结果

图 6-4 中，控制台输出了集合中的 4 个元素，这些元素的标签名都为 li，并且标签内容就是要获取的菜品，说明成功获取到了目标元素。

例 6-2 中，getElementsByTagName()方法调用后在控制台中输出的结果类似一个数组。为了验证这个结果是否为数组，在例 6-2 的 JavaScript 代码中继续添加如下代码。

```
console.log(Array.isArray(lis));
```

上述代码通过 Array.isArray()方法验证 getElementsByTagName()方法调用后返回的结果 lis 是否为数组。

例 6-2 继续添加代码的运行结果如图 6-5 所示。

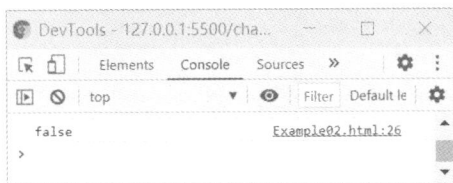

图6-5　例6-2继续添加代码的运行结果

图 6-5 中，控制台输出的结果为 false，说明 getElementsByTagName()方法调用后返回的结果不是数组。我们可以把这种像数组但不是数组的数据称为伪数组（array-like），伪数组可以像数组一样用索引来访问元素，但不能使用数组的方法。

> **注意：**

● 即使页面中只有一个 li 元素，getElementsByTagName()方法返回的结果仍然是一个集合，如果页面中没有该元素，那么将会返回一个空的集合。

● 通过 getElementsByTagName()方法获取到的集合是动态集合，也就是说，当页面增加了标签时，这个集合中也会自动增加元素。

6.3.3　根据 name 属性获取元素

随着业务的扩大，开发者可能要编写表单页面的交互逻辑，此时就需要获取表单元素。表单元素通过 name 属性设置元素名称。为了通过 name 属性获取表单元素，document 对象提供了 getElementsByName()方法。

在使用 getElementsByName()方法时只需将 name 属性值作为参数传入即可。因为 name 属性的值不要求必须是唯一的，所以该方法返回的结果不是单个元素对象，而是一个集合。

根据 name 属性获取元素的示例代码如下。

```
document.getElementsByName('name 属性值');
```

初步了解 getElementsByName()方法后，下面通过案例演示该方法的使用。在一个关于水果喜好调研的页面中，定义 3 个复选框，给这 3 个复选框设置 name 属性，然后获取这 3 个复选框元素，具体代码如例 6-3 所示。

例 6-3　Example03.html

```
1  <body>
2    <p>请选择你最喜欢的水果(多选)</p>
3    <input type="checkbox" name="fruit" value="苹果">苹果
4    <input type="checkbox" name="fruit" value="香蕉">香蕉
5    <input type="checkbox" name="fruit" value="西瓜">西瓜
6    <script>
7      var fruits = document.getElementsByName('fruit');
8      // 输出获取到的集合
9      console.log(fruits);
10     // 通过索引访问集合中的第 2 个元素并输出
11     console.log(fruits[1]);
12   </script>
13 </body>
```

例 6-3 中，第 3～5 行代码定义了 3 个 value 值分别为"苹果""香蕉""西瓜"的复选框，它们的 name 属性值均为"fruit"；第 7 行代码通过 getElementsByName()方法获取 name 属性为"fruit"的表单元素；第 9

行代码和第 11 行代码将获取到的集合以及集合中的第 2 个元素输出。

保存代码，在浏览器中进行测试。打开开发者工具，进入控制台，例 6-3 的运行结果如图 6-6 所示。

图6-6 例6-3的运行结果

图 6-6 中，控制台输出了复选框元素集合和 value 值为 "香蕉" 的复选框元素，说明通过 getElementsByName()
方法获取到了 name 属性为 "fruit" 的 3 个表单元素，然后通过索引访问到了集合中的第 2 个元素。

6.3.4 根据类名获取元素

页面中，若要根据类名获取元素，则可以先为元素设置类名，然后使用 document 对象提供的 getElements-
ByClassName()方法获取元素。一些旧版本浏览器（如 IE 6～IE 8）不支持 getElementsByClassName()方法，在
使用时需要注意 IE 浏览器的兼容问题。

getElementsByClassName()方法在使用时只需将元素的类名作为参数传入即可，该方法返回的结果是一个
集合，与 getElementsByTagName()方法类似。

根据类名获取元素的示例代码如下。

```
document.getElementsByClassName('类名');
```

初步了解 getElementsByClassName()方法后，下面通过案例演示该方法的使用。首先在页面中搭建一个无
序列表作为人员名单，然后根据人员性别给 li 元素设置类名，最后根据不同的类名获取 li 元素。具体代码如
例 6-4 所示。

例 6-4 Example04.html

```
1  <body>
2    <ul>
3      <li class="woman">小红</li>
4      <li class="man">小明</li>
5      <li class="man">小强</li>
6      <li class="woman">小兰</li>
7    </ul>
8    <script>
9      // 根据类名 woman 获取元素
10     var women = document.getElementsByClassName('woman');
11     // 根据类名 man 获取元素
12     var men = document.getElementsByClassName('man');
13     // 输出类名为 woman 的第 1 个元素
14     console.log(women[0]);
15     // 输出类名为 man 的第 1 个元素
16     console.log(men[0]);
17   </script>
18 </body>
```

例 6-4 中，第 2～7 行代码定义一个用来展示人员名单的无序列表，并且根据人员性别给 li 元素设置类

名；第 10、12 行代码使用 getElementsByClassName() 方法获取元素；第 14、16 行代码通过索引访问并输出集合中的第 1 个元素。

保存代码，在浏览器中进行测试。打开开发者工具，进入控制台，例 6-4 的运行结果如图 6-7 所示。

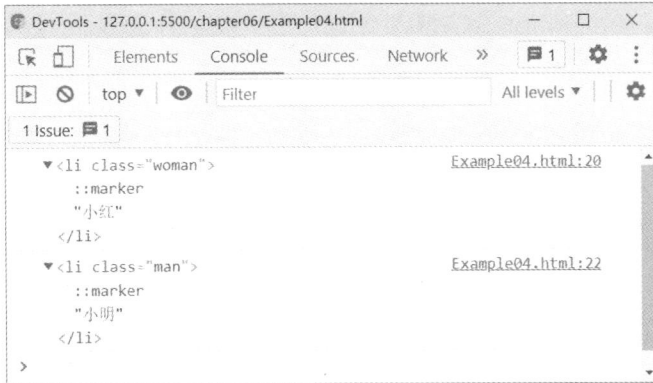

图 6-7　例 6-4 的运行结果

图 6-7 中，控制台输出了两个 li 元素，类名分别为 "woman" 和 "man"，内容分别为 "小红" 和 "小明"，说明通过 getElementsByClassName() 方法成功获取到了目标元素。

6.3.5　根据 CSS 选择器获取元素

除了以上讲解的方式外，在 DOM 中还可以根据 CSS 选择器获取元素，通过使用 document 对象新增的 querySelector() 和 querySelectorAll() 方法即可获取目标元素。在使用时需要注意 IE 浏览器的兼容问题，这两个方法从 IE 9 才开始被完整支持，IE 8 也有这两个方法，但对选择器的支持不完整。

querySelector() 和 querySelectorAll() 方法的使用方式相似，只需将 CSS 选择器作为参数传入即可。这两个方法的区别在于，querySelector() 方法返回指定 CSS 选择器的第一个元素对象，querySelectorAll() 方法返回指定 CSS 选择器的所有元素对象集合。

根据 CSS 选择器获取元素的示例代码如下。

```
document.querySelector('CSS 选择器');
document.querySelectorAll('CSS 选择器');
```

初步了解上述两个方法后，下面通过案例讲解它们的具体使用。首先在页面中使用 div 元素搭建一个用来展示游乐场项目的列表，然后为 div 元素设置类名 "play"，最后根据 CSS 选择器获取 div 元素，具体代码如例 6-5 所示。

例 6-5　Example05.html

```
1  <body>
2    <div class="play">过山车</div>
3    <div class="play">旋转木马</div>
4    <div class="play">摩天轮</div>
5    <div class="play">观影院</div>
6    <script>
7      // 获取类名为 play 的第 1 个 div
8      var firstPro = document.querySelector('.play');
9      console.log(firstPro);
10     // 获取类名为 play 的所有 div
11     var allPro = document.querySelectorAll('.play');
12     console.log(allPro);
```

```
13  </script>
14 </body>
```

例 6-5 中，第 2~5 行代码定义了 4 个类名为 "play" 的 div 元素；第 8~9 行代码获取并输出类名为 "play" 的第 1 个 div 元素；第 11~12 行代码获取并输出类名为 "play" 的所有 div 元素。

保存代码，在浏览器中进行测试。打开开发者工具，进入控制台，例 6-5 的运行结果如图 6-8 所示。

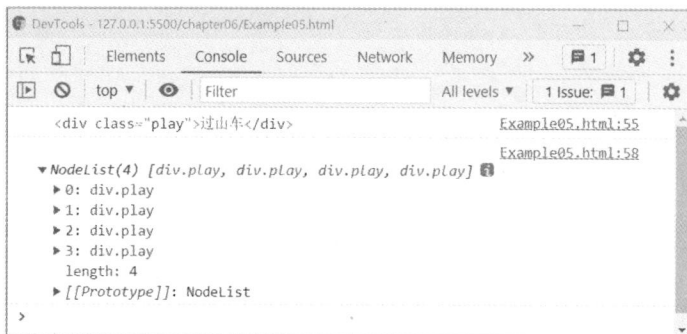

图6-8　例6-5的运行结果

图 6-8 中，控制台输出了列表中的第 1 个元素和一个长度为 4 的集合，说明通过 querySelector() 和 querySelectorAll() 方法成功获取了目标元素。

6.3.6　获取基本结构元素

HTML 的基本结构元素，如 html 元素、body 元素等，可以通过 document 对象的属性来获取。document 对象中用于获取基本结构元素的属性如表 6-1 所示。

表 6-1　获取基本结构元素的属性

属性	说明
document.documentElement	获取文档的 html 元素
document.body	获取文档的 body 元素
document.forms	获取文档中包含所有 form 元素的集合
document.images	获取文档中包含所有 image 元素的集合

接下来通过案例演示文档中 body 元素和 html 元素的获取，具体代码如例 6-6 所示。

例 6-6　Example06.html

```
1  <!DOCTYPE html>
2  <html>
3  <head>
4    <meta charset="UTF-8">
5    <title>Document</title>
6  </head>
7  <body>
8    <script>
9      // 获取 body 元素
10     var bodyEle = document.body;
11     console.log(bodyEle);
12     // 获取 html 元素
13     var htmlEle = document.documentElement;
14     console.log(htmlEle);
```

```
15  </script>
16 </body>
17 </html>
```

例 6-6 中，第 10～11 行代码通过 document.body 的方式获取 body 元素，并将获取到的 body 元素在控制台中输出；第 13～14 行代码通过 document.documentElement 的方式获取 html 元素，并将获取到的 html 元素在控制台中输出。

保存代码，在浏览器中进行测试。例 6-6 的运行结果如图 6-9 所示。

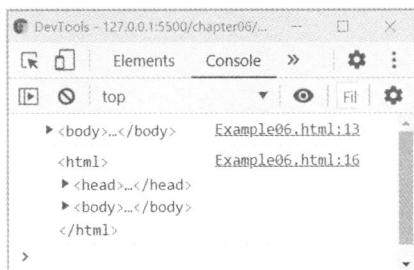

图6-9　例6-6的运行结果

从图 6-9 中控制台的输出结果可以看出，通过 document 对象提供的属性成功获取到了文档中的 body 元素和 html 元素。

多学一招：获取或设置当前文档的标题

在开发中，我们可能需要获取或设置当前文档的标题，为了满足这个需求，document 对象提供了 title 属性，示例代码如下。

```
document.title
```

通过以上代码即可获取当前文档的标题，返回结果是字符串。如果为 title 属性赋值，则可以更改当前文档的标题。通过如下示例代码可以对 title 属性返回的结果进行验证。

```
1 <head>
2   <title>Hello! </title>
3 </head>
4 <body>
5   <script>
6     console.log(document.title);
7     console.log(typeof document.title);
8   </script>
9 </body>
```

上述示例代码中，通过 document.title 获取当前文档的标题，并且通过 typeof 检测 document.title 返回结果的数据类型。控制台输出结果如图 6-10 所示。

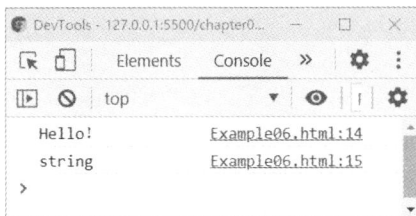

图6-10　控制台输出结果

图 6-10 中显示了通过 document.title 获取到了当前文档的标题，并且返回结果的类型是字符串型。

6.4　事件基础

在前端开发中，开发人员往往需要完成一些交互效果，例如，单击页面中的按钮，使页面弹出一个警告框。如何使页面感知到按钮被单击了呢？这就需要通过事件来实现了。本节将围绕 JavaScript 中的事件进行讲解。

6.4.1　事件概述

日常生活中，我们接触的页面几乎都是具有交互效果的，这些交互效果需要通过事件来完成。事件对实现网页的交互效果起着重要的作用。

事件是指可以被 JavaScript 侦测到的行为，如鼠标单击页面、鼠标指针滑过某个区域等，不同行为对应不同事件，并且每个事件都对应着与其相关的事件驱动程序（回调函数）。事件驱动程序由开发人员编写，用来实现由该事件产生的网页交互效果。

事件是一种"触发–响应"机制，行为产生后，对应的事件就被触发了，事件相应的事件驱动程序就会被调用，从而使网页响应交互效果。

事件有 3 个要素，分别是事件源、事件类型和事件驱动程序，具体解释如下。

（1）事件源：承受事件的元素对象。例如，在单击按钮的过程中，按钮就是事件源。

（2）事件类型：使网页产生交互效果的行为动作对应的事件种类。例如，单击事件的事件类型为 click。

（3）事件驱动程序：事件触发后为了实现相应的网页交互效果而执行的代码。

在开发过程中，对于一个交互效果的实现，首先需要确定事件源，事件源确定后就可以获取这个元素；然后需要确定事件类型，为获取的元素注册该类型的事件；最后分析事件触发后，实现相应网页交互效果的逻辑，编写实现该逻辑的事件驱动程序。

6.4.2　注册事件

注册事件又称为绑定事件。在 JavaScript 中，通过事件属性可以为操作的元素对象注册事件。事件属性的命名方式为 "on 事件类型"，例如，click 事件类型对应的事件属性被命名为 onclick。注册事件有两种方式，一种是在标签中注册，另一种是在 JavaScript 中注册。

在标签中注册事件，示例代码如下。

```
<div onclick="">点我</div>
```

上述代码中，在 onclick 属性的值中可以编写事件驱动程序。

在 JavaScript 中注册事件，示例代码如下。

```
// 元素对象.事件属性 = 事件处理函数;
element.onclick = function () { };
```

上述代码中，首先通过 onclick 事件属性为元素对象 element 注册 click 事件（单击事件），然后在事件处理函数中编写事件驱动程序，并将事件处理函数值赋给 onclick 事件属性。完成上述代码后，当 element 元素对象触发 click 事件时，事件处理函数就会被执行。

需要说明的是，在实际开发中，不建议在标签中注册事件，因为在标签中注册事件会使标签代码变得复杂，不利于后期维护。

初步了解事件的注册后，下面通过案例进行演示。定义一个按钮元素，通过注册事件，实现单击按钮元素后弹出一个内容为"hello!"的警告框，具体代码如例 6-7 所示。

例 6-7　Example07.html

```
1  <body>
2    <button id="btn">单击</button>
3    <script>
4     // 获取事件源
5     var button = document.getElementById('btn');
6     // 为获取的元素注册鼠标单击事件
7     button.onclick = function () {
8       alert('hello! ');
9     };
10   </script>
11 </body>
```

例 6-7 中，第 2 行代码定义一个 id 为 btn 的 button 元素；第 5 行代码通过 getElementById()方法获取 button 元素，该 button 元素就是事件源；第 7～9 行代码通过 onclick 事件属性为 button 元素注册单击事件，并通过事件驱动程序实现弹出一个内容为"hello!"的警告框。

保存代码，在浏览器中进行测试。用鼠标单击按钮，例 6-7 的运行结果如图 6-11 所示。

图6-11　例6-7的运行结果

图 6-11 中，浏览器弹出了内容为"hello!"的警告框，说明通过注册事件实现了单击按钮后弹出警告框的效果。

6.5　元素内容操作

通过 6.3 节的学习，相信大家已经掌握了多种获取元素的方式。在 DOM 的应用过程中，获取元素属于前置步骤，获取元素后，还需要对元素进行操作。本节讲解元素内容操作，可以通过 DOM 提供的 3 个属性操作元素内容。这 3 个属性分别是 innerHTML、innerText 和 textContent。本节针对元素内容操作的 3 个属性进行详细讲解。

6.5.1　innerHTML

在项目开发的过程中，可能需要操作元素的 HTML 内容，此时可以使用 innerHTML 属性。DOM 中的 innerHTML 属性用于设置或获取元素开始标签和结束标签之间的 HTML 内容，返回结果包含 HTML 标签，并保留空格和换行。

innerHTML 属性的使用示例如下。

```
element.innerHTML = 'HTML 内容';     // 设置内容
console.log(element.innerHTML);      // 获取内容
```

从上述代码可以看出，我们需要通过元素对象访问 innerHTML 属性，并且通过赋值语句设置元素内容。

需要说明的是，当获取元素得到的结果是集合时，需要先通过索引访问集合内部的元素对象，再通过元素对象访问 innerHTML 属性。

初步了解 innerHTML 属性后，下面通过案例演示该属性的使用。搭建一个用于展示商品种类和状态的表格，商品种类分别是"过季旧款""当前热销""秋季新品"，对应的商品状态分别是"已下架""热卖中""等待上架"。接下来，通过 innerHTML 属性获取"过季旧款"和"当前热销"对应的商品状态，并将"秋季新品"对应的商品状态修改成"已上架"，具体代码如例 6-8 所示。

例 6-8　Example08.html

```
1  <body>
2   <table border="1" cellspacing="0" align="center">
3    <caption>商品信息详情</caption>
4    <tr>
5     <th>商品种类</th>
6     <td>过季旧款</td>
7     <td>当前热销</td>
8     <td>秋季新品</td>
9    </tr>
10   <tr>
11    <th>商品状态</th>
12    <td id="down">已下架</td>
13    <td class="up"><span>热卖中</span></td>
14    <td class="up">等待上架</td>
15   </tr>
16  </table>
17  <script>
18   // 通过 id 获取元素
19   var downGoods = document.getElementById('down');
20   // 通过 innerHTML 属性获取元素内容
21   console.log(downGoods.innerHTML);
22   // 通过类名获取元素
23   var upGoods = document.getElementsByClassName('up');
24   // 通过 innerHTML 属性获取元素内容
25   console.log(upGoods[0].innerHTML);
26   // 通过赋值语句设置元素内容
27   upGoods[1].innerHTML = '已上架';
28  </script>
29 </body>
```

例 6-8 中，第 4～9 行代码用来展示商品种类；第 10～15 行代码用来展示商品状态；第 13 行代码中 td 元素的内容包含<span>标签；第 19 行代码通过 id 获取元素；第 21 行代码通过 innerHTML 属性获取元素内容，并将元素内容输出；第 23 行代码通过类名获取元素；第 25 行代码通过索引结合 innerHTML 属性的方式获取元素内容；第 27 行代码通过赋值语句将集合中第 2 个元素的内容设置成"已上架"。

保存代码，在浏览器中进行测试。例 6-8 的运行结果如图 6-12 所示。

图6-12　例6-8的运行结果（1）

图 6-12 中，"秋季新品"对应的商品状态被修改为"已上架"，说明通过 innerHTML 属性修改了元素内容。

接下来打开开发者工具，进入控制台，例 6-8 的运行结果如图 6-13 所示。

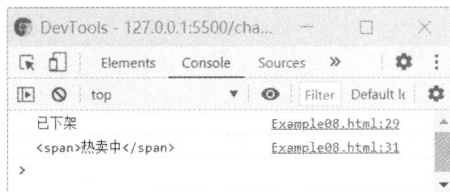

图6-13　例6-8的运行结果（2）

图 6-13 中，控制台输出了"过季旧款"对应的商品状态"已下架"和"当前热销"对应的商品状态"<span>热卖中</span>"。由于 td 元素内部的<span>标签也被输出了，说明 innerHTML 属性可以设置或获取元素的 HTML 内容。

6.5.2　innerText

当操作的元素内容只包含文本时，使用 innerHTML 属性就不合适了，此时可以使用 innerText 属性。DOM 中的 innerText 属性用于设置或获取元素的文本内容，获取的时候会去除 HTML 标签和多余的空格、换行，在设置的时候会进行特殊字符转义。

innerText 属性的使用示例如下。

```
element.innerText = '文本内容';          // 设置内容
console.log(element.innerText);          // 获取内容
```

从上述代码中可以看出，innerText 属性与 innerHTML 属性的使用方式相同。这两个属性都可以设置或获取元素开始标签和结束标签之间的内容，不同的是，innerHTML 属性获取的元素内容包含 HTML 标签，而 innerText 属性获取的元素内容不包含 HTML 标签。

初步了解 innerText 属性后，下面通过案例演示该属性的使用。定义一个有序列表，用来展示某公司的业绩排名，然后通过 innerText 属性获取排名第一和第二的员工姓名，并将排名第三的员工姓名设置成"小兰"，具体代码如例 6-9 所示。

例 6-9　Example09.html

```
1  <body>
2   <ol>
3    <li id="first">张三</li>
4    <li id="second"><span>李四</span></li>
5    <li id="third">王五</li>
6    <li>小明</li>
7    <li>小红</li>
8   </ol>
9   <script>
10   var firstOne = document.getElementById('first');
11   // 通过 innerText 属性获取元素内容
12   console.log(firstOne.innerText);
13   var secondOne = document.getElementById('second');
14   // 通过 innerText 属性获取元素内容
15   console.log(secondOne.innerText);
16   var thirdOne = document.getElementById('third')
17   // 通过 innerText 属性设置元素内容
```

```
18    thirdOne.innerText = '小兰';
19  </script>
20 </body>
```

例 6-9 中，第 2~8 行代码定义了一个 ol 有序列表，用来搭建业绩排行榜，其中，第 4 行代码中的 li 元素的内容包含 HTML 标签；第 10~12 行代码通过 id 属性获取第 1 个 li 元素，并通过 innerText 属性获取元素内容；第 13~15 行代码通过 id 属性获取第 2 个 li 元素，并通过 innerText 属性获取元素内容；第 16~18 行代码通过 id 属性获取第 3 个 li 元素，并通过 innerText 属性将元素内容修改为"小兰"。

保存代码，在浏览器中进行测试。例 6-9 的运行结果如图 6-14 所示。

图 6-14 中，显示了一个有序列表，并且有序列表中第 3 个 li 元素的内容被设置为小兰，说明通过 innerText 属性可以设置元素的文本内容。

接下来打开开发者工具，进入控制台，例 6-9 的运行结果如图 6-15 所示。

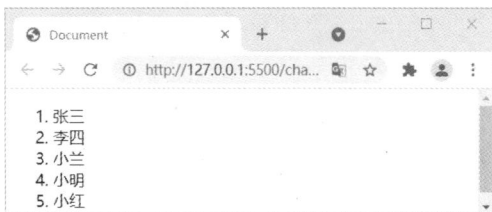

图6-14　例6-9的运行结果（1）

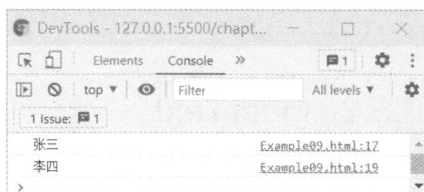

图6-15　例6-9的运行结果（2）

图 6-15 中，控制台输出了排名第一和第二的员工姓名，并且输出的内容不包含 HTML 标签，说明 innerText 属性可以获取元素开始标签和结束标签之间的文本内容。

6.5.3　textContent

操作元素文本内容的方法，除了 6.5.2 小节讲解的 innerText 属性，还可以使用 textContent 属性。textContent 属性用于设置或者获取元素中的文本内容，保留空格和换行。

textContent 属性的使用示例如下。

```
element.textContent = '文本内容';         // 设置内容
console.log(element.textContent);         // 获取内容
```

textContent 属性和 innerText 属性相似，都可以用来设置或获取元素的文本内容，并且返回的时候会去除 HTML 标签，但是 textContent 属性还可以设置和获取占位隐藏元素的文本内容。通过给元素的 visibility 样式属性设置 hidden 值即可实现占位隐藏。需要说明的是，IE 8 及更早版本的浏览器不支持 textContent 属性，所以在使用时需要注意浏览器兼容问题。

初步了解 textContent 属性后，下面通过案例演示该属性的使用。页面中有一个导航结构，导航中有一项内容是占位隐藏的，我们需要获取该隐藏项的文本内容，并将文本内容设置为"特定时刻显示"，具体代码如例 6-10 所示。

例 6-10　Example10.html

```
1  <head>
2    <style>
3      .nav {
4        background-color: antiquewhite;
5        width: 500px;
6        height: 30px;
7        margin: 20px auto;
8      }
```

```
9      .item {
10       width: 125px;
11       float: left;
12       line-height: 30px;
13       text-align: center;
14     }
15     #hide {
16       visibility: hidden;
17     }
18   </style>
19 </head>
20 <body>
21   <div class="nav">
22     <div class="item">首页</div>
23     <div class="item">个人主页</div>
24     <div class="item">设置</div>
25     <div class="item" id="hide">隐藏内容</div>
26   </div>
27   <script>
28     var hideText = document.getElementById('hide');
29     // 通过 textContent 属性返回获取到的元素的内容
30     console.log(hideText.textContent);
31     // 通过 innerText 属性返回获取到的元素的内容
32     console.log(hideText.innerText);
33     // 通过 textContent 属性设置获取到的元素的内容
34     hideText.textContent = '特定时刻显示';
35     // 通过 textContent 属性返回元素修改过的内容
36     console.log(hideText.textContent);
37   </script>
38 </body>
```

例 6-10 中，第 3～14 行代码为导航结构设置样式；第 21～26 行代码使用 div 元素搭建导航结构，其中，第 25 行代码中的 div 元素是占位隐藏元素；第 28 行代码通过 id 属性获取 div 元素；第 30 行代码通过 textContent 属性获取元素的内容；第 32 行代码通过 innerText 属性获取元素内容；第 34 行代码通过赋值语句将获取的元素内容设置成"特定时刻显示"；第 36 行代码通过 textContent 属性获取修改后的元素内容。

保存代码，在浏览器中进行测试。例 6-10 的运行结果如图 6-16 所示。

图 6-16 中展示了导航结构，并且导航结构中的最后一项是占位隐藏元素。

接下来打开开发者工具，进入控制台。例 6-10 的运行结果如图 6-17 所示。

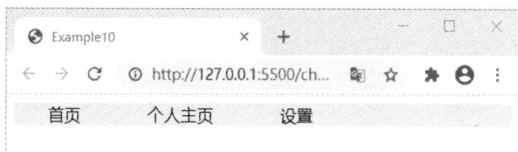

图6-16 例6-10的运行结果（1）

图6-17 例6-10的运行结果（2）

图 6-17 中，控制台输出了 3 部分内容，第 1 部分是通过 textContent 属性获取的文本内容，是导航结构中占位隐藏元素的内容；第 2 部分为空；第 3 部分是获取的由 textContent 属性设置的元素内容。说明 textContent 属性可以设置或获取元素（包括占位隐藏元素）的文本内容，innerText 属性不能获取占位隐藏元素的文本内容。

6.6　元素样式操作

通过上一节的学习，我们掌握了操作元素内容的方式，为了实现更加完善的页面交互效果，我们还需要学习元素样式的操作。操作元素样式有 3 种方式，分别是通过 style 属性操作样式、通过 className 属性操作样式和通过 classList 属性操作样式。接下来，我们针对元素样式操作进行详细讲解。

6.6.1　通过 style 属性操作样式

在开发中，我们可能需要实现页面中关于元素样式的交互效果。对于这种交互效果，我们可以通过操作元素对象的 style 属性实现。操作 style 属性的示例代码如下。

```
element.style.样式属性名 = '样式属性值';        // 设置样式
console.log(element.style.样式属性名);         // 获取样式
```

上述代码中，element 是元素对象，操作元素对象的 style 属性可以为 HTML 元素设置样式。样式属性名和 CSS 样式名是相对应的，但写法不同。样式属性名的书写需要去掉 CSS 样式名里的连字符 "–"，并将连字符 "–" 后面的单词首字母大写。例如，设置字体大小的 CSS 样式名为 font-size，对应的样式属性名为 fontSize。

为了便于读者的学习，下面我们通过表格的方式列举 style 属性中常用的样式属性名。style 属性中常用的样式属性名如表 6-2 所示。

表 6-2　style 属性中常用的样式属性名

名称	说明
background	设置或获取元素的背景属性
backgroundColor	设置或获取元素的背景颜色
display	设置或获取元素的显示类型
fontSize	设置或获取元素的字体大小
height	设置或获取元素的高度
left	设置或获取定位元素的左部位置
listStyleType	设置或获取列表项标记的类型
overflow	设置或获取如何处理呈现在元素框外面的内容
textAlign	设置或获取文本的水平对齐方式
textDecoration	设置或获取文本的修饰
textIndent	设置或获取文本第一行的缩进
transform	向元素应用 2D 或 3D 转换

接下来通过案例演示元素样式的操作。页面中有一个按钮，通过单击按钮改变按钮中文本的样式，具体代码如例 6-11 所示。

例 6-11　Example11.html

```
1  <body>
2    <button id="btn">点我一下</button>
3    <script>
4      // 获取按钮元素
5      var btn = document.getElementById('btn');
6      btn.onclick = function () {
7        // 将获取到的按钮元素中文本的字号设置为 30px
```

```
8        btn.style.fontSize = '30px';
9      };
10  </script>
11 </body>
```

例 6-11 中，第 2 行代码定义一个文本内容为"点我一下"的按钮；第 5 行代码通过 id 属性获取按钮元素；第 6~9 行代码为按钮注册单击事件，在单击事件对应的事件处理函数中将获取到的按钮元素中文本的字号设置为 30px。当单击按钮时，操作元素样式的代码就会生效。

保存代码，在浏览器中进行测试。例 6-11 的运行结果如图 6-18 所示。

图6-18　例6-11的运行结果

图 6-18 中，按钮是未单击的状态，按钮中的文本字体是默认样式。接下来，单击按钮，按钮中字体样式将发生变化，效果如图 6-19 所示。

图6-19　单击按钮的效果

图 6-19 中，按钮中文本字体样式发生了变化，字号明显变大，这说明通过设置元素对象的 style 属性成功操作了元素的样式。

6.6.2　【案例】单击按钮改变按钮颜色

本案例将实现单击按钮后改变按钮颜色的功能。页面中有一排按钮，单击其中一个按钮时，当前被单击按钮的颜色发生变化，其他按钮颜色不变。如果又单击了其他按钮，则被单击按钮的颜色发生变化，之前发生变化的按钮恢复成默认颜色。

针对以上效果，首先需要为页面中所有的按钮元素注册单击事件，然后在事件处理函数中对按钮进行遍历，判断每个按钮是否为当前触发事件的按钮，如果是则改变按钮颜色，如果不是则恢复成默认颜色。具体代码如例 6-12 所示。

例 6-12　Example12.html

```
1 <body>
2   <button>按钮 1</button>
3   <button>按钮 2</button>
4   <button>按钮 3</button>
5   <button>按钮 4</button>
6   <button>按钮 5</button>
7   <script>
8     // 获取所有按钮元素
9     var btns = document.getElementsByTagName('button');
10    // 为所有按钮元素注册相同事件处理函数
11    for (var i = 0; i < btns.length; i++) {
```

```
12      btns[i].onclick = changeColor;
13    }
14   function changeColor () {
15     for (var j = 0; j < btns.length; j++) {
16       if (btns[j] === this) {
17         // 设置当前按钮的背景颜色
18         this.style.backgroundColor = 'pink';
19       } else {
20         // 去掉其他按钮的背景颜色
21         btns[j].style.backgroundColor = '';
22       }
23     }
24   }
25 </script>
26 </body>
```

例 6-12 中，第 2～6 行代码定义了 5 个按钮；第 9 行代码通过标签名获取所有按钮元素，并存储在变量 btns 中；第 11～13 行代码为每个按钮元素注册单击事件，其中，第 12 行代码将事件处理函数 changeColor() 赋值给 onclick 事件属性；第 15～23 行代码是事件处理函数 changeColor() 的具体内容，判断每个按钮是否为当前触发事件的按钮，如果是则设置 backgroundColor 为 pink，如果不是则设置 backgroundColor 为空字符串，第 18 行代码的 this 表示当前触发事件的按钮对象。

保存代码，在浏览器中进行测试。使用鼠标单击第 3 个按钮后，例 6-12 的运行结果如图 6-20 所示。

图6-20　例6-12的运行结果

图 6-20 中，只有被单击的按钮改变了背景颜色，其他按钮的背景颜色均未发生变化。如果继续单击其他按钮，同样只有被单击的按钮改变了背景颜色，则说明成功实现了目标效果。

6.6.3　通过 className 属性操作样式

当需要为元素对象设置多种样式时，如果通过 style 属性实现，就需要连续地编写多行 "element.style.样式属性名" 形式的代码，这种方式比较烦琐。为了解决这个问题，我们需要学习另一种设置样式的方法，即操作元素对象的 className 属性。

操作 className 属性时，需要先将元素对象的样式写在 CSS 中，利用 CSS 类选择器为元素设置样式，然后通过 JavaScript 操作 className 属性更改元素的类名，从而更改元素的样式。操作 className 属性的示例代码如下。

```
element.className = '类名';            // 设置类名
console.log(element.className);        // 获取类名
```

接下来通过案例演示 className 属性的使用。页面中有一个 div 元素，通过 JavaScript 为该元素更改样式。div 元素的文本样式为水平居中、垂直居中（通过行高控制），并且字号大小为 30px；div 元素的宽度、高度均为 200px，并且边框为 1px 的黑色实线行高为 200px。具体代码如例 6-13 所示。

例 6-13　Example13.html

```
1  <head>
2    <style>
3      .target {
4        width: 200px;
5        height: 200px;
6        border: 1px solid black;
7        font-size: 30px;
8        text-align: center;
9        line-height: 200px;
10     }
11   </style>
12 </head>
13 <body>
14   <div class="box">hello! </div>
15   <script>
16     // 获取div元素
17     var box = document.querySelector('.box');
18     // 为获取到的div元素设置className
19     box.className = 'target';
20   </script>
21 </body>
```

例 6-13 中，第 3~10 行代码通过 CSS 类选择器为元素设置样式；第 14 行代码定义了一个类名为 box 的 div 元素；第 17 行代码获取 div 元素；第 19 行代码将类名 target 赋值给 div 元素对象的 className 属性。

保存代码，在浏览器中进行测试，例 6-13 的运行结果如图 6-21 所示。

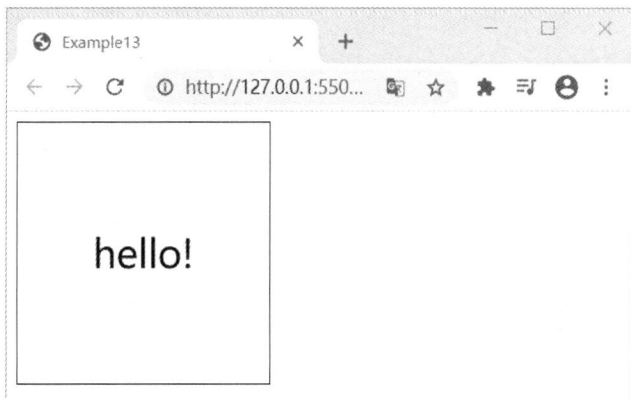

图6-21　例6-13的运行结果（1）

从图 6-21 可以看出，通过操作 className 属性成功为元素设置了样式。需要注意的是，该操作流程会使 div 元素的类名发生变化。

打开开发者工具，在控制台中进行观察，例 6-13 的运行结果如图 6-22 所示。

从图 6-22 可以看出，div 元素的类名为 target，覆盖了该元素原始的类名 box。

如果想要保留元素原始的类名，可以采取多类名的方式进行设置。接下来，对例 6-13 第 19 行代码进行如下修改。

```
box.className = 'box target';
```

保存代码，在浏览器中进行测试。打开开发者工具，继续在控制台中进行观察，例 6-13 的运行结果如图 6-23 所示。

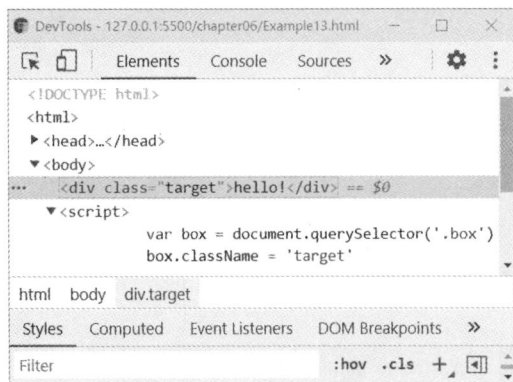

図6-22　例6-13的运行结果（2）

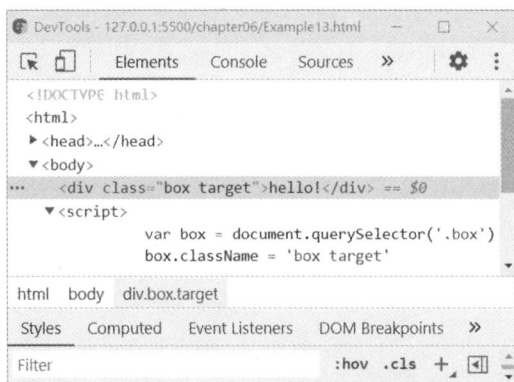

図6-23　修改例6-13后的运行结果

从图 6-23 可以看出，操作 className 属性时采用多类名的方式可以保证元素原始的类名不被覆盖。

6.6.4　通过 classList 属性操作样式

在开发过程中，对于元素中类的操作，我们还可以使用元素对象的 classList 属性。在使用时需要注意 IE 浏览器的兼容问题，classList 属性从 IE 10 开始才被支持，且 IE 10 中 classList 属性不能对 SVG（Scalable Vector Graphics，可缩放矢量图形）元素进行操作。

classList 属性的使用方式很灵活，可以对元素中的类名进行获取、添加、移除、判断等操作。通过 classList 属性获取类名的示例代码如下所示。

```
element.classList
```

classList 属性返回一个对象，称为 classList 对象。classList 对象是一个伪数组，伪数组中的每一项对应一个类名，可通过数组索引访问类名。classList 对象还可以通过一系列属性和方法对元素的类名进行设置和移除。classList 对象常用的属性和方法如表 6-3 所示。

表 6-3　classList 对象常用的属性和方法

名称	说明
length	获取类名的数量
add(class1,class2,…)	为元素添加一个或多个类名（class）
remove(class1,class2,…)	移除元素的一个或多个类名
toggle(class,true|false)	为元素切换类名，第 2 个参数是可选参数，设为 true 表示添加，设为 false 表示移除，不设置表示有则移除，没有则添加
contains(class)	判断元素中指定的类名是否存在，返回布尔值
item(index)	获取元素中索引对应的类名，索引从 0 开始

初步了解 classList 属性后，下面通过案例对该属性的使用进行演示。在页面中定义 1 个 div 元素和 2 个按钮元素，实现单击第 1 个按钮使 div 元素变成圆形，单击第 2 个按钮使 div 元素变回方形。具体代码如例 6-14 所示。

例 6-14　Example14.html

```
1  <head>
2    <style>
3      div {
4        width: 200px;
```

```
 5        height: 200px;
 6        background-color: cadetblue;
 7        margin-bottom: 10px;
 8      }
 9    button {
10      margin-left: 10px;
11    }
12    .change-border {
13      border-radius: 50%;
14    }
15  </style>
16  </head>
17  <body>
18  <div class="change"></div>
19  <button class="btn">变成圆形</button>
20  <button class="btn">变回方形</button>
21  <script>
22    var box = document.getElementsByClassName('change');
23    var btns = document.getElementsByClassName('btn');
24    btns[0].onclick = function () {
25      box[0].classList.add('change-border')
26    };
27    btns[1].onclick = function () {
28      box[0].classList.remove('change-border')
29    };
30  </script>
31  </body>
```

例 6-14 中，第 18～20 行代码分别定义了 1 个 div 元素和 2 个按钮元素，并通过第 3～11 行代码设置样式；第 12～14 行代码设置 div 元素变成圆形的样式；第 22～23 行代码通过类名获取 div 元素和按钮元素；第 24～26 行代码为第 1 个按钮注册单击事件，并在事件处理函数中通过 classList 属性为 div 元素对象添加 change-border 类名；第 27～29 行代码为第 2 个按钮注册单击事件，并在事件处理函数中为 div 元素移除 change-border 类名。

保存代码，在浏览器中进行测试。例 6-14 的运行结果如图 6-24 所示。

图 6-24 中展示了 1 个 div 元素和 2 个按钮元素。单击"变回圆形"按钮后，运行结果如图 6-25 所示。

图6-24　例6-14的运行结果　　　　　　图6-25　单击"变回圆形"按钮的运行结果

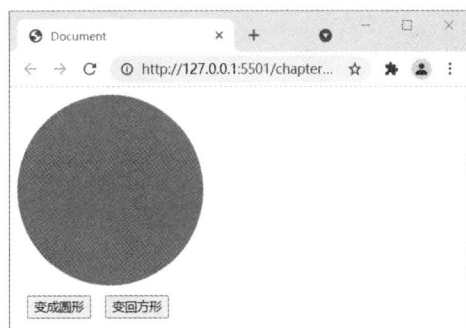

从图 6-25 可以看出，通过单击"变回圆形"按钮使 div 元素变成了圆形，说明通过 classList 对象的 add()

方法可以为元素添加类名。

　　接下来单击“变回方形”按钮，运行结果与图 6-24 相同，即 div 元素变回了方形，说明通过 classList 对象的 remove() 方法可以为元素移除指定类名。

6.7　元素属性操作

　　通过 6.5 节和 6.6 节的学习，相信大家已经掌握了如何操作元素的内容和样式。但是在一个功能完善的页面中，交互效果往往多种多样，仅通过操作元素的内容和样式并不能满足开发条件，我们还需要学习如何操作元素属性。在 DOM 中，我们可以操作 property 属性、attribute 属性和 data-*属性。接下来，本节将对这 3 种属性操作进行详细讲解。

6.7.1　操作 property 属性

　　property 并不是一个属性名，而是一个统称，它是指元素在 DOM 中作为对象拥有的属性，即内置属性。通常情况下，每个元素都具有内置属性。例如，img 元素拥有 src 和 title 等属性；input 元素拥有 disabled、checked 和 selected 等属性。对于页面中 property 属性的操作，可以通过“element.属性名”实现。接下来，结合实例讲解 property 属性的操作。

1. 操作 img 元素的属性

　　在一个美食评选的页面中，搭建一个由 img 元素和 button 元素组成的结构。用户通过单击按钮选择自己喜欢的美食，单击按钮后，按钮对应的美食图片变成一张内容为“已选择”的新图片。接下来通过代码实现该效果，具体代码如例 6-15 所示。

例 6-15　Example15.html

```
1  <body>
2    <div>
3      <img src="images/1.jpg" title="火锅">
4      <button>选择</button>
5    </div>
6    <script>
7      var btn = document.querySelector('button'); // 获取 button 元素
8      var img = document.querySelector('img');      // 获取 img 元素
9      btn.onclick = function () {
10        img.src = 'images/selected.jpg';
11     };
12   </script>
13 </body>
```

　　例 6-15 中，第 2～5 行代码搭建了一个由 img 元素和 button 元素组成的“图片+按钮”结构；第 7～8 行代码分别获取 button 元素和 img 元素；第 9～11 行代码为 button 元素注册单击事件，通过操作元素对象 property 属性的方式，将新的图片路径赋值给 img 元素对象的 src 属性。

　　保存代码，在浏览器中进行测试。例 6-15 的运行结果如图 6-26 所示。

　　图 6-26 展示了一个美食评选结构，单击“选择”按钮，运行结果如图 6-27 所示。

　　从图 6-27 可以看出，按钮对应的图片切换成内容为“已选择”的新图片，说明通过操作 img 元素的 src 属性成功切换了图片路径，从而实现了目标效果。

图6-26　例6-15的运行结果

图6-27　单击"选择"按钮的运行结果

2. 操作 input 元素的属性

搜索框是页面中一种常见的结构，一般由 button 元素和 input 元素组成。接下来实现一个关于搜索框的案例。单击按钮使 input 文本框显示"被单击了！"，并且将按钮设为禁用状态，具体代码如例 6-16 所示。

例 6-16　Example16.html

```
1  <body>
2    <button>搜索</button>
3    <input type="text" value="输入内容">
4    <script>
5      // 获取元素
6      var input = document.querySelector('input');
7      var btn = document.querySelector('button');
8      // 注册事件
9      btn.onclick = function () {
10       input.value = '被单击了！';      // 通过 value 属性来修改表单里面的值
11       this.disabled = true;          // 将被单击的按钮禁用
12     };
13   </script>
14 </body>
```

例 6-16 中，第 6～7 行代码分别获取 input 元素和 button 元素；第 9～12 行代码为 button 元素对象注册单击事件，其中第 10～11 行代码以操作元素对象 property 属性的方式，为 input 元素对象和 button 元素对象设置属性，第 11 行的 this 表示当前触发事件处理函数的 button 元素对象。

保存代码，在浏览器中进行测试。例 6-16 的运行结果如图 6-28 所示。

图6-28　例6-16的运行结果

图 6-28 展示了一个搜索框，接下来单击"搜索"按钮，运行结果如图 6-29 所示。

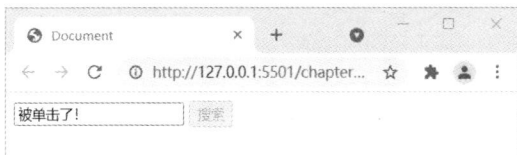

图6-29　单击"搜索"按钮的运行结果

从图 6-29 可以看出，input 文本框的内容变为"被单击了!"，并且"搜索"按钮处于禁用状态，说明通过操作元素对象的属性成功实现了目标效果。

6.7.2　操作 attribute 属性

attribute 属性也是一个统称，它是指 HTML 标签的属性，在程序中对 attribute 属性的操作会直接反映到 HTML 标签中。attribute 属性不仅可以操作元素的内置属性，还可以操作元素的自定义属性。下面针对如何操作 attribute 属性进行详细讲解。

1. 设置属性

通过元素对象的 setAttribute() 方法可以设置属性，其语法格式如下。

```
element.setAttribute('属性', '值');
```

接下来通过案例演示如何为一个 div 元素设置属性，具体代码如例 6-17 所示。

例 6-17　Example17.html

```
1  <body>
2    <div></div>
3    <script>
4      var div = document.querySelector('div');
5      div.setAttribute('flag', 2);
6      div.setAttribute('id', 'a');
7    </script>
8  </body>
```

例 6-17 中，第 2 行代码定义 div 元素；第 4 行代码获取 div 元素；第 5~6 行代码设置 div 元素的自定义属性"flag"和内置属性"id"，属性值分别为"2"和"a"。

保存代码，在浏览器中进行测试。打开开发者工具，在"Elements"面板中进行观察，例 6-17 的运行结果如图 6-30 所示。

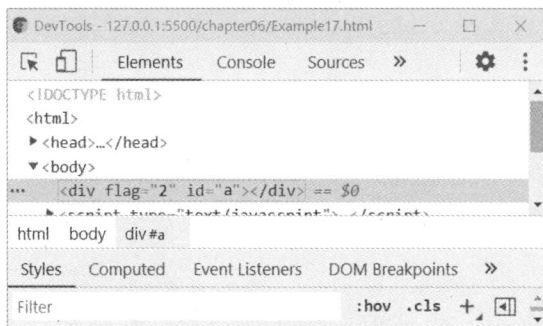

图 6-30　例 6-17 的运行结果

从图 6-30 可以看出，div 元素被设置了自定义属性"flag"和内置属性"id"，属性值分别是"2"和"a"。

2. 获取属性值

通过元素对象的 getAttribute() 方法可以获取属性值，其语法格式如下。

```
element.getAttribute('属性');
```

下面通过案例演示如何获取 div 元素的属性值，具体代码如例 6-18 所示。

例 6-18　Example18.html

```
1  <body>
2    <div id="demo" index="1"></div>
3    <script>
```

```
4        var div = document.querySelector('div');
5        console.log(div.index); // 无法通过这种方式获取自定义属性
6        console.log(div.getAttribute('index'));
7        console.log(div.getAttribute('id'));
8      </script>
9    </body>
```

例 6-18 中，第 2 行代码定义了一个具有内置属性 id 和自定义属性 index 的 div 元素；第 4 行代码获取 div 元素；第 5 行代码演示了获取自定义属性的错误用法，即无法通过 6.7.1 小节学习的操作 property 属性的方式获取自定义属性；第 6~7 行代码通过 getAttribute()方法分别获取 div 元素的 index 属性的值和 id 属性的值。

保存代码，在浏览器中进行测试。打开开发者工具，观察控制台运行结果，例 6-18 的运行结果如图 6-31 所示。

图 6-31 中，控制台的输出结果可以说明通过操作 property 属性不能获取元素的自定义属性，该方式会返回 undefined，而通过操作 attribute 属性不仅可以获取元素的自定义属性，还可以获取元素的内置属性。

图6-31　例6-18的运行结果

3. 移除属性

通过元素对象的 removeAttribute()方法可以移除属性，其语法格式如下。

```
element.removeAttribute('属性');
```

接下来通过案例演示如何移除 div 元素的属性，具体代码如例 6-19 所示。

例 6-19　Example19.html

```
1  <body>
2    <div id="test" index="2"></div>
3    <script>
4      var div = document.querySelector('div');
5      div.removeAttribute('id');
6      div.removeAttribute('index');
7    </script>
8  </body>
```

例 6-19 中，第 2 行代码定义了一个具有内置属性和自定义属性的 div 元素；第 4 行代码获取 div 元素；第 5~6 行代码通过 removeAttribute()方法分别移除 id 属性和 index 属性。

保存代码，在浏览器中进行测试。打开开发者工具，在"Elements"面板中观察运行结果。例 6-19 的运行结果如图 6-32 所示。

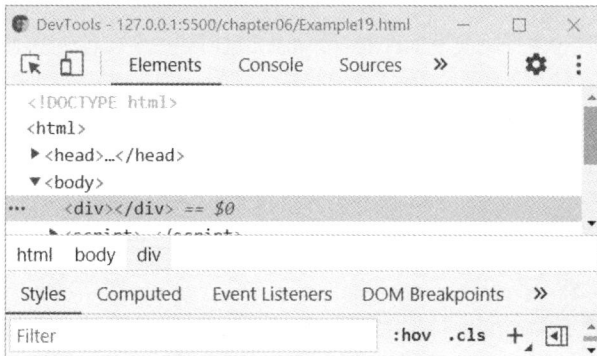

图6-32　例6-19的运行结果

从图 6-32 可以看出，div 元素的 id 属性和 index 属性已被移除，说明 removeAttribute()方法不仅可以移除元素的内置属性，还可以移除元素的自定义属性。

6.7.3　【案例】Tab 栏切换

Tab 栏在网站中的使用非常普遍，它的优势在于可以在有限的空间内展示多块的内容，用户可以通过单击标签项在多个内容块之间进行切换，接下来我们通过所学知识实现该效果。

1.　编写 HTML 页面

Tab 栏由上、下两部分结构组成，上半部分是 Tab 栏的标签结构，用于展示标签项；下半部分是 Tab 栏的内容区，用于展示内容项。每个标签项都有相对应的内容项，通过鼠标单击 Tab 栏的标签项可以实现对应内容项的切换。具体代码如例 6-20 所示。

例 6-20　Example20.html

```
1  <head>
2    <link rel="stylesheet" href="tab.css">
3  </head>
4  <body>
5    <div class="tab">
6      <div class="tab_list">
7        <ul>
8          <li class="current">商品介绍</li>
9          <li>规格与包装</li>
10         <li>售后保障</li>
11         <li>商品评价</li>
12         <li>手机社区</li>
13       </ul>
14     </div>
15     <div class="tab_con">
16       <div class="item" style="display: block;">商品介绍模块内容</div>
17       <div class="item" style="display: none;">规格与包装模块内容</div>
18       <div class="item" style="display: none;">售后保障模块内容</div>
19       <div class="item" style="display: none;">商品评价模块内容</div>
20       <div class="item" style="display: none;">手机社区模块内容</div>
21     </div>
22   </div>
23 </body>
```

例 6-20 中，第 2 行代码引入页面样式文件，该文件可从本书配套源代码中获取；第 7～13 行代码搭建 Tab 栏的标签结构，其中第 8 行代码将第一个标签项设置为选中状态；第 15～21 行代码搭建 Tab 栏的内容区，通过 display 样式属性为内容块设置显示和隐藏状态，此时第一个内容块为显示状态，其他内容块为隐藏状态，与标签项的状态对应。

保存代码，在浏览器中进行测试。例 6-20 的运行结果如图 6-33 所示。

图6-33　例6-20的运行结果

2. 通过 JavaScript 实现 Tab 栏的切换效果

首先需要获取目标元素，然后通过 for 语句为每个元素对象注册单击事件，最后实现 Tab 栏的切换效果，具体实现过程如下。

（1）获取标签结构中所有 li 元素以及内容 div 元素，然后通过索引为每个 li 元素对象注册单击事件。在例 6-20 的第 22 行代码下方添加如下代码。

```
1  <script>
2    // 获取标签结构中的 li 元素
3    var lis = document.querySelectorAll('.tab_list li');
4    // 获取内容部分的 div 元素
5    var items = document.querySelectorAll('.item');
6    // 通过 for 语句注册单击事件
7    for (var i = 0; i < lis.length; i++) {
8      lis[i].onclick = changeTab;
9    }
10 </script>
```

上述代码中，第 3 行代码获取标签结构中的 li 元素，并将返回的集合赋值给变量 lis；第 5 行代码获取内容部分的 div 元素，并将返回的集合赋值给变量 items；第 7~9 行代码通过遍历 lis，访问 lis 内部的 li 元素对象，然后为每个 li 元素对象注册单击事件，将 changeTab 赋值给 onclick 事件属性。

（2）编写 changeTab()事件处理函数，通过操作 className 属性实现 Tab 栏的切换效果。首先通过 for 语句和 if...else 语句区分当前单击的标签项和未被单击的标签项，然后清空未被单击的标签项的类名，并设置当前标签项的类名为 current，即可实现单击标签项切换样式的效果。changeTab()事件处理函数的代码如下。

```
1  function changeTab() {
2    for (var j = 0; j < lis.length; j++) {
3      if (lis[j] !== this) {
4        lis[j].className = '';
5      } else {
6        this.className = 'current';
7      }
8    }
9  }
```

上述代码中，第 2~8 行代码通过循环的方式访问 lis 集合中的每一个元素对象。第 3~7 行代码通过 if...else 语句判断当前遍历的元素是否为被单击的元素，如果不是，则清空该元素的类名；如果是，则为该元素设置类名为 current。

保存代码，在浏览器中进行测试，单击"售后保障"标签项后，效果如图 6-34 所示。

图6-34　Tab栏的切换效果

从图 6-34 可以看出，"售后保障"标签项的样式切换成了 current 样式，并且默认选中的第一个标签项的 current 样式失效。

3. 通过 JavaScript 实现内容区的展示效果

目前已经实现了标签项的切换效果，而对于内容区展示的内容随标签项的切换而切换，我们可以通过操作 attribute 属性来完成，具体步骤如下。

（1）在注册事件前，为 lis 中的每个元素对象设置自定义属性，并将当前元素的索引值作为属性值。修改例 6-20 的代码，找到"lis[i].onclick = changeTab;"这行代码，在它前面添加如下代码，为每个元素对象设置一个 index 自定义属性。

```
lis[i].setAttribute('index', i);
```

上述代码中，index 自定义属性的值为遍历元素对象使用的索引 i。

（2）通过标签结构中的元素对象的 index 属性值，找到 items 集合中与 index 对应的元素对象。在 changeTab() 函数的"}"上一行的位置添加如下代码。

```
1  var index = this.getAttribute('index');
2  for (var i = 0; i < items.length; i++) {
3    if (items[i] !== items[index]) {
4      items[i].style.display = 'none';
5    } else {
6      items[index].style.display = 'block';
7    }
8  }
```

上述代码中，第 1 行代码获取当前被单击元素对象的 index 属性值。第 2～8 行代码遍历 items 集合中的元素对象，通过 if...else 语句判断当前遍历的元素对象是否是要显示的对象，如果是，则通过设置 display 属性将该元素设置为显示状态；如果不是，则设置为隐藏状态。

保存代码，在浏览器中进行测试。单击"售后保障"标签项后，效果如图 6-35 所示。

图6-35　内容区的展示效果

从图 6-35 可以看出，在"售后保障"标签项的样式切换时，对应的内容项也随之切换。说明通过操作元素属性实现了内容区的展示效果。

6.7.4　操作 data-*属性

HTML5 提供了一种新的自定义属性的方式：通过 data-*设置自定义属性。这种方式是通过"data-"前缀来设置开发所需要的自定义属性，"*"可以自行命名。下面针对 data-*属性的操作进行详细讲解。

1. 设置 data-*属性

在 HTML 中，可以直接在标签中为元素设置 data-*属性，示例代码如下。

```
<div data-index="2"></div>
```

上述示例代码中，"data-"是属性前缀，index 是开发者自定义的属性名。

在 JavaScript 中设置 data-*属性有两种方式：第 1 种方式是通过"element.dataset.属性名 = '属性值'"设置；第 2 种方式是通过 setAttribute() 方法设置。第 1 种方式存在 IE 浏览器的兼容问题，这种方式从 IE 11 才开始被支持。示例代码如下。

```
1  <body>
2    <div></div>
3    <script>
4      var div = document.querySelector('div');
5      div.dataset.index = '2';                // 演示第 1 种方式
6      div.setAttribute('data-name', 'andy');  // 演示第 2 种方式
7    </script>
8  </body>
```

以上示例代码中，第 5 行代码通过"element.dataset.属性名"的方式为 div 元素设置自定义属性 "data-index"，属性值为"2"；第 6 行代码通过 setAttribute()方法为 div 元素设置自定义属性"data-name"，属性值为"andy"。

设置完成后，在浏览器中查看 div 元素对应的标签，结果如下所示。

```
<div data-index="2" data-name="andy"></div>
```

通过结果可以看出，示例代码中的两种方式都完成了 data-*属性的设置。

2. 获取 data-*属性值

获取"data-*"属性值的方式有两种：第 1 种方式是通过"element.dataset.属性名"获取，也可以写成 "element.dataset['属性名']"，如果属性名包含连字符"-"，需要采用驼峰命名法；第 2 种方式是通过 getAttribute() 方法获取，示例代码如下。

```
1  <body>
2    <div getTime="20" data-index="2" data-list-name="andy"></div>
3    <script>
4      var div = document.querySelector('div');
5      // 通过第 1 种方式获取
6      console.log(div.dataset.index);               // 结果为：2
7      console.log(div.dataset['index']);            // 结果为：2
8      console.log(div.dataset.listName);            // 结果为：andy
9      console.log(div.dataset['listName']);         // 结果为：andy
10     // 通过第 2 种方式获取
11     console.log(div.getAttribute('data-index'));       // 结果为：2
12     console.log(div.getAttribute('data-list-name'));   // 结果为：andy
13   </script>
14 </body>
```

上述示例代码中，第 8～9 行代码获取 data-list-name 属性值时，将 list-name 写成 listName，避免语法出错。

动手实践：显示和隐藏密码

当我们在登录网站输入密码时，会发现有些网站的密码框中用户输入的密码是隐藏的（显示成小圆点），并且通过单击文本框右侧的"眼睛"可以使密码显示。接下来，我们通过本章所学知识开发一个可以控制密码显示和隐藏的页面。为了优化用户体验，我们使用两张不同状态的"眼睛"图片充当按钮。图片中"眼睛"睁开时密码显示，闭合时密码隐藏。默认情况下，输入的密码是隐藏的，对应闭合状态的"眼睛"。

隐藏密码的效果如图 6-36 所示。

显示密码的效果如图 6-37 所示。

图6-36　隐藏密码的效果　　　　　　　　　　　　　图6-37　显示密码的效果

　　本案例的实现思路：首先通过 img 和 input 等元素搭建密码框结构，然后通过 JavaScript 操作元素的属性，通过更改 input 元素的 type 属性完成密码框和文本框的切换，并切换对应的"眼睛"图片。具体代码如例 6-21 所示。

例 6-21　Example21.html

```
1  <head>
2   <link rel="stylesheet" href="eye.css">
3  </head>
4  <body>
5   <div class="box">
6    <label>
7      <img src="images/close.png" id="eye">
8    </label>
9    <input type="password" id="pwd">
10  </div>
11  <script>
12   // 获取元素
13   var eye = document.getElementById('eye');
14   var pwd = document.getElementById('pwd');
15   // 注册事件
16   eye.onclick = function () {
17     if (pwd.type == 'password') {
18       pwd.type = 'text';
19       eye.src = 'images/open.png';
20     } else {
21       pwd.type = 'password';
22       eye.src = 'images/close.png';
23     }
24   };
25  </script>
26 </body>
```

　　例 6-21 中，第 2 行代码引入页面样式文件，该文件可从本书配套源代码获取；第 13～14 行代码获取按钮元素和文本框元素；第 17～23 行代码判断 pwd.type 的状态，当 pwd.type 的值为 password 时，将 pwd.type 修改为 text，并将眼睛图片修改为睁眼图片，否则，将 pwd.type 修改为 password，并将眼睛图片修改为闭眼图片。

　　保存代码，在浏览器中进行测试。例 6-21 的运行结果如图 6-38 所示。

图6-38　例6-21的运行结果

　　图 6-38 所示的页面展示了一个密码框，此时密码为隐藏状态。在密码框中输入密码后，运行结果如图 6-39 所示。

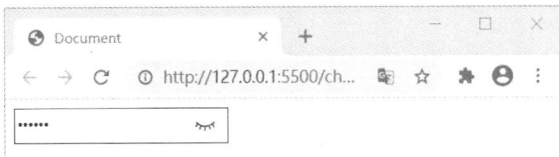

图6-39　输入密码后的运行结果

图 6-39 所示的页面展示了隐藏密码效果，和预期结果一致。单击"眼睛"图片后，密码就会显示，运行结果如图 6-40 所示。

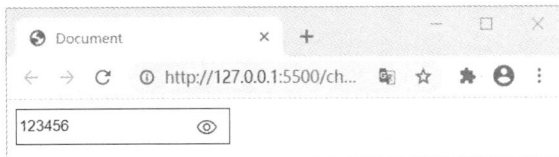

图6-40　单击眼睛图片的运行结果

图 6-40 所示的页面展示了显示密码效果，和预期结果一致。综合以上操作结果，说明通过操作 input 元素对象的 type 属性控制了密码的显示和隐藏，通过操作 img 元素对象的 src 属性成功控制了"眼睛"图片的切换。

本章小结

本章首先介绍了 Web API 和 DOM 的相关概念，然后讲解了获取元素的方式、事件基础，以及元素内容、样式和属性的操作。通过本章的学习，读者应能够熟悉 DOM 相关概念，能够利用 DOM 编程完成一些基本的页面交互效果。

课后练习

一、填空题

1. 事件的 3 个要素分别是＿＿＿＿、＿＿＿＿、＿＿＿＿。

2. document 对象的＿＿＿＿方法可以根据 id 属性获取元素。

3. DOM 中的＿＿＿＿属性用于设置或获取元素开始标签和结束标签之间的 HTML 内容。

4. DOM 中的＿＿＿＿属性用于设置或获取元素的文本内容。

5. 通过元素对象的＿＿＿＿方法可以设置元素的自定义属性。

二、判断题

1. document.querySelector('div')可以获取文档中第一个 div 元素。　　　　　　　（　　　）

2. Web API 由 BOM 和 DOM 两部分组成。　　　　　　　　　　　　　　　　（　　　）

3. 在 DOM 中所有节点都是元素。　　　　　　　　　　　　　　　　　　　（　　　）

4. 使用元素的 textContent 属性可以设置和获取占位隐藏元素的文本内容。　　　（　　　）

5. document 对象的 getElementsByClassName()方法和 getElementsByName()方法都可以返回一个数组。

　　　　　　　　　　　　　　　　　　　　　　　　　　　　　　　　　（　　　）

三、选择题

1. 下面可用于只获取文档中第一个 div 元素的是（　　　　）。

A.　document.querySelector('div')　　　　　B.　document.querySelectorAll('div')

C.　document.getElementsByName('div')　　　　D.　以上选项都可以

2.　下列选项中，可以作为 DOM 的 style 属性操作的样式名为（　　　）。

A.　Background　　　　B.　left　　　　　　C.　font-size　　　　　D.　Textalign

3.　下列选项中，可用于实现动态改变指定 div 中文本内容的是（　　　）。

A.　console.log()　　　B.　document.write()　　C.　innerText　　　　D.　以上选项都可以

4.　关于获取元素，以下描述正确的是（　　　）。

A.　document.getElementById()获取到的是元素集合

B.　document.getElementsByTagName()获取到的是单个元素

C.　document.querySelector()获取到的是元素集合

D.　document.getElementsByClassName()有浏览器兼容性问题

5.　以下代码用于单击一个按钮，弹出警告框。在横线处应填写的正确代码是（　　　）。

```
<button id="btn">唐伯虎</button>
<script>
 var btn = document.getElementById('btn');

 _____
</script>
```

A.　btn.onclick = function () { alert('点秋香'); }　　　B.　btn.onclick = alert('点秋香');

C.　btn.click = function () { alert('点秋香'); }　　　　D.　btn.click()

四、简答题

1.　简述使用 innerHTML 属性和 innerText 属性操作元素内容时有什么不同。

2.　简述事件的 3 个要素。

五、编程题

请编写代码，实现根据系统时间显示问候语的功能，通过改变 div 中内容，显示不同问候语。要求如下。

- 6 时之前，显示问候语"凌晨好"。
- 9 时之前，显示问候语"早上好"。
- 12 时之前，显示问候语"上午好"。
- 14 时之前，显示问候语"中午好"。
- 17 时之前，显示问候语"下午好"。
- 19 时之前，显示问候语"傍晚好"。
- 22 时之前，显示问候语"晚上好"。
- 22 时之后包括 22 时，显示问候语"夜里好"。

第 **7** 章

DOM（下）

······
学习目标

★ 熟悉节点的概念，能够说出节点的属性和层级

★ 掌握节点操作，能够完成节点的获取、创建、添加、移除和复制操作

★ 掌握事件的进阶操作，能够实现事件的监听和移除

★ 熟悉 DOM 事件流，能够说出事件捕获和事件冒泡两种方式的区别

★ 掌握事件对象，能够利用事件对象进行事件操作

★ 掌握常用事件，能够通过常用事件完成常见的网页交互效果

★ 掌握元素其他操作，能够对元素的位置、大小、可视区域和滚动进行操作，能够获取鼠标指针位置

通过第 6 章的学习，大家应该已经掌握了 DOM 中元素的相关操作以及事件的基本使用，可以通过注册事件以及元素操作的方式完成页面的交互效果。接下来，本章将继续讲解 DOM 中的进阶内容，如节点操作、事件监听等。通过学习本章，大家可以实现更加复杂的页面交互效果。

7.1 节点基础

网页中的所有内容在文档树中都是节点，即元素、属性、文本等都属于节点，当利用 DOM 进行网页开发时，通过节点操作可以更加灵活地实现网页中的交互效果。在学习节点操作前，我们需要学习节点的属性和层级。本节针对节点的属性和层级分别进行讲解。

7.1.1 节点的属性

节点有 3 个常用属性，分别是 nodeName（节点名称）、nodeValue（节点值）、nodeType（节点类型），具体解释如下。

- nodeName：用于获取节点名称，全大写形式，如<div>标签的节点名称为 DIV。
- nodeValue：用于获取节点值，一般适用于文本、注释类型的节点。
- nodeType：用于获取数字表示的节点类型，如 1 表示元素节点。节点类型有多种，常见的节点类型如表 7-1 所示。

表 7-1 常见的节点类型

类型	常量	常量的值
元素节点	Node.ELEMENT_NODE	1
文本节点	Node.TEXT_NODE	3
注释节点	Node.COMMENT_NODE	8
文档节点	Node.DOCUMENT_NODE	9
文档类型节点	Node.DOCUMENT_TYPE_NODE	10

表 7-1 中，元素节点、文本节点和注释节点分别对应网页中的元素、文本和注释；文档节点对应整个文档，即 document 对象；文档类型节点对应网页的文档类型声明，如 "<!DOCTYPE html>"。

在实际开发中，开发者可以根据节点的 3 个常用属性获取节点的名称、值和类型，示例代码如下。

```
var node = document.body;           // 获取 body 节点
console.log(node.nodeName);         // 获取节点名称，输出结果：BODY
console.log(node.nodeValue);        // 获取节点值，输出结果：null
console.log(node.nodeType);         // 获取节点类型，输出结果：1
```

▌▌▌ 小提示：

读者在学习节点时，可能会对节点和元素这两个词的使用感到疑惑，例如，页面中有一个<div>标签，这个<div>标签在 DOM 中是元素还是节点呢？其实<div>标签在 DOM 中既是元素又是节点，因为元素是节点的一种类型，即元素节点。从程序角度来说，节点对象的构造函数是 Node()，元素对象的构造函数是 Element()，Element()继承了 Node()。

7.1.2 节点的层级

不同节点之间的关系可以用传统的家族关系进行描述，例如父子关系、兄弟关系。通过这些关系可以将节点划分为不同层级，例如根节点、父节点、子节点、兄弟节点。接下来通过示例代码演示节点的层级。

```
<!DOCTYPE html>
<html>
  <head>
    <title>测试</title>
  </head>
  <body>
    <a href="#">链接</a>
    <p>段落...</p>
  </body>
</html>
```

上述代码所包含的节点层级如下。

● 根节点：document 节点是整个文档的根节点，它的子节点包括文档类型节点和 html 元素。

● 父节点：它是指某一节点的上级节点，例如，html 元素是 head 元素和 body 元素的父节点，body 元素是 a 元素和 p 元素的父节点。

● 子节点：它是指某一节点的下级节点，例如，head 元素和 body 元素是 html 元素的子节点，a 元素和 p 元素是 body 元素的子节点。

● 兄弟节点：它是指同属于一个父节点的两个子节点，例如，head 元素和 body 元素是兄弟节点，a 元素和 p 元素是兄弟节点。

7.2　节点操作

第 6 章我们学习了元素操作。在 DOM 中，还有一些操作属于节点操作，包括节点的获取、创建、添加、移除和复制等。相比元素操作，节点操作更侧重节点的层次关系操作，例如，获取父节点、获取子节点、添加节点等。本节将对节点操作进行详细讲解。

7.2.1　获取节点

在开发中，我们有时需要知道某个节点的父节点是哪个节点，或某个节点拥有哪些子节点和兄弟节点，这时就需要进行获取节点的操作。获取节点包括获取父节点、获取子节点和获取兄弟节点，下面分别进行讲解。

1. 获取父节点

在 JavaScript 中，可以使用 parentNode 属性获取当前节点的父节点，如果该节点没有父节点，那么 parentNode 属性返回 null。通过 parentNode 属性获取父节点的语法格式如下。

```
node.parentNode
```

上述语法格式中，node 表示 DOM 节点对象，通过该对象的 parentNode 属性获取父节点。

初步了解 parentNode 属性后，下面通过案例演示该属性的使用，具体代码如例 7-1 所示。

例 7-1　Example01.html

```
1  <body>
2    <div>
3      <h1>
4        <span class="child">span 元素</span>
5      </h1>
6    </div>
7    <script>
8      var child = document.querySelector('.child');
9      console.log(child.parentNode);
10   </script>
11 </body>
```

例 7-1 中，第 2~6 行代码定义了 div 元素、h1 元素和 span 元素；第 8 行代码用于获取 span 元素；第 9 行代码通过 parentNode 属性获取 span 元素的父节点，并将父节点输出。

保存代码，在浏览器中进行测试。打开开发者工具，进入控制台，例 7-1 的运行结果如图 7-1 所示。

图7-1　例7-1的运行结果

图 7-1 中，控制台输出了 span 元素的父元素 h1，说明通过 parentNode 属性可以获取当前节点的父节点。

2. 获取子节点

在 DOM 中，用来获取子节点的属性有很多，可以结合子节点的特征进行获取，例如，获取首个子节点、获取最后一个子节点等。获取子节点的常用属性如表 7-2 所示。

表 7-2　获取子节点的常用属性

属性	说明
firstChild	获取当前节点的首个子节点
lastChild	获取当前节点的最后一个子节点
firstElementChild	获取当前节点的首个子元素节点
lastElementChild	获取当前节点的最后一个子元素节点
children	获取当前节点的所有子元素节点集合
childNodes	获取当前节点的所有子节点集合

表 7-2 中的 childNodes 属性存在浏览器兼容问题，在 IE 6～IE 8 中不会获取文本节点，在 IE 9 及以上版本和主流浏览器中则可以获取文本节点。

初步了解获取子节点的常用属性后，下面通过案例进行演示。页面中有一个 ul 无序列表，根据子节点的特征，采用不同的属性获取子节点，具体代码如例 7-2 所示。

例 7-2　Example02.html

```
1  <body>
2    <ul>
3      <li>我是 li 中的文本 1</li>
4      <li>我是 li 中的文本 2</li>
5      <li>我是 li 中的文本 3</li>
6    </ul>
7    <script>
8    var ul = document.querySelector('ul');
9    // 获取当前节点的首个子节点
10   console.log(ul.firstChild);
11   // 获取当前节点的首个子元素节点
12   console.log(ul.firstElementChild);
13   // 获取当前节点的所有子节点的集合
14   console.log(ul.childNodes);
15   // 获取当前节点的所有子元素节点的集合
16   console.log(ul.children);
17   </script>
18 </body>
```

例 7-2 中，第 2～6 行代码定义了一个 ul 无序列表；第 8 行代码用于获取 ul 元素；第 9～16 行代码通过不同的属性获取子节点。

保存代码，在浏览器中进行测试。打开开发者工具，进入控制台，例 7-2 的运行结果如图 7-2 所示。

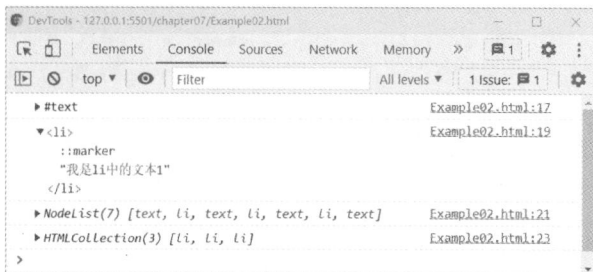

图 7-2　例 7-2 的运行结果

图 7-2 中，控制台输出了 4 部分内容，第 1 部分输出的是 ul 元素中的首个子节点，即<ul>标签与第 1 个<li>标签之间的文本；第 2 部分输出的是 ul 元素中的首个子元素节点，即第 1 个 li 元素节点；第 3 部分输

出的是 ul 元素中的所有子节点，即 ul 元素中所有的 li 元素以及文本节点；第 4 部分输出的是 ul 元素中的所有子元素节点，即 ul 元素中的 3 个 li 元素节点。

3. 获取兄弟节点

在 DOM 中，可以使用 previousSibling 属性和 nextSibling 属性获取当前节点的上一个兄弟节点和下一个兄弟节点，进而获取到元素节点、文本节点等内容。若没有兄弟节点，就返回 null。

如果想要获得兄弟元素节点，则可以使用 nextElementSibling 属性返回当前元素的下一个兄弟元素节点，使用 previousElementSibling 属性返回当前元素的上一个兄弟元素节点。如果没有兄弟元素节点，则返回 null。要注意的是，这两个属性有浏览器兼容性问题，IE 9 以下版本不支持。

初步了解 4 种属性后，下面结合案例讲解这 4 种属性的使用方式。在页面中定义 3 个 div 元素，获取第 2 个 div 元素的兄弟节点和兄弟元素节点，具体代码如例 7-3 所示。

例 7-3 Example03.html

```
1  <body>
2    <div>第一个</div>
3    <div class="second">第二个</div>
4    <div>第三个</div>
5    <script>
6      var second = document.querySelector('.second');
7      // 获取当前节点的上一个兄弟节点
8      console.log(second.previousSibling);
9      // 获取当前节点的下一个兄弟节点
10     console.log(second.nextSibling);
11     // 获取当前节点的上一个兄弟元素节点
12     console.log(second.previousElementSibling);
13     // 获取当前节点的下一个兄弟元素节点
14     console.log(second.nextElementSibling);
15   </script>
16 </body>
```

例 7-3 中，第 2～4 行代码定义了 3 个 div 元素；第 6 行代码获取第 2 个 div 元素；第 7～10 行代码通过 previousSibling 属性和 nextSibling 属性分别获取当前 div 元素的上一个兄弟节点和下一个兄弟节点；第 11～14 行代码通过 previousElementSibling 属性和 nextElementSibling 属性分别获取当前 div 元素的上一个兄弟元素节点和下一个兄弟元素节点。

保存代码，在浏览器中进行测试。打开开发者工具，进入控制台，例 7-3 的运行结果如图 7-3 所示。

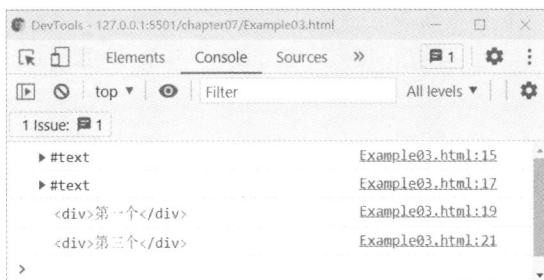

图7-3 例7-3的运行结果

图 7-3 中，控制台输出了 4 部分内容，第 1 部分和第 2 部分输出当前 div 元素的上一个兄弟节点和下一个兄弟节点，因为当前 div 元素的前后为空格和换行，所以其兄弟节点为文本节点，控制台输出的内容为"#text"；第 3 部分和第 4 部分输出当前 div 元素的上一个兄弟元素节点和下一个兄弟元素节点。

▌▌▌ **多学一招：兼容获取兄弟元素节点的属性**

为了解决 nextElementSibling 属性和 previousElementSibling 属性的浏览器兼容问题，在实际开发中可以使用封装函数的方式解决兼容问题，以 nextElementSibling 属性为例，示例代码如下。

```
1 function getNextElementSibling(element) {
2   var el = element;
3   while (el = el.nextSibling) {
4     if (el.nodeType === Node.ELEMENT_NODE) {
5       return el;
6     }
7   }
8   return null;
9 }
10 var div = document.querySelector('div');
11 console.log(getNextElementSibling(div));
```

上述代码中，第 1 行代码定义了 getNextElementSibling()函数，参数为 element，表示元素节点；第 10 行代码获取 div 元素；第 11 行代码调用 getNextElementSibling()函数查找 div 的下一个元素节点并输出到控制台。在 while 循环中，通过 if 语句判断 el 的节点类型，如果 nodeType 属性值等于 Node.ELEMENT_NODE，表示 el 的节点类型为元素节点，返回查找结果。

7.2.2　创建并添加节点

在开发过程中，有时需要创建一个新节点并添加到文档中。例如，在"百度"搜索引擎中进行搜索后，搜索框下方的搜索历史记录列表中会增加一个新历史记录，这个新历史记录可以通过创建并添加节点实现。接下来，本节针对节点的创建与添加进行讲解。

1. 创建节点

在 DOM 中，节点有很多种类型，而元素节点是常用的节点，因此下面讲解如何创建元素节点。使用 document 对象的 createElement()方法可以创建元素节点，因为该方法创建的节点是页面中原本不存在的，所以这种方式也称为动态创建节点。

createElement()方法在使用时，只需将标签名作为参数传入即可，语法格式如下。

```
document.createElement('标签名');
```

接下来通过代码演示节点的创建。

```
var div = document.createElement('div');
console.log(div);    // 结果为: <div></div>
```

上述代码中，通过 createElement()方法创建了一个 div 元素节点，并通过 console.log()将创建的节点输出，输出的结果为"<div></div>"。

2. 添加节点

节点创建后，我们需要根据实际的开发需求将节点添加到文档中的指定位置。DOM 中提供了 appendChild()方法和 insertBefore()方法用于添加节点，这两种方法都由父节点的对象调用。appendChild() 表示将一个节点添加到父节点的所有子节点的末尾。insertBefore()方法表示将一个节点添加到父节点中的指定子节点的前面，该方法需要接收两个参数，第 1 个参数表示要添加的节点，第 2 个参数表示父节点中的指定子节点。

初步了解两种方法后，下面通过案例演示两种方法的使用。在页面中定义一个无序列表，通过单击不同按钮在列表的不同位置添加 div 元素节点，具体代码如例 7-4 所示。

例 7-4　Example04.html

```
1  <body>
2    <ul>
3      <li>第一个 li 元素</li>
4      <li>第二个 li 元素</li>
5    </ul>
6    <button>appendChild()方法</button>
7    <button>insertBefore()方法</button>
8    <script>
9      var ul = document.querySelector('ul');
10     var btn = document.querySelectorAll('button');
11     btn[0].onclick = function () {
12       var li = document.createElement('li');
13       li.innerHTML = '通过 appendChild()方法新添加的节点';
14       ul.appendChild(div);
15     };
16     btn[1].onclick = function () {
17       var li = document.createElement('li');
18       li.innerHTML = '通过 insertBefore()方法新添加的节点';
19       ul.insertBefore(li, ul.children[1]);
20     };
21   </script>
22 </body>
```

例 7-4 中，第 2~5 行代码定义了一个 ul 无序列表；第 6~7 行代码定义两个按钮，其中，第 1 个按钮通过 appendChild()方法添加节点，第 2 个按钮通过 insertBefore()方法添加节点；第 9~10 行代码获取 ul 元素和按钮元素；第 11~15 行代码为第 1 个按钮注册单击事件，在事件处理函数中创建一个 li 元素节点，然后通过 appendChild()方法为 ul 元素添加子节点；第 16~20 行代码为第 2 个按钮注册单击事件，在事件处理函数中创建一个 li 元素节点，然后通过 insertBefore()方法为 ul 元素添加子节点。

保存代码，在浏览器中进行测试，分别单击两个按钮。例 7-4 的运行结果如图 7-4 所示。

图7-4　例7-4的运行结果

图 7-4 中，浏览器展示了单击两个按钮后的结果。单击"appendChild()方法"按钮，在 ul 元素中子节点列表的末尾添加节点；单击"insertBefore()方法"按钮，在 ul 元素中第 2 个子元素节点前添加节点，说明通过 appendChild()方法和 insertBefore()方法将节点添加到了指定位置。

7.2.3　移除节点

开发过程中，根据实际需求，有时需要对节点进行移除操作。在 DOM 中，可以通过 removeChild()方法将一个父节点的指定子节点移除，语法格式如下。

```
node.removeChild(child)
```

上述代码中，node 表示父节点，child 表示 node 中需要被移除的子节点。

初步了解该方法后，下面通过案例演示该方法的使用。通过 removeChild()方法移除页面中的指定节点，具体代码如例 7-5 所示。

例 7-5　Example05.html

```
1  <body>
2    <ul>
3      <li>第一个 li 元素</li>
4      <li>第二个 li 元素</li>
5    </ul>
6    <button>移除 ul 元素中的第 2 个 li 元素节点</button>
7    <script>
8      var ul = document.querySelector('ul');
9      var btn = document.querySelector('button');
10     btn.onclick = function () {
11       ul.removeChild(ul.children[1]);
12     };
13   </script>
14 </body>
```

例 7-5 中，第 2~5 行代码定义一个 ul 无序列表；第 6 行代码定义一个按钮元素，通过单击按钮可以移除 ul 元素的第 2 个子元素节点；第 8~9 行代码分别获取 ul 元素和按钮元素；第 10~12 行代码为按钮元素注册单击事件，并在对应的事件处理函数中通过 removeChild() 方法为 ul 元素移除第 2 个子元素节点。

保存代码，在浏览器中进行测试。单击按钮后，结果如图 7-5 所示。

图 7-5　单击按钮的运行结果

图 7-5 中，浏览器展示了单击按钮的结果。通过单击按钮可以移除 ul 元素的第 2 个子元素节点，说明通过 removeChild() 方法成功移除了父节点的指定子节点。

7.2.4　【案例】简易留言板

通过 7.2.1 小节~7.2.3 小节的学习，我们掌握了节点的相关操作。接下来，通过简易留言板的案例帮助大家对节点操作进行综合练习。该留言板具有发表留言和展示留言的功能，并且可以对展示的留言进行删除。下面对简易留言板案例的实现进行详细讲解。

1. 搭建页面结构

留言板由展示区和发布区两部分区域组成。展示区由 ul 无序列表搭建而成，用来展示发布的留言，默认情况下展示区的内容为空。发布区由文本域和按钮元素搭建而成，用于发布留言。通过单击按钮可以将文本域中编辑好的内容发布到展示区中。

编写代码完成页面结构的搭建，具体代码如例 7-6 所示。

例 7-6　Example06.html

```
1  <head>
2    <link rel="stylesheet" href="message.css">
3  </head>
4  <body>
5    <div>
```

```
6        <h1>留言板</h1>
7        <ul></ul>
8        <textarea placeholder="请编辑您的留言"></textarea>
9        <button class="sub">发布</button>
10     </div>
11 </body>
```

例7-6中，第2行代码引入了页面样式文件，该文件可以从本书配套源代码获取；第7行代码定义了一个空的ul无序列表，用来展示发布的留言；第8~9行代码定义了文本域和按钮，用来编辑和发布留言。

保存代码，在浏览器中进行测试。例7-6的运行结果如图7-6所示。

图7-6　例7-6的运行结果

图7-6中，浏览器展示了留言板的整体效果。留言板中的虚线框为展示区，实线框为文本域，通过单击"发布"按钮可以将文本域中编辑的内容发布到展示区。

2. 实现单击"发布"按钮发表留言的功能

首先需要获取元素，并为获取的按钮元素注册单击事件，然后在对应的事件处理函数中创建li元素节点，将文本域中的文本设置为li元素节点的元素内容，最后将li元素节点添加到ul元素的子节点列表中。为了提高用户体验，当用户单击"发布"按钮后，如果文本域中的内容为空，需要弹出一个内容为"您没有输入内容"的警告框。

接下来，在例7-6的第8行代码前添加如下代码。

```
1  <script>
2    // 获取元素
3    var btn = document.querySelector('.sub');
4    var text = document.querySelector('textarea');
5    var ul = document.querySelector('ul');
6    // 注册事件
7    btn.onclick = function () {
8      if (text.value == '') {
9        alert('您没有输入内容');
10       return false;
11     } else {
12       // 创建 li 元素节点
13       var li = document.createElement('li');
14       li.innerHTML = text.value;
15       // 在 ul 元素中添加节点
16       ul.insertBefore(li, ul.children[0]);
17       // 将文本域中的内容清空
```

```
18        text.value = '';
19      }
20    };
21 </script>
```

上述代码中，第 3~5 行代码分别获取按钮元素、文本域元素、ul 元素。第 7~20 行代码为获取的按钮元素注册单击事件，其中第 8~19 行代码通过 if...else 语句判断文本域是否为空，如果为空，则用 alert() 弹出内容为"您没有输入内容"的警告框；如果内容不为空，则通过 createElement() 方法创建 li 元素节点，并通过 innerHTML 属性将文本域中的文本添加到 li 元素内容中，然后通过 insertBefore() 方法将 li 元素添加到 ul 元素中，最后第 18 行代码用于当留言成功发布后将文本域中的内容清空。

保存代码，在浏览器中进行测试。在文本域中编辑文本，然后单击"发送"按钮。发送两条留言后，运行结果如图 7-7 所示。

图7-7　发送留言的运行结果

图 7-7 中，留言板的展示区展示了用户在文本域中填写的留言，这说明通过操作元素节点实现了单击"发布"按钮添加留言的功能。

3. 实现留言删除功能

为展示区中的留言添加删除按钮。在例 7-6 已添加过代码的文件中找到创建 li 元素节点后设置 li 内容的一行代码"li.innerHTML = text.value;"，在其下方添加如下代码。

```
1 var button = document.createElement('button');
2 button.className = 'remove';
3 button.innerHTML = '删除';
4 button.onclick = function () {
5   ul.removeChild(this.parentNode);
6 };
7 li.appendChild(button);
```

上述代码实现了创建一个按钮，给按钮设置类名为 remove，内容为"删除"，然后注册单击事件，实现单击按钮后删除该按钮所在的 li 元素。第 7 行代码将按钮作为子元素添加到 li 元素中。

保存代码，在浏览器中进行测试。连续发送两条留言，然后单击第一条留言条中的"删除"按钮，运行结果如图 7-8 所示。

图 7-8 中，留言板的展示区中只有第二条留言，第一条留言被删除了，说明通过删除节点的方式实现了留言删除的功能。

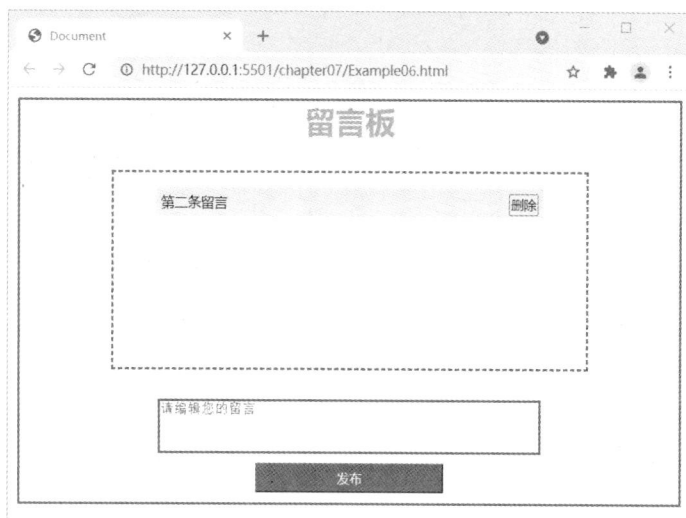

图7-8　留言删除功能的运行结果

7.2.5　复制节点

开发过程中，有时会用到多个相同的节点，在这种情况下，连续创建相同的节点是一件烦琐的事情，此时可以使用 DOM 提供的 cloneNode() 方法复制节点。

通过一个节点对象调用 cloneNode() 方法后，该方法会返回节点对象的副本，该方法的第 1 个参数为可选参数，默认为 false，表示只复制节点本身，不复制节点内部的子节点，如果设为 true，则表示复制节点本身及里面所有的子节点。

初步了解 cloneNode() 方法后，下面通过案例讲解该方法的使用。在页面中搭建一个用于展示水果的无序列表，通过单击按钮将列表中的第 1 个元素节点复制到新的无序列表中。具体代码如例 7-7 所示。

例 7-7　Example07.html

```
1  <body>
2    <ul id="myList"><li>苹果</li><li>橙子</li><li>橘子</li></ul>
3    <ul id="op"></ul>
4    <button>点我</button>
5    <script>
6      var btn = document.querySelector('button');
7      btn.onclick = function () {
8        var item = document.getElementById('myList').firstChild;
9        var cloneItem = item.cloneNode(true);
10       document.getElementById('op').appendChild(cloneItem);
11     };
12   </script>
13 </body>
```

例 7-7 中，第 2 行代码定义了一个 ul 无序列表，用来展示水果；第 3 行代码定义了一个空的无序列表，用来将复制的节点添加到此处；第 4 行代码定义了一个按钮；第 6 行代码用来获取按钮；第 7～11 行代码为获取的按钮注册单击事件，并在对应的事件处理函数中实现复制节点的相关逻辑，其中，第 8 行代码获取 ul 元素，并通过 firstChild 属性获取 ul 元素中的第 1 个子节点，第 9 行代码通过 cloneNode() 方法复制 item，第 10 行代码通过 appendChild() 方法将复制的节点添加到新的 ul 无序列表中。

保存代码，在浏览器中进行测试。单击"点我"按钮后，例 7-7 的运行结果如图 7-9 所示。

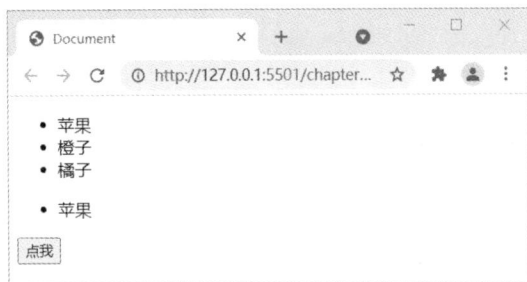

图7-9　例7-7的运行结果

图 7-9 中，浏览器展示了单击按钮后的效果。单击按钮后，水果列表中的第一个 li 元素节点被复制到新的列表中，说明通过 cloneNode()方法实现了节点的复制。

7.3　事件进阶

在第 6 章中，我们讲解了事件的概念以及事件的 3 个要素，使大家对事件有了初步的认识。接下来，我们继续讲解事件的进阶内容，包括事件监听、事件移除和 DOM 事件流。

7.3.1　事件监听

通过事件属性的方式注册事件时，一个事件类型只能注册一个事件处理函数。而在 JavaScript 中还有一种为元素注册事件的方式，就是事件监听，通过事件监听可以给一个事件类型注册多个事件处理函数。

事件监听存在浏览器兼容问题。以下将浏览器分为两大类，一类是早期版本 IE 浏览器（IE 6～IE 8），另一类是新版浏览器（如 IE 9 及之后的版本、Firefox、Chrome 等）。

在早期版本 IE 浏览器中，事件监听的语法格式如下。

```
对象.attachEvent(type, callback);
```

在上述语法格式中，attachEvent()方法可以为对象添加事件监听，该方法可以接收两个参数，第 1 个参数 type 表示为对象注册的事件类型，带有 on 前缀，如 onclick；第 2 个参数 callback 表示事件处理函数。

在新版浏览器中，事件监听的语法格式如下。

```
对象.addEventListener(type, callback, [capture]);
```

上述语法格式中，addEventListener()方法可以为对象添加事件监听，该方法可以接收 3 个参数，第 1 个参数 type 表示事件类型，不带 on 前缀；第 2 个参数 callback 表示事件处理函数；第 3 个参数 capture 可选，默认值为 false，表示在事件冒泡阶段完成事件处理，将其设置为 true 时，表示在事件捕获阶段完成事件处理。关于冒泡和捕获的相关内容，会在 7.3.3 小节中具体讲解。

通过事件监听的方式添加的多个事件处理函数是具有触发顺序的，并且不同浏览器的触发顺序不同。下面通过代码进行演示。早期版本 IE 浏览器的示例代码如例 7-8 所示。

例 7-8　Example08.html

```
1  <div id="t">test</div>
2  <script>
3    var obj = document.getElementById('t');
4    // 添加第 1 个事件处理函数
5    obj.attachEvent('onclick', function () {
6      console.log('one');
```

```
7      });
8      // 添加第2个事件处理函数
9      obj.attachEvent('onclick', function () {
10       console.log('two');
11     });
12 </script>
```

例7-8中，第5～7行代码通过attachEvent()方法为元素注册单击事件并添加第1个事件处理函数，该事件处理函数触发后会在控制台输出"one"；第9～11行代码为获取的元素注册单击事件并添加第2个事件处理函数，该事件处理函数触发后会在控制台输出"two"。

保存代码，在IE浏览器中测试。我们使用IE 11浏览器提供的模拟IE 8的功能来查看上述代码在IE 8中的运行结果，如图7-10所示。

图7-10中，控制台输出结果依次为"two"和"one"，说明IE 8浏览器中事件处理函数按照添加的顺序倒序执行。

接下来演示Chrome浏览器的运行结果。Chrome浏览器的示例代码如例7-9所示。

例7-9　Example09.html

```
1 <div id="t">test</div>
2 <script>
3   var obj = document.getElementById('t');
4   // 添加第1个事件处理函数
5   obj.addEventListener('click', function () {
6     console.log('one');
7   });
8   // 添加第2个事件处理函数
9   obj.addEventListener('click', function () {
10    console.log('two');
11  });
12 </script>
```

例7-9中，第5～7行代码通过addEventListener()方法为元素注册单击事件并添加第1个事件处理函数，该事件处理函数触发后会在控制台输出"one"；第 9～11 行代码为获取的元素注册单击事件并添加第 2 个事件处理函数，该事件处理函数触发后会在控制台输出"two"。

保存代码，Chrome中的运行结果如图7-11所示。

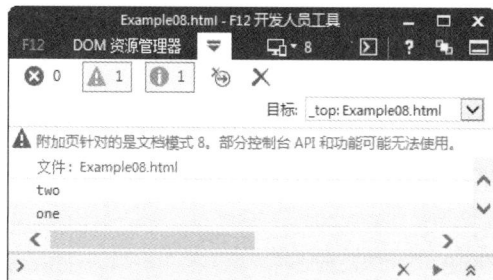

图7-10　模拟IE 8的运行结果

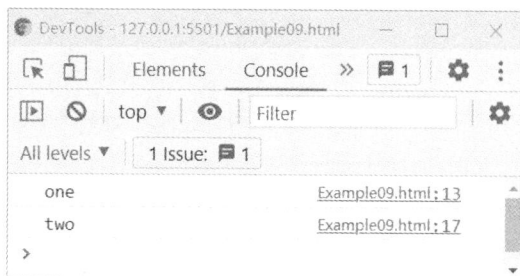

图7-11　Chrome中的运行结果

图 7-11 中，控制台输出结果依次为"one"和"two"，说明 Chrome 浏览器中事件处理函数按照添加的顺序正序执行。

7.3.2　事件移除

在开发过程中，可以根据需求对页面中的事件进行移除。例如，页面中的抽奖按钮，当鼠标单击的次数达到抽奖的上限值时，抽奖按钮不再生效，此时就可以将抽奖按钮的单击事件移除。不同方式注册的事件移除方式不同，并且需要考虑兼容性问题。

移除事件属性方式注册的事件，语法格式如下。

```
对象.onclick = null;
```

上述语法格式中，通过将 onclick 事件属性设置为 null 即可移除事件。

移除事件监听方式注册的事件，语法格式如下。

```
对象.detachEvent(type, callback);              // 早期版本 IE 浏览器
对象.removeEventListener(type, callback);      // 新版浏览器
```

上述语法格式中，type 表示要移除的事件类型（与添加事件监听时一致），callback 表示事件处理函数，且该 callback 必须与注册时的事件处理函数是同一个函数。

下面演示事件的监听和移除，具体代码如例 7-10 所示。

例 7-10　Example10.html

```
1  <div id="t">test</div>
2  <script>
3   var obj = document.getElementById('t');
4   // 定义事件处理函数
5   function test() {
6     console.log('test');
7   }
8   // obj.attachEvent('onclick', test);       // 事件监听（早期版本 IE 浏览器）
9   // obj.detachEvent('onclick', test);       // 事件移除（早期版本 IE 浏览器）
10  obj.addEventListener('click', test);       // 事件监听（新版浏览器）
11  obj.removeEventListener('click', test);    // 事件移除（新版浏览器）
12 </script>
```

例 7-10 中，第 11 行代码用于在新版浏览器中进行事件移除。读者也可以将第 8～9 行代码取消注释并将第 10～11 行代码注释，从而在早期版本 IE 浏览器中进行事件移除。

保存代码，在浏览器中进行测试。单击页面中的"test"文本，控制台没有输出"test"，说明事件已经被移除。

7.3.3　DOM 事件流

假如页面中有一个父 div 元素嵌套子 div 元素的结构，并且父 div 元素和子 div 元素都有单击事件，当用户单击子 div 元素后，父 div 元素的单击事件会被触发吗？如果会触发，那么父 div 元素的单击事件和子 div 元素的单击事件触发的先后顺序是怎样的呢？如果我们在 Chrome 浏览器中通过代码进行测试，会发现子 div 元素的单击事件先触发，父 div 元素的单击事件后触发。那么，为什么浏览器会这样处理呢？这其实和 DOM 事件流有关。

当事件发生时，事件会在发生事件的目标节点与 DOM 树根节点之间按照特定的顺序进行传播，这个事件传播的过程就是事件流。

事件流分为事件捕获和事件冒泡两种。事件捕获是由网景公司的团队提出的，指的是事件流传播的顺序应该是从 DOM 树的根节点一直到发生事件的节点；事件冒泡是由微软公司的团队提出的，指的是事件流传播的顺序应该是从发生事件的节点到 DOM 树的根节点。

W3C 对网景公司和微软公司提出的方案进行了中和处理，将 DOM 事件流分为 3 个阶段，具体如下。

- 事件捕获阶段：事件从 document 节点自上而下向目标节点传播的阶段。
- 事件目标阶段：事件流到达目标节点后，执行相应的事件处理函数的阶段。
- 事件冒泡阶段：事件从目标节点自下而上向 document 节点传播的阶段。

当事件发生后，浏览器首先进行事件捕获，但不会对事件进行处理；然后进入事件目标阶段，执行目标节点的事件驱动程序；最后实现事件的冒泡，逐级对事件进行处理。

下面以一个包含 div 元素的页面为例，演示事件流的具体过程，如图 7-12 所示。

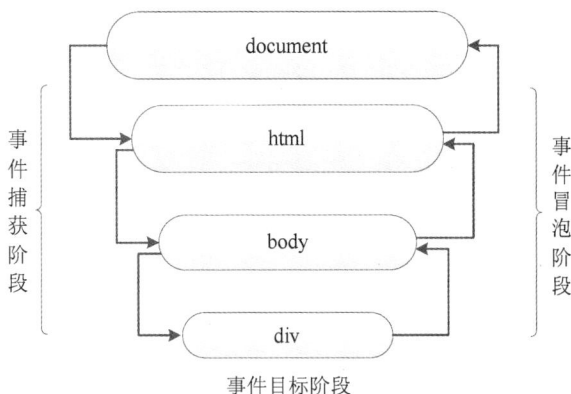

图7-12　事件流的具体过程

图 7-12 中，当 div 元素上注册的事件被触发后，首先会进入事件捕获阶段，按照从 document 节点到 div 元素的顺序逐层传播；然后进入事件目标阶段，执行事件目标节点的事件处理函数；最后进入事件冒泡阶段，按照从 div 元素到 document 节点的顺序逐层处理注册的事件。

在 JavaScript 中，默认情况下事件处理函数是按照事件冒泡阶段的顺序执行的，也就是说，先执行目标节点的事件处理函数，再向上"冒泡"，执行父节点的事件处理函数。若要实现事件捕获，则需要将 addEventListener()方法的第 3 个参数设置为 true，表示在事件捕获阶段完成事件处理。

注意：

JavaScript 中事件的类型有很多，但不是所有的事件都能冒泡，如 blur 事件、focus 事件、mouseenter 事件、mouseleave 事件等不能冒泡。

7.4　事件对象

当一个事件被触发后，与该事件相关的一系列信息和数据的集合会被放入一个对象，这个对象称为事件对象。事件存在时，事件对象才会存在，它是 JavaScript 自动创建的。例如，鼠标单击的事件对象中，包含鼠标指针的坐标等相关信息；键盘按键的事件对象中，包含被按按键的键值等相关信息。本节将对事件对象进行详细讲解。

7.4.1　事件对象的使用

虽然所有浏览器都支持事件对象，但不同的浏览器获取事件对象的方式不同。在新版浏览器中，通过事件处理函数的参数即可获得事件对象；在早期版本的 IE 浏览器中，只能通过 window 对象获取事件对象，语法格式如下。

```
1  对象.事件属性 = function (event) {};        // 新版浏览器
2  var 事件对象 = window.event;               // 早期版本 IE 浏览器
```

上述语法格式中，第 1 行代码是新版浏览器中获取事件对象的方式，在事件被触发时会产生事件对象，然后 JavaScript 会将其以参数的形式传给事件处理函数，所以在事件处理函数中需要用一个形参来接收事件对象 event，参数名称可以随意设置；第 2 行代码是早期版本 IE 浏览器中获取事件对象的方式，通过 window.event 对象获取。

　　初步了解事件对象后，下面通过案例对事件对象的使用进行演示。在页面中放一个按钮，分别在早期版本的 IE 浏览器以及新版浏览器中单击按钮，获取单击该按钮的事件对象，具体代码如例 7-11 所示。

例 7-11　Example11.html

```html
1  <body>
2    <button id="btn">获取 event 事件对象</button>
3    <script>
4      var btn = document.getElementById('btn');
5      btn.onclick = function (e) {
6        var event = e || window.event;    // 获取事件对象的兼容处理
7        console.log(event);
8      };
9    </script>
10 </body>
```

　　例 7-11 中，第 4 行代码根据 id 属性获取按钮元素。第 5～8 行代码为获取的按钮元素注册单击事件，其中，事件处理函数中的形参 e 表示事件对象；第 6 行代码通过 "||" 运算符为获取的事件对象进行兼容处理，在新版浏览器中，e 为事件对象，在早期版本的 IE 浏览器中，e 为 undefined，需要通过 window.event 获取事件对象。

　　保存代码，在 Chrome 浏览器中进行测试，运行结果如图 7-13 所示。

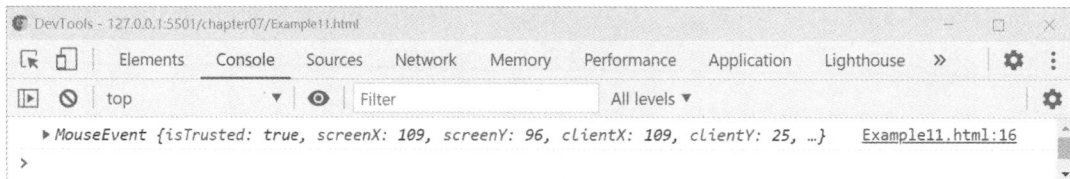

图7-13　Chrome中的运行结果

　　图 7-13 中，Chrome 浏览器的控制台输出了单击事件对象 MouseEvent，对象中包含鼠标指针的坐标等相关信息。

　　接下来，在 IE 11 浏览器的模拟 IE 8 模式下进行测试，运行结果如图 7-14 所示。

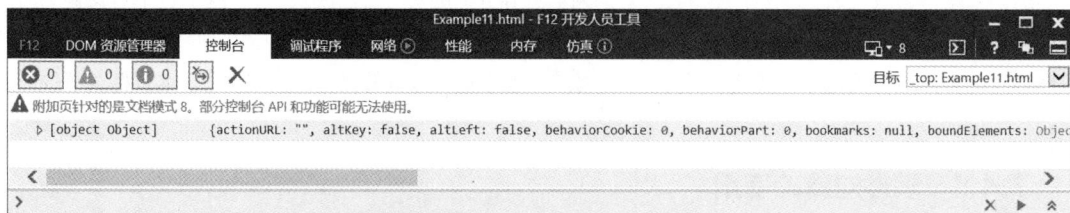

图7-14　模拟IE 8的运行结果

　　图 7-14 中，控制台中同样输出了事件对象。

7.4.2　事件对象的常用属性和方法

　　在事件发生后，通过事件对象的属性和方法可以获取触发事件的对象和事件类型等信息。事件对象的常用属性和方法如表 7-3 所示。

表 7-3　事件对象的常用属性和方法

属性/方法	说明	兼容浏览器
e.target	获取触发事件的对象	新版浏览器
e.srcElement	获取触发事件的对象	早期版本 IE 浏览器
e.type	获取事件的类型	所有浏览器
e.stopPropagation()	阻止事件冒泡	新版浏览器
e.cancelBubble	阻止事件冒泡	早期版本 IE 浏览器
e.preventDefault()	阻止默认事件（默认行为）	新版浏览器
e.returnValue	阻止默认事件（默认行为）	早期版本 IE 浏览器

从表 7-3 可以看出，由于浏览器的兼容问题，不同类型的浏览器会采用不同的属性和方法完成相同的功能，例如，对于获取触发事件的对象来说，新版浏览器通过事件对象的 target 属性获取，而 IE 6～IE 8 浏览器通过事件对象的 srcElement 属性获取。type 属性是新版浏览器和早期版本 IE 浏览器中都能使用的属性，通过该属性可以获取事件类型，如 click、mouseover 等，返回结果中不带 on 前缀。

了解事件对象常用的属性和方法后，下面我们针对一些常见的使用场景进行讲解。

1. 获取触发事件的对象

在前面的内容中，我们在事件处理函数的内部使用 this 获取当前触发事件的对象。除了这种方式，还可以用 e.target 获取（早期版本 IE 浏览器需要用 e.srcElement）。通常情况下，这两种方式返回的对象是同一个对象。下面进行代码演示，为一个内容为"单击"的 div 元素注册单击事件，然后获取触发事件的对象，示例代码如下。

```
1  div.onclick = function (e) {
2    var e = e || window.event;
3    var target = e.target || e.srcElement;
4    console.log(target);     // 结果为：<div>单击</div>
5    console.log(this);       // 结果为：<div>单击</div>
6  };
```

上述代码中，第 2～3 行代码分别获取事件对象和触发事件的对象，并完成兼容处理；第 4 行代码输出触发事件的对象，因为该事件是通过单击 div 元素触发的，所以结果为"<div>单击</div>"；第 5 行代码输出 this 对象，结果同样是"<div>单击</div>"。

2. 阻止默认行为

在 HTML 中，有些元素自身拥有一些默认行为。例如，使用<a>标签创建的超链接被单击时，浏览器会自动跳转到 href 属性设置的 URL 地址；单击表单的提交（submit）按钮后，浏览器会自动将表单数据提交到指定的服务器处理。

在实际开发中，有时需要阻止元素的默认行为，例如，在表单验证时发现表单填写有误，需要阻止表单提交。在事件处理函数中，阻止默认行为可以通过 return false 来实现，除此之外，还可以通过事件对象的 preventDefault() 方法实现。需要注意的是，只有事件对象的 cancelable 属性设置为 true，才可以使用 preventDefault() 方法阻止其默认行为。cancelable 属性的含义为"事件是否可取消"。早期版本 IE 浏览器不支持 preventDefault() 方法，需要通过将 e.returnValue 设置为 false 来实现阻止默认行为。

下面我们以阻止<a>标签的默认行为为例进行演示，示例代码如下。

```
1  var a = document.querySelector('a');
2  a.onclick = function (e) {
3    var e = e || window.event;
```

```
4    e.preventDefault();                    // 在新版浏览器中阻止默认行为
5    e.returnValue = false;                 // 在早期版本 IE 浏览器中阻止默认行为
6  };
```

上述代码中，第 1 行代码获取 a 元素；第 3 行代码为获取事件对象做兼容处理；第 4~5 行代码用于阻止默认行为。

3. 阻止事件冒泡

对于一个注册了事件的元素来说，有时我们希望只有该元素触发事件，但因为事件冒泡的存在，该元素的子元素触发事件时会使该元素的事件被触发，并且该元素的父元素的事件也会被触发，这种现象与预期效果不一致，所以需要阻止事件冒泡。

事件对象的 stopPropagation()方法可以阻止事件冒泡行为。对于早期版本 IE 浏览器，应使用 cancelBubble 属性。为了解决浏览器兼容问题，可以用如下代码实现。

```
if (window.event) {
  window.event.cancelBubble = true;        // 早期版本 IE 浏览器
} else {
  e.stopPropagation();                     // 新版浏览器（e 是事件对象）
}
```

上述代码中，通过 if…else 语句来判断当前浏览器是否为早期版本 IE 浏览器，如果是，则利用 window 对象获取事件对象，并通过设置事件对象的 cancelBubble 属性阻止事件冒泡；如果不是，则利用事件对象 e 的 stopPropagation()方法阻止事件冒泡。

4. 事件委托

在生活中，快递派送时，为了提升派送效率，快递员会把快递存放到相关代收机构，然后让客户自行领取，这种处理方式可称为委托。事件委托（或称为事件代理）也是如此，其原理是将子节点对应的事件注册给父节点，然后利用事件冒泡的原理影响到每个子节点。当子节点触发事件时，会执行注册在父节点上的事件。这样做的优点在于，不需要为每个子节点注册事件，而是只给父节点注册事件，当父节点动态添加子节点时，新添加的子节点也可以触发事件。需要说明的是，当多个子节点上的事件类型以及事件处理函数相同时，才适合使用事件委托。

初步了解事件委托后，下面通过案例演示事件委托的使用。在页面中定义一个 ul 无序列表，实现当使用鼠标单击列表中的一项时，让该项的背景颜色发生变化，具体代码如例 7-12 所示。

例 7-12　Example12.html

```
1  <body>
2    <ul>
3      <li>我是第 1 个 li</li>
4      <li>我是第 2 个 li</li>
5      <li>我是第 3 个 li</li>
6      <li>我是第 4 个 li</li>
7      <li>我是第 5 个 li</li>
8    </ul>
9    <script>
10     var ul = document.querySelector('ul');
11     ul.addEventListener('click', function (e) {
12       e.target.style.backgroundColor = 'pink';
13     });
14   </script>
15 </body>
```

例 7-12 中，第 11~13 行代码为 ul 元素添加单击事件监听，其中，第 12 行代码通过事件对象 e 访问触发事件的 li 元素对象，并通过 style 属性将 li 元素对象的背景颜色设置为"pink"。

保存代码，在浏览器中进行测试，读者可以单击列表中的任意一项。下面以单击最后一项为例，例 7-12 的运行结果如图 7-15 所示。

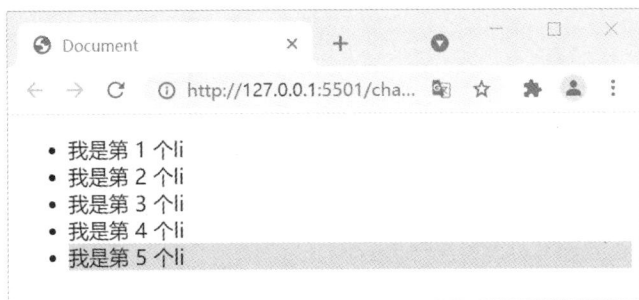

图7-15　例7-12的运行结果

图 7-15 中，被单击的列表项的背景颜色发生变化，说明通过事件委托成功实现了预期效果。

▊▊ 多学一招：禁用右键菜单和文本选中

在项目开发中，有时需要禁用右键菜单和文本选中。在 DOM 中，打开右键菜单时会触发 contextmenu 事件，开始选择文本时会触发 selectstart 事件，在事件处理函数中阻止默认行为，即可实现禁用的效果，示例代码如下。

```
1 document.addEventListener('contextmenu', function (e) {
2   e.preventDefault();
3 });
4 document.addEventListener('selectstart', function (e) {
5   e.preventDefault();
6 });
```

上述代码中，第 1～3 行代码用于禁用右键菜单，第 4～6 行代码用于禁用文本选中。

7.5　常用事件

JavaScript 中有许多常用的事件，这些事件包括焦点事件、鼠标事件、键盘事件和表单事件。本节将对常用事件进行详细讲解。

7.5.1　焦点事件

焦点事件包括获得焦点事件和失去焦点事件，常用于表单验证。例如，检测文本框是否失去焦点，如果失去焦点，则说明用户填写过文本框，需要验证用户填写的内容是否正确。常用的焦点事件如表 7-4 所示。

表 7-4　常用的焦点事件

事件名称	事件触发时机
focus	当获得焦点时触发（不会冒泡）
blur	当失去焦点时触发（不会冒泡）

初步了解焦点事件后，下面以验证用户名和密码是否为空的案例进行演示。在页面中创建一个表单，用于填写用户名和密码，然后注册失去焦点事件，在失去焦点时进行表单验证，具体如例 7-13 所示。

例 7-13　Example13.html

```
1  <head>
2    <link rel="stylesheet" href="login.css">
3  </head>
4  <body>
5    <div id="tips"></div>
6    <div class="box">
7      <label>用户名: <input id="user" type="text"></label>
8      <label>密 码: <input id="pwd" type="password"></label>
9      <button type="button">登录</button>
10   </div>
11   <script>
12     var tips = document.getElementById('tips');
13     document.getElementById('user').onblur = blur;
14     document.getElementById('pwd').onblur = blur;
15     // 失去焦点时执行的函数
16     function blur() {
17       if (this.value === '') {
18         tips.style.display = 'block';
19         tips.innerHTML = '注意: 输入内容不能为空! ';
20       } else {
21         tips.style.display = 'none';
22       }
23     }
24   </script>
25 </body>
```

例 7-13 中，第 2 行代码引入 CSS 样式文件，可以从本书配套源代码获取；第 5 行代码中的<div>标签用于显示错误提示信息，默认情况下隐藏，只有当文本框失去焦点并且未填写任何内容时显示；第 16~23 行代码是 blur()函数，用于在失去焦点时执行；第 17~22 行代码用于检测 this.value 值是否为空，若为空，则显示错误提示信息，否则隐藏提示信息框。

保存代码，在浏览器中测试。页面打开后，例 7-13 的运行结果如图 7-16 所示。

接下来，以验证密码框是否为空为例进行测试。当密码框为空且失去焦点时，运行结果如图 7-17 所示。

从图 7-17 可以看出，当密码框为空且失去焦点时，JavaScript 成功检测出了问题，并且显示了错误提示信息。

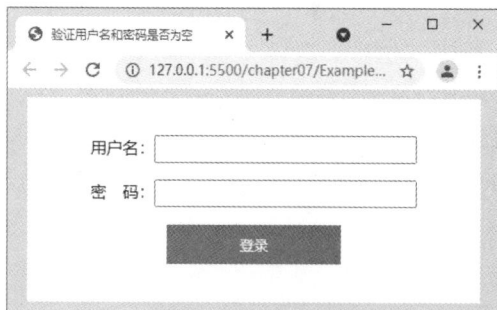

图7-16　例7-13的运行结果

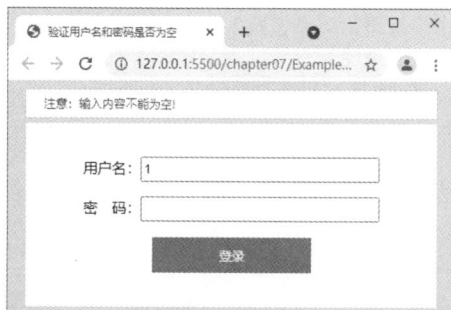

图7-17　当密码框为空且失去焦点时的运行结果

7.5.2　【案例】文本框内容的显示和隐藏

本案例需要实现为一个文本框添加提示文本，当单击文本框时，里面的默认提示文字会隐藏，当鼠标指针离开文本框时，里面的文字会显示出来。本案例的实现思路如下。

（1）为文本框元素注册获取焦点事件 focus 和失去焦点事件 blur。

（2）获取焦点时，判断文本框里面的内容是否为默认文字"手机"，如果是默认文字，就清空表单内容。

（3）失去焦点时，判断文本框里面的内容是否为空，如果为空，则将表单里面的内容改为默认文字"手机"。

文本框内容显示的效果如图 7-18 所示。

文本框内容隐藏的效果如图 7-19 所示。

图7-18　文本框内容显示的效果　　　　图7-19　文本框内容隐藏的效果

通过以上分析了解了案例的具体需求，接下来进行代码实现。案例代码如例 7-14 所示。

例 7-14　Example14.html

```
1  <body>
2   <input type="text" value="手机" style="color:#999">
3   <script>
4    var text = document.querySelector('input');
5    text.onfocus = function () {   // 注册获得焦点事件 focus
6      if (this.value === '手机') {
7        this.value = '';
8      }
9      this.style.color = '#333';
10   };
11   text.onblur = function () {    // 注册失去焦点事件 blur
12     if (this.value === '') {
13       this.value = '手机';
14     }
15     this.style.color = '#999';   // 失去焦点需要把文本框里面的文字颜色变浅
16   };
17  </script>
18 </body>
```

例 7-14 中，第 2 行代码定义了一个 type 值为"text"、value 值为"手机"的 input 元素，并为其设置"#999"的颜色样式；第 4 行代码获取 input 元素；第 6~8 行代码使用 if 语句判断 input 元素的 value 值是否为"手机"，如果是，则将 value 值设置为空；第 12~14 行代码使用 if 语句判断 input 元素是否为空，如果是空，则将 value 值设置为"手机"。

保存代码，在浏览器中进行测试。例 7-14 的运行结果如图 7-20 所示。

图 7-20 的页面中展示了一个有文本提示的文本框，该文本框没有获得焦点。接下来单击文本框，运行结果如图 7-21 所示。

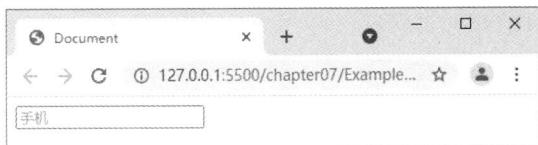

图7-20　例7-14的运行结果　　　　图7-21　单击文本框的运行结果

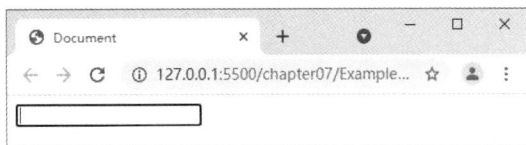

图 7-21 的页面中展示了单击文本框后的结果，此时文本框中获得了焦点，并且文字提示被隐藏，说明通过操作 input 元素对象的 value 属性成功控制了文本提示。

7.5.3　鼠标事件

鼠标事件是鼠标在页面中进行的一些操作所触发的事件，例如，鼠标单击、鼠标双击、鼠标指针进入、鼠标指针离开等事件。下面列举常用的鼠标事件，如表 7-5 所示。

表 7-5　常用的鼠标事件

事件名称	事件触发时机
click	当鼠标单击时触发
dblclick	当鼠标双击时触发
mouseover	当鼠标指针移入时触发（当前元素和其子元素都触发）
mouseout	当鼠标指针移出时触发（当前元素和其子元素都触发）
mouseenter	当鼠标指针移入时触发（子元素不触发）
mouseleave	当鼠标指针移出时触发（子元素不触发）
mousedown	当按任意鼠标按键时触发
mouseup	当释放任意鼠标按键时触发
mousemove	在元素内当鼠标指针移动时持续触发

表 7-5 中，mouseover/mouseout 比 mouseenter/mouseleave 优先触发。

初步了解鼠标事件后，下面通过案例进行演示。在一个展示金融信息的页面中，有一个统计债券相关数据的表格。当用户使用鼠标指针移入表格时，鼠标指针所在行的背景颜色会发生变化。接下来通过代码实现该效果，具体代码如例 7-15 所示。

例 7-15　Example15.html

```
1  <head>
2    <style>
3      .bg { background-color: pink; }
4    </style>
5  </head>
6  <body>
7    <table border="1">
8      <thead>
9        <tr>
10         <th>代码</th>
11         <th>名称</th>
12         <th>最新公布净值</th>
13         <th>累计净值</th>
14         <th>前单位净值</th>
15         <th>净值增长率</th>
16       </tr>
17     </thead>
18     <tbody>
19       <tr>
20         <td>0035**</td>
21         <td>3 个月定期开放债券</td>
22         <td>1.075</td>
23         <td>1.079</td>
24         <td>1.074</td>
25         <td>+0.047%</td>
```

```
26      </tr>
27      ...（此处请将 tr 复制 4 份）
28    </tbody>
29  </table>
30  <script>
31    var trs = document.querySelector('tbody').querySelectorAll('tr');
32    for (var i = 0; i < trs.length; i++) {
33      trs[i].onmouseover = function () {
34        this.className = 'bg';
35      };
36      trs[i].onmouseout = function () {
37        this.className = '';
38      };
39    }
40  </script>
41 </body>
```

例 7-15 中，第 3 行代码用来为元素设置背景颜色。第 7~29 行代码定义了一个统计债券相关数据的表格。第 32~39 行代码利用 for 语句来为 trs 中的每一个元素注册事件，当鼠标指针移入时将当前 tr 元素的类名设置为 bg，用于设置背景颜色；当鼠标指针移出时将当前 tr 元素的类名设置为空，从而去掉背景颜色。

保存代码，在浏览器中进行测试。将鼠标指针移入表格，例 7-15 的运行结果如图 7-22 所示。

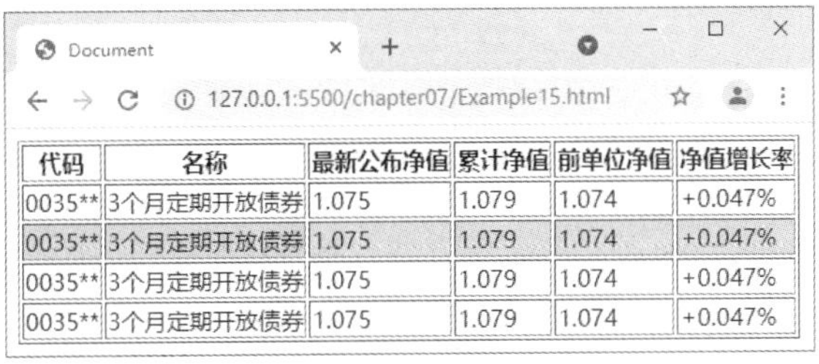

图7-22　例7-15的运行结果

图 7-22 中，鼠标指针移入的行改变了背景颜色，说明实现了目标效果。

7.5.4　【案例】下拉菜单

下拉菜单是网页中的常见结构之一，当鼠标指针移入下拉菜单中的某一项时，显示该项的子菜单；当鼠标指针移出所在项时，隐藏子菜单。本案例的具体实现步骤如下。

1. 编写页面布局

首先编写 HTML 代码搭建页面的整体布局。下拉菜单页面由 4 个菜单项以及 4 个对应的子菜单组成，默认情况下，所有子菜单都为隐藏状态。由于代码量过大，这里只展示关键部分，具体代码请参考本书配套的源代码。关键代码如例 7-16 所示。

例 7-16　Example16.html

```
1 <head>
2   <link rel="stylesheet" href="nav.css">
3 </head>
4 <body>
5   <ul class="nav">
6     <li>
7       <a href="#">微博</a>
8       <ul style="display:none">
```

```
9              <li><a href="#">私信</a></li>
10             <li><a href="#">评论</a></li>
11             <li><a href="#">@我</a></li>
12         </ul>
13     </li>
14     ……（此处省略 3 个 li 元素）
15   </ul>
16 </body>
```

例 7-16 中，第 2 行代码引入 CSS 样式文件，可以从本书配套源代码中获取；第 5～15 行代码搭建了一个下拉菜单；第 6～13 行代码搭建了下拉菜单中的第 1 项和子菜单，其中，第 7 行代码是下拉菜单中的第 1 项，第 8～12 行代码是子菜单，第 8 行代码通过 display:none 将子菜单设置为隐藏状态。

保存代码，在浏览器中进行测试。例 7-16 的运行结果如图 7-23 所示。

图7-23　例7-16的运行结果

图 7-23 展示了下拉菜单的 4 个菜单项，此时子菜单为隐藏状态。

2. 实现鼠标指针移入、移出的效果

首先需要获取元素节点，然后为获取的每个元素节点注册鼠标指针移入和移出事件，最后在事件处理函数中通过操作 style 属性设置子菜单的显示和隐藏。接下来，为例 7-16 添加如下代码。

```
1  <script>
2    var nav = document.querySelector('.nav');
3    var lis = nav.children;
4    for (var i = 0; i < lis.length; i++) {
5      lis[i].onmouseenter = function () {
6        this.children[1].style.display = 'block';
7      };
8      lis[i].onmouseleave = function () {
9        this.children[1].style.display = 'none';
10     };
11   }
12 </script>
```

上述代码中，第 2 行代码通过选择器获取类名为 nav 的 ul 元素；第 3 行代码通过 children 属性获取 ul 元素中的所有子元素节点的集合；第 4～11 行代码使用 for 语句为每个 li 元素注册鼠标指针移入和移出事件，其中，第 6 行代码通过操作 style 属性设置子菜单的显示效果，第 9 行代码通过操作 style 属性设置子菜单的隐藏效果。

保存代码，在浏览器中进行测试。将鼠标指针移入第 1 个菜单项，运行结果如图 7-24 所示。

图 7-24 中，浏览器展示了鼠标指针移入第 1 个菜单项的结果，此时该菜单项对应的子菜单显示，说明实现了鼠标指针移入效果。接下来，将鼠标指针移出第 1 个菜单项，运行结果如图 7-25 所示。

图 7-25 中，浏览器展示了鼠标指针移出第 1 个菜单项的结果，此时该菜单项对应的子菜单隐藏，说明实现了鼠标指针移出效果。

图7-24　鼠标指针移入的运行结果

图7-25　鼠标指针移出的运行结果

7.5.5　键盘事件

键盘事件是指用户按键盘上的按键时触发的事件。例如，用户按"Esc"键退出全屏，按"Enter"键换行等。下面列举常用的键盘事件，如表7-6所示。

表 7-6　常用的键盘事件

事件名称	事件触发时机
keypress	按键盘按键（Shift、Fn、CapsLock 等非字符键除外）时触发
keydown	按键盘按键时触发
keyup	键盘按键弹起时触发

键盘事件触发后，通过事件对象的 keyCode 属性可以获取键码，从而知道用户按的是哪个键。需要注意的是，keypress 事件获得的键码是 ASCII，keydown 和 keyup 事件获得的键码是虚拟键码。

虚拟键码 48～57 代表横排数字键 0～9，虚拟键码 65～90 代表字母键 A～Z，虚拟键码 13 代表"Enter"键，虚拟键码 27 代表"Esc"键，虚拟键码 32 代表"Space"键，虚拟键码 37～40 代表方向键左（←）、上（↑）、右（→）、下（↓）。其他按键读者可以通过查阅虚拟键码对照表找到对应的键码，这里不再详细列举。

初步了解键盘事件后，接下来通过案例进行演示。创建一个表单，表单中有 4 个文本框，当用户填写完成第 1 个文本框内容后，按"Enter"键可以自动跳转到第 2 个文本框。具体代码如例 7-17 所示。

例 7-17　Example17.html

```
1  <body>
2    <p>用户姓名：<input type="text"></p>
3    <p>电子邮箱：<input type="text"></p>
4    <p>手机号码：<input type="text"></p>
```

```
5    <p>个人描述: <input type="text"></p>
6    <script>
7     var inputs = document.getElementsByTagName('input');
8     for (var i = 0; i < inputs.length; ++i) {
9       inputs[i].onkeydown = next;
10    }
11    function next(e) {
12      // 判断按的按键是否为"Enter"键，"Enter"键的键码为 13
13      if (e.keyCode === 13) {
14        // 遍历所有 input 元素，找到当前 input 元素的索引
15        for (var i = 0; i < inputs.length; ++i) {
16          if (inputs[i] === this) {
17            // 计算下一个 input 元素的索引
18            var index = i + 1 >= inputs.length ? 0 : i + 1;
19            break;
20          }
21        }
22        // 如果下一个 input 元素还是文本框，则获取键盘焦点
23        if (inputs[index].type === 'text') {
24          inputs[index].focus();     // 触发 focus 事件
25        }
26      }
27    }
28   </script>
29 </body>
```

上述代码中，第 2～5 行代码定义 4 个文本框；第 8～10 行代码遍历文本框，为每个文本框注册 keydown 事件；第 11～27 行代码编写了事件处理函数，判断当前按的按键是否为"Enter"键，通过查阅虚拟键码对照表可知，"Enter"键的虚拟键码为 13，其中，第 15～21 行代码用于计算当前触发事件的文本框的索引，然后计算下一个文本框的索引，第 23～25 行代码用于使下一个文本框激活，从而获得键盘焦点。

保存代码，在浏览器中进行测试。单击第 1 个文本框，按"Enter"键，页面会自动跳转到第 2 个文本框。例 7-17 的运行结果如图 7-26 所示。

从图 7-26 可看出，第 2 个文本框获得了焦点，说明通过键盘事件成功完成了目标效果。

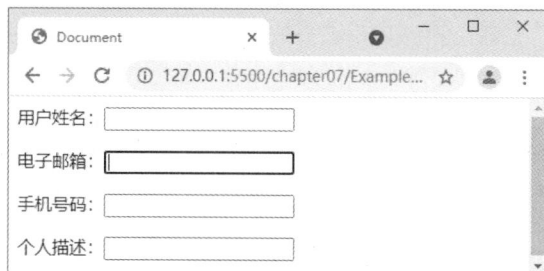

图7-26　例7-17的运行结果

7.5.6　表单事件

表单事件是指对表单操作时发生的事件。例如，单击表单提交按钮时，会触发表单提交事件；单击表单重置按钮时，会触发表单重置事件。常用的表单事件如表 7-7 所示。

表 7-7　常用的表单事件

事件名称	事件触发时机
submit	当表单提交时触发，用于<form>标签
reset	当表单重置时触发，用于<form>标签
change	当内容发生改变时触发，一般用于<input>、<select>、<textarea>标签

表 7-7 中，如果在 submit 和 reset 这两个事件的事件处理函数中执行"return false"，可以阻止表单的默

认行为。

初步了解表单事件后，下面进行案例演示。在页面中定义一个表单，用于填写用户名，以及一个"提交"按钮。表单提交时，判断用户名文本框内容是否为空，如果为空，则提示"请填写用户名!"并阻止表单提交。具体代码如例 7-18 所示。

例 7-18　Example18.html

```
1  <body>
2    <form id="form">
3      <label>用户名: <input id="user" type="text"></label>
4      <input type="submit" value="提交">
5    </form>
6    <script>
7      var form = document.getElementById('form');
8      var user = document.getElementById('user');
9      form.onsubmit = function () {
10       if (user.value == '') {
11         alert('请填写用户名! ');
12         return false;
13       }
14     };
15   </script>
16 </body>
```

例 7-18 中，第 2～5 行代码定义了一个含有文本框和提交按钮的表单；第 9～14 行用于为表单注册提交事件，判断用户名是否为空，如果为空，则提示"请填写用户名!"并阻止表单提交。

保存代码，在浏览器中进行测试。不填写用户名，直接单击"提交"按钮。例 7-18 的运行结果如图 7-27 所示。

从图 7-27 可以看出，页面弹出了警告框"请填写用户名!"，说明通过表单事件可以完成表单的验证操作。

图7-27　例7-18的运行结果

7.6　元素其他操作

7.6.1　获取元素的位置和大小

在开发中，有时需要获取元素的位置、大小等，可以通过元素的 offset 系列属性来获取。offset 的含义是偏移量，offset 系列属性如表 7-8 所示。

表 7-8　offset 系列属性

属性	说明
offsetParent	向上层查找最近的设置定位的父元素，或最近的 table、td、th、body 元素，返回找到的元素
offsetLeft	获取元素相对其 offsetParent 元素左边界的偏移量
offsetTop	获取元素相对其 offsetParent 元素上边界的偏移量
offsetWidth	获取元素（包括 padding、border 和内容区域）宽度
offsetHeight	获取元素（包括 padding、border 和内容区域）高度

　　表 7-8 中，offset 系列属性都是只读的，获取结果为数字型像素值。定位是指元素的样式中设置了 position。offsetParent 在查找父元素时，如果父元素没有设置定位，则继续向上层查找祖先元素。在 Chrome 浏览器中，如果一个元素被隐藏（display 为 none），或其祖先元素被隐藏，或元素的 position 被设置为 fixed，则 offsetParent 属性返回 null。

　　下面通过案例演示 offset 系列属性的使用。在页面中创建 div 嵌套结构，最外层 div 设置相对定位（relative），通过 JavaScript 获取最内层 div 的 offsetParent、offsetLeft 和 offsetWidth 属性值。具体代码如例 7-19 所示。

例 7-19　Example19.html

```
1  <head>
2    <style>
3      #a { position: relative; }
4      #b { margin-left: 5px; }
5      #c { width: 50px; height: 50px; background: pink; margin-left: 10px; }
6    </style>
7  </head>
8  <body>
9    <div id="a">
10     <div id="b">
11       <div id="c"></div>
12     </div>
13   </div>
14   <script>
15     var c = document.getElementById('c');
16     console.log(c.offsetParent);
17     console.log(c.offsetLeft);
18     console.log(c.offsetWidth);
19   </script>
20 </body>
```

　　例 7-19 中，第 3 行代码为 id 为 a 的 div 元素设置了相对定位，第 9～13 行代码定义了 div 嵌套结构。保存代码，在浏览器中进行测试。例 7-19 的运行结果如图 7-28 所示。

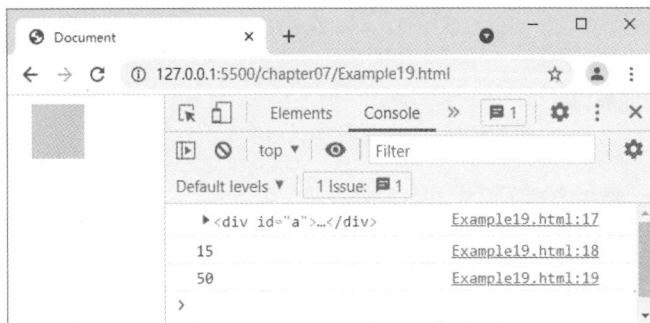

图 7-28　例 7-19 的运行结果

　　从图 7-28 可以看出，通过 offsetParent 属性获取了 id 为 a 的 div 元素，通过 offsetLeft 属性获取了 id 为 c 的 div 元素相对 id 为 a 的 div 元素左边界的偏移量，通过 offsetWidth 属性获取了元素的宽度。

7.6.2　获取元素的可视区域

　　通过 client 系列属性可以获取元素的可视区域。例如，可以获取元素的边框大小、元素大小等。client 系列属性如表 7-9 所示。

表 7-9　client 系列属性

属性	说明
clientLeft	获取元素左边框的大小
clientTop	获取元素上边框的大小
clientWidth	获取元素的宽度，包括 padding，不包括 border、margin 和垂直滚动条
clientHeight	获取元素的高度，包括 padding，不包括 border、margin 和水平滚动条

表 7-9 中，client 系列属性都是只读的，获取结果为数字型像素值。当内容区域超出容器大小时，clientWidth 和 clientHeight 属性仍然按照 CSS 中设置的宽度、高度和 padding 来计算。

初步了解 client 系列属性后，下面进行案例演示。在页面中创建一个 div 元素，我们给 div 元素填充内容，使其超出 div 元素的高度。然后获取 div 元素的 clientHeight、clientTop 和 clientLeft 属性值，具体代码如例 7-20 所示。

例 7-20　Example20.html

```
1  <head>
2    <style>
3      div { width: 200px; height: 200px; background-color: pink;
4        border: 10px solid red; }
5    </style>
6  </head>
7  <body>
8    <div>
9    我是内容我是内容我是内容我是内容我是内容我是内容我是内容我是内容我是内容
10   我是内容我是内容我是内容我是内容我是内容我是内容我是内容我是内容我是内容
11   我是内容我是内容我是内容我是内容我是内容我是内容我是内容我是内容我是内容
12   我是内容我是内容我是内容我是内容我是内容我是内容我是内容我是内容我是内容
13   我是内容我是内容我是内容我是内容我是内容
14   </div>
15   <script>
16     var div = document.querySelector('div');
17     console.log(div.clientHeight);
18     console.log(div.clientTop);
19     console.log(div.clientLeft);
20   </script>
21 </body>
```

例 7-20 中，第 3~4 行代码设置元素宽度为 200px，高度为 200px，边框大小为 10px。

保存代码，在浏览器中进行测试。例 7-20 的运行结果如图 7-29 所示。

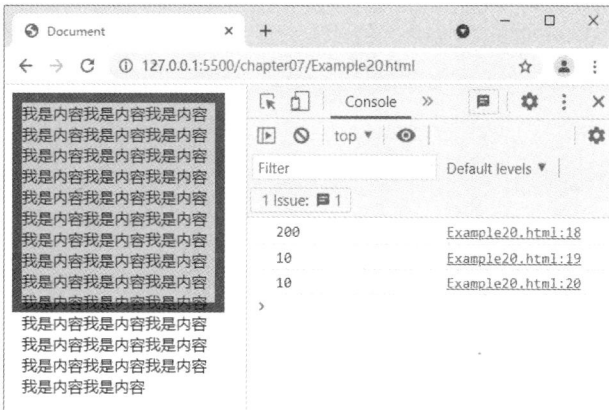

图 7-29　例 7-20 的运行结果

从图 7-29 可以看出，通过 clientHeight 属性获取 div 元素的高度为"200"，说明当元素里的内容超出元素高度时，clientHeight 属性仍然按照 CSS 里设置的高度来计算。clientTop 和 clientLeft 属性成功获取了边框的大小，左边框和上边框大小都是"10"。

7.6.3　元素的滚动操作

当元素的内容超出元素本身的大小时，可以通过设置"overflow: auto"样式允许元素出现滚动条。对于元素的滚动操作，可以使用 scroll 系列属性来完成。scroll 系列属性可以获取或设置元素的滚动距离、宽度、高度等，具体如表 7-10 所示。

表 7-10　scroll 系列属性

属性	说明
scrollLeft	获取或设置元素被"卷去"的左侧距离
scrollTop	获取或设置元素被"卷去"的上方距离
scrollWidth	获取元素内容的完整宽度，不含边框
scrollHeight	获取元素内容的完整高度，不含边框

表 7-10 中，scroll 系列属性的获取结果为数字型像素值，scrollWidth 和 scrollHeight 属性是只读属性，不能修改，而 scrollLeft 和 scrollTop 属性允许修改。

若要在元素滚动时执行特定操作，可以通过 scroll 事件来完成。下面通过案例演示如何在 div 元素滚动时获取滚动信息。在页面中创建一个具有滚动条的 div 元素，实现在 div 元素滚动时在控制台输出 scrollTop、scrollHeight 信息，具体如例 7-21 所示。

例 7-21　Example21.html

```
1  <head>
2   <style>
3    div { width: 200px; height: 200px; background-color: pink;
4      overflow: auto; border: 10px solid red; }
5   </style>
6  </head>
7  <body>
8   <div>
9    我是内容我是内容我是内容我是内容我是内容我是内容我是内容我是内容我是内容
10   我是内容我是内容我是内容我是内容我是内容我是内容我是内容我是内容我是内容
11   我是内容我是内容我是内容我是内容我是内容我是内容我是内容我是内容我是内容
12   我是内容我是内容我是内容我是内容我是内容我是内容我是内容我是内容我是内容
13   我是内容我是内容我是内容我是内容我是内容
14   </div>
15   <script>
16    var div = document.querySelector('div');
17    div.addEventListener('scroll', function () {
18      console.log(div.scrollTop, div.scrollHeight);
19    });
20   </script>
21  </body>
```

例 7-21 中，第 3~4 行代码设置 div 元素的宽度、高度及边框的宽度，并设置 overflow 为 auto，表示允许出现滚动条；第 8~14 行代码定义 div 元素，在 div 元素内部填充内容，使内容超出 div 元素的高度；第 16~19 行代码首先获取到 div 元素对象，然后通过 scroll 事件在控制台输出 div 元素对象的 scrollTop 属性和 scrollHeight 属性。

保存代码，在浏览器中进行测试。向下滚动 div 元素后，例 7-21 的运行结果如图 7-30 所示。

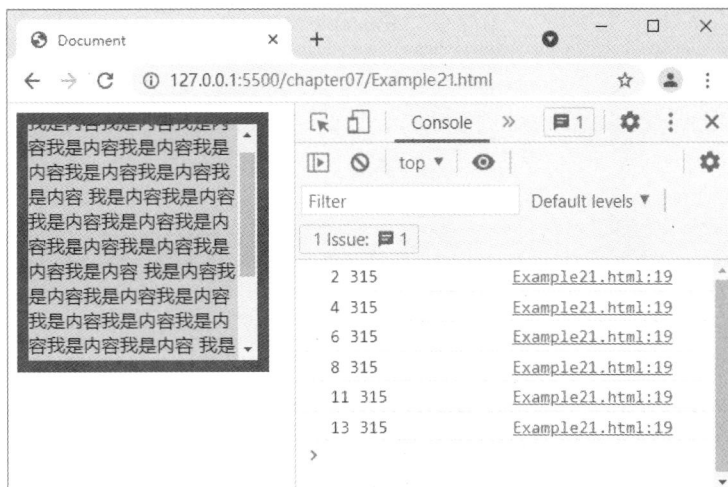

图7-30　例7-21的运行结果

从图 7-30 可以看出，通过 scrollTop 属性得到了 div 元素的滚动距离；通过 scrollHeight 属性得到了 div 元素内容的完整高度，不包含边框的大小。

7.6.4　获取鼠标指针位置

当鼠标事件触发后，若要获取鼠标指针的位置信息，可以通过事件对象中的鼠标位置属性获取。常用的鼠标位置属性如表 7-11 所示。

表 7-11　常用的鼠标位置属性

属性	说明
clientX	鼠标指针位于浏览器窗口中页面可视区的水平坐标
clientY	鼠标指针位于浏览器窗口中页面可视区的垂直坐标
pageX	鼠标指针位于文档的水平坐标，早期版本 IE 浏览器不支持
pageY	鼠标指针位于文档的垂直坐标，早期版本 IE 浏览器不支持
screenX	鼠标指针位于屏幕的水平坐标
screenY	鼠标指针位于屏幕的垂直坐标

表 7-11 中的这些属性都是只读的，无法修改。当鼠标指针放在网页上并且向下滚动页面时，clientX、clientY 获取的结果不会随着页面滚动改变，而 pageX、pageY 会随着页面滚动改变，这是因为 pageX、pageY 获取的是文档中的坐标。

早期版本 IE 浏览器不支持 pageX 和 pageY 属性，可以用如下代码进行兼容处理。

```
var e = event || window.event;
var pageX = e.pageX || e.clientX + document.documentElement.scrollLeft;
var pageY = e.pageY || e.clientY + document.documentElement.scrollTop;
```

上述代码中，document.documentElement 用于获取 html 根元素，scrollLeft 和 scrollTop 属性分别用于获取滚动条"卷去"的 left 值和 top 值。使用鼠标指针在当前窗口中的坐标加上滚动条"卷去"的值即可获得 pageX 值和 pageY 值。

初步了解鼠标位置属性后，下面通过案例进行演示。本案例实现当使用鼠标单击页面时，在页面中显示鼠标单击的位置，具体代码如例 7-22 所示。

例 7-22　Example22.html

```
1  <head>
2    <style>
3      .mouse { position: absolute; background: #ffd965; width: 48px;
4        height: 48px; border-radius: 24px;}
5    </style>
6  </head>
7  <body>
8    <div id="div" class="mouse"></div>
9    <script>
10     var div = document.getElementById('div');
11     document.onclick = function (event) {
12       var e = event || window.event;
13       var pageX = e.pageX || e.clientX + document.documentElement.scrollLeft;
14       var pageY = e.pageY || e.clientY + document.documentElement.scrollTop;
15       // 计算 div 的显示位置
16       var targetX = pageX - div.offsetWidth / 2;
17       var targetY = pageY - div.offsetHeight / 2;
18       // 设置 div 的位置并让它显示
19       div.style.display = 'block';
20       div.style.left = targetX + 'px';
21       div.style.top = targetY + 'px';
22     };
23   </script>
24 </body>
```

例 7-22 中，第 8 行代码定义<div>标签，表示鼠标单击页面的位置，默认情况下隐藏；第 11～22 行代码为 document 对象添加单击事件，并对事件进行处理，其中，第 13～14 行代码用于获取鼠标指针在页面中的位置。

保存代码，在浏览器中进行测试。在页面中的任意位置单击，例 7-22 的运行结果如图 7-31 所示。

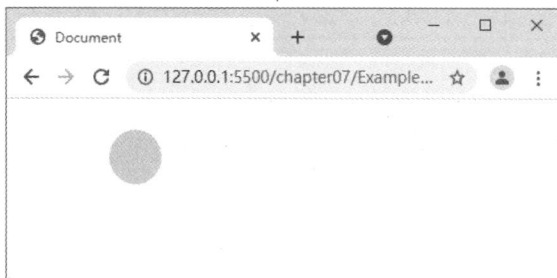

图7-31　例7-22的运行结果

从图 7-31 可以看出，页面中成功显示了鼠标单击的位置。

动手实践：鼠标拖曳效果

为了提供良好的用户体验，网页有时会提供一个悬浮的对话框，该对话框可以被鼠标拖曳以改变位置。接下来将编写一个简单的对话框，实现鼠标拖曳效果，如图 7-32 所示。

图 7-32 中，对话框是通过 div 元素制作的，该对话框的标题区域（顶部浅灰色区域）是允许鼠标操作的区域，按住鼠标左键可对整个对话框进行拖曳。

鼠标拖曳的实现原理，就是根据鼠标指针的移动位置来计算 div 元素的移动位置。首先通过 CSS 样式为 div 元素设置固定定位，然后通过 JavaScript 代码修改 div 元素的 left 值和 top 值完成 div 元素的移动。

鼠标拖曳效果的实现思路如下。

（1）根据效果图编写页面结构和样式。

（2）为对话框的标题区域注册鼠标按下事件和鼠标释放事件。

（3）在鼠标按下时注册鼠标移动事件，在鼠标释放时移除鼠标移动事件。

（4）在鼠标按下时，用鼠标指针到文档左侧和顶部的距离，分别减去 div 元素到文档左侧和顶部的距离，得到鼠标指针在 div 元素内的 x、y 坐标值。

（5）在鼠标移动事件中更改 div 元素的 left 值和 top 值，计算方式为：使用鼠标指针到文档左侧和顶部的距离，分别减去鼠标指针在 div 元素内的 x、y 坐标值。

下面通过示意图演示鼠标拖曳时的距离，如图 7-33 所示。

图7-32　鼠标拖曳效果

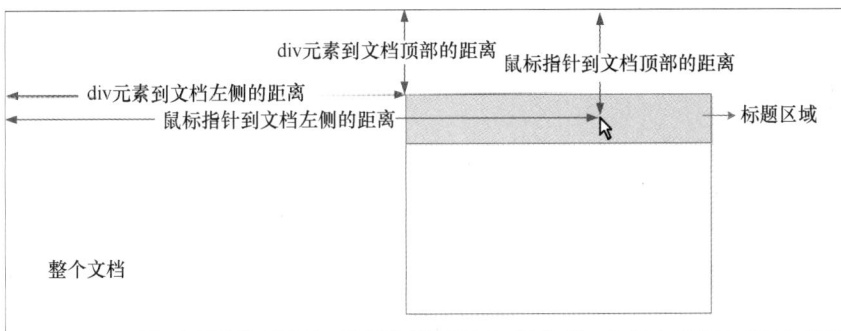

图7-33　鼠标拖曳时的距离

分析了鼠标拖曳的实现思路，下面进行代码编写，具体代码如例 7-23 所示。

例 7-23　Example23.html

```
1  <head>
2    <link rel="stylesheet" href="dialog.css">
3  </head>
4  <body>
5    <div class="dialog" id="box">
6      <div class="dialog-title" id="drop">
7        <span>注册信息（可以拖曳）</span>
8        <div class="dialog-close" id="close">×</div>
9      </div>
10     <div class="dialog-body"></div>
11   </div>
12   <script>
13     var box = document.getElementById('box');
```

```
14      var drop = document.getElementById('drop');
15      // 鼠标按下时开启鼠标拖曳效果
16      drop.onmousedown = function (e) {
17        // 计算鼠标指针在 div 元素内的位置
18        var spaceX = e.pageX - box.offsetLeft;
19        var spaceY = e.pageY - box.offsetTop;
20        // 让 div 元素跟随鼠标指针移动
21        document.onmousemove = function (e) {
22          // 设置 div 元素移动后的位置
23          box.style.left = e.pageX - spaceX + 'px';
24          box.style.top = e.pageY - spaceY + 'px';
25        };
26      };
27      // 鼠标释放时取消鼠标拖曳效果
28      document.onmouseup = function () {
29        document.onmousemove = null;
30      };
31      // 单击右上角的关闭按钮可关闭对话框
32      document.getElementById('close').onclick = function () {
33        box.style.display = 'none';
34      };
35    </script>
36  </body>
```

例 7-23 中，第 2 行代码引入页面样式文件，可从本书配套源代码中获取该文件；第 5～11 行代码定义对话框页面结构，其中第 6～9 行代码定义对话框的标题区域；第 18～19 行代码用于计算鼠标指针在 div 元素内的位置；第 23～24 行代码用于设置 div 元素移动后的位置，此处需要注意在 CSS 中设置 div 元素为固定定位。

保存代码，在浏览器中进行测试。例 7-23 的运行结果与图 7-32 相同。读者可以用鼠标指针按住对话框的标题区域并移动鼠标，观察到对话框能够跟随鼠标指针移动。

本章小结

本章首先讲解了节点基础和节点操作，然后讲解了事件进阶、事件对象和常用事件，最后讲解了元素其他操作。通过本章的学习，希望读者能够对 DOM 有更加全面的认识，能够运用 DOM 相关知识编写一些交互性强的页面。

课后练习

一、填空题

1. 在节点的层级中，html 元素是 body 元素的_____节点。

2. 使用_____属性可以获取当前节点的父节点。

3. head 节点和_____节点是兄弟节点。

4. 将一个节点添加到父节点的所有子节点的末尾使用_____方法。

5. 将一个父节点的指定子节点移除使用_____方法。

二．判断题

1. 在事件冒泡阶段中，事件从文档节点自上而下向目标节点传播。   （   ）

2. 对于同一个对象的同一个事件类型只能注册一个事件处理函数。　　　　　　　（　　　）

3. 事件一旦注册就不可移除。　　　　　　　　　　　　　　　　　　　　　　　（　　　）

4. 当表单提交时，会触发表单的 change 事件。　　　　　　　　　　　　　　　（　　　）

5. 当鼠标指针在元素内移动时，mousemove 事件会连续触发多次。　　　　　　（　　　）

三、选择题

1. 下列选项中，当元素获得焦点时触发的事件是（　　　　）。

A. submit   B. keyup   C. focus   D. blur

2. 使用 offsetWidth 获取元素宽度时，获取结果中不含的一项是（　　　　）。

A. width   B. padding   C. margin   D. border

3. 当鼠标指针移入时触发，且当前元素和其子元素都触发的事件是（　　　　）。

A. click   B. mouseup   C. mouseover   D. mouseenter

4. 关于事件冒泡，以下描述正确的是（　　　　）。

A. JavaScript 不允许出现事件冒泡   B. 事件冒泡是指父元素的事件冒泡到子元素上

C. 所有的事件都会出现事件冒泡   D. 事件冒泡可以被阻止

5. 下列选项中，关于事件委托的说法正确的是（　　　　）。

A. 事件委托就是将事件注册给子元素   B. 通过事件委托注册的事件不能被移除

C. 事件委托不支持动态添加的子元素   D. 事件委托的实现离不开事件冒泡

四、简答题

1. 简述 onclick 和 addEventListener() 的区别。

2. 简述如何获取鼠标指针在元素中的位置。

五、编程题

请编写一个图 7-34 所示的学生信息页面，当用户单击"删除"链接时，可以删除整行。

姓名	科目	成绩	操作
张三	JavaScript	100	删除
李四	JavaScript	90	删除
刘五	JavaScript	90	删除

图 7-34　学生信息页面

第 **8** 章

BOM

在实际开发中，使用 JavaScript 开发网页交互效果时，经常需要获取浏览器的一些信息，控制浏览器的刷新和页面跳转。为了能够使 JavaScript 控制浏览器，浏览器提供了 BOM。本章将对 BOM 进行详细讲解。

8.1 BOM 简介

浏览器对象模型（Browser Object Model，BOM）是浏览器提供的用于 JavaScript 与浏览器窗口进行交互的一系列对象。在 BOM 中，顶级对象是 window，表示浏览器窗口，其他对象都是 window 对象的属性。BOM 没有统一标准，每个浏览器都有自己对 BOM 的实现方式，因此，BOM 的浏览器兼容性较差。常见的 BOM 对象如图 8-1 所示。

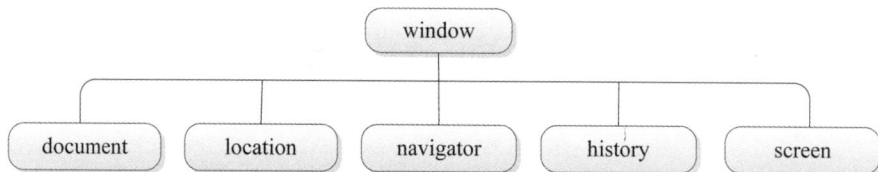

图8-1 常见的BOM对象

图 8-1 中，document 对象表示文档，它既属于 BOM 又属于 DOM；location 对象用于操作浏览器地址；navigator 对象用于获取浏览器的基本信息；history 对象用于操作历史记录；screen 对象用于获取屏幕信息。

8.2 BOM 对象

图 8-1 中列举了一些常见的 BOM 对象，其中，document 对象在第 6 章、第 7 章已经讲过，本节将对其他常见的 BOM 对象进行详细讲解。

8.2.1 window 对象

window 对象在 JavaScript 中具有双重角色，它既是浏览器窗口对象又是一个全局对象，全局对象在书写时可以省略。例如，document、console、alert()、prompt()可以写成 window.document、window.console、window.alert()、window.prompt()，其中，document 和 console 是 window 对象的属性，alert()和 prompt()是 window 对象的方法。

在开发中，定义在全局作用域中的变量、函数，其实都是 window 对象的属性、方法，下面通过代码演示这一现象，示例代码如下。

```
// 全局作用域中的变量是 window 对象的属性
var num = 10;
console.log(window.num);          // 输出结果：10
// 全局作用域中的函数是 window 对象的方法
function fn() {
  return 11;
}
console.log(window.fn());          // 输出结果：11
```

上述代码中，使用 window.num 访问变量 num，结果为 10；使用 window.fn()的方式调用 fn()函数，结果为 11。

图 8-1 中列举的 document、location、navigator、history 和 screen 这些对象都是 window 对象的属性，除了这些属性，window 对象中常用的属性和方法如表 8-1 所示。

表 8-1 window 对象中常用的属性和方法

分类	名称	说明
属性	name	设置或获取窗口的名称
	opener	获取创建了此窗口的 window 对象
	parent	获取当前窗口的父窗口 window 对象
	self	获取当前窗口的 window 对象，等价于 window 属性
	window	获取当前窗口的 window 对象
	top	获取顶层窗口的 window 对象（页面中有多个框架时）
方法	alert()	弹出带有一段消息和一个确认按钮的警告框
	confirm()	弹出带有一段消息以及确认按钮和取消按钮的对话框
	prompt()	弹出提示用户输入的对话框
	open()	打开一个新的浏览器窗口或查找一个已命名的窗口
	close()	关闭浏览器窗口
	focus()	把键盘焦点给予一个窗口
	scrollBy()	按照指定的像素值来滚动内容
	scrollTo()	把内容滚动到指定的坐标

下面演示 confirm() 的使用，具体代码如例 8-1 所示。

例 8-1   Example01.html

```
1  <script>
2    if (confirm('您确认要执行此操作？')) {
3      alert('用户确认');
4    } else {
5      alert('用户取消');
6    }
7  </script>
```

上述代码中，confirm() 用于弹出一个提示"您确认要执行此操作？"的对话框，返回值为 true 或 false，表示用户单击了"确定"或"取消"按钮。

保存代码，在浏览器中进行测试。例 8-1 的运行结果如图 8-2 所示。

图8-2   例8-1的运行结果

图 8-2 中，浏览器弹出了对话框，说明 confirm() 执行了。此时如果单击"确定"按钮，会弹出"用户确认"警告框；如果单击"取消"按钮，会弹出"用户取消"警告框。

8.2.2   location 对象

location 对象用于操作浏览器地址，通过 location 对象可以获取当前窗口的 URL 地址相关的信息。需要说明的是，location 对象既是 window 对象的属性又是 document 对象的属性，window.location 等同于 document.location。

location 对象常用的属性和方法如表 8-2 所示。

表 8-2   location 对象常用的属性和方法

分类	名称	说明
属性	search	获取或设置当前 URL 的查询字符串（又称为 URL 参数），即 URL 中"?"之后的部分
	hash	获取当前 URL 的锚点部分（从"#"开始的部分）
	host	获取当前 URL 的主机名和端口
	hostname	获取当前 URL 的主机名
	href	获取当前 URL
	pathname	获取当前 URL 中的路径名
	port	获取当前 URL 中的端口号
	protocol	获取当前 URL 的协议
方法	assign(url)	触发窗口加载并显示指定 URL 的内容
	replace(url)	用给定的 URL 来替换当前的资源
	reload([forcedReload])	刷新当前页面

表 8-2 中，search 属性通常用于在向服务器查询信息时传入查询条件，如页码、搜索的关键字、排序方式等；reload() 方法的可选参数 forcedReload 是一个布尔值，当值为 true 时，将强制浏览器从服务器加载页面资源，当值为 false 或者未传参时，浏览器则可能从缓存中读取页面。

assign() 方法在打开指定 URL 时，会生成一条新的历史记录，而 replace() 方法不会在浏览器历史记录中生成新的记录，并且在调用 replace() 方法后，用户不能返回到前一个页面。

为了读者更好地理解 location 对象的常用属性，以如下 URL 为例。

```
http://127.0.0.1:5500/test.html?name=a#data
```

当通过上述 URL 打开页面时，location 对象常用属性的获取结果如下。

```
console.log(location.search);        // 输出结果: ?name=a
console.log(location.hash);          // 输出结果: #data
console.log(location.host);          // 输出结果: 127.0.0.1:5500
console.log(location.hostname);      // 输出结果: 127.0.0.1
console.log(location.href);          // 输出结果与原 URL 地址相同
console.log(location.pathname);      // 输出结果: /test.html
console.log(location.port);          // 输出结果: 5500
console.log(location.protocol);      // 输出结果: http:
```

下面再通过代码演示 location 对象常用方法的使用，示例代码如下。

```
location.assign('index.html');       // 加载当前目录下的 index.html
location.replace('index.html');      // 将当前页面替换为 index.html
location.reload();                   // 刷新当前页面
```

8.2.3　navigator 对象

navigator 对象用于获取有关浏览器的信息。下面列举主流浏览器中 navigator 对象常用的属性和方法，如表 8-3 所示。

表 8-3　navigator 对象常用的属性和方法

分类	名称	说明
属性	appCodeName	获取浏览器的内部名称
	appName	获取浏览器的完整名称
	appVersion	获取浏览器的平台和版本信息
	cookieEnabled	获取指明浏览器中是否启用 Cookie 的布尔值
	platform	获取运行浏览器的操作系统平台
	userAgent	获取由浏览器发送到服务器的 User-Agent 的值
方法	javaEnabled()	是否在浏览器中启用 Java

下面以 userAgent 属性为例演示该属性的使用，示例代码如下。

```
var msg = navigator.userAgent;
console.log(msg);
```

上述代码使用 navigator.userAgent 获取由浏览器发送到服务器的 User-Agent 的值，其内容主要包含浏览器版本、操作系统等信息，每种浏览器获取的信息都不同。下面以 Chrome、Firefox、IE 浏览器为例进行演示。

Chrome 浏览器的输出结果如下。

```
Mozilla/5.0 (Windows NT 6.1; Win64; x64) AppleWebKit/537.36 (KHTML, like Gecko)
Chrome/77.0.3865.75 Safari/537.36
```

Firefox 浏览器的输出结果如下。

```
Mozilla/5.0 (Windows NT 6.1; Win64; x64; rv:69.0) Gecko/20100101 Firefox/69.0
```

IE 浏览器（IE 9）的输出结果如下。

```
Mozilla/5.0 (compatible; MSIE 9.0; Windows NT 6.1; WOW64; Trident/7.0; SLCC2; .NET CLR
2.0.50727; .NET CLR 3.5.30729; .NET CLR 3.0.30729; Media Center PC 6.0; .NET4.0C; .NET4.0E;
InfoPath.3)
```

8.2.4　history 对象

history 对象可以对用户在浏览器中访问过的历史记录进行操作。出于安全方面的考虑，history 对象不能直接获取用户浏览过的历史记录，但可以控制浏览器的"后退"和"前进"等功能。history 对象常用的属性和方法如表 8-4 所示。

表 8-4　history 对象常用的属性和方法

分类	名称	说明
属性	length	返回 history 列表中的 URL 数
方法	back()	加载 history 列表中的前一个 URL
	forward()	加载 history 列表中的下一个 URL
	go([delta])	加载 history 列表中的某个具体页面，可选参数 delta 的值是负整数时，表示"后退"指定的页数；是正整数时，表示"前进"指定的页数；是 0 或省略时，表示刷新页面

下面通过代码演示 history 对象的使用，示例代码如下。

```
history.forward();        // 控制浏览器"前进一页"
history.back();           // 控制浏览器"后退一页"
history.go(2);            // 控制浏览器"前进两页"
history.go(-2);           // 控制浏览器"后退两页"
```

8.2.5　screen 对象

screen 对象用于获取屏幕相关的信息，如屏幕的宽度和高度等。下面展示主流浏览器中支持的 screen 对象常用的属性，具体如表 8-5 所示。

表 8-5　screen 对象常用的属性

属性	说明
width	获取整个屏幕的宽度
height	获取整个屏幕的高度
availWidth	获取浏览器窗口在屏幕上可占用的水平空间
availHeight	获取浏览器窗口在屏幕上可占用的垂直空间

表 8-5 中属性的获取结果都是数字型像素值。

下面通过代码演示 screen 对象的使用，示例代码如下。

```
console.log(screen.width);        // 示例结果：1920
console.log(screen.height);       // 示例结果：1080
console.log(screen.availWidth);   // 示例结果：1920
console.log(screen.availHeight);  // 示例结果：1032
```

上述输出结果中，screen.availHeight 属性的获取结果比 screen.height 属性的获取结果小了 48px，这是因为 Windows 系统的任务栏占用了 48px 的屏幕可用空间。

8.3　窗口事件

窗口事件是指 window 对象的事件，它与整个窗口有关。常用的窗口事件有窗口加载与卸载事件、窗口大小事件，本节将对常用的窗口事件进行讲解。

8.3.1　窗口加载与卸载事件

如果要在窗口加载完成后执行某些代码，或在窗口关闭时执行某些代码，可以使用 window 对象提供的窗口加载与卸载事件。

window 对象的窗口加载与卸载事件如表 8-6 所示。

表 8-6　窗口加载与卸载事件

事件名称	事件触发时机
load	窗口加载事件，当页面加载完毕后触发
unload	窗口卸载事件，当页面关闭时触发

表 8-6 中，窗口加载事件在网页文档以及外链的文件（包括图像文件、JavaScript 文件、CSS 文件等）全部加载完成后才会触发；窗口卸载事件会在用户关闭网页时触发。

窗口加载与卸载事件有两种注册方式，示例代码如下。

```
// 方式 1
window.onload = function () {};
window.onunload = function () {};
// 方式 2
window.addEventListener('load', function () {});
window.addEventListener('unload', function () {});
```

以上两种方式中，方式 1 只能注册一个事件处理函数，方式 2 可以注册多个事件处理函数，只需多次调用 window.addEventListener() 即可。

初步了解窗口加载与卸载事件后，下面以窗口加载事件为例进行案例演示。首先演示当不使用加载事件时代码出错的情况。由于网页中的代码是从上往下执行的，当 JavaScript 代码写在要操作的 HTML 标签前面时，获取元素的操作会失败，具体代码如例 8-2 所示。

例 8-2　Example02.html

```
1  <script>
2    document.getElementById('demo').onclick = function () {
3      console.log('被单击了');
4    };
5  </script>
6  <div id="demo">测试</div>
```

例 8-2 中，第 2 行代码获取 id 为 demo 的元素。当代码执行到第 2 行时，页面中的 <div> 标签还未被加载，document.getElementById() 方法获取元素会失败，返回 null。由于 null 不能访问 onclick 事件属性，因此第 2 行代码会出错。

保存代码，在浏览器中打开页面，在控制台会看到错误信息。例 8-2 的运行结果如图 8-3 所示。

图 8-3 中，控制台提示无法给 null 设置 onclick 事件属性，说明此时 id 为 demo 的元素还未加载，获取失败。

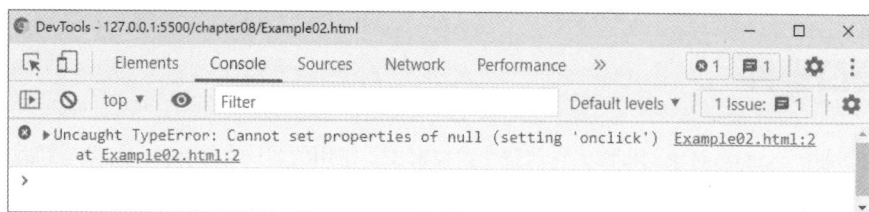

图8-3　例8-2的运行结果

接下来修改例 8-2，通过窗口加载事件解决元素获取失败的问题，具体代码如下。

```
1  <script>
2    window.onload = function () {
3      document.getElementById('demo').onclick = function () {
4        console.log('被单击了');
5      };
6    };
7  </script>
8  <div id="demo">测试</div>
```

上述代码中，第 2～6 行代码注册了窗口加载事件，当窗口加载完成时，第 8 行的<div>标签也已经加载完成了。

修改代码后，在浏览器中访问页面。单击"测试"，就会看到控制台中输出"被单击了"，运行结果如图 8-4 所示。

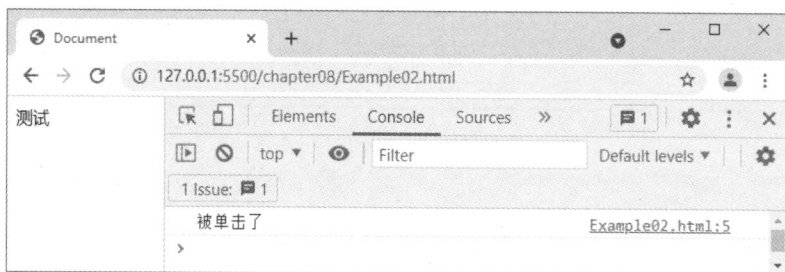

图8-4　例8-2修改后的运行结果

从图 8-4 可以看出，控制台输出"被单击了"，说明成功利用窗口加载事件解决了元素获取失败的问题。

多学一招：document.DOMContentLoaded

当网页中的图片有很多时，如果图片加载速度慢，窗口加载事件的触发可能需要较长的时间，这样会影响到用户的体验，此时，我们可以使用 document.DOMContentLoaded 事件，它会在文档加载完成时触发，与图像文件、JavaScript 文件和 CSS 文件等外部文件是否加载完成无关，适用于页面中外部文件有很多的情况。需要注意的是，document.DOMContentLoaded 事件不兼容 IE 9 之前的浏览器。

8.3.2　窗口大小事件

在开发中，有时需要知道用户是否正在调整浏览器窗口大小，此时可以使用窗口大小事件 resize，该事件有两种注册方式，如下所示。

```
// 方式1
window.onresize = function () {};
// 方式2
window.addEventListener('resize', function () {});
```

接下来通过案例进行演示。当用户调整窗口大小时，在控制台输出了当前页面的宽度，具体代码如例 8-3 所示。

例 8-3　Example03.html

```
1  <script>
2    window.addEventListener('resize', function () {
3      console.log(document.body.clientWidth);
4    });
5  </script>
```

上述代码中，第 3 行代码用于获取页面的宽度。

保存代码，在浏览器中查看运行结果。例 8-3 的运行结果如图 8-5 所示。

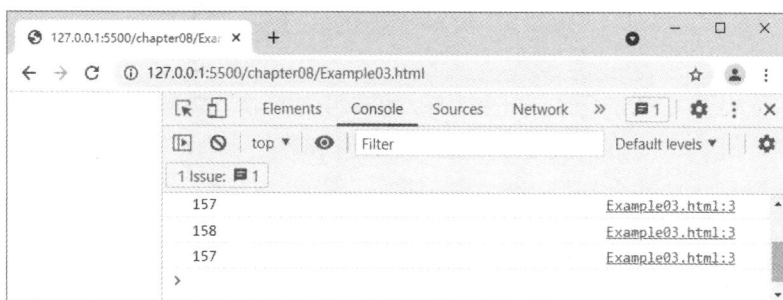

图8-5　例8-3的运行结果

从图 8-5 可以看出，当窗口大小改变时，控制台中输出页面的当前宽度。

8.4　定时器

在浏览网页时，我们经常可以看到轮播图效果，即每隔一段时间，图片就会自动切换一次，或者在商品抢购页面看到抢购倒计时，像这样的效果就用到了定时器。定时器可以实现在指定时间后执行特定操作，或者让代码每隔一段时间执行一次，实现间歇操作。本节将对定时器进行详细讲解。

8.4.1　定时器方法

window 对象提供了 setTimeout()、setInterval() 两种设置定时器的方法，以及 clearTimeout()、clearInterval() 两种清除定时器的方法，具体说明如表 8-7 所示。

表 8-7　定时器方法

方法	说明
setTimeout(fn, delay)	在达到指定时间（以毫秒计）后调用函数或执行一段代码
setInterval(fn, delay)	按照指定的周期（以毫秒计）来调用函数或执行一段代码
clearTimeout(定时器 ID)	清除由 setTimeout() 设置的定时器
clearInterval(定时器 ID)	清除由 setInterval() 设置的定时器

表 8-7 中，setTimeout() 和 setInterval() 方法都可以在一个固定时间段内执行代码，不同的是，前者只执行一次代码，而后者会在指定的时间后自动重复执行代码。

setTimeout() 和 setInterval() 方法都有两个参数，第 1 个参数表示到达延迟时间后执行的代码，可以传入普通函数、匿名函数或字符串代码，第 2 个参数表示延迟时间的毫秒值。

setTimeout()和 setInterval()方法的返回值为定时器 ID（定时器的唯一标识），将定时器 ID 作为参数传给 clearTimeout()或 clearInterval()方法可以清除定时器。

下面以 setTimeout()方法为例演示定时器的设置，示例代码如下。

```
// 传入普通函数
setTimeout(fn, 3000);
function fn() {
  alert('JavaScript');
}
// 传入匿名函数
setTimeout(function () {
  alert('JavaScript');
}, 3000);
// 传入字符串代码
setTimeout('alert("JavaScript");', 3000);
```

以上 3 种传参方式都实现了 3 秒后弹出警告框，提示 "JavaScript"。需要注意的是，当传入普通函数时，函数名后面不能加小括号 "()"，否则就变成了立即执行这个函数。

下面以 clearTimeout()方法为例演示定时器的清除，示例代码如下。

```
// 设置定时器时，保存定时器 ID
var timer = setTimeout(function () {
  alert('JavaScript');
}, 3000);
// 清除定时器时，传入要清除的定时器 ID
clearTimeout(timer);
```

上述代码中，setTimeout()方法用于在清除定时器前设置定时器，返回值 timer 表示定时器 ID。通过 clearTimeout()方法清除定时器后，该定时器将不再执行。

8.4.2 【案例】60 秒内只能发送一次短信

本案例将会利用 setInterval()和 clearInterval()方法完成一个发送短信的任务，要求 60 秒内只能发送一次短信。开发思路为：在页面中放一个文本框和一个"发送"按钮，文本框用于输入手机号码，输入完成后，单击"发送"按钮，该按钮在 60 秒以内不能再次被单击，防止重复发送短信。并且，在单击"发送"按钮之后，该按钮中的文字会变为"还剩下 60 秒"，并且"60"会每秒减 1。当 60 秒过去后，按钮恢复为初始状态。

根据上述需求，编写代码实现本案例的功能，具体代码如例 8-4 所示。

例 8-4 Example04.html

```
1  <body>
2    手机号码: <input type="text">
3    <button>发送</button>
4    <script>
5      var btn = document.querySelector('button');
6      btn.addEventListener('click', function () {
7        var time = 60;    // 定义剩下的秒数
8        btn.disabled = true;
9        btn.innerHTML = '还剩下' + time-- + '秒';
10       var timer = setInterval(function () {
11         if (time == 0) {
12           clearInterval(timer);
13           btn.disabled = false;
14           btn.innerHTML = '发送';
15         } else {
```

```
16              btn.innerHTML = '还剩下' + time-- + '秒';
17        }
18      }, 1000);
19    });
20  </script>
21 </body>
```

例 8-4 中，第 7 行代码定义剩下的秒数；第 8 行代码将按钮的 disabled 属性设置为 true，表示禁用按钮；第 9 行和第 16 行代码用于显示剩余秒数。当剩余秒数为 0 时，执行第 12～14 行代码清除定时器并将按钮恢复为启用状态。

保存代码，在浏览器中进行测试。例 8-4 的运行结果如图 8-6 所示。

图8-6　例8-4的运行结果

单击"发送"按钮后，运行结果如图 8-7 所示。

图8-7　单击"发送"按钮的运行结果

从图 8-7 可以看出，"发送"按钮被禁用了，并且按钮上显示了剩余时间。

当 60 秒过去后，"发送"按钮就会恢复成启用的状态。

8.4.3　同步和异步

JavaScript 的执行机制是单线程，也就是说，同一时间只能做一件事。设想一下，如果 JavaScript 被设计成多线程，一个线程在某个 DOM 节点上添加内容，另一个线程要删除这个节点，这时浏览器无法确定以哪个线程为准。多线程会让 JavaScript 变得复杂，而采用单线程就不会遇到这样的问题。

单线程就意味着所有任务需要排队，前一个任务结束，才会执行后一个任务，如果其中一个任务执行的时间过长，就会阻塞后面的任务。例如，有 3 个任务正在排队，第 1 个任务是在控制台输出"1"，第 2 个任务是 5 秒后在控制台输出"2"，第 3 个任务是在控制台输出"3"。当程序执行到第 2 个任务时，程序就被阻塞 5 秒，之后才能执行第 3 个任务。如何解决这个问题呢？其实，通过 8.4.1 小节学习的定时器就可以解决，使用 setTimeout() 设置一个 5 秒的定时器，将第 2 个任务放到定时器函数中，示例代码如下。

```
console.log(1);                  // 第 1 个任务
setTimeout(function () {
  console.log(2);                // 第 2 个任务
}, 5000);
console.log(3);                  // 第 3 个任务
```

上述代码执行后，控制台中会先输出 1 和 3，等待 5 秒后再输出 2。由此可见，当调用 setTimeout() 方法后，该方法不会导致程序阻塞 5 秒，而是继续执行后面的代码，在控制台中输出 3。而为 setTimeout() 传入的函数，它会在到达指定时间后执行。

在上述例子中，我们用定时器解决了程序阻塞的问题，像定时器这样的操作，称为异步操作。程序中有"异步"和"同步"两种操作方式，具体解释如下。

● 同步：前一个任务结束后再执行后一个任务，程序的执行顺序与任务的排列顺序是一致的。例如，做饭时，先煮饭，等饭煮好以后，再去炒菜。

● 异步：在处理一个任务的同时，可以去处理其他的任务。还以做饭为例，异步做法是，在煮饭的同时去炒菜。异步代码通常写在回调函数中。例如，注册事件时传入的事件处理函数，以及设置定时器时传入的函数，都是回调函数。

▌多学一招：JavaScript 执行机制

下面我们来思考一个问题：当定时器的时间设为 0 的时候，到底是定时器传入的回调函数优先执行，还是 setTimeout()后面的代码优先执行呢？示例代码如下。

```
1  console.log(1);
2  setTimeout(function () {
3    console.log(2);
4  }, 0);
5  for (var i = 0, str = ''; i < 900000; i++) {
6    str += i;          // 利用字符串拼接运算拖慢执行
7  }
8  console.log(3);
```

上述代码中，第 4 行代码设置定时器的延迟时间为 0，表示立即执行；第 5~7 行代码用于拖慢执行，以降低偶然性。代码执行后，控制台中的输出顺序为 1、3、2。显然，为定时器传入的回调函数是最后执行的。

上述现象之所以会出现，是因为 JavaScript 中同步任务都是放在主线程的执行栈中优先执行的，而异步任务（回调函数中的代码）则被放在任务队列中等待执行。下面演示执行栈和任务队列的区别，如图 8-8 所示。

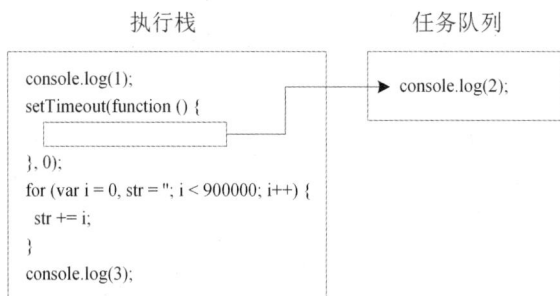

图8-8　执行栈和任务队列的区别

图 8-8 中，一旦执行栈中的所有同步任务执行完毕，系统就会按次序读取任务队列中的异步任务，被读取的异步任务就会进入执行栈开始执行。JavaScript 的主线程会不断地从任务队列里重复获取任务、执行任务，这种机制被称为事件循环（Event Loop）。

动手实践：制作交通信号灯

现实生活中，为保证行人和车辆安全有序地通行，在交叉路口都会设置交通信号灯。交通信号灯的亮灯顺序一般为"绿→黄→红"依次循环，亮灯的时长需根据路口的实际情况来考虑设置。本案例将利用 JavaScript

实现交通信号灯,其中,红灯时长为 30 秒,绿灯时长为 35 秒,黄灯时长为 5 秒。

交通信号灯的实现效果如图 8-9 所示。

图8-9　交通信号灯的实现效果

图 8-9 中,页面中的 3 个圆表示 3 个信号灯,分别是红灯、黄灯和绿灯,绿灯右边的数字 35 是倒计时,每隔 1 秒会减 1,当减到 0 时会换灯显示。

在明确案例需求后,下面讲解案例的具体实现。

1. 编写 HTML 页面

本案例需要创建信号灯外层容器 div,在容器中放 4 个 div,分别表示红灯、黄灯、绿灯和倒计时,具体代码如例 8-5 所示。

例 8-5　Example05.html

```
1  <head>
2   <link rel="stylesheet" href="signal.css">
3  </head>
4  <body>
5   <div class="box">
6     <div id="red"></div>
7     <div id="yellow"></div>
8     <div id="green"></div>
9     <div class="second" id="second"></div>
10  </div>
11 </body>
```

上述代码中,第 2 行代码引入了页面样式文件,该文件可从本书配套源代码中获取;第 6~8 行代码分别用于创建红灯、黄灯和绿灯;第 9 行代码用于显示信号灯距离下次切换的剩余时间。需要说明的是,在页面样式文件中,已经预先定义了信号灯的背景颜色类名,其中,红灯类名为 red,黄灯类名为 yellow,绿灯类名为 green,熄灭的灯类名为 off。

2. 创建信号灯对象

为了方便程序开发,我们将信号灯相关的数据保存到对象中。创建一个 signal 对象表示信号灯,在 signal 对象中创建 red、yellow、green、second 这 4 个对象,分别表示红灯对象、黄灯对象、绿灯对象,以及倒计时对象,然后在 signal 对象中定义 2 个方法,分别用于切换下一个灯和设置倒计时数字。我们在例 8-5 第 10 行代码的下一行添加如下代码。

```
1  <script>
2   var signal = {
3    red: {                        // 红灯对象
4      el: document.getElementById('red'),
5      duration: 30,
6      style: ['red', 'off', 'off'],
7    },
8    yellow: {                     // 黄灯对象
9      el: document.getElementById('yellow'),
10     duration: 5,
11     style: ['off', 'yellow', 'off'],
12   },
13   green: {                      // 绿灯对象
```

```
14      el: document.getElementById('green'),
15      duration: 35,
16      style: ['off', 'off', 'green'],
17    },
18    second: {                      // 倒计时对象
19      el: document.getElementById('second')
20    },
21    change: function (next) {        // 切换下一个灯
22      this.red.el.className = next.style[0];
23      this.yellow.el.className = next.style[1];
24      this.green.el.className = next.style[2];
25    },
26    setNum: function (num) {         // 设置倒计时数字
27      this.second.el.innerHTML = num < 10 ? '0' + num :num;
28    }
29  };
30 </script>
```

上述代码中，第 3~17 行代码定义了红灯对象、黄灯对象和绿灯对象，在这些对象中，el 属性表示页面中对应的元素，duration 属性表示灯的持续时间，style 属性表示页面中 3 个灯的类名；第 21~25 行代码用于切换下一个灯，next 表示下一个灯对象，通过为页面中的元素设置类名来实现灯的亮和灭；第 26~28 行代码用于实现倒计时数字的设置。

接下来，我们在上述第 29 行代码的下一行继续编写代码，为每个灯对象设置一个 next 属性，表示下一个灯对象，具体代码如下。

```
1  // 为每个灯对象设置下一个灯对象
2  signal.red.next = signal.green;
3  signal.green.next = signal.yellow;
4  signal.yellow.next = signal.red;
```

上述代码中，红灯的下一个是绿灯，绿灯的下一个是黄灯，黄灯的下一个是红灯。

3. 实现信号灯切换效果

实现信号灯切换效果的思路为：先从 signal 对象中取出页面刚打开时要显示的灯对象和持续时间，这里我们选择绿灯对象和它的持续时间。然后通过 setInterval() 设置定时器，每隔 1 秒触发一次，当触发时，将持续时间减 1，然后判断持续时间是否小于或等于 0，如果小于或等于 0，则需要切换成下一个灯，否则不切换灯，只更新倒计时。

下面我们在例 8-5 的<script>标签内的底部位置继续编写如下代码。

```
1  // 设置页面刚打开时显示的灯和倒计时
2  var current = signal.green;
3  var timeout = current.duration;
4  signal.change(current);
5  signal.setNum(timeout);
6  // 设置 1 秒更新一次倒计时
7  setInterval(function () {
8    // 如果倒计时小于或等于 0，则切换下一个灯
9    if (--timeout <= 0) {
10     current = current.next;
11     timeout = current.duration;
12     signal.change(current);
13   }
14   signal.setNum(timeout);
15 }, 1000);
```

上述代码中，第 2 行代码从 signal 对象中取出绿灯对象，保存为当前灯对象 current；第 3 行代码从 current 对象中取出持续时间 duration，保存为变量 timeout；第 4～5 行代码用于设置页面中的绿灯为当前灯，设置页面中的倒计时为 timeout；当倒计时小于或等于 0 时，第 10 行代码通过 current.next 取出下一个灯对象，将其设为当前灯对象 current；第 11 行代码取出了下一个灯对象的持续时间，赋值给变量 timeout；第 12 行代码通过调用 signal.change() 方法完成信号灯的切换。

保存代码，在浏览器中进行测试。例 8-5 的运行结果如图 8-10 所示。

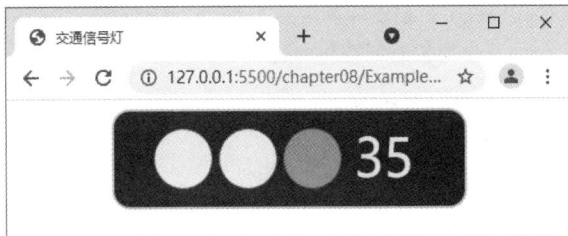

图8-10　例8-5的运行结果

从图 8-10 可以看出，页面正确显示了绿灯亮的效果，并且倒计时显示当前还有 35 秒切换下一个灯。读者可以等待 35 秒，查看黄灯亮的效果，再等待 5 秒，查看红灯亮的效果。

本章小结

本章首先讲解了 BOM 的基本概念，接着讲解了常用的 BOM 对象，包括 window 对象、location 对象、navigator 对象、history 对象以及 screen 对象，然后讲解了窗口事件，包括窗口加载与卸载事件、窗口大小事件，最后讲解了定时器的使用。希望读者通过本章的学习，能够通过 BOM 来完成一些常见的页面交互效果。

课后练习

一、填空题

1. 在 BOM 中，顶级对象是＿＿＿＿＿＿。
2. 页面中所有内容加载完成之后触发的事件是＿＿＿＿＿＿。
3. history 对象的＿＿＿＿＿＿属性可获取 history 列表中的 URL 数量。
4. ＿＿＿＿＿＿事件是在窗口大小改变时触发的。
5. 实现每隔一段时间执行一次代码的定时器方法是＿＿＿＿＿＿。

二、判断题

1. 全局变量可以通过 window 对象进行访问。　　　　　　　　　　　　　　　　　　　（　　）
2. 修改 location 对象的 href 属性可以设置 URL。　　　　　　　　　　　　　　　　　（　　）
3. 使用 clearTimeout() 和 clearInterval() 方法可以清除定时器。　　　　　　　　　　（　　）
4. 使用 history 对象的 go() 方法可以实现页面的前进或后退。　　　　　　　　　　　（　　）
5. 同步是指在处理一个任务的同时，可以去处理其他的任务。　　　　　　　　　　　（　　）

三、选择题

1. 下列选项中，不属于 window 对象属性的是（　　　　）。

A. pageX　　　　　　　　B. location　　　　　　　　C. history　　　　　　　D. navigator

2. 下列关于 BOM 的描述中，正确的是（   ）。

A. BOM 是由 W3C 组织推出的一个标准   B. BOM 专门用于对文档进行操作

C. 不同浏览器的 BOM 对象有差异   D. BOM 不允许获取用户使用的浏览器信息

3. 下列关于 history 对象的描述中，错误的是（   ）。

A. go(-1)与 back()皆表示后退一页   B. go(0)表示刷新当前网页

C. 可以获取历史记录的个数   D. 可以获取用户浏览过的历史记录

4. 下列关于 window 对象的描述中，错误的是（   ）。

A. 全局变量和函数都是 window 对象的属性和方法

B. window.location 与 document.location 是同一个对象

C. window 对象属于 BOM 对象

D. 函数内使用 var 声明的变量也是 window 对象的属性

5. 下列关于 location 对象的描述中，错误的是（   ）。

A. assign()方法用于载入一个新的文档

B. reload()方法用于重新加载当前文档

C. search()方法用于获取或设置 URL 参数

D. replace()方法会用新的文档替换当前文档，覆盖浏览器当前记录

四、简答题

1. 简述 BOM 与 DOM 的区别。

2. 简述同步与异步的区别。

五、编程题

编写程序，实现电子时钟效果，要求每隔 1 秒获取一次当前时间，并提供一个按钮控制电子时钟是否停止，效果如图 8-11 所示。

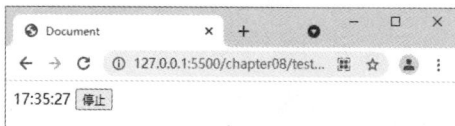

图8-11　电子时钟

第 **9** 章

正则表达式

学习目标

★ 熟悉正则表达式，能够说出正则表达式的概念和作用

★ 掌握正则表达式的创建，能够使用两种方式创建正则表达式

★ 掌握正则表达式的使用，能够使用正则表达式进行字符串匹配

★ 掌握正则表达式中元字符的使用，能够根据需求选择合适的元字符

★ 掌握正则表达式中模式修饰符的使用，能够根据需求选择合适的模式修饰符

★ 掌握正则表达式常用方法，能够实现字符串的匹配、分割和替换

拓展阅读

项目开发中，经常需要对表单中输入内容的格式进行限制。例如，用户名、密码、手机号、身份证号的格式验证，这些内容遵循的规则繁多而又复杂，如果要成功匹配，可能要编写上百行代码，这种做法显然不可取。此时，就需要使用正则表达式，利用较简短的描述语法完成诸如查找、匹配、替换等功能。本章将围绕如何在 JavaScript 中使用正则表达式进行详细讲解。

9.1 认识正则表达式

9.1.1 什么是正则表达式

正则表达式（Regular Expression）是一种描述字符串规律的表达式，用于匹配字符串中的特定内容。正则表达式的灵活性、逻辑性和功能性非常强，运用正则表达式可以迅速地用极简单的方式达到字符串的复杂控制。

在日常开发中，正则表达式通常被用来匹配或替换符合某个规律的文本，例如，当我们在一些网站中注册用户时，网站要求用户名由字母、数字和下画线组成，网站的开发人员在对用户名进行格式验证的时候，就用到了正则表达式。

正则表达式的形成与发展有着悠久的历史。它最初是由神经学家沃伦·麦卡洛克（Warren McCulloch）和数学家沃尔特·皮茨（Walter Pitts）在对人类神经系统如何工作的早期研究中，研究出的一种数学描述方式；后来数学家斯蒂芬·科尔·克莱因（Stephen Cole Kleene）在发表的《神经网事件的表示法》论文中第

一次提出了正则表达式的概念。之后一段时间，人们发现可以将正则表达式应用于其他方面。UNIX 的主要发明人肯尼斯·蓝·汤普森（Kenneth Lane Thompson）将正则表达式应用到了 UNIX 的 QED 编辑器的搜索算法中。到现在为止，正则表达式已经成为文本编辑器和搜索工具的一个重要部分，并被应用到各种编程语言中。

9.1.2　创建正则表达式

在 JavaScript 中，正则表达式是一种对象。创建正则表达式的方式有两种，一种是利用字面量的方式创建，另一种是通过 RegExp() 构造函数的方式创建。

利用字面量创建正则表达式，语法格式如下。

```
/pattern/flags
```

上述语法格式中，pattern 表示模式，用于描述字符串特征，它由元字符和文本字符组成；flags 表示模式修饰符。

通过 RegExp() 构造函数创建正则表达式，语法格式如下。

```
new RegExp(pattern[, flags])
```

上述语法格式中，pattern 表示模式，flags 表示模式修饰符。

下面对元字符、文本字符和模式修饰符分别进行介绍。

● 元字符是具有特殊含义的字符，例如，元字符 “.” 表示匹配除换行符、回车符之外的任意单个字符，元字符 “*” 表示匹配前面的字符零次或多次。

● 文本字符又称为原义字符，它没有特殊含义，用来表示原本的字符。例如，“a” 表示字符 a，“1” 表示字符 1。

● 模式修饰符用于指定额外的匹配策略，例如，“i” 表示忽略大小写。如果不需要指定额外的匹配策略，则模式修饰符可以省略。

了解如何创建正则表达式后，接下来通过具体代码进行演示，示例代码如下。

```
// 使用字面量方式创建正则表达式
var reg = /ab/i;
// 使用 RegExp() 构造函数创建正则表达式
var reg1 = new RegExp('ab', 'i');
```

上述代码分别使用字面量方式和 RegExp() 构造函数创建正则表达式，并赋值给变量。

9.1.3　使用正则表达式

正则表达式创建完成后，如何使用呢？接下来我们通过一些例子学习如何使用正则表达式完成一些基本的操作。

1. 检测字符串是否包含敏感词

当我们需要检测一个字符串是否包含敏感词时，可以使用正则表达式对象的 test() 方法来实现。test() 方法用来检测目标字符串是否匹配正则表达式描述的特征，匹配成功则返回 true，否则返回 false。使用 test() 方法检测字符串是否包含敏感词 admin 的示例代码如下。

```
1  var reg = /admin/;
2  console.log(reg.test('1admin'));       // 输出结果: true
3  console.log(reg.test('address'));      // 输出结果: false
```

上述示例代码中，第 1 行代码用于创建正则表达式，表示匹配敏感词 admin；第 2 行代码用于检测字符串'1admin'是否包含敏感词，输出结果为 true，表示包含敏感词；第 3 行代码用于检测字符串'address'是否包含敏感词，输出结果为 false，表示不包含敏感词。

2. 获取正则表达式匹配结果

正则表达式 test() 方法虽然能够检测字符串是否符合正则表达式描述的特征，但是无法返回匹配结果。当我们需要获取匹配结果时，可以使用 match() 方法。match() 方法用于在目标字符串中进行搜索匹配，匹配成功时，该方法的返回值是一个包含附加属性的数组，否则返回 null。获取匹配结果的示例代码如下。

```
1  var reg = /a.min/;
2  console.log('1admin2admin'.match(reg));
3  // 输出结果: ["admin", index: 1, input: "1admin2admin", groups: undefined]
4  console.log('address'.match(reg));
5  // 输出结果: null
```

在上述代码中，第 1 行代码创建正则表达式，用于匹配 a 和 min 之间只有一个字符的字符串。第 2 行代码使用 match() 方法在字符串'1admin2admin'中进行搜索匹配，通过输出结果可以看出，该方法匹配到了 admin 并返回了一个数组，对数组的具体解释如下。

- 数组元素" admin "是匹配到的内容。
- 附加属性 index 表示匹配到的内容"admin"在原字符串中的起始索引。
- 附加属性 input 表示原字符串。
- 附加属性 groups 是 ECMAScript 2018（ES9）中新增的内容，它表示捕获组数组，由于没有定义"命名捕获组"，结果为 undefined。

第 4 行代码使用 match() 方法在字符串'address'中进行匹配，由于字符串中没有符合正则表达式的内容，输出结果为 null。

3. 获取正则表达式全局匹配结果

当我们需要匹配字符串中所有符合正则表达式的内容时，可以利用 match() 方法配合模式修饰符 g 完成匹配。模式修饰符 g 表示全局匹配，也就是匹配到第 1 个符合正则表达式的内容后继续向后匹配。接下来匹配字符串'abs abc ads abd ass amas'中的所有 a 和 s 中间包含一个字符的字符串，示例代码如下。

```
1  var reg = /a.s/g;
2  var str = 'abs abc ads abd ass amas';
3  console.log(str.match(reg));
4  // 输出结果: (3) ["abs", "ads", "ass"]
```

上述示例代码中，第 1 行代码创建正则表达式，用于匹配所有 a 和 s 中间包含一个字符的字符串；第 2 行代码定义字符串 str；第 3 行代码使用 match() 方法在字符串 str 中匹配出所有符合正则表达式的字符串，匹配结果为"abs""ads""ass"。

▐▐▍ 小提示：

在使用 match() 方法时，如果传入一个非正则表达式对象，则会通过 RegExp() 隐式地将其转换为正则表达式对象。

9.2　正则表达式中的元字符

元字符是具有特殊含义的字符，通过元字符可以描述字符串的特征，从而使正则表达式具有处理字符串的能力。本节将对正则表达式中常用的元字符进行讲解。

9.2.1　定位符

假设有一组英文单词，我们想要匹配以 a 开头或以 e 结尾的单词，如何能够轻松地匹配到呢？这时定位符就可以发挥它的作用了，通过定位符可以匹配以指定内容开头或以指定内容结尾的字符串。常用的定位符如表 9-1 所示。

表 9-1　常用的定位符

定位符	说明
^	匹配以指定内容开头的字符串
$	匹配以指定内容结尾的字符串

接下来以定位符"^"为例演示定位符的使用。检测一组英文单词"apple""orange""melon""apricot""banana"中以 a 开头的单词，示例代码如下。

```
1  var reg = /^a/;
2  console.log(reg.test('apple'));          // 输出结果：true
3  console.log(reg.test('orange'));         // 输出结果：false
4  console.log(reg.test('melon'));          // 输出结果：false
5  console.log(reg.test('apricot'));        // 输出结果：true
6  console.log(reg.test('banana'));         // 输出结果：false
```

上述示例代码中，第 1 行代码创建正则表达式，用于匹配以 a 开头的单词。第 2~6 行代码使用 test() 方法检测英文单词是否符合正则表达式，其中，第 2 行和第 5 行的单词符合正则表达式，所以输出结果为 true；第 3、4、6 行的单词不符合正则表达式，所以输出结果为 false。

当"^"和"$"都使用时，表示匹配以指定字符开始并且以指定字符结束的字符串，示例代码如下。

```
1  console.log(/^Happy day$/.test('Happy day'));   // 输出结果：true
2  console.log(/^Sad day$/.test('Happy day'));     // 输出结果：false
```

上述示例代码中，第 1 行代码用于检测字符串'Happy day'是否以 Happy 开头并且以 day 结尾，输出结果为 true；第 2 行代码用于检测字符串'Sad day'是否以 Happy 开头并且以 day 结尾，输出结果为 false。

9.2.2　中括号、连字符和反义符

通过前面的学习，我们已经能够实现匹配具体的字符了，而在实际开发中，有时需要匹配特定范围内的字符，例如，匹配 a~z 范围内的字符，此时，如果我们不想把所有的情况都写出来，就可以使用中括号来实现范围匹配。

正则表达式中的"[]"表示一个字符集合，只要待匹配的字符符合字符集合中的某一项，即表示匹配成功。当需要匹配某个范围内的字符时，可以在正则表达式中使用中括号"[]"和连字符"-"来表示范围；当需要匹配某个范围外的字符时，可以在"["的后面加上"^"，此时"^"不再表示定位符，而是反义符，表示某个范围之外。中括号、连字符和反义符的示例如表 9-2 所示。

表 9-2　中括号、连字符和反义符的示例

示例	说明
[cat]	匹配 c、a、t 中的任意一个字符
[^cat]	匹配除 c、a、t 以外的字符
[A-Z]	匹配 A~Z 范围内的字符
[^a-z]	匹配 a~z 范围外的字符
[a-zA-Z0-9]	匹配 a~z、A~Z 和 0~9 范围内的字符

需要注意的是，"-"连字符只有在表示字符范围时才作为元字符来使用，其他情况下则只表示一个文本字符。"-"连字符表示的范围需遵循字符编码的顺序，如"a-z"和"A-Z"是合法的范围，"a-Z""z-a"和"a-9"是不合法的范围。

接下来通过代码演示中括号、连字符和反义符的使用，示例代码如下。

```
1  var str = 'beautiful 女孩!';
2  console.log(str.match(/[abc]/g));        // 输出结果: (2) ["b", "a"]
3  console.log(str.match(/[^a-z]/g));       // 输出结果: (4) [" ", "女", "孩", "!"]
```

上述示例代码中，第 1 行代码定义变量 str，用来保存字符串'beautiful 女孩!'；第 2 行代码用于全局匹配出字符串中的字符 a、b、c，输出结果为 "(2) ["b", "a"]"；第 3 行代码用于全局匹配出字符串中 a~z 范围外的字符，输出结果为 "(4) [" ", "女", "孩", "!"]"。

9.2.3　反斜线

一个字符串可能会存在两种特殊情况，第 1 种情况是字符串中包含一些换行符、制表符等，第 2 种情况是字符串中包含一些元字符。当我们需要匹配的字符刚好属于这些特殊情况时，就需要用到反斜线了。正则表达式中，反斜线 "\" 有两个作用，一是使用反斜线进行特定匹配，二是使用反斜线将元字符转换为文本字符，下面分别进行讲解。

1. 使用反斜线进行特定匹配

正则表达式中可以使用反斜线加一些具有特定含义的字符来进行特定匹配，这种使用反斜线进行特定匹配的形式是一些常见模式的简写，被称为预定义符，例如 "\d" 表示匹配 0~9 的数字，是 "[0-9]" 的简写形式。下面列举一些常用的预定义符，具体如表 9-3 所示。

表 9-3　常用的预定义符

预定义符	说明
\d	匹配所有 0~9 的任意一个数字，相当于[0-9]
\D	匹配所有 0~9 以外的字符，相当于[^0-9]
\w	匹配任意的字母、数字和下画线，相当于[a-zA-Z0-9_]
\W	匹配除字母、数字和下画线以外的字符，相当于[^a-zA-Z0-9_]
\s	匹配空白字符（包括换行符、制表符、空格符等），相当于[\t\r\n\v\f]
\S	匹配非空白字符，相当于[^\t\r\n\v\f]
\f	匹配一个换页符（form feed）
\b	匹配单词分界符。如 "\bg" 可以匹配 "best grade"，结果为 "g"
\B	匹配非单词分界符。如 "\Bade" 可以匹配 "best grade"，结果为 "ade"
\t	匹配一个水平制表符（horizontal tab）
\n	匹配一个换行符（line feed）
\xhh	匹配 ISO-8859-1 值为 hh（十六进制 2 位数）的字符，如 "\x61" 表示 "a"
\r	匹配一个回车符（carriage return）
\v	匹配一个垂直制表符（vertical tab）
\uhhhh	匹配 Unicode 值为 hhhh（十六进制 4 位数）的字符，如 "\u597d" 表示 "好"

接下来我们以 "\d" 和 "\w" 为例进行演示，示例代码如下。

```
1  var str = 'Hello World123';
2  var reg1 = /\d/g;
3  var reg2 = /\W/g;
4  console.log(str.match(reg1));        // 输出结果: (3) ["1", "2", "3"]
5  console.log(str.match(reg2));        // 输出结果: [" "]
```

上述示例代码中，第 1 行代码通过变量 str 保存目标字符串；第 2 行代码创建正则表达式 reg1，用于从目标字符串中全局匹配出数字；第 3 行代码创建正则表达式 reg2，用于从目标字符串中全局匹配出非字母、数字和下画线的字符；第 4～5 行代码用于在控制台输出匹配结果，其中第 4 行代码的输出结果为数字 1、2 和 3，第 5 行代码的输出结果为空格。

2. 使用反斜线将元字符转换为文本字符

当我们需要匹配的字符刚好是元字符时，正则表达式中就需要使用反斜线将元字符转换为文本字符。需要注意的是，字面量方式与构造函数方式创建的正则表达式虽然在功能上完全一致，但它们在语法上有一定的区别，前者只需使用一个反斜线，例如匹配字符串 "It.s" 中的 "." 时，在正则表达式中使用 "\." 来表示，而后者需要使用两个反斜线，这是因为字符串需要先转义反斜线，然后才是正则表达式中的反斜线，即 "\\."。

接下来通过代码演示如何使用反斜线将元字符 "^" "？" "." 转换为文本字符，示例代码如下。

```
1  var reg = /\^/g;
2  var reg1 = /\?/g;
3  var reg2 = new RegExp('\\.', 'g');
4  console.log('^a1b2'.match(reg));   // 输出结果：["^"]
5  console.log('a1?b2'.match(reg1));  // 输出结果：["?"]
6  console.log('a1.b2'.match(reg2));  // 输出结果：["."]
```

上述示例代码中，第 1 行代码使用字面量的方式创建正则表达式 reg，用于匹配字符 "^"；第 2 行代码使用字面量的方式创建正则表达式 reg1，用于匹配字符 "？"；第 3 行代码使用 RegExp() 构造函数创建正则表达式 reg2，用于匹配字符 "."；第 4 行代码用于匹配字符串 'a1b2' 中的 "^"；第 5 行代码用于匹配字符串 'a1?b2' 中的 "?"；第 6 行代码用于匹配字符串 'a1.b2' 中的 "."。

9.2.4 点字符和限定符

在实际开发中，当需要匹配除换行符（\n）和回车符（\r）之外的任意单个字符时，可以在正则表达式中使用点字符 "."。当要匹配某个连续出现的字符时，可以使用限定符，限定符包括 "?" "+" "*" "{}"。点字符和限定符的说明如表 9-4 所示。

表 9-4 点字符和限定符的说明

字符	说明
.	匹配除换行符和回车符之外的任意单个字符
?	匹配前面的字符零次或一次
+	匹配前面的字符一次或多次
*	匹配前面的字符零次或多次
{n}	匹配前面的字符 n 次
{n,}	匹配前面的字符最少 n 次
{n,m}	匹配前面的字符最少 n 次，最多 m 次

下面演示如何使用点字符 "." 匹配 h 与 t 之间除换行符和回车符之外任意单个字符，使用限定符匹配 h 与 t 之间的字符 i，示例代码如下。

```
1  console.log('hit'.match(/h.t/g));        // 输出结果：["hit"]
2  console.log('hiit'.match(/hi?t/g));      // 输出结果：null
3  console.log('hiit'.match(/hi+t/g));      // 输出结果：["hiit"]
4  console.log('ht'.match(/hi*t/g));        // 输出结果：["ht"]
5  console.log('hit'.match(/hi{1}t/g));     // 输出结果：["hit"]
6  console.log('hiit'.match(/hi{1,}t/g));   // 输出结果：["hiit"]
7  console.log('hiiit'.match(/hi{1,3}t/g)); // 输出结果：["hiiit"]
```

上述示例代码中，第 1 行代码使用正则表达式 "/h.t/g" 匹配字符串'hit'；第 2 行代码匹配字符 i 零次或一次，因为字符串'hiit'中有两个 i，所以输出结果为 null；第 3 行代码匹配字符 i 一次或多次；第 4 行代码表示匹配字符 i 零次或多次；第 5 行代码表示匹配字符 i 一次；第 6 行代码表示匹配字符 i 至少 1 次；第 7 行代码表示匹配字符 i 出现 1~3 次。

当点字符和限定符连用时，可以实现匹配指定数量范围的任意字符。例如，正则表达式 "/hello.*world/" 可以匹配 hello 和 world 之间包含零个或多个任意字符（不包括换行符、回车符）的字符串。

在实现指定数量范围的任意字符匹配时，支持贪婪匹配和懒惰匹配两种方式。贪婪匹配表示匹配尽可能多的字符，懒惰匹配表示匹配尽可能少的字符。正则表达式默认是贪婪匹配，若需要懒惰匹配，在限定符的后面加上 "?" 即可，示例代码如下。

```
var str = 'webWEB';
var reg1 = /w.*b/ig;                // 贪婪匹配
console.log(str.match(reg1));        // 输出结果: ["webWEB"]
var reg2 = /w.*?b/ig;               // 懒惰匹配
console.log(str.match(reg2));        // 输出结果: ["web", "WEB"]
```

上述代码中，由于使用了模式修饰符 i，匹配时不区分大小写。贪婪匹配时，会获取最先出现的 w 到最后出现的 b，所以匹配结果为 "webWEB"；懒惰匹配时，会获取最先出现的 w 到最先出现的 b，所以匹配结果为 "web" 和 "WEB"。

9.2.5　竖线

当我们匹配的字符串有多个条件时，可以在正则表达式中使用竖线 "|" 连接前后两个条件，"|" 表示 "或"。例如，正则表达式 "/hi|ha/g" 表示匹配 hi 或 ha，只要给定的字符串中包含 "|" 前后中的一个，就会匹配成功，示例代码如下。

```
var reg = /hi|ha/g;
console.log('shill'.match(reg));     // 输出结果: ["hi"]
console.log('happy'.match(reg));     // 输出结果: ["ha"]
```

上述示例代码中，字符串"shill"包含 hi，所以匹配成功；字符串"happy"中包含 ha，所以匹配成功。

9.2.6　小括号

在正则表达式中，使用小括号 "()" 可以对正则表达式分组，被小括号标注的内容称为子模式（或称为子表达式），一个子模式可以看作一个组。正则表达式中的小括号的功能主要有 4 个，分别是改变作用范围、捕获内容、反向引用和零宽断言，接下来将分别讲解这 4 个功能。

1. 改变作用范围

使用小括号对内容进行分组后，小括号中的 "|" 将只对当前子模式有效，而不会作用于整个模式；限定符原本用来限定其前面的字符出现的次数，而分组后，则用来限定其前面的分组匹配到的内容出现的次数。下面通过比较改变作用范围前后的结果，帮助读者理解小括号改变作用范围的功能，示例代码如下。

```
// 示例 1
var reg1 = /happy|te/;              // 可匹配的结果: happy、te
var reg2 = /ha(ppy|te)/;           // 可匹配的结果: happy、hate
// 示例 2
var reg1 = /abc{2}/;               // 可匹配的结果: abcc
var reg2 = /a(bc){2}/;             // 可匹配的结果: abcbc
```

上述示例代码中，示例 1 的正则表达式 reg1 没有使用小括号，可匹配的结果是 happy 和 te，正则表达式

reg2 使用小括号标注"ppy|te"，此时改变了作用范围，可匹配的结果是 happy 和 hate。示例 2 中 reg1 没有使用小括号，可匹配的结果是 abcc，正则表达式 reg2 使用小括号标注"bc"，此时改变了作用范围，可匹配的结果是 abcbc。

2. 捕获内容

正则表达式中，当子模式匹配到内容时，匹配到的内容会被临时保存，这个过程称为捕获。利用 match()进行捕获时，其返回结果中会包含子模式的匹配结果，示例代码如下。

```
var reg = /Su(nny)/;
console.log('Sunnyday'.match(reg));
```

上述示例代码的输出结果如图 9-1 所示。

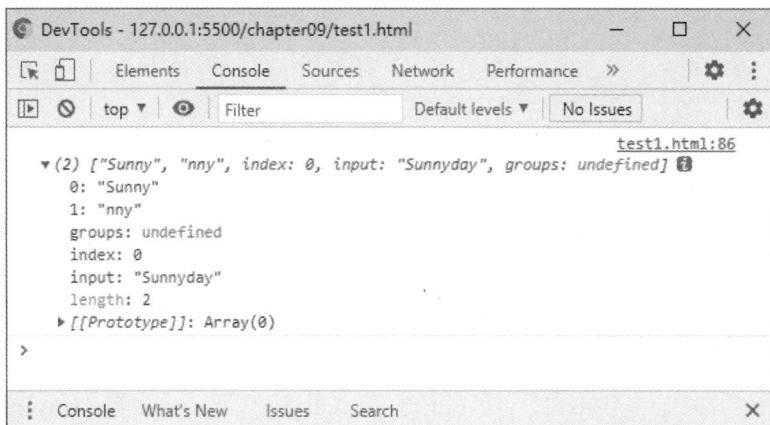

图9-1 捕获

图 9-1 中，匹配结果数组中有两个元素，索引为 0 的元素保存的是整个模式匹配到的内容"Sunny"，索引为 1 的元素保存的是子模式捕获到的内容"nny"。

在开发中，若不想捕获子模式的匹配内容，可以在子模式前使用"?:"实现非捕获匹配，示例代码如下。

```
var reg = /Su(?:nny)/;
console.log('Sunnyday'.match(reg));
```

上述示例代码的输出结果如图 9-2 所示。

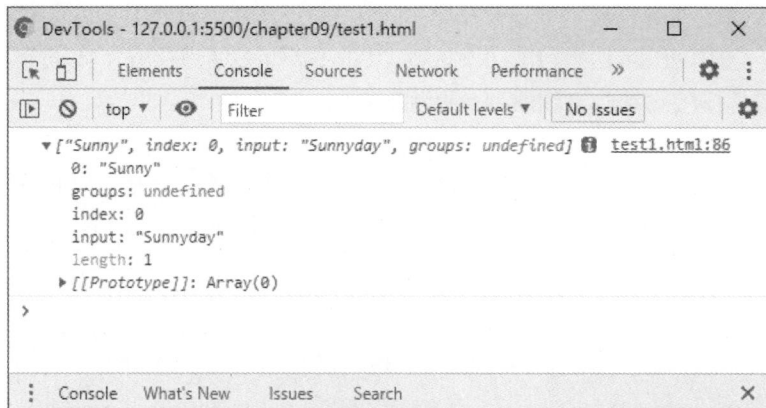

图9-2 非捕获匹配

图 9-2 中，匹配结果的数组中只有一个元素，元素的内容是正则表达式匹配到的字符串"Sunny"，此时子模式捕获的内容没有保存到返回结果的数组中。

3. 反向引用

当一个正则表达式被分组后，每个组将会自动分配一个组号用于代表每个子模式，组号按从左到右的顺序编号，第 1 个子模式的组号为 1，第 2 个子模式的组号为 2，以此类推。有了组号以后，可以在正则表达式的后半部分引用前半部分中的子模式的捕获结果，这种引用方式称为反向引用。反向引用的语法为 "\组号"，例如，"\1" 表示引用第 1 个子模式的捕获结果。

为了让读者更好地理解反向引用的使用，下面我们以查找字符串中连续的 3 个相同数字为例进行讲解，示例代码如下。

```
var str = '13335 12345 56668';
var reg = /(\d)\1\1/g;
var match = str.match(reg);
console.log(match);                     // 输出结果：(2) ["333", "666"]
```

上述示例代码中，"\d" 用于匹配 0~9 的任意一个数字，为其添加小括号 "()" 后，即可通过反向引用获取捕获的内容。因此，最后的匹配结果为 333 和 666。

4. 零宽断言

零宽断言指的是一种零宽度的子模式匹配，其中，零宽是指子模式匹配到的内容不会保存到匹配结果中，断言是指给子模式所在位置添加一个限定条件，用来规定此位置之前或者之后的内容必须满足限定条件才能使子模式匹配成功。零宽断言分为先行断言、先行否定断言、后行断言和后行否定断言 4 种方式，具体说明如表 9-5 所示。

表 9-5　零宽断言

方式	语法	说明
先行断言	x(?=y)	只有当 x 后面是 y 时，才匹配成功
先行否定断言	x(?!y)	只有当 x 后面不是 y 时，才匹配成功
后行断言	(?<=y)x	只有当 x 前面是 y 时，才匹配成功
后行否定断言	(?<!y)x	只有当 x 前面不是 y 时，才匹配成功

了解零宽断言的 4 种方式后，接下来通过代码演示这 4 种方式，示例代码如下。

```
// 演示 4 种零宽断言方式
var reg1 = /Countr(?=y)/g;              // 先行断言
var reg2 = /Countr(?!y)/g;              // 先行否定断言
var reg3 = /(?<=A)dmin/g;               // 后行断言
var reg4 = /(?<!A)dmin/g;               // 后行否定断言
// 执行匹配
console.log('Country'.match(reg1));     // 输出结果：["Countr"]
console.log('Country'.match(reg2));     // 输出结果：null
console.log('Admin'.match(reg3));       // 输出结果：["dmin"]
console.log('Bdmin'.match(reg4));       // 输出结果：["dmin"]
```

上述示例代码中，正则表达式 reg1 表示只有当 Countr 后面是 y 时才匹配成功，字符串'Country'符合正则表达式 reg1；正则表达式 reg2 表示只有当 Countr 后面不是 y 时才匹配成功，字符串'Country'不符合正则表达式 reg2；正则表达式 reg3 表示只有当 dmin 前面是 A 时才匹配成功，字符串'Admin'符合正则表达式 reg3；正则表达式 reg4 表示只有当 dmin 前面不是 A 时才匹配成功，字符串'Bdmin'符合正则表达式 reg4。

■■■ **脚下留心：正则表达式优先级**

在第 2 章学习 JavaScript 运算符时，我们了解到运算符是有优先级的。在使用正则表达式时，元字符和文本字符也像运算符一样遵循优先级顺序。下面将正则表达式中的各种符号按照优先级从高到低的顺序进行排列，具体如下。

- 用于将元字符转换为文本字符的 "\"。
- ()、[]。
- *、+、?、{}。
- ^、$、用于特定匹配的 "\"、、文本字符。
- |。

在编写正则表达式时，应注意按照正则表达式优先级来使用各种元字符和文本字符，以免出现匹配失败的情况。

9.2.7　【案例】身份证号码验证

现实生活中，我们外出时经常需要乘坐高铁，买高铁票时需要实名认证，这时需要我们输入自己的身份证号码，当输入的身份证号码合法时，表示验证成功，即可购买高铁票。本案例将实现验证用户输入的身份证号码是否合法，由于真实的身份证号码验证规则比较复杂，这里我们采用一种简单的验证规则，要求合法的身份证号码为 18 位，前 6 位表示地区码，以非 0 数字开头；后面 8 位表示出生日期（年、月、日），要求年份为 1800—3999 年；最后 4 位由 3 位顺序码和 1 位校验码组成，1 位校验码可以是 0～9 的任意一个数字或者是 X，为了输入方便，允许将 X 输入成 x。

通过分析可得出身份证号码各部分的验证规则，具体如下。

- 地区：[1-9]\d{5}。
- 出生年份：(18|19|[23]\d)\d{2}。
- 出生月份：(0[1-9]|1[0-2])。
- 出生日期：([0-2][1-9]|10|20|30|31)。
- 顺序码和校验码：\d{3}[0-9Xx]。

接下来编写代码实现身份证号码的验证，具体代码如例 9-1 所示。

例 9-1　Example01.html

```
1  <script>
2    var str = prompt('请输入要验证的身份证号码：')
3    var reg = /^[1-9]\d{5}(18|19|[23]\d)\d{2}(0[1-9]|1[0-2])([0-2][1-9]|10|20|30|31)\d{3}
[0-9Xx]$/;
4    if (reg.test(str)) {
5      console.log('您输入的身份证号码合法');
6    } else {
7      console.log('您输入的身份证号码不合法');
8    }
9  </script>
```

例 9-1 中，第 2 行代码通过变量 str 接收用户输入的身份证号码；第 3 行代码创建正则表达式 reg，用来匹配合法的身份证号码；第 4～8 行代码用于判断输入的身份证号码是否合法，其判断条件为 test() 方法检测身份证号码的结果，当检测结果为 true 时，在控制台输出 "您输入的身份证号码合法"，否则输出 "您输入的身份证号码不合法"。

保存代码，在浏览器中进行测试，例 9-1 的初始页面如图 9-3 所示。

图 9-3 中，读者可在弹出的输入框中输入自己的身份证号码进行验证，例 9-1 验证成功的输出结果如图 9-4 所示。

图9-3　例9-1的初始页面

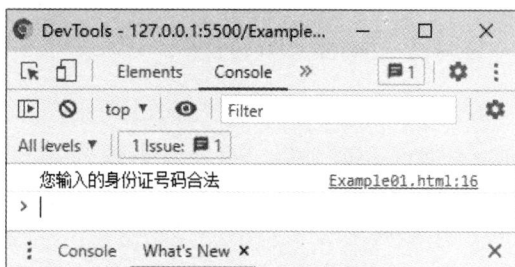

图9-4　例9-1验证成功的输出结果

图 9-4 中，控制台输出了"您输入的身份证号码合法"，说明已经实现了身份证号码的验证。如果在图 9-3 中弹出的输入框中输入的身份证号码不合法，则控制台将输出"您输入的身份证号码不合法"。

9.3　正则表达式中的模式修饰符

在实际开发中，合理使用模式修饰符，可以使正则表达式变得更加简洁、直观。常用的模式修饰符如表 9-6 所示。

表 9-6　常用的模式修饰符

模式修饰符	说明
g	全局匹配
i	忽略大小写
m	多行匹配
s	允许点字符"."匹配换行符和回车符
u	使用 Unicode 码的模式进行匹配
y	执行粘性（sticky）搜索，匹配从目标字符串的当前位置开始

表 9-6 中的模式修饰符，还可以根据实际需要组合在一起使用，没有顺序要求。例如，既要忽视大小写又要进行全局匹配，则可以写成 gi 或 ig。了解常用模式修饰符的含义后，下面以 g、i、m、s 为例进行演示，示例代码如下。

```
1  console.log('abbbc'.match(/b/g));          // 输出结果：(3) ["b", "b", "b"]
2  console.log('Apple'.match(/apple/gi));     // 输出结果：["Apple"]
3  console.log('Hi Li\n Ming'.match(/Li$/gm)); // 输出结果：["Li"]
4  console.log('fat\ndog'.match(/^f.*$/s)[0]); // 输出结果：["fat↵dog"]
```

上述示例代码中，第 1 行代码用于全局匹配字符 b，假设没有模式修饰符 g，则匹配到第 1 个字符 b 时就不再匹配；第 2 行代码用于全局匹配 apple，并忽略大小写，如果没有模式修饰符 i，则字符串'Apple'匹配失败；第 3 行代码用于全局且多行匹配 Li，匹配时将字符串'Hi Li\n Ming'看作两行；第 4 行代码用于匹配以 f 开头的字符串，且允许点字符"."匹配换行符和回车符。

9.4　正则表达式常用方法

通过 9.1.3 小节的学习，大家应该已经掌握了正则表达式对象的 test()方法和 match()方法的使用。而在 String 对象的方法中，也有一些方法可以使用正则表达式，如 search()方法、split()方法和 replace()方法，本节将详细讲解这 3 个方法的使用。

9.4.1　search()方法

在开发中，若要找出某个字符串在目标字符串中首次出现的索引，有 3 种方法可以实现，第 1 种是利用前面学过的 indexOf()方法，第 2 种是利用前面学过的 match()方法，第 3 种则是利用 search()方法。

search()方法可以获取子字符串在给定的字符串中首次出现的索引，匹配成功则返回其首次出现的索引，匹配失败则返回–1。search()方法的参数是一个正则表达式对象，如果传入一个非正则表达式对象，则会使用 RegExp()隐式地将其转换为正则表达式对象。

接下来使用 search()方法查找出字符 a 和字符 c 中间只有一个字符的子字符串在目标字符串'abcadc'中首次出现的索引，示例代码如下。

```
1  var str = 'abcadc';
2  console.log(str.search('a.c'));        // 输出结果: 0
3  console.log(str.search(/a.c/));        // 输出结果: 0
```

上述示例代码中，第 2 行代码 search()方法的参数被隐式转换成了正则表达式对象，因此第 2 行代码相当于获取 "/a.c/" 的匹配结果在字符串 str 中首次出现的索引，输出结果为 0。

9.4.2　split()方法

在开发中，若要将字符串'test@qq.com'以 "@" 和 "." 为分隔符分割成 3 部分，需要对字符串进行截取，且需要知道每一部分的起始位置和长度，这样需要写 3 次字符串截取的代码，如果字符串中包含多个分隔符，还需要写更多次字符串截取的代码，非常麻烦，这时可以使用 split()方法，配合正则表达式快速实现字符串分割。

split()方法用于根据指定的分隔符将一个字符串分割成字符串数组，其分割后的字符串数组中不包括分隔符本身。当分隔符不止一个时，需要定义正则表达式对象来完成字符串的分割操作。在实现分割操作时还可以指定分割的次数。下面将详细讲解 split()方法。

1.　使用正则表达式匹配的方式分割字符串

下面演示如何通过 "@" 和 "." 两种分隔符对字符串进行分割，示例代码如下。

```
var str = 'test@qq.com';
var reg = /[@\.]/;
var arr = str.split(reg);
console.log(arr);             // 输出结果: (3) ["test", "qq", "com"]
```

上述示例代码中，split()方法将字符串分割成 test、qq 和 com 这 3 个子字符串。

2.　指定分割次数

在使用正则表达式匹配的方式分割字符串时，还可以指定字符串分割的次数。当指定字符串分割次数后，若指定的次数小于实际字符串中符合规则分割的次数，则最后的返回结果中会忽略其他的分割结果，示例代码如下。

```
var str = 'We are a family';
var reg = /\s/;
var arr = str.split(reg, 2);
console.log(arr);             // 输出结果: (2) ["We", "are"]
```

上述示例代码中，split()方法将字符串'We are a family'分割成 We 和 are 两个子字符串。

9.4.3　replace()方法

在实际开发中，要将一篇文章中多次出现的错别字进行修改，如果一边查找一边修改是非常麻烦的，而且很可能漏查，这时利用 replace() 方法配合正则表达式可以很方便地进行字符串查找并替换。

replace() 方法用于替换字符串，用来操作的参数可以是一个字符串或正则表达式，该方法执行后，不会对调用该方法的字符串产生影响，而是将替换后的新字符串返回。当正则表达式包含子模式时，使用"$数字"可以引用子模式的捕获结果。下面我们以替换'Hello Word'中的 Word 为 World 为例进行演示，示例代码如下。

```javascript
var str = 'Hello Word';
var reg = /(\w+)\s(\w+)/gi;
var newStr = str.replace(reg, '$1 World');
console.log(newStr);                 // 输出结果：Hello World
```

在上述代码中，replace() 方法的第 1 个参数为正则表达式，用于与 str 字符串进行匹配，将符合规则的内容利用第 2 个参数设置的内容进行替换。其中，$1 表示正则表达式中第 1 个子模式被捕获的内容"Hello"。

9.4.4 【案例】过滤并替换敏感词

日常生活中，我们在网站上输入一些信息时，某些内容可能被替换成星号"*"，或者当我们浏览一些论坛时，经常看到别人发表的内容中包含一些星号"*"，这些被星号代替的内容一般是敏感词或者个人信息。本案例将实现过滤敏感词 admin 和 manager，忽略大小写并将匹配到的内容替换成"*"。

接下来编写代码实现匹配字符串中的 admin 和 manager，忽略大小写并将匹配到的内容替换成星号"*"。在页面中定义两个文本域和一个按钮，第 1 个文本域用来显示用户输入的内容，第 2 个文本域用来显示替换后的内容，当用户输入内容后，单击"过滤"按钮即可执行替换操作，具体代码如例 9-2 所示。

例 9-2 　 Example02.html

```html
1  <body>
2    <div>过滤前的内容：<br>
3      <textarea id="before" cols="30" rows="5"></textarea>
4    </div>
5    <button id="btn">过滤</button>
6    <div>过滤后的内容：<br>
7      <textarea id="after" cols="30" rows="5"></textarea>
8    </div>
9    <script>
10     document.getElementById('btn').onclick = function () {
11       var str = document.getElementById('before').value;
12       var reg = /(admin)|(manager)/gi;
13       var newStr = str.replace(reg, '*');
14       document.getElementById('after').value = newStr;
15     };
16   </script>
17 </body>
```

例 9-2 中，第 2~8 行代码定义了两个文本域和一个按钮，第 1 个文本域的 id 为 before，第 2 个文本域的 id 为 after，按钮的 id 为 btn；第 10~15 行代码用于实现单击按钮时，执行替换操作，其中，第 11 行代码定义变量 str 用于保存用户输入的内容，第 12 行代码用于定义正则表达式 reg，表示全局匹配 admin 或 manager 并忽略大小写，第 13 行代码使用 replace() 方法将字符串根据正则表达式 reg 进行匹配，并将敏感词替换成星号"*"。

保存代码，在浏览器中进行测试，例 9-2 的页面初始效果如图 9-5 所示。

图 9-5 中，在"过滤前"文本域中输入"Admin and Manager"，然后单击"过滤"按钮，查看过滤后的页面效果，如图 9-6 所示。

图 9-6 中，在"过滤后"文本域中，敏感词 Admin 和 Manager 都被替换成了"*"，说明利用正则表达式和 replace() 方法已经实现了替换敏感词。

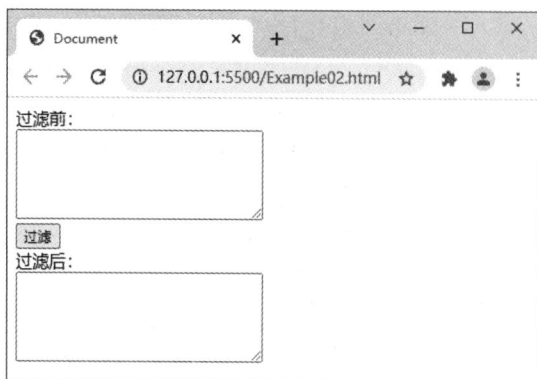

图9-5　例9-2的页面初始效果

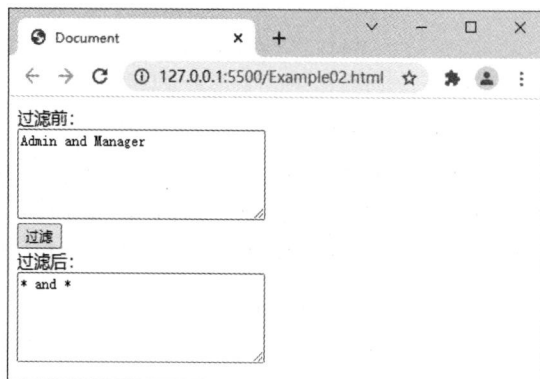

图9-6　过滤敏感词后的页面效果

动手实践：表单验证

开发表单页面时，为了保证表单的严谨性，需要对表单进行验证。例如，用户注册、用户登录、填写个人信息的时候，都需要对用户填写的内容进行验证。下面以用户注册为例讲解表单验证。本案例对用户注册时填写的用户名、密码和手机号的格式要求如下。

* 用户名由英文大小写字母组成，长度为 3～10 位。
* 密码由英文大小写字母、数字和下画线组成，长度为 6～20 位。
* 手机号是以 13、15、16、17、18、19 开头的 11 位数字。

表单验证页面效果如图 9-7 所示。

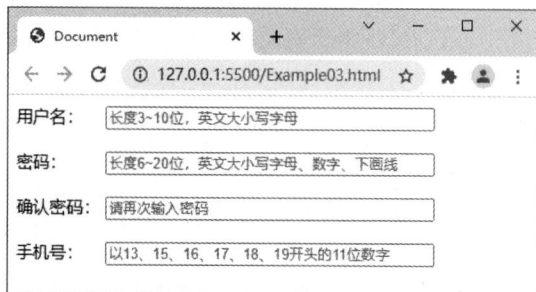

图9-7　表单验证页面效果

下面编写代码实现表单验证，本案例分为 5 步，第 1 步编写 HTML 代码，实现表单结构；第 2 步编写 CSS 代码，实现表单样式；第 3 步封装 checkItem()函数，用于验证用户名、密码和手机号是否合法；第 4 步封装 checkPwd()函数，用于验证两次输入的密码是否一致；第 5 步调用 checkItem()函数和 checkPwd()函数，实现表单验证。

1. 编写 HTML 代码

定义 4 个<label>标签，用于显示提示用户输入的内容项；定义 4 个<input>标签用于用户输入信息；定义 4 个<span>标签，用于提示输入的内容是否合法，具体代码如例 9-3 所示。

例 9-3　Example03.html

```
1  <form>
2    <label>用户名：</label>
3    <input type="text" name="username" placeholder="长度 3～10 位，英文大小写字母"> <span>
</span><br>
4    <label>密码：</label>
5    <input type="password" name="pwd" placeholder="长度 6～20 位，英文大小写字母、数字、下画
线"> <span></span><br>
6    <label>确认密码：</label>
7    <input type="password" name="confirm" placeholder="请再次输入密码"> <span></span><br>
8    <label>手机号：</label>
9    <input type="text" name="tell" placeholder="以 13、15、16、17、18、19 开头的 11 位数字">
<span></span><br>
10 </form>
```

例 9-3 中，定义了 4 个<label>标签，内容分别是"用户名："密码:""确认密码:""手机号："；定义了 4 个<input>标签，用于用户输入相关内容；定义了 4 个<span>标签，用于提示用户输入的内容是否合法。

2. 编写 CSS 代码

在例 9-3 中添加 CSS 代码，为<label>标签和<input>标签添加样式，并定义 green 类和 red 类，分别表示输入内容合法的提示信息样式和输入内容不合法的提示信息样式，具体代码如下。

```
1  <style>
2    label { width: 80px; display: inline-block; margin-bottom: 20px; }
3    input { width: 300px; padding: 5px; }
4    .green { color: green; }
5    .red { color: red; }
6  </style>
```

上述代码中，green 类用于将文本颜色设为绿色，red 类用于将文本颜色设为红色。

3. 封装 checkItem()函数

在例 9-3 中添加 JavaScript 代码。考虑到表单中每一项都要验证，会产生一些重复的代码，所以这里将对重复代码进行封装。定义 checkItem()函数，用于验证用户名、密码、手机号是否合法，参数 obj 表示当前要验证的 input 元素，name 表示当前 input 元素表示的内容，reg 表示正则表达式，具体代码如下。

```
1  <script>
2    // 验证用户名、密码、手机号是否合法
3    function checkItem(obj, name, reg) {
4      var osp = obj.nextElementSibling;
5      obj.onblur = function () {
6        if (reg.test(obj.value)) {
7          osp.innerHTML = '恭喜您' + name + '合法!';
8          osp.className = 'green';
9        } else {
10         osp.innerHTML = '您输入的' + name + '不合法，请重新输入!';
```

```
11         osp.className = 'red';
12       }
13    };
14  }
15 </script>
```

上述代码中，第 4 行代码用于获取显示提示信息的 span 元素，第 5~13 行代码用于在当前 input 元素失去焦点时进行验证。

4. 封装 checkPwd()函数

例 9-3 中，在</script>标签前继续添加 JavaScript 代码，封装 checkPwd()函数，实现验证两次输入的密码是否一致，具体代码如下。

```
1  // 验证两次输入的密码是否一致
2  function checkPwd(obj, previous) {
3    obj.onblur = function () {
4      if (obj.value == previous.value) {
5        obj.nextElementSibling.innerHTML = '密码正确!';
6        obj.nextElementSibling.className = 'green';
7      } else {
8        obj.nextElementSibling.innerHTML = '两次输入的密码不一致，请重新输入!';
9        obj.nextElementSibling.className = 'red';
10     }
11   }
12 }
```

上述代码中，第 4~10 行代码实现了密码的验证以及验证结果的显示。

5. 调用 checkItem()函数和 checkPwd()函数

在</script>标签前继续添加 JavaScript 代码，首先获取所有 input 元素，然后调用对应的验证函数，实现表单验证，具体代码如下。

```
1  // 获取所有 input 元素
2  var oinp = document.getElementsByTagName('input');
3  // 调用 checkItem()函数
4  checkItem(oinp[0], '用户名', /^[a-zA-Z]{3,10}$/);
5  checkItem(oinp[1], '密码', /^\w{6,20}$/);
6  checkItem(oinp[3], '手机号', /^1[356789]\d{9}$/);
7  //调用 checkPwd()函数
8  checkPwd(oinp[2], oinp[1]);
```

上述代码中，第 2 行代码用于获取所有 input 元素；第 4~6 行代码用于调用 checkItem()函数并传入相应参数，实现用户名、密码和手机号的验证；第 8 行代码用于调用 checkPwd()函数并传入相应参数，实现验证两次输入的密码是否一致。

保存代码，在浏览器中进行测试，表单验证成功的页面效果如图 9-8 所示。

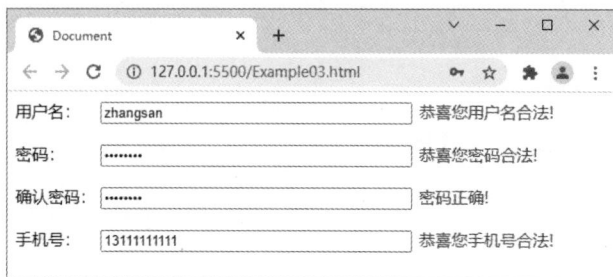

图9-8　表单验证成功的页面效果

图 9-8 中，用户输入的用户名、密码和手机号均合法，且确认密码时，两次输入的密码一致，提示信息为绿色。如果用户不按照提示的内容输入，则表单验证失败，页面效果如图 9-9 所示。

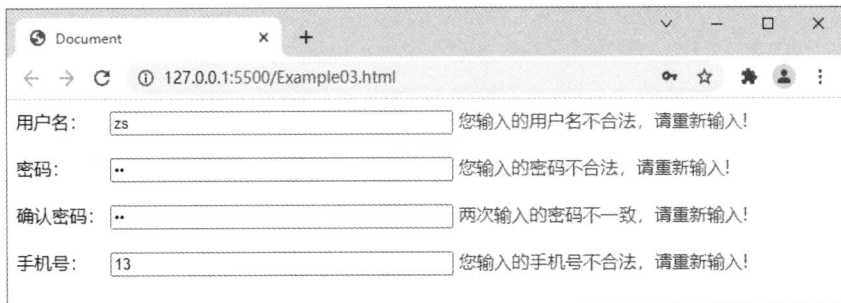

图9-9　表单验证失败的页面效果

图 9-9 中，用户输入的用户名、密码、手机号均不合法，且确认密码时，两次输入的密码不一致，提示信息显示为红色。

本章小结

本章首先讲解了什么是正则表达式、正则表达式的语法格式、正则表达式的使用，然后讲解了正则表达式中的元字符、模式修饰符的使用，最后讲解了正则表达式常用方法。通过本章的学习，希望读者能够掌握正则表达式的基本用法，能够使用正则表达式对字符串进行匹配、分割、替换等操作。

课后练习

一、填空题

1. 正则表达式中，模式由文本字符和_____组成。
2. 执行代码 "console.log(/abc/.test('a1b2c3'))" 的结果是_____。
3. 正则表达式中，用于匹配行首文本的元字符是_____。
4. 中括号 "[]" 和 "^" 连用时，"^" 表示_____。
5. 模式修饰符_____表示忽略大小写。

二、判断题

1. match( )方法匹配失败时返回 false。　　　　　　　　　　　　　　　（　　）
2. 中括号 "[]" 和连字符 "–" 连用时表示匹配某个范围内的字符。　　（　　）
3. 限定符 "？" 表示匹配前面的字符零次或一次。　　　　　　　　　　（　　）
4. 正则表达式 "/a(bc){2}/" 表示匹配字符 "c" 两次。　　　　　　　　（　　）
5. 正则表达式中，模式修饰符可以组合使用。　　　　　　　　　　　　（　　）

三、选择题

1. 正则表达式 "/[m][e]/gi" 匹配字符串'programmer'的结果是（　　　　）。
A. m　　　　　　　　　　B. me　　　　　　　　　　C. mme　　　　　　　　　　D. programmer
2. 正则表达式中，用于匹配行尾文本的元字符是（　　　）。
A. $　　　　　　　　　　B. ^　　　　　　　　　　C. \　　　　　　　　　　D. ?

3. 下列选项中，正则表达式"/[^hot]/"可匹配的结果是（　　　）。

A. h　　　　　　　　　B. o　　　　　　　　　C. t　　　　　　　　　D. y

4. 下列选项中，用于匹配任意的字母、数字和下画线的预定义符是（　　　）。

A. \d　　　　　　　　　B. \w　　　　　　　　　C. \W　　　　　　　　　D. \s

5. 下列选项中，与限定符"*"作用相同的是（　　　）。

A. {0,}　　　　　　　　B. .　　　　　　　　　C. +　　　　　　　　　D. ?

四、简答题

1. 简述正则表达式中元字符小括号"()"的功能。

2. 简述正则表达式的优先级。

五、编程题

1. 利用正则表达式验证用户输入的用户名是否合法，要求用户名以大写字母开头，由数字、字母组成，长度为 4～8 位。

2. 编写代码实现将字符串'The pen is 6$, the book is 35$'中的"$"替换成"RMB"。

第10章

Web服务器与Ajax

学习目标

★ 熟悉 Web 基础知识，能够说出 Web 服务器、URL 和 HTTP 的概念

★ 熟悉什么是 Node.js，能够说出 Node.js 的作用

★ 掌握 Node.js 的下载和安装，能够独立完成 Node.js 的下载和安装

★ 熟悉什么是 Express，能够说出 Express 的作用

★ 掌握 Express 的安装，能够使用 node 命令完成 Express 的安装

★ 掌握如何使用 Express 搭建服务器，能够独立完成服务器的搭建

★ 熟悉什么是 Ajax，能够说出 Ajax 的概念和优势

★ 掌握创建 Ajax 对象的方法，能够创建 Ajax 对象，并且能够说出 Ajax 对象常用的属性和方法

★ 掌握如何实现 GET 方式的 Ajax 请求，能够向服务器发送 GET 方式的 Ajax 请求

★ 掌握如何实现 POST 方式的 Ajax 请求，能够向服务器发送 POST 方式的 Ajax 请求

★ 掌握如何获取服务端的响应，能够获取服务端响应的数据

★ 掌握数据交换格式，能够实现 XML、JSON 数据格式的处理

★ 熟悉什么是同源策略，能够区分同源和不同源 URL

★ 掌握跨域请求，能够利用 CROS 实现跨域请求

在前面的章节中，我们编写的网页都是直接在本地用浏览器打开的，不需要服务器的参与。当我们希望自己编写的网页能被互联网中其他用户访问时，就需要用到服务器了。说到服务器，不得不提到 Ajax（Asynchronous JavaScript and XML，异步 JavaScript 和 XML 技术），Ajax 是一个与服务器密切相关的技术，它可以使网页中的 JavaScript 程序与服务器进行数据交互，提升用户体验。本章将结合 Web 服务器的相关知识讲解 Ajax 的使用。

10.1 Web 基础知识

在正式学习 Web 服务器前，需要熟悉一些 Web 基础知识，只有熟悉了这部分内容，才能够理解 Web 服务器是怎样工作的。本节将围绕 Web 服务器、URL 和 HTTP 进行详细讲解。

10.1.1　Web 服务器

Web 服务器又称为网站服务器，是一种能够提供网站服务的机器，主要负责存储数据和处理应用逻辑，它能够接收客户端的请求，并对客户端的请求做出响应。客户端是指用户能够看到并与之交互的软件，浏览器是常用的客户端，日常生活中经常使用的 QQ、微信等也是客户端。为了使读者能够清晰地理解客户端与服务器的交互，接下来演示客户端与服务器的工作方式，如图 10-1 所示。

图 10-1 中，①和②表示请求和响应的先后顺序。当客户端向服务器发送请求时，实际上是向服务器请求资源，资源指的是服务器中存储的各种数据，例如网页、图片等。资源分为两种，一种是静态资源，由服务器读取文件后直接返回，且每次访问内容不变；另一种是动态资源，由服务器收到请求后，经过计算处理后返回，内容可以根据实际需要动态变化。

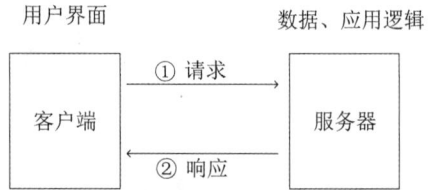

图10-1　客户端与服务器的工作方式

10.1.2　URL

我们已经学习了客户端和服务器端的工作方式，那么客户端如何向服务器请求资源呢？其实客户端发送请求时发送的是一个 URL，服务器根据 URL 向客户端返回对应的资源，下面将详细讲解 URL。

URL（Uniform Resource Locator，统一资源定位符）是专为标识 Internet（互联网）上的资源位置而使用的一种编址方式，由 4 部分组成，分别是协议、主机地址、端口号和请求资源路径。URL 的一般语法结构如图 10-2 所示。

熟悉了 URL 的一般语法结构，下面列举一些 URL，具体如下。

- http://www.example.test/index.html。
- http://192.168.0.150:20/index.html?a=1。

接下来将详细讲解协议、主机、端口号以及请求资源路径。

图10-2　URL的一般语法结构

1.　协议

协议是网络协议的简称，用于指定请求地址的传输协议，常用的网络协议有 HTTP（Hypertext Transfer Protocol，超文本传送协议）、HTTPS（Hypertext Transfer Protocol Secure，超文本传输安全协议）、FTP（File Transfer Protocol，文件传送协议）等，例如 http://www.example.test/index.html 的协议为 HTTP。

2.　主机

URL 中的主机用来确定请求的资源在哪台服务器中，主机一般用 IP 地址或域名来表示。下面将分别介绍 IP 地址和域名。

（1）IP 地址

IP 地址（Internet Protocol Address）是指互联网协议地址，用来唯一标识互联网中的设备。IP 地址就像我们的家庭住址一样，如果要写信给一个人，就要知道他（她）的地址，这样邮递员才能把信送到，如果我们想要请求服务器资源，浏览器必须要知道服务器的 IP 地址。目前常用的 IPv4（Internet Protocol version 4，第 4 版互联网协议）地址是由 3 个点分隔的一串数字组成，例如 "192.168.0.11" "172.0.1.1"。例如 http://192.168.0.150:20/index.html?a=1 中，主机使用 IP 地址来表示。

（2）域名

由于 IP 地址不直观，且难以记忆，实际生活中一般不使用 IP 地址访问网站，而是使用域名。域名比 IP

地址更直观、更有利于记忆。IP 地址与域名是对应的关系，在浏览器地址栏中输入域名，域名服务器（Domain Name Server，DNS）会将域名解析为对应的 IP 地址，从而找到对应的网站服务器。例如 http://www.example.test/index.html 中，主机使用域名来表示。

3. 端口号

通过 IP 地址找到对应的服务器后，还需要指定端口号来进一步确定当前访问的是服务器中的什么服务。一台服务器不仅能够向外界提供网站服务，还可以提供其他的服务，例如邮件服务、文件上传服务和文件下载服务等。需要注意的是，如果某一个端口号已被另一个软件占用，在程序中再去使用这个端口号，程序就会报错，无法运行。

端口号是具有一定范围的数字，范围是 0~65535，当 URL 中省略端口号时，HTTP 默认端口号为 80，HTTPS 默认端口号为 443。

例如，一个 URL http://www.example.test/index.html 中没有指定端口号，因此使用默认端口号 80，另一个 URL http://192.168.0.150:20/index.html?a=1 指定了端口号 20。

4. 请求资源路径

请求资源路径用于指定请求的资源在服务器中的位置，它有两种类型，一种类型是不带参数的路径，也就是路径中不含"?"，这种路径称为静态资源路径，例如 http://www.example.test/index.html 中的"/index.html"。另一种类型是带参数的路径，路径中含有"?"，这种路径称为动态资源路径，例如 http://192.168.0.150:20/index.html?a=1 中的"/index.html?a=1"，其中，"a=1"称为 URL 参数。

10.1.3　HTTP

现实生活中，一个中国人和一个外国人进行对话，为了双方能够顺利进行沟通，他们可以规定使用一种双方都能听懂的语言。客户端与服务器进行交互时，也可以规定一套标准，确保双方可以正确地进行数据传输。

HTTP 是客户端与服务器端请求和响应的标准。当客户端与服务器端建立连接后，客户端向服务器端发送一个请求，服务器接收到请求后做出响应。在请求和响应的过程中会传递一些数据，这些数据称为消息。

HTTP 消息分为请求消息和响应消息两种，接下来将分别讲解这两种消息。

1. 请求消息

请求消息是指客户端向服务器端发送请求时所携带的数据，由 4 部分组成，分别是请求行、请求头、空行和请求体，下面将分别讲解这 4 部分。

（1）请求行

请求行分为 3 部分，分别是请求方式、请求资源路径和 HTTP 版本，中间用空格隔开。其中，请求方式有许多种，GET 是浏览器打开网页默认使用的方式，另外还有一种常用的方式是 POST 方式。

（2）请求头

请求头位于请求行之后，主要用于向服务器传递附加消息。例如，浏览器可接收的数据类型、压缩方式、语言以及系统环境等信息。请求头一般有多个，每行一个。每个请求头都由字段名和对应的值构成，中间用冒号":"和空格分隔。

（3）空行

空行位于请求头后面，表示请求头结束。即使请求体为空，也必须要有空行。

（4）请求体

当使用 POST 方式提交表单时，将用户填写的表单数据编码后放在请求体中，并通过请求头中的

Content-Type 和 Content-Length 字段来描述实体内容的编码格式和长度。当在网页中使用表单发送 POST 方式的请求时，表单的编码格式按照<form>标签的 enctype 属性来设定，默认值为 application/x-www-form-urlencoded，表示 URL 编码格式。由于 URL 编码格式不支持文件上传，当进行文件上传时，需要将其改为 multipart/form-data 格式。

了解请求消息的各个部分后，下面列举一个请求消息的例子，具体如下。

```
1  POST /form.html HTTP/1.1
2  Host: localhost
3  Content-Type: application/x-www-form-urlencoded
4  Content-Length: 20
5
6  user=Jim&pass=123456
```

上述示例中，第 1 行是请求行，其中请求方式是 POST，请求资源路径是 "/form.html"，HTTP 版本是 "HTTP/1.1"；第 2~4 行是请求头；第 5 行是空行；第 6 行是请求体。

2. 响应消息

响应消息是指服务器端向客户端进行响应时所携带的数据，由 4 部分组成，分别是状态行、响应头、空行和响应体，下面将分别讲解这 4 部分。

（1）状态行

状态行用于告知客户端本次响应的状态，由 HTTP 版本、状态码（如 200）和描述信息（如 OK）组成。其中状态码由 3 位数组成，表示请求是否被接收或处理，状态码的第 1 位数字定义了响应的类别，第 2、3 位数字没有具体的分类。第 1 位数字有 5 种取值，具体介绍如下。

- 1**：请求已接收，需要继续处理。
- 2**：请求已成功被服务器接收或处理。
- 3**：重定向，需要进一步的操作以完成请求。
- 4**：客户端请求有错误。
- 5**：服务器端错误。

HTTP 中的状态码较多，我们只需要记住一些常见的状态码即可，常见状态码如表 10-1 所示。

表 10-1 常见状态码

状态码	说明
200	表示服务器成功处理了客户端的请求
301	表示请求的资源已被永久移动到新 URL，返回信息会包括新的 URL，浏览器会自动定向到新 URL，今后任何新的请求都应使用新的 URL 代替
302	与 301 类似，但资源只是临时被移动，将来可能会恢复
400	表示客户端请求有语法错误
404	表示服务器找不到请求的资源，例如访问不存在的网页时，经常返回此状态码
500	表示服务器发生错误，无法处理客户端的请求

（2）响应头

响应头用于告知客户端本次响应的基本信息，包括服务器程序名、内容的编码格式、缓存控制等。请求头和响应头是客户端和服务器之间交互的重要信息，由程序自动处理，通常不需要人为干预。

（3）空行

空行位于响应头后，用于表示响应头结束。即使没有响应消息，空行也必须存在。

（4）响应体

响应体也可以称为响应内容，有多种编码格式。当用户请求的是一个网页时，响应内容的格式是 HTML；如果请求的是 JPEG 图片，则响应内容的格式是 JPEG。服务器为了告知客户端响应内容的类型，会通过响应头中的 Content-Type 字段来描述响应内容类型，常见的类型如下。

- text/plain：返回纯文本格式。
- text/html：返回 HTML 格式。
- text/xml：返回 XML 格式。
- text/css：返回 CSS 格式。
- application/javascript：返回 JavaScript 格式。
- image/jpeg：返回 JPEG 图片格式。
- application/json：返回 JSON 格式。

客户端会根据服务器响应的内容类型采取不同的处理方式，如遇到普通文本时直接显示，遇到 HTML 类型时渲染成网页，遇到 GIF、PNG、JPEG 等类型时显示为图像。如果遇到无法识别的类型，在默认情况下会执行下载文件的操作。

了解响应消息的各个部分后，下面列举一个响应消息的示例，具体如下。

```
1  HTTP/1.1 200 OK
2  Date: Thu, 02 Nov 2017 06:22:27 GMT
3  Server: Apache/2.4.23 (Win64) OpenSSL/1.0.2h PHP/5.6.28
4  Accept-Ranges: bytes
5  Content-Type: text/html
6
7  <!DOCTYPE html>
8  <html><body></body></html>
```

上述示例中，第 1 行是状态行，状态码为 200，表示服务器成功处理了客户端的请求；第 2～5 行是响应头，其中服务器指定了响应内容的类型为"text/html"，表示返回的内容是 HTML 格式；第 6 行是空行，表示响应头结束；第 7～8 行是响应体。

脚下留心：HTTP 和 HTTPS 的区别

由于 HTTP 安全性差，目前互联网中的主流网站都使用 HTTPS。HTTPS 在 HTTP 基础上通过加密和身份认证保证数据传输过程中的安全性。HTTPS 和 HTTP 的区别如下所示。

- 安全性：HTTP 数据都是未加密的，明文传输，安全性较差，HTTPS 数据传输过程是加密的，安全性较好。
- 页面响应速度：HTTP 页面响应速度比 HTTPS 快。HTTPS 包含传输加密和身份认证，比 HTTP 更耗费资源。

读者可能会有疑问：既然 HTTPS 比 HTTP 更安全，为什么不直接从 HTTPS 开始学习呢？这是因为 HTTPS 是建立在 HTTP 基础之上的，所以要从 HTTP 开始学习。

多学一招：查看请求头和响应头

借助浏览器，我们可以查看当前网页的请求头和响应头。下面以 Chrome 浏览器为例查看请求头和响应头，具体步骤如下。

（1）打开 Chrome 浏览器，在地址栏中输入一个网址，访问页面成功后，打开开发者工具，选择"Network"面板，如图 10-3 所示。

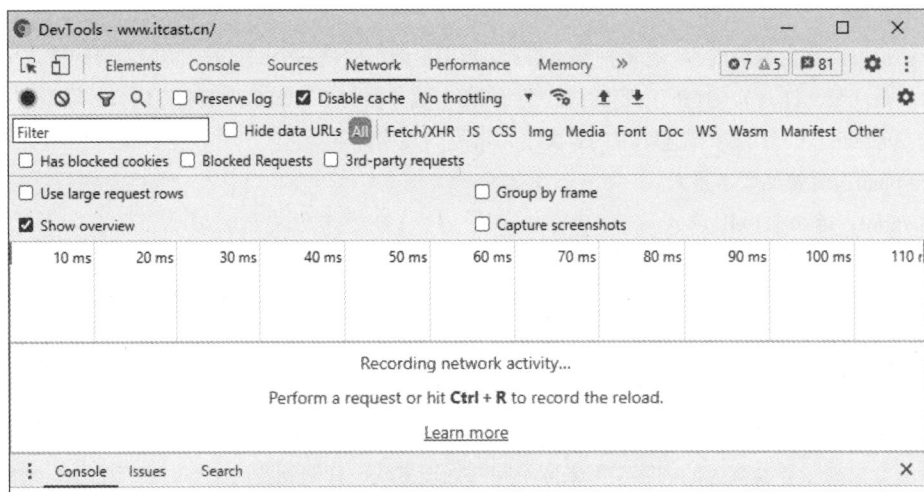

图10-3　"Network"面板

（2）图 10-3 中，已经进入了"Network"面板，此时刷新浏览器，然后单击列表中当前网页的第 1 个请求，可以看到当前请求页面格式化后的请求头和响应头，如图 10-4 所示。

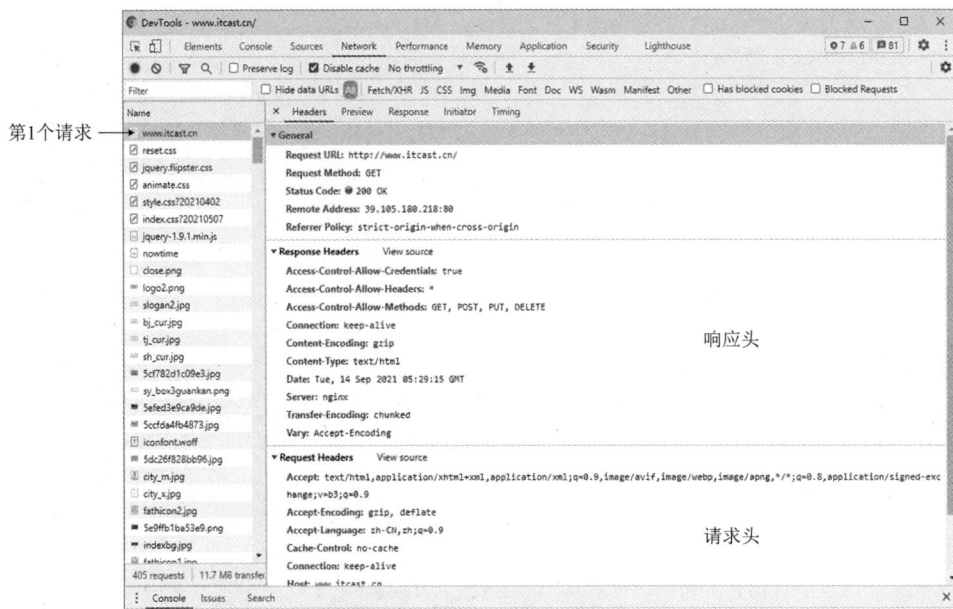

图10-4　查看请求头和响应头

图 10-4 中，"Response Headers"是响应头，"Request Headers"是请求头。单击"Response Headers"或"Request Headers"右边的"View source"可以查看响应头或请求头的源格式。

10.2　Web 服务器搭建

通过前面的学习，我们已经熟悉了 Web 基础知识，了解了客户端和服务器端的工作方式。那么如何搭建一个服务器，并将自己的网页部署到该服务器上呢？本节将利用 Node.js 开发环境，使用 Express 框架搭建

Web 服务器，并将自己编写的网页部署到服务器上。

10.2.1　Node.js 概述

Node.js 是一个基于 Chrome V8 引擎的 JavaScript 代码运行环境，也可以说是一个运行时（Runtime）平台，提供了一些功能性的 API，如文件操作 API、网络通信 API 等。

目前流行的 Web 服务器软件有很多，如 Nginx、Apache、Node.js 等，对于前端开发工程师来说，更适合使用 Node.js，因为 Node.js 使用 JavaScript 语言进行服务器开发，可以让前端开发工程师快速上手。

JavaScript 和 Node.js 的核心语法都是 ECMAScript，但 JavaScript 是一种脚本语言，由 ECMAScript、DOM 和 BOM 组成，一般运行在客户端，主要用于处理页面的交互，而 Node.js 是运行在服务器端的 JavaScript，由 ECMAScript 和 Node.js 环境提供的一些附加 API 组成，包括文件 API、网络 API 和路径 API 等，Node.js 主要用于数据的交互。

服务器开发常用的技术有 Java、Python、PHP、ASP.NET 等，那么为什么选择使用 Node.js 呢？理由如下。

- 学习 Node.js 是前端开发人员转向后端开发人员的极佳途径。
- 一些公司要求前端开发人员掌握 Node.js 开发。
- Node.js 生态系统活跃，有大量的开源库可以使用。
- 前端开发工具大多基于 Node.js 开发。

10.2.2　Node.js 的下载和安装

在使用 Node.js 之前，要下载并安装 Node.js，步骤如下。

（1）打开 Node.js 官网，找到 Node.js 下载地址，如图 10-5 所示。

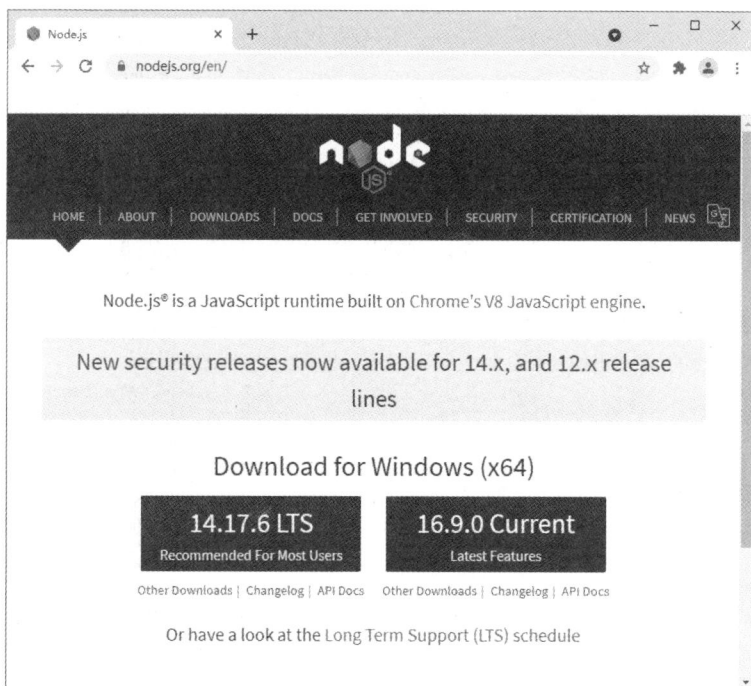

图10-5　Node.js下载地址

需要说明的是，Node.js 有两种版本，一种是 LTS（Long Term Support），即长期支持版本，比较稳定，只进行 Bug 修复，有很多用户在使用；另一种是 Current，即当前发布的最新版本，增加了一些新特性，有利于进行新技术的开发。

（2）单击"14.17.6 LTS"绿色区域进行下载，如图 10-6 所示。

（3）下载成功后，到保存路径下找到 node -v14.17.6-x64.msi 文件，此文件就是下载的 Node.js 安装包，如图 10-7 所示。

图10-6　"14.17.6 LTS"绿色区域

node-v14.17.6-
x64.msi

图10-7　Node.js安装包

（4）双击 node -v14.17.6-x64.msi 安装包进行安装，弹出安装提示窗口，如图 10-8 所示。

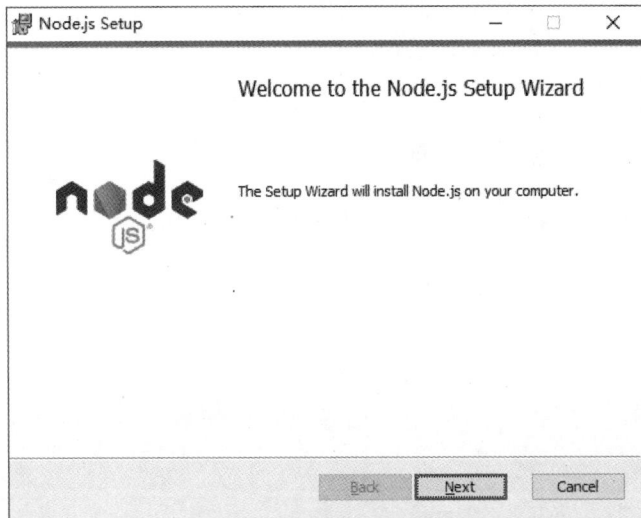

图10-8　安装提示窗口

安装过程全部使用默认值即可。安装完成后，测试一下 Node.js 是否安装成功，测试步骤如下。

（1）按"Windows+R"快捷键，打开"运行"对话框，输入"cmd"。"运行"对话框如图 10-9 所示。

（2）单击"确定"按钮，或者直接按"Enter"键，会打开命令提示符窗口，如图 10-10 所示。

（3）在命令提示符窗口中，输入命令"node -v"（其中 v 是 version 的简写，表示版本），按"Enter"键，会显示当前安装的 Node.js 的版本，如图 10-11 所示。

（4）若想退出命令提示符窗口，可以输入"exit"并按"Enter"键，或单击命令提示符窗口右上角的"×"（关闭）按钮。

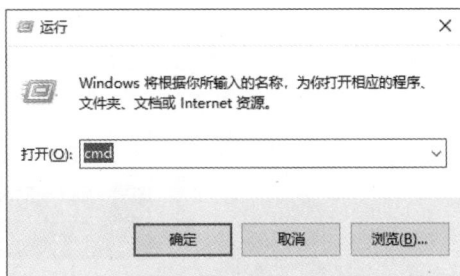

图10-9　"运行"对话框

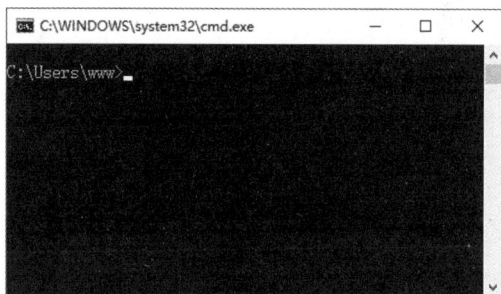

图10-10　命令提示符窗口

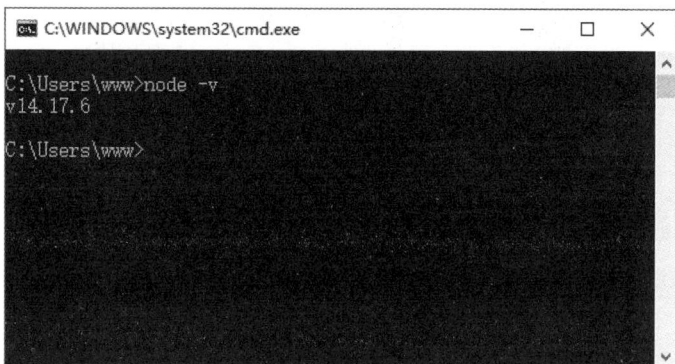

图10-11　显示当前安装的Node.js版本

多学一招：使用 Visual Studio Code 快速启动 Node.js

在 Visual Studio Code 编辑器中，可以快速启动 Node.js，具体步骤如下。

（1）打开 Visual Studio Code 编辑器，在菜单栏中单击"终端（T）"菜单，然后在弹出的快捷菜单中单击"新建终端"；或者在菜单栏中单击"查看（V）"菜单，然后在弹出的快捷菜单中单击"终端"，Visual Studio Code 编辑器中的终端如图 10-12 所示。

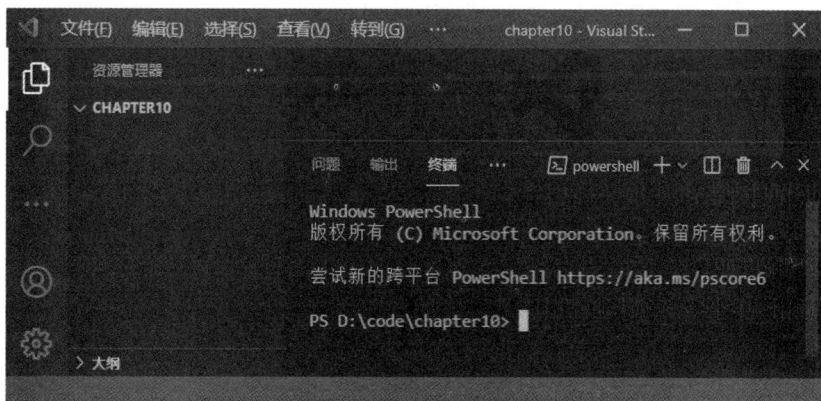

图10-12　Visual Studio Code编辑器中的终端

（2）在终端中执行"node -v"命令，测试 Node.js 是否启动成功，如图 10-13 所示。

图 10-13 中，执行"node -v"命令后，终端中输出了"v14.17.6"，说明 Node.js 可以启动了。

需要注意的是，当我们想要在某个目录下执行"node -v"命令时，可以选中这个目录，然后右击，在弹出的快捷菜单中选择"在集成终端中打开"，这时终端就在这个目录中打开了。

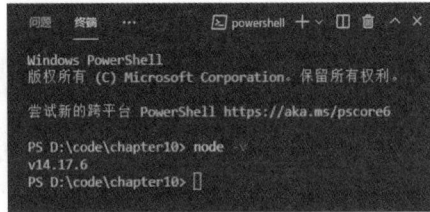

图10-13　测试Node.js是否启动成功

10.2.3　初识 Express

在服务器端开发中，网站服务器是必不可少的，Node.js 中不需要安装额外的软件充当网站服务器，使用 Node.js 提供的 HTTP 模块即可搭建 Web 服务器。但使用 Node.js 的 HTTP 模块进行服务器开发效率比较低，为了提高开发效率，我们可以为 Node.js 安装 Express 框架，利用 Express 框架搭建 Web 服务器。

Express 是目前流行的基于 Node.js 运行环境的 Web 应用程序开发框架，简洁、灵活，它为 Web 应用程序提供了强大的功能。Express 提供了一个轻量级模块，它把 Node.js 中的 HTTP 模块的功能封装在一个简单易用的接口中，用于扩展 HTTP 模块的功能，它能够轻松处理服务器的路由、请求和响应。

10.2.4　安装 Express

利用 Express 搭建服务器之前，需要安装 Express，可以使用 Node.js 的第三方模块管理工具 npm 提供的命令进行安装。npm 在 Node.js 安装时就已经被集成，接下来通过 npm 安装 Express，安装步骤如下。

（1）在 Visual Studio Code 编辑器中新建 server 目录作为项目目录。

（2）在终端中执行"cd server"命令进入 server 目录，然后执行如下命令，对项目进行初始化。

```
npm init -y
```

上述命令中，init 表示初始化包管理配置文件 package.json；-y 表示在初始化的时候省去询问的步骤，生成默认的 package.json。

（3）初始化项目后，执行如下命令，在当前项目下安装 Express 框架。

```
npm install express@4.17.1 --save
```

上述命令中，express@4.17.1 表示安装 4.17.1 的 Express 框架；--save 表示安装为运行时依赖。执行上述命令后，Express 框架会被安装到当前目录的 node_modules 目录中。

（4）安装完成后，执行如下命令，查看 Express 版本。

```
npm list express
```

上述命令执行完成后，Express 版本查询结果如图 10-14 所示。

图10-14　Express版本查询结果

从图 10-14 可以看出，Express 的版本为 4.17.1。

10.2.5　使用 Express 搭建服务器

通过 10.2.4 小节的学习，我们已经安装了 Express 框架，接下来我们利用 Express 框架快速搭建一个 Web 服务器。在进行实际操作前，了解一下使用 Express 搭建 Web 服务器时用到的一些关键代码，具体如下。

（1）使用 require() 方法引入 express 模块，示例代码如下。

```
var express = require('express');
```

上述示例代码中，使用 require() 方法引入了 express 模块并赋值给变量 express。

（2）引入 express 模块后，需要调用 express() 方法创建 Web 服务器对象，示例代码如下。

```
var app = express();
```

上述示例代码中，使用 express() 创建了 Web 服务器对象并赋值给变量 app。

（3）创建好 Web 服务器后，可以使用 Web 服务器的一些方法来处理请求，处理请求分为静态资源的处理和 GET 请求、POST 请求的处理。GET 请求和 POST 请求的处理具体在后面讲解，这里主要讲解静态资源的处理。常见的静态资源有图片、CSS 文件、JavaScript 文件和 HTML 文件等。我们可以利用 Express 框架提供的 express.static() 方法托管静态资源，实现静态资源访问。express.static() 方法接收静态资源访问目录作为参数，但它需要作为 app.use() 的参数使用。利用 express.static() 方法托管静态资源的示例代码如下。

```
app.use(express.static('public'));
```

上述示例代码中，app.use() 会拦截所有的请求，然后交给 express.static() 来处理。express.static() 的参数 'public' 是静态资源访问目录。

（4）调用 app.listen() 方法监听端口，示例代码如下。

```
app.listen(3000, () => {
  console.log('服务器启动成功...');
});
```

上述示例代码中，通过调用 Web 服务器对象 app 的 listen() 方法实现了端口的监听，该方法的第 1 个参数 3000 表示端口号，这个端口号也可以换成其他没有被占用的端口号；第 2 个参数表示监听成功后执行的回调函数，此处用于输出 '服务器启动成功...'。

了解了 Express 搭建 Web 服务器时用到的一些关键代码，下面我们搭建一个符合实际开发需要的 Web 服务器，搭建步骤如下。

（1）在 server 目录下，新建 app.js 文件，编写代码实现使用 Express 搭建 Web 服务器，具体代码如下。

```
1  // 引入 express 模块
2  var express = require('express');
3  // 创建 Web 服务器对象
4  var app = express();
5  // 静态资源处理
6  app.use(express.static('public'));
7  // 监听 3000 端口
8  app.listen(3000, () => {
9    console.log('服务器启动成功...');
10 });
```

上述代码中，第 2 行代码用于引入 express 模块；第 4 行代码用于创建 Web 服务器对象 app；第 6 行代码使用 express.static() 方法实现了静态资源处理；第 8～10 行代码用于监听 3000 端口。

（2）在 server 目录下，创建 public 文件夹，在 public 文件夹中创建 index.html 文件，编写代码如下。

```
1  <!DOCTYPE html>
2  <html>
3  <head>
4    <meta charset="UTF-8">
```

```
5    <title>Document</title>
6  </head>
7  <body>
8    <h1>Hello Express</h1>
9  </body>
10 </html>
```

上述代码使用<h1>标签实现在页面中显示"Hello Express"。

（3）在 Visual Studio Code 编辑器的终端中，先进入 server 目录，然后执行如下命令，启动服务器。

```
node app.js
```

上述命令的执行结果如图 10–15 所示。

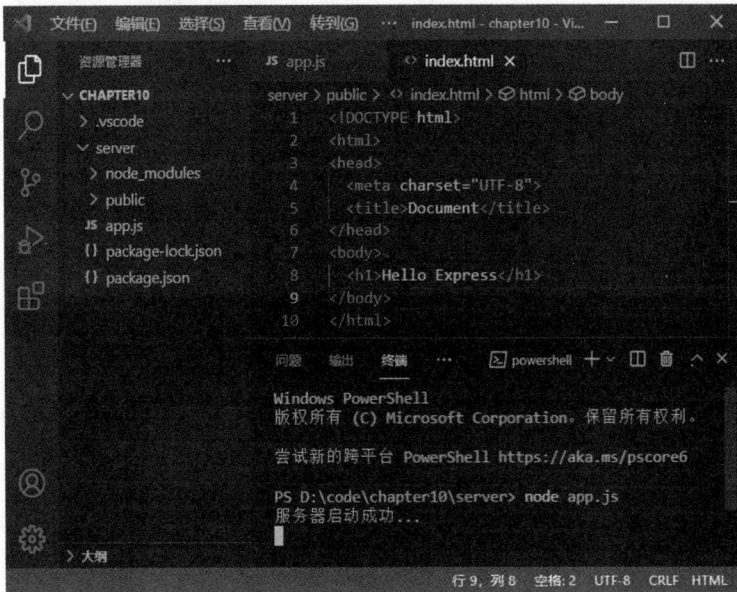

图10–15　执行结果（1）

图 10–15 中，终端中输出"服务器启动成功…"说明服务器已经完成搭建并启动成功。如果想终止服务器，可以按"Ctrl+C"快捷键。

（4）在浏览器中访问 http://localhost:3000/index.html，访问结果如图 10–16 所示。

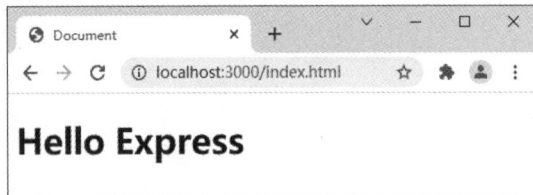

图10–16　index.html访问结果

图 10–16 的页面显示"Hello Express"，说明成功访问了静态资源文件 index.html。

在 Node.js 中，每次修改文件都需要在终端中重新执行该文件，非常麻烦，为了解决这个问题，本书使用 nodemon 工具执行文件。nodemon 是一个用于辅助项目开发的命令行工具，每次保存文件时，代码都会自动重新运行。使用 nodemon 工具前，需要通过 npm 下载并安装 nodemon 工具，命令如下。

```
npm install nodemon -g
```

上述命令中，g 全称为 global，表示全局安装，而不是安装到当前项目中。

安装成功后，使用 nodemon 重新执行 app.js 文件，执行结果如图 10-17 所示。

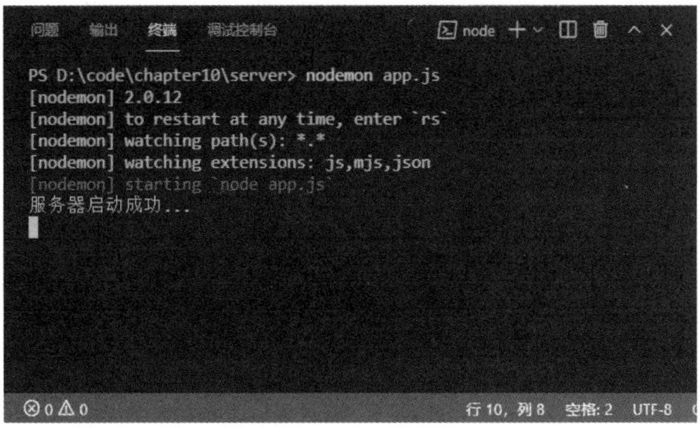

图10-17　执行结果（2）

图 10-17 中，终端中输出了"服务器启动成功..."，说明服务器已经启动成功。如果想终止服务器，可以按"Ctrl+C"快捷键。

10.3　Ajax 入门

10.3.1　什么是 Ajax

Ajax 是由 JavaScript、XML、DOM 等多种已有技术组合而成的一种浏览器端技术，用于实现浏览器与服务器进行异步交互的功能，从而改善用户浏览网页的体验。

为什么会出现 Ajax 技术呢？原因是传统网站中存在一些问题，具体如下。

● 页面加载时间长：在传统的网站中，用户只能通过浏览器刷新页面，从服务器中获取数据。如果网速慢，获取数据的时间就会很长。当页面加载数据时，用户也不能在该页面进行其他操作，只能等待网页加载完成。

● 页面无法局部更新：在传统的网站中，每访问一个页面，都需要服务器返回一个页面，服务器压力非常大。而且传统的网站无法实现局部更新，即使页面中只有少量数据发生变化，网页中所有的表格、图片等都没有改变，依然要从服务器重新加载网页。

Ajax 的优势在于按需加载数据，减轻了服务器的压力，且在不影响用户浏览页面的情况下，实现了局部更新页面数据。

10.3.2　创建 Ajax 对象

发送 Ajax 请求首先要通过 XMLHttpRequest() 构造函数实例化 XMLHttpRequest 对象，即创建 Ajax 对象，用于与服务器交换数据。创建 Ajax 对象的示例代码如下。

```
var xhr = new XMLHttpRequest();
```

上述代码中，使用 new XMLHttpRequest() 创建了 Ajax 对象并赋值给变量 xhr。其中，xhr 这个变量名可以换成其他任何合法的变量名。

通过浏览器中创建的 Ajax 对象可以向服务器发送请求，服务器接收到请求后，根据请求的 URL 响应相对应的数据给浏览器，然后浏览器再通过 Ajax 对象返回服务器端响应的数据。

Ajax 对象提供了一些常用的属性和方法，具体如表 10-2 所示。

表 10-2　Ajax 对象常用的属性和方法

名称	说明
open()	用于初始化请求
send()	用于向服务器发送请求
readyState	用于获取 Ajax 状态值
onreadystatechange	当 readyState 属性发生变化时执行的事件处理函数
onload	响应完成时执行的事件处理函数
responseText	用于获取服务器返回的字符串数据
reponseXML	用于获取服务器返回的 XML 数据

表 10-2 中的 open() 方法和 send() 方法会在 10.3.3 小节详细讲解，readyState 属性、onreadystatechange 属性、onload 属性、responseText 属性以及 responseXML 属性将在 10.3.5 小节详细讲解。

10.3.3　实现 GET 方式的 Ajax 请求

任何一个请求都离不开浏览器和服务器的参与。为了实现 GET 方式的 Ajax 请求，我们需要先创建一个用于处理 GET 请求的服务器，创建完成后，再编写浏览器端的 JavaScript 代码，发送请求。接下来将分别讲解服务器端和浏览器端的具体操作。

1. 服务器端

当服务器收到浏览器发送的 GET 请求时，可以使用 app.get() 方法处理这个请求。使用 app.get() 方法处理请求的示例代码如下。

```
app.get('/', (req, res) => {
  // 处理请求
});
```

上述示例代码中，app.get() 方法有两个参数，第 1 个参数'/'表示请求路径，第 2 个参数表示请求处理函数，该函数接收 req 请求对象和 res 响应对象作为参数。req 请求对象用于获取请求相关的信息，res 响应对象用于发送响应给浏览器。

了解如何处理 GET 请求后，修改 10.2.5 小节编写的 app.js 文件，在第 6 行代码后，调用 app.get() 方法，处理 GET 请求，具体代码如下。

```
1  app.get('/get', (req, res) => {
2    // 使用 send()方法返回字符串'Hello Express, GET'
3    res.send('Hello Express, GET');
4  });
```

上述代码使用 app.get() 方法处理 GET 请求，在接收到浏览器发起的请求后，执行第 3 行代码，通过 res.send() 方法将数据'Hello Express, GET'响应给浏览器。

2. 浏览器端

浏览器端要发送 Ajax 请求，需要先创建 Ajax 对象，然后通过调用 Ajax 对象的 open() 方法和 send() 方法完成请求。下面讲解 open() 方法和 send() 方法的使用。

open() 方法用于初始化请求，其语法格式如下。

```
xhr.open(method, url[, async][, user][, password]);
```

上述语法格式中，xhr 表示 Ajax 对象，xhr.open()方法有 5 个参数，参数 method 用于指定请求方式，如 GET、POST，不区分大小写；参数 url 表示请求地址；后面的 3 个参数为可选参数，不常用。其中，async 表示是否异步执行操作，默认为 true，表示异步执行操作，若设为 false 则表示同步执行操作；user 和 password 表示 HTTP 认证的用户名和密码。

send()方法用于向服务器发送请求，其语法格式如下。

```
xhr.send([content]);
```

上述语法格式中，content 为可选参数，表示要发送的数据，一般与 POST 请求配合使用。

了解 open()方法和 send()方法的使用后，接下来在 server 目录下的 public 目录中创建 Example01.html 文件，在文件中创建 Ajax 对象，设置请求方式为 GET，请求地址为 http://localhost:3000/get，具体代码如例 10-1 所示。

例 10-1　Example01.html

```
1  <script>
2    var xhr = new XMLHttpRequest();
3    xhr.open('GET', 'http://localhost:3000/get');
4    xhr.send();
5  </script>
```

例 10-1 中，第 2 行代码用于创建 Ajax 对象 xhr；第 3 行代码用于初始化请求，设置请求方式为 GET，请求地址为 http://localhost:3000/get；第 4 行代码用于向服务器发送请求。

保存代码，在浏览器中访问 http://localhost:3000/Example01.html，打开开发者工具，进入"Network"面板，刷新页面，单击左侧列表中的"get"，再单击"Preview"子面板，查看 GET 方式的 Ajax 请求是否发送成功，如图 10-18 所示。

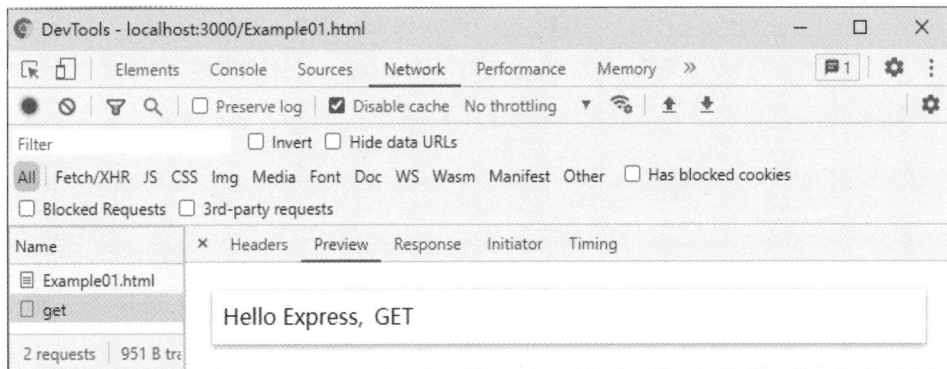

图10-18　查看GET方式的Ajax请求是否发送成功

图 10-18 中，通过"Preview"子面板可以看到服务器返回的数据"Hello Express, GET"，说明服务器收到了 GET 请求，并成功返回了响应数据。

10.3.4　实现 POST 方式的 Ajax 请求

实现 POST 方式的 Ajax 请求与实现 GET 方式的 Ajax 请求类似，同样也需要服务器和浏览器的参与。接下来将分别讲解服务器端和浏览器端的具体操作。

1. 服务器端

当浏览器发送 POST 方式的 Ajax 请求后，需要在服务器端使用 app.post()方法处理这个请求。使用 app.post() 方法处理请求的示例代码如下。

```
app.post('/', (req, res) => {
  // 处理请求
});
```

上述示例代码中，app.post()方法有两个参数，第 1 个参数'/'表示请求路径，第 2 个参数表示请求处理函数，该函数接收 req 请求对象和 res 响应对象作为参数。

了解如何处理 POST 请求后，下面在 10.3.3 小节中的 app.js 文件基础上添加 app.post()方法，处理 POST 请求，具体代码如下。

```
1  app.post('/post', (req, res) => {
2    //使用 send()方法返回字符串'Hello Express, POST'
3    res.send('Hello Express, POST');
4  });
```

上述代码使用 app.post()方法处理 POST 请求，在接收到浏览器发起的请求后，执行第 3 行代码，通过 res.send()方法将数据'Hello Express, POST'响应给浏览器。

2. 浏览器端

在 server 目录下的 public 目录中创建 Example02.html 文件，创建 Ajax 对象，设置请求方式为 POST，请求地址为 http://localhost:3000/post，具体代码如例 10−2 所示。

例 10−2　Example02.html

```
1  <script>
2    var xhr = new XMLHttpRequest();
3    xhr.open('POST', 'http://localhost:3000/post');
4    xhr.send();
5  </script>
```

例 10−2 中，第 2 行代码用于创建 Ajax 对象 xhr；第 3 行代码用于初始化请求，设置请求方式为 POST，请求地址为 http://localhost:3000/post；第 4 行代码用于向服务器发送请求。

保存代码，然后在浏览器中访问 http://localhost:3000/Example02.html，打开开发者工具，进入"Network"面板，然后刷新页面，查看 POST 方式的 Ajax 请求是否发送成功，如图 10−19 所示。

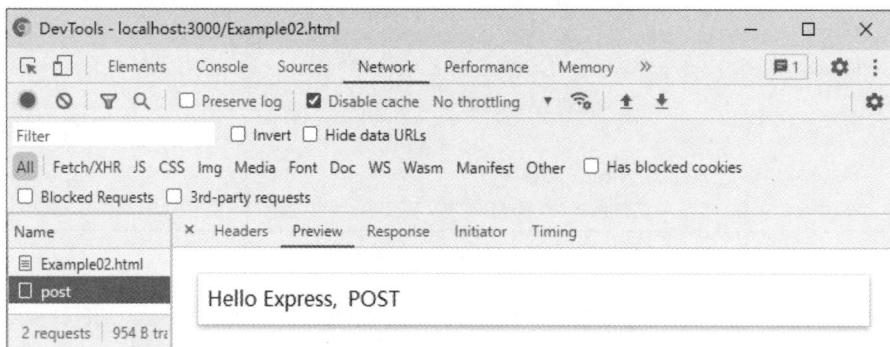

图10−19　查看POST方式的Ajax请求是否发送成功

图 10−19 中，从 "Preview" 子面板中可以看到服务器返回的数据 "Hello Express, POST"，说明服务器收到了 POST 请求，并成功返回了响应数据。

10.3.5　获取服务器端的响应

通过 Ajax 对象向服务器发送请求后，Ajax 对象会等待服务器返回响应结果，然后对响应结果进行处理。下面将讲解与获取服务器端响应相关的操作。

1. 获取 Ajax 状态值

浏览器和服务器的 Ajax 交互并不是一步完成的，而是会经历一个过程，这个过程中的每一步都会对应一个数字，这个数字就是 Ajax 状态值。Ajax 状态值的说明如表 10-3 所示。

表 10-3　Ajax 状态值的说明

Ajax 状态值	说明
0	请求未初始化（还没有调用 open() 方法）
1	请求已经建立，但是还没有发送（还没有调用 send() 方法）
2	请求已经发送
3	请求正在处理中，通常响应中已经有部分数据可以用了
4	响应已经完成，可以获取并使用服务器的响应了

通过 xhr.readyState 属性可以获取当前的 Ajax 状态值。在判断 xhr.readyState 属性返回的状态值是哪一种状态时，可以与状态值属性进行比较，状态值属性具体如下。

```
xhr.UNSENT;                     // 对应状态值 0
xhr.OPENED;                     // 对应状态值 1
xhr.HEADERS_RECEIVED;           // 对应状态值 2
xhr.LOADING;                    // 对应状态值 3
xhr.DONE;                       // 对应状态值 4
```

2. 监听 Ajax 状态值

通过 onreadystatechange 事件处理函数可以监听 Ajax 状态值的变化，示例代码如下。

```
xhr.onreadystatechange = function () {};
```

上述示例代码中，onreadystatechange 属性的值为事件处理函数。需要注意的是，onreadystatechange 事件处理函数会被调用多次。当 Ajax 的状态值为 4 时，就可以在 onreadystatechange 事件处理函数中获取服务器端响应的内容。

3. 响应完成时调用的事件处理函数

当服务器完成响应时，浏览器可以通过 onload 事件处理函数获取服务器端的响应，示例代码如下。

```
xhr.onload = function () {};
```

上述示例代码中，onload 属性的值为事件处理函数。需要注意的是，onload 事件处理函数只会被调用 1 次，且不兼容 IE 10 之前版本的浏览器。

4. 获取服务器端响应的内容

当服务器已经完成响应时，我们可以通过 Ajax 对象的 responseText 属性或 responseXML 属性获取服务器响应的内容。其中，responseText 属性用于接收文本类型的响应；responseXML 属性用于接收 XML 类型的响应。需要注意的是，服务器在返回 XML 数据时，应设置 Content-Type 字段的值为 text/xml 或 application/xml，否则会解析失败。

为了让读者更好地理解如何获取服务器端的响应以及 onload 事件处理函数和 onreadystatechange 事件处理函数的区别，下面通过代码进行演示。

（1）在 server 目录中 public 下创建 Example03.html 文件，编写代码实现在控制台输出 Ajax 状态值以及服务器响应的数据，具体代码如例 10-3 所示。

例 10-3　Example03.html

```
1  <script>
2    var xhr = new XMLHttpRequest();
3    console.log(xhr.readyState);              // 获取 Ajax 状态值，结果为 0
4    xhr.open('GET', 'http://localhost:3000/get');
```

```
5    console.log(xhr.readyState);              // 获取 Ajax 状态值, 结果为 1
6    xhr.onload = function () {
7      console.log(xhr.readyState);            // 获取 Ajax 状态值, 结果为 4
8      console.log(xhr.responseText);
9    };
10   xhr.send();
11 </script>
```

例 10-3 中，第 2 行代码用于创建 Ajax 对象 xhr；第 3、5、7 行代码用于在控制台输出不同阶段的 Ajax 状态值；第 4 行代码用于初始化请求，设置请求方式为 GET，请求地址为 http://localhost:3000/get；第 6~9 行代码使用 onload 事件处理函数获取服务端的响应，其中第 8 行代码用于在控制台输出服务器响应的信息。

（2）在浏览器中访问 http://localhost:3000/Example03.html，打开开发者工具，进入控制台查看输出结果，如图 10-20 所示。

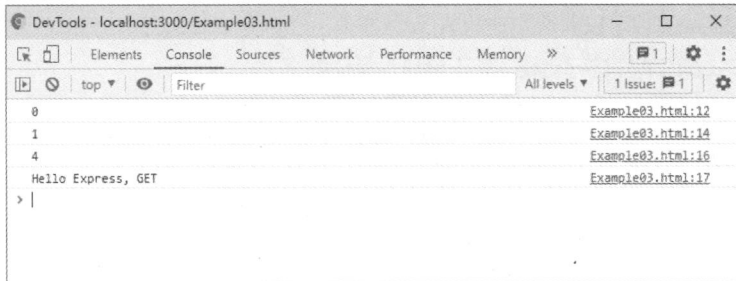

图10-20　例10-3的输出结果

图 10-20 中，控制台输出的 0、1、4 是 Ajax 状态值，输出 0 是因为虽然已经创建了 Ajax 对象，但是还没有调用 open()方法；输出 1 是因为虽然已经调用了 open()方法，但是还没有调用 send()方法；输出 4 是因为服务器端的响应数据已经接收完成，触发了 onload 事件处理函数。

（3）修改 Example03.html 文件中的第 6~9 行代码，将事件处理函数修改为 onreadystatechange，具体代码如下。

```
1  xhr.onreadystatechange = function () {
2    console.log(xhr.readyState);              // 获取 Ajax 状态值
3    if (xhr.readyState === 4) {
4      console.log(xhr.responseText);
5    }
6  };
```

上述代码中，第 2 行代码用于在控制台输出 Ajax 状态值；第 3~5 行代码用于判断当前 Ajax 的状态值是否为 4，如果 Ajax 的状态值为 4，就在控制台输出服务器响应的数据。

（4）刷新浏览器页面，进入控制台查看输出结果，如图 10-21 所示。

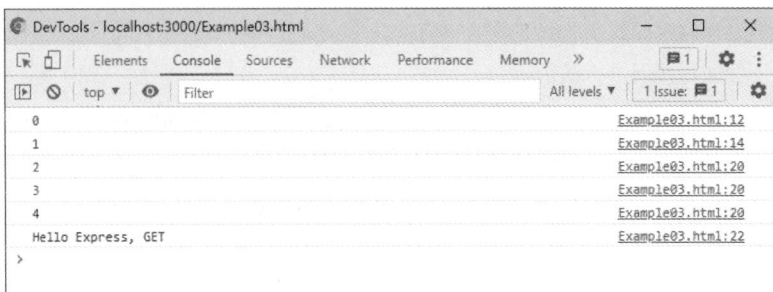

图10-21　例10-3修改后的输出结果

图 10-21 中, 0、1、2、3、4 是 Ajax 状态值, 其中, 2、3、4 是在 onreadystatechange 事件处理函数中输出的, 输出结果为 2 表示请求已经发送了, 但是还没有收到服务器端响应的数据; 输出结果为 3 表示已经收到服务器端的部分数据了; 输出结果为 4 表示服务器的响应数据已经接收完成了。"Hello Express, GET"是服务器响应的数据。

10.4　数据交换格式

客户端和服务器端进行 Ajax 交互时, 为了确保通信双方都能够正确识别对方发送的信息, 需要约定一种格式。目前比较通用的数据交换格式有 XML 和 JSON, 其中 XML 是历史悠久、应用广泛的数据格式, 而 JSON (JavaScript Object Notation, JavaScript 对象符号) 是近几年在 Web 开发中流行的数据格式。本节将对这两种数据格式进行详细讲解。

10.4.1　XML 数据格式

XML 是由 W3C 制定的一种通用标记语言, 主要用于描述和存储数据。本小节主要讲解客户端和服务器端如何进行 XML 格式的数据交互, 读者只需要认识 XML 代码即可, 并不需要从头开始学习 XML。

编写 XML 文档时, 需要先声明 XML 文档的类型, 声明时 version 属性不能省略, 且必须放在第 1 位。XML 文档中的标签必须成对出现, 且严格区分大小写。下面演示一个简单的 XML 文档, 示例代码如下。

```
1 <?xml version="1.0" encoding="utf-8" ?>
2 <book>
3   <name>三国演义</name>
4   <author>罗贯中</author>
5 </book>
```

上述示例代码中, 第 1 行代码是 XML 的声明, XML 的版本设为 1.0, 编码格式设为 utf-8; 第 2~5 行代码中, <book>、<name>与<author>是开始标签, </book>、</name>与</author>是结束标签。

当浏览器向服务器发送请求时, 若发送的数据为 XML 格式数据, 需要设置请求头中的 Content-Type 字段为 text/xml, 示例代码如下。

```
xhr.setRequestHeader('Content-Type', 'text/xml');
```

若服务器要返回 XML 格式的数据, 为了让客户端正确识别数据的类型, 需要设置响应头中的 Content-Type 字段, 通知客户端响应内容的类型为 text/xml。服务器端设置响应头中 Content-Type 字段的示例代码如下。

```
res.setHeader('Content-Type', 'text/xml');
```

在浏览器端, 通过 Ajax 对象的 responseXML 属性即可接收 XML 数据。

下面通过案例演示客户端与服务器进行 XML 格式的数据交互, 本案例首先实现浏览器向服务器发送 XML 数据, 然后实现浏览器接收服务器返回的 XML 数据。

1. 浏览器向服务器发送 XML 数据

修改 10.2.5 小节创建过的 app.js 文件, 在监听端口前调用 app.post()方法, 用于处理 POST 请求, 具体代码如下。

```
1 app.post('/xml', (req, res) => {
2   res.send('OK')
3 });
```

上述代码中, 使用 app.post()方法处理 POST 请求, 并输出了'OK'。

在 server 目录中 public 下创建 Example04.html 文件, 创建 Ajax 对象, 发送 POST 请求, 设置请求路径为

http://localhost:3000/xml，设置请求参数为 XML 格式数据，具体代码如例 10-4 所示。

例 10-4　Example04.html

```
1  <script>
2    var xhr = new XMLHttpRequest();
3    xhr.open('POST', 'http://localhost:3000/xml');
4    // 设置请求头
5    xhr.setRequestHeader('Content-Type', 'text/xml');
6    xhr.send('<?xml version="1.0" encoding="utf-8" ?><book><name>红楼梦</name><author>
曹雪芹</author></book>');
7  </script>
```

例 10-4 中，第 2 行代码用于创建 Ajax 对象 xhr；第 3 行代码用于初始化请求，设置请求方式为 POST，请求地址为 http://localhost:3000/xml；第 5 行代码用于设置请求头的 Content-Type 字段为'text/xml'；第 6 行代码用于发送一段 XML 格式数据。

保存代码，在浏览器中访问 http://localhost:3000/Example04.html，然后打开开发者工具，进入 "Network" 面板。刷新页面后，找到 "Request Payload"（请求时发送的数据），查看浏览器是否成功发送了 XML 格式的数据，如图 10-22 所示。

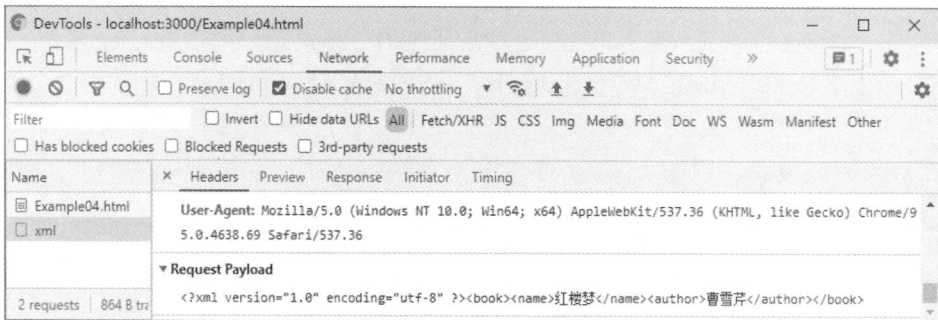

图10-22　XML格式的数据

从图 10-22 可以看出，"Request Payload" 中显示了 XML 格式的数据，说明浏览器已经成功发送了 XML 格式的数据。

2. 浏览器接收服务器返回的 XML 数据

继续修改 app.js 文件，在监听端口前调用 app.get()方法，用于处理 GET 请求，具体代码如下。

```
1  app.get('/xml', (req, res) => {
2    // 设置响应头
3    res.setHeader('Content-Type', 'text/xml');
4    // 返回 XML 格式数据
5    res.send('<?xml version="1.0" encoding="utf-8" ?><book><name>红楼梦</name><author>
曹雪芹</author></book>');
6  });
```

上述代码中，第 3 行代码通过响应头中的 Content-Type 字段设置了响应内容的类型；第 5 行代码用于收到请求后，通过 send()方法返回 XML 格式的数据。

在 server 目录中的 public 目录下创建 Example05.html 文件，在文件中创建 Ajax 对象，发送 GET 请求，设置请求路径为 http://localhost:3000/xml，并在控制台输出 XML 格式的响应数据，具体代码如例 10-5 所示。

例 10-5　Example05.html

```
1  <script>
2    var xhr = new XMLHttpRequest();
```

```
 3    xhr.open('GET', 'http://localhost:3000/xml');
 4    xhr.onreadystatechange = function () {
 5      if (xhr.readyState === 4) {
 6        console.log(xhr.responseXML);
 7      }
 8    };
 9    xhr.send();
10 </script>
```

例 10-5 中，第 2 行代码用于创建 Ajax 对象 xhr；第 3 行代码用于初始化请求，设置请求方式为 GET，请求路径为 http://localhost:3000/xml；第 4~8 行代码使用 onreadystatechange 事件处理函数获取服务器返回的数据，当 Ajax 状态值为 4 时，在控制台输出服务器返回的 XML 格式数据；第 9 行代码用于向服务器发送请求。

保存代码，在浏览器中访问 http://localhost:3000/Example05.html，打开开发者工具，进入控制台，查看 XML 格式的响应数据，如图 10-23 所示。

图10-23　XML格式的响应数据

图 10-23 中，控制台输出了 "#document"，单击 "#document" 后控制台显示出了 XML 文档结构，说明服务器成功返回了 XML 格式数据，且浏览器通过 Ajax 对象的 responseXML 属性获取到了 XML 数据。

10.4.2　JSON 数据格式

JSON 是一种轻量级的数据交换格式，它采用完全独立于编程语言的文本格式来存储和表示数据，这使得它能够轻松地在客户端和服务器之间传输。在 JavaScript 中，我们可以轻松地在 JSON 字符串与对象之间转换，相较于 XML 数据格式来说，JSON 数据格式使用起来更加方便。

使用 JSON 可以保存对象、数字、字符串、数组等类型的数据。JSON 本质上是一个字符串，需要使用双引号标注对象的成员名和字符串型的值，下面演示一段 JSON 代码。

```
{"name":"Tom","age":24,"work":true}
```

上述代码中，"name""age""work"是对象的 3 个成员，成员名使用双引号标注，"Tom"是字符串型的值，也使用双引号标注。

通过 JavaScript 处理 JSON 数据时，需要使用 JSON.stringify()方法和 JSON.parse()方法对数据进行处理，下面将讲解这两个方法的使用。

JSON.stringify()方法用于将数据转换为 JSON 字符串，其语法格式如下。

```
JSON.stringify(value[, replacer][, space])
```

上述语法格式中，value 表示将要转换成 JSON 字符串的值；replacer 是可选参数，用于决定 value 中哪部分被转换为 JSON 字符串；space 是可选参数，用于指定缩进用的空白字符串，从而美化输出格式。

JSON.parse()方法用于解析 JSON 字符串，返回原始值，其语法格式如下。

```
JSON.parse(text[, reviver])
```

上述语法格式中，text 表示 JSON 字符串，reviver 为可选项，用于传入一个函数来修改解析生成的原始值。

了解 JSON.stringify()方法和 JSON.parse()方法的使用后，接下来通过案例演示客户端与服务器端的 JSON 数据交互。本案例首先实现浏览器向服务器发送 JSON 数据，然后实现浏览器接收服务器返回的 JSON 数据。

1. 浏览器向服务器发送 JSON 数据

修改 10.2.5 小节创建过的 app.js 文件，在监听端口前调用 app.post()方法，用于处理 POST 请求，具体代码如下。

```
1  app.post('/json', (req, res) => {
2    res.send('OK');
3  });
```

然后在 server 目录中 public 下创建 Example06.html 文件，创建 Ajax 对象，发送 POST 请求，设置请求路径为 http://localhost:3000/json，具体代码如例 10-6 所示。

例 10-6　Example06.html

```
1  <script>
2    var xhr = new XMLHttpRequest();
3    xhr.open('POST', 'http://localhost:3000/json');
4    var obj = {
5      name: '红楼梦'
6    };
7    var data = JSON.stringify(obj);
8    xhr.setRequestHeader('Content-Type', 'application/json; charset=UTF-8');
9    xhr.send(data);
10 </script>
```

例 10-6 中，第 2 行代码用于创建 Ajax 对象 xhr；第 3 行代码用于初始化请求，设置请求方式为 POST，请求路径为 http://localhost:3000/json；第 4～6 行代码用于创建对象，并赋值给变量 obj；第 7 行代码使用 JSON.stringify()方法将 obj 对象转换为 JSON 字符串；第 8 行代码用于通过请求头字段 Content-Type 告知服务器当前请求体为 JSON 数据且字符集为 UTF-8；第 9 行代码用于在请求体中放入 data，并向服务器发送请求。

保存代码，在浏览器中访问 http://localhost:3000/Example06.html，进入"Network"面板，刷新页面后，找到"Request Payload"，查看浏览器是否成功发送了 JSON 格式的数据，如图 10-24 所示。

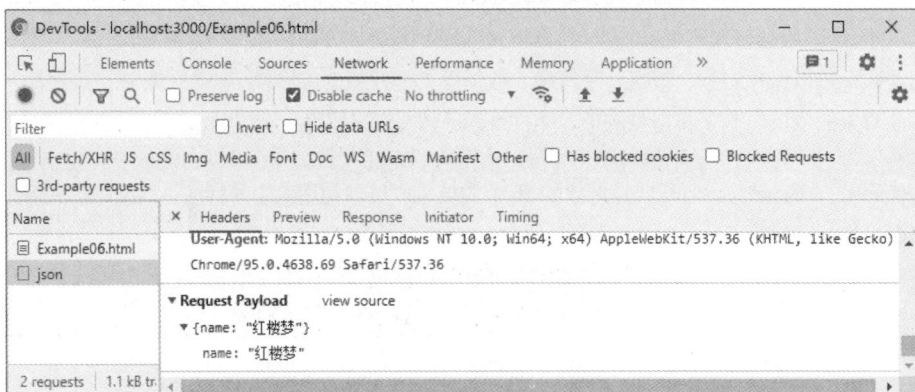

图 10-24　JSON 格式的数据

从图 10-24 可以看出，"Request Payload"中显示了 JSON 格式的数据，说明浏览器已经成功发送了 JSON 格式的数据。

2. 浏览器接收服务器返回的 JSON 数据

继续修改 app.js 文件，在监听端口前调用 app.get()方法，用于处理 GET 请求，具体代码如下。

```
1  app.get('/json', (req, res) => {
2    var data = {
3      name: '红楼梦',
4      author: '曹雪芹'
5    };
6    res.send(data);
7  });
```

上述代码中，第 2~5 行代码用于创建对象，并赋值给变量 data；第 6 行代码用于返回响应数据 data。

在 server 目录中的 public 目录下创建 Example07.html 文件，在文件中创建 Ajax 对象，发送 GET 请求，设置请求路径为 http://localhost:3000/json，具体代码如例 10-7 所示。

例 10-7　Example07.html

```
1  <script>
2    var xhr = new XMLHttpRequest();
3    xhr.open('GET', 'http://localhost:3000/json');
4    xhr.onreadystatechange = function () {
5      if (xhr.readyState === 4) {
6        var data = JSON.parse(xhr.responseText);
7        console.log(data);
8      }
9    };
10   xhr.send();
11 </script>
```

例 10-7 中，第 2 行代码用于创建 Ajax 对象 xhr；第 3 行代码用于初始化请求，设置请求方式为 GET，请求路径为 http://localhost:3000/json；第 4~9 行代码用于监听 Ajax 状态值，当 Ajax 状态值为 4 时，使用 JSON.parse()方法将服务器的响应数据转换为对象，并在控制台输出；第 10 行代码用于向服务器发送请求。

保存代码，在浏览器中访问 http://localhost:3000/Example07.html 文件，打开开发者工具，进入控制台，查看 JSON 格式的响应数据，如图 10-25 所示。

图10-25　JSON格式的响应数据

图 10-25 中，控制台输出了 "Object"，单击 "Object" 后可以看到对象的两个属性，说明浏览器成功收到了 JSON 格式的响应数据。

10.5　同源策略

10.5.1　什么是同源策略

同源策略是浏览器的一种安全策略，它可以让同源地址之间的访问不受限制，但不同源地址之间不能随意访问。同源策略规定 URL 中的协议、域名和端口号都要相同，以保证多个页面或者请求同源，如果有一个不相同，就是不同源。

下面演示同源的 URL，示例如下。

```
http://www.example.test:8080/index.html
http://www.example.test:8080/test.html
```

上述两个 URL 的协议、域名和端口号相同，因此它们属于同源 URL。需要注意的是，在判断两个 URL 是否同源时，请求资源路径忽略不计。

下面分别演示协议不同、域名不同和端口号不同的情况。

（1）协议不同

下列 URL 的协议不同，因此它们是不同源的 URL。

```
http://www.example.test:8080/
https://www.example.test:8080/
```

（2）域名不同

下列 URL 的域名不同，因此它们是不同源的 URL。

```
http://www.example.test:8080/
http://api.example.test:8080/
```

（3）端口号不同

下列 URL 的端口号不同，因此它们是不同源的 URL。

```
http://www.example.test:8080/
http://www.example.test:8081/
```

10.5.2　实现跨域请求

跨域请求是指当前发起请求的域与该请求指向的资源所在的域不同时的请求。如果两个请求的协议、域名、端口号均相同就是同域，否则就是跨域。

跨域请求会导致网页失去安全性。设想一下，用户在浏览器中新建了两个标签页，分别打开 A 网站和 B 网站，如果 A 网站可以通过 Ajax 读取用户在 B 网站中的个人信息，或 B 网站可以通过 Ajax 向 A 网站发起一个转账的请求，这是多么危险的事情，因此浏览器会阻止跨域请求。

浏览器通过同源策略限制跨域请求。同源策略在提高安全性的同时，也给正常的跨域请求操作带来了难题，导致互相信任的网站之间无法发送跨域请求。为此，W3C 提出了 CORS（Cross-Origin Resource Sharing，跨域资源共享）方案，通过在服务器端进行简单的配置即可允许跨域请求。由于该方案比较新，一些早期的浏览器不支持，但目前主流的浏览器都已经支持了。

使用 CORS 实现跨域请求的办法是在服务器的响应头中添加一些访问控制字段，以通知浏览器当前服务器允许跨域请求。浏览器在发送跨域请求时，会判断该请求是否需要发送预检请求（Preflight request），请求方式为 OPTIONS。预检请求用于请求服务器告知其支持哪些特殊的功能和方法，从而使浏览器在不访问服务器上实际资源的情况下就知道处理该资源的最优方式。服务器需要在预检请求和实际资源请求的响应结果中返回控制字段。常用的访问控制字段如下。

- Access-Control-Allow-Origin：指定允许访问该资源的外域 URI（Unirform Resource Identifier，统一资源定位符），多个用 "," 分隔，也可以设为通配符 "*" 表示任意地址。
- Access-Control-Allow-Headers：用于预检请求的响应，其指明了实际请求中允许浏览器携带的请求头字段。
- Access-Control-Expose-Headers：指定允许浏览器访问的自定义响应头，多个用 "," 分隔，否则浏览器只允许 Ajax 对象访问一些基本的响应头。
- Access-Control-Max-Age：表示通过预检请求获得的访问控制结果可以被缓存多久，单位为秒，Chrome 中的上限为 7200 秒。缓存期内不再发送预检请求。

上述字段中，Access-Control-Allow-Origin 字段是允许跨域请求必须设置的，其他字段是可选的，根据实际需要进行设置即可。

下面演示 CORS 访问字段的设置，具体示例如下。

```
Access-Control-Allow-Origin: http://example.test
Access-Control-Allow-Headers: Content-Type
Access-Control-Expose-Headers: X-Custom-Header, X-Another-Custom-Header
Access-Control-Max-Age: 3600
```

上述示例表示允许来自 http://example.test 的跨域请求，允许浏览器携带 Content-Type 请求头字段，允许浏览器访问 X-Custom-Header 和 X-Another-Custom-Header 自定义响应头字段，预检请求的缓存时间为 3600 秒（1 小时）。

需要注意的是，读者在 Chrome 浏览器的开发者工具中测试 Access-Control-Max-Age 字段时，不要勾选 "Network" 面板下的 "Disable cache"（禁用缓存），否则该字段不会生效。

为了让大家更好地理解跨域请求，接下来演示实现 Visual Studio Code 编辑器的 Live Server 搭建的 "127.0.0.1:5500" 服务器和 Node.js 搭建的 "localhost:3000" 服务器之间的跨域请求，步骤如下。

（1）修改 10.2.5 小节创建过的 app.js 文件，在静态资源处理的代码后添加如下代码。

```
1  // 设置允许跨域
2  app.all('*', (req, res, next) => {
3    res.setHeader('Access-Control-Allow-Origin', '*');
4    next();
5  });
```

上述代码中，all() 方法表示匹配所有请求方式，next 参数表示下一个要执行的中间件或路由，res.setHeader() 方法用于设置响应头。

（2）在 app.js 文件中的监听端口前的位置添加如下代码。

```
1  app.get('/cors', (req, res) => {
2    res.send('跨域请求成功!')
3  });
```

上述代码中，使用 app.get() 方法处理浏览器发来的 GET 请求。

（3）在 server 目录中 public 文件夹下创建 Example08.html 文件，创建 Ajax 对象并向服务器发起请求，具体代码如例 10-8 所示。

例 10-8　Example08.html

```
1  <script>
2    var xhr = new XMLHttpRequest();
3    xhr.open('GET', 'http://localhost:3000/cors');
4    xhr.onreadystatechange = function () {
5      if (xhr.readyState === 4) {
6        console.log(xhr.responseText);
```

```
7     }
8   };
9   xhr.send();
10 </script>
```

例 10-8 中，第 2 行代码用于创建 Ajax 对象 xhr；第 3 行代码用于初始化请求，设置请求方式为 GET，请求路径为 http://localhost:3000/cors；第 4～8 行代码用于获取服务器端返回的数据；第 9 行代码用于发送请求。

（4）右击 Example08.html 文件，选择"Open with Live Server"，然后打开开发者工具，进入控制台查看输出结果，如图 10-26 所示。

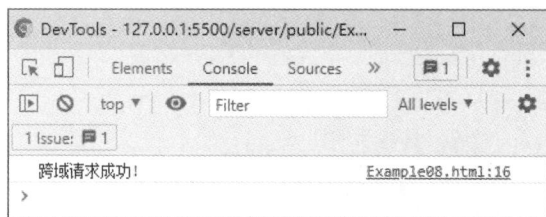

图10-26　例10-8的输出结果

图 10-26 中，控制台输出了服务器返回的数据，说明已经实现了跨域请求，且收到了服务器返回的数据。如果将步骤（1）中的代码注释，则控制台会报错，如图 10-27 所示。

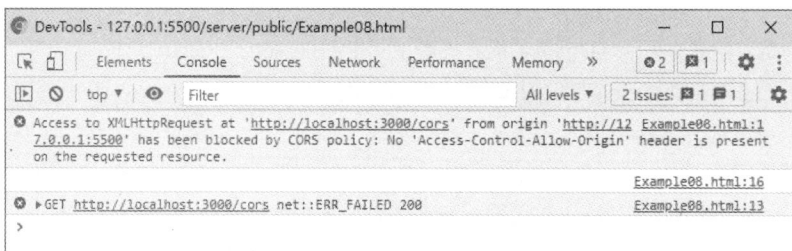

图10-27　未设置允许跨域

图 10-27 中，控制台显示了报错信息，说明当前打开的页面和请求地址不同源时，如果服务器端没有设置允许跨域，浏览器将不能发送跨域请求。

动手实践：Ajax 表单验证

日常生活中，我们登录一些网站时，网页中的表单会验证我们输入的用户名和密码是否正确。本案例将会利用 Ajax 实现表单验证效果。用户在表单中输入用户名和密码后，单击"登录"按钮，就会发送 Ajax 请求到服务器，在服务器端验证用户名和密码是否正确。本案例的页面效果如图 10-28 所示。

为了让浏览器端和服务器端的程序可以进行数据交互，双方需要约定一个服务器接口，该接口的具体信息如下。

- 接口地址：http://localhost:3000/login。
- 请求方式：POST。
- 请求参数：{ "username": "用户名", "password": "密码"}。
- 请求成功返回：{ "code": 1, "msg": "登录成功"}。
- 请求失败返回：{ "code": 0, "msg": "登录失败"}。

图10-28　案例的页面效果

下面编写代码实现验证用户名和密码。本案例分为 3 步：第 1 步编写 HTML 代码，实现表单结构；第 2 步添加 JavaScript 代码，实现 Ajax 请求；第 3 步编写服务器端代码，在服务器端处理请求。

1. 编写 HTML 代码

在 public 目录下创建 login.html 文件，定义 1 个<div>标签，作为表单的容器；定义 2 个<span>标签，用于提示需要输入的内容；定义 2 个<input>标签，用于输入用户名和密码；定义 1 个<button>标签，作为"登录"按钮，具体代码如例 10-9 所示。

<p align="center">例 10-9　login.html</p>

```
1  <head>
2    <link rel="stylesheet" href="login.css">
3  </head>
4  <body>
5    <div>
6      <span>用户名: </span><input type="text" id="username"><br>
7      <span>密码: </span><input type="password" id="pwd"><br>
8      <button>登录</button>
9    </div>
10 </body>
```

例 10-9 中，第 2 行代码引入了页面样式文件，该文件可以从本书配套源代码获取；第 6～7 行代码设置了 2 个<input>标签，id 值分别为 username 和 pwd，表示"用户名"和"密码"。在 JavaScript 代码中可以通过 id 获取用户输入的用户名和密码。

2. 添加 JavaScript 代码

在 login.html 文件中添加 JavaScript 代码，为"登录"按钮绑定单击事件，用于单击该按钮时进行 Ajax 交互，向服务器发送 POST 方式的请求，具体代码如下。

```
1  <script>
2    // 获取 button 元素
3    var obtn = document.getElementsByTagName('button');
4    // 为 button 元素绑定单击事件
5    obtn[0].onclick = function () {
6      // 获取用户输入的用户名和密码
7      var username = document.getElementById('username').value;
8      var password = document.getElementById('pwd').value;
9      // 定义 data 对象，用于存储用户名和密码
10     var data = {
11       username: username,
12       password: password
13     };
14     var data = JSON.stringify(data);
15     // 创建 Ajax 对象
16     var xhr = new XMLHttpRequest();
17     // 调用 Ajax 的 open() 方法，初始化 HTTP 请求
18     xhr.open('POST', 'http://localhost:3000/login');
19     // 设置请求头
20     xhr.setRequestHeader('Content-Type', 'application/json; charset=UTF-8');
21     // onreadystatechange 事件处理函数
22     xhr.onreadystatechange = function () {
23       if (xhr.readyState === 4) {
24         // 接收服务器的响应数据
```

```
25        var data = JSON.parse(xhr.responseText);
26        alert(data.msg);
27      }
28    };
29    // 发送请求
30    xhr.send(data);
31  };
32 </script>
```

上述代码中，第 3 行代码用于获取 button 元素并赋值给变量 obtn；第 5~31 行代码用于为 button 元素绑定单击事件，其中第 7 行代码用于获取用户输入的用户名并赋值给变量 username，第 8 行代码用于获取用户输入的密码并赋值给变量 password，第 10~13 行代码用于定义 data 对象，用于存储用户名和密码，第 16 行代码用于创建 Ajax 对象 xhr，第 18 行代码用于初始化请求，设置请求方式为 POST，请求路径为 http://localhost:3000/login，第 22~28 行代码通过 onreadystatechange 事件处理函数监听 Ajax 状态值，当 Ajax 状态值为 4 时，接收服务器的响应数据，并在页面中弹出警告框，提示用户登录状态，第 30 行代码用于发送请求。

3. 编写服务器端代码

在 server 目录下，新建 form.js 文件，创建用于表单验证的服务器，并使用 app.post()处理接收到的 POST 请求，响应 JSON 数据，具体代码如下。

```
1  // 引入 express 模块
2  var express = require('express');
3  // 创建 Web 服务器对象
4  var app = express();
5  // 静态资源处理
6  app.use(express.static('public'));
7  // 解析浏览器发来的 URL 编码数据（表单默认编码）和 JSON 数据
8  app.use(express.urlencoded({ extended: false }));
9  app.use(express.json());
10 // 设置允许跨域
11 app.all('*', (req, res, next) => {
12   res.setHeader('Access-Control-Allow-Origin', '*');
13   res.setHeader('Access-Control-Allow-Headers', 'Content-Type');
14   next();
15 });
16 // 处理 POST 请求
17 app.post('/login', (req, res) => {
18   // 服务器保存的用户名和密码
19   var data = {
20     admin: '123456',
21     teach1: 'a12345',
22     stu1: 'b111111'
23   };
24   var result = { code: 0, msg: '登录失败' };
25   // 获取请求参数
26   var username = req.body.username;
27   var password = req.body.password;
28   // 遍历 data 对象
29   for (var k in data) {
30     if (k == username && data[k] == password) {
31       result.code = 1;
```

```
32        result.msg = '登录成功';
33        break;
34      }
35    }
36  res.send(result);
37 });
38 // 监听 3000 端口
39 app.listen(3000, () => {
40  console.log('服务器启动成功...');
41 });
```

上述代码中，第 11～15 行代码用于设置允许跨域，其中第 14 行代码表示继续进入下一个中间件；第 17～38 行代码用于处理 POST 请求，其中第 19～23 行代码表示服务器中保存的用户名和密码，第 24 行代码定义 result 对象，用于保存登录状态，第 26～27 行代码用于获取请求参数，第 29～35 行代码遍历 data 对象，用于验证用户输入的用户名和密码是否正确，如果正确将修改 result 对象的 code 属性和 msg 属性。

完成以上 4 个步骤后，在终端中使用命令 "nodemon form.js" 启动服务器，然后在浏览器中打开 login.html，例 10-9 的初始页面效果如图 10-29 所示。

图 10-29 中，在 "用户名" 后的文本框中输入 "admin"，在 "密码" 后的文本框中输入 "123456"，然后单击 "登录" 按钮，登录成功的页面效果如图 10-30 所示。

图10-29　例10-9的初始页面效果

若在图 10-29 中输入用户名 "admin"，密码 "111111"，则登录失败的页面效果如图 10 31 所示。

图10-30　登录成功的页面效果

图10-31　登录失败的页面效果

本章小结

本章首先介绍了 Web 基础知识、Web 服务器搭建，然后讲解了 Ajax，最后讲解了数据交换格式和同源策略。通过本章的学习，要求读者能够独立完成服务器的搭建，能够发送 GET 方式、POST 方式的 Ajax 请求和获取服务器端的响应，并且能够实现跨域请求。

课后练习

一、填空题

1. 客户端向服务器请求的资源分为两种，一种是动态资源，另一种是_____。

2. 当一个 URL 没有指定端口时，HTTP 的默认端口号是_____。

3. HTTP 消息分为_____和响应消息两种。

4. Node.js 的核心语法是_____。

5. 通过_____构造函数能够创建 Ajax 对象。

二、判断题

1. "http://127.0.0.1/index.html" 中的请求资源路径是 "index.html"，不含 "/"。 (   )

2. HTTP 请求和响应消息中的空行可有可无。 (   )

3. HTTP 响应状态码 "200" 表示服务器成功处理了客户端的请求。 (   )

4. XMLHttpRequest 对象的 send() 方法用于创建一个新的请求。 (   )

5. 使用 onload 事件处理函数时需要判断 Ajax 状态值。 (   )

三、选择题

1. 下列选项中，关于 URL http://www.example.test/Page.html 的说法错误的是（   ）。

A. URL 使用的协议是 HTTP

B. URL 中的主机是 www.example.test

C. URL 中的请求资源路径是 /Page.html

D. URL 中的端口号是 8080

2. 下列状态码中，表示服务器找不到请求资源的是（   ）。

A. 200   B. 404   C. 500   D. 302

3. 下列选项中，关于 JavaScript 和 Node.js 的说法错误的是（   ）。

A. JavaScript 由 ECMAScript、DOM 和 BOM 组成

B. Node.js 由 ECMAScript 和 Node 环境提供的一些附加 API 组成

C. JavaScript 和 Node.js 的核心都是 ECMAScript

D. Node.js 主要用于处理页面的交互

4. 下列关于 Ajax 状态值的说法错误的是（   ）。

A. 0 表示请求未初始化，但已经调用了 open() 方法

B. 1 表示请求已经建立，但是还没有调用 send() 方法

C. 2 表示请求已经发送

D. 4 表示响应已经完成，可以获取并使用服务器的响应了

5. 下列选项中，与 URL http://192.168.0.2/index.html 同源的是（   ）。

A. http://192.168.0.12/index.html   B. http://192.168.0.2:8080/test.html

C. http://192.168.0.2:80/test.html   D. https://192.168.0.2/index.html

四、简答题

1. 简述请求消息和响应消息的组成。

2. 简述使用 Express 框架搭建服务器的步骤。

五、编程题

1. 利用 Express 框架搭建一个 Web 服务器，设置该服务器的端口号为 3001，当客户端发送 GET 方式的 Ajax 请求时，返回文本数据 "GET 请求成功！"。

2. 利用 Express 框架搭建一个 Web 服务器，设置该服务器的端口号为 3001，当客户端发送 POST 方式的 Ajax 请求时，返回 JSON 数据 "{"zhangsan": "123456"}"，并在控制台输出 JSON 数据。

第 **11** 章

jQuery

★ 了解什么是 jQuery，能够说出 jQuery 的特点

★ 掌握 jQuery 的下载和引入，能够独立完成 jQuery 的下载并且能够使用两种方式引入 jQuery

★ 掌握 jQuery 的简单使用，能够使用 jQuery 实现简单的页面效果

★ 熟悉什么是 jQuery 对象，能够说出 jQuery 对象与 DOM 对象的区别

★ 掌握利用选择器获取元素的方法，能够利用选择器获取元素

★ 熟悉 jQuery 中常用的选择器，能够根据需要选择合适的选择器

★ 掌握元素操作，能够实现元素的遍历操作、内容操作、样式操作、属性操作、查找和过滤操作以及元素的
  追加、替换、删除和复制操作

★ 掌握 jQuery 中的页面加载事件，能够实现页面的初始化

★ 掌握事件注册，能够使用两种方式实现事件注册

★ 掌握事件触发，能够使用 3 种方式实现事件自动触发

★ 掌握事件委托，能够将子元素的事件注册到父元素上

★ 掌握事件解除，能够实现解除所有事件、解除指定事件以及解除事件委托

★ 掌握动画特效，能够利用内置动画方法和自定义动画方法实现动画特效

★ 掌握 jQuery 中操作 Ajax 的常用方法，能够使用常用方法实现 Ajax 交互

拓展阅读

通过前面的学习，相信大家已经掌握了 DOM、Ajax 等操作，但在开发中，使用原生的 DOM 操作和 Ajax 操作非常麻烦，并且还存在浏览器兼容问题，那么如何才能使开发变得简单呢？这时就可以使用 jQuery 了。本章将针对 jQuery 的使用进行详细讲解。

11.1　jQuery 快速入门

11.1.1　什么是 jQuery

jQuery 是一款快速、简洁、开源的 JavaScript 库，由约翰·瑞思格（John Resig）等人创建。2006 年 1 月

的纽约 BarCamp 国际研讨会上，约翰·瑞思格首次发布了 jQuery，发布后吸引了来自世界各地的众多 JavaScript 开发者的关注。

jQuery 的宗旨是 "write less, do more"（使用更少的代码，做更多的事情）。初学者只要学会了 jQuery 的一些常用方法，就能快速上手基于 jQuery 的项目开发。

jQuery 具有如下不可忽视的特点。

- jQuery 是一个轻量级的库，其代码非常小巧。
- 语法简洁易懂，学习速度快，文档丰富。
- 支持 CSS1～CSS3 定义的属性和选择器。
- 可跨浏览器，支持的浏览器包括 IE 和 FireFox、Chrome 等。
- 插件丰富，可以通过插件扩展更多功能。

目前 jQuery 有 3 种版本，分别是 jQuery 1.x、jQuery 2.x 和 jQuery 3.x。它们的区别在于，jQuery 1.x 系列版本保持了对早期浏览器的支持，最终版本是 jQuery 1.12.4；jQuery 2.x 系列的版本不兼容 IE 6～IE 8 浏览器，从而更加轻量化，最终版本是 jQuery 2.2.4；jQuery 3.x 系列的版本不兼容 IE 6～IE 8 浏览器，此版本增加了一些新方法，对一些方法的行为做了优化和改进。由于 jQuery 1.x 和 2.x 系列已经停止更新，本书选择使用 jQuery 3.x。

11.1.2　下载和引入 jQuery

在学习使用 jQuery 之前，需要下载并引入 jQuery，具体操作步骤如下。

（1）在 Chrome 浏览器中访问 jQuery 下载页面，如图 11-1 所示。

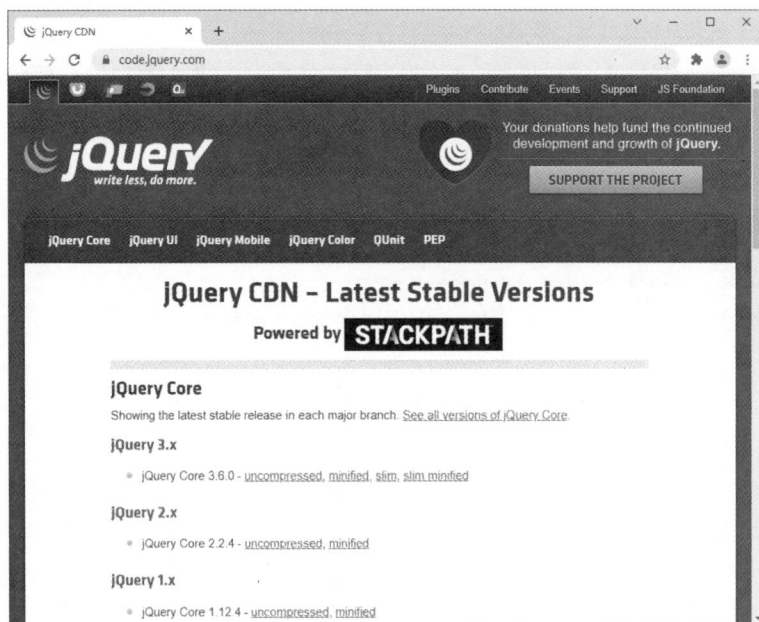

图11-1　jQuery下载页面

图 11-1 中，"uncompressed" 表示未压缩版，"minified" 表示压缩版，两者的区别在于，压缩版去掉了代码中所有换行、缩进和注释等。"slim" 表示简化版，"slim minified" 表示简化版的压缩版，简化版中没有提供 Ajax 和动画特效模块。

（2）在图 11-1 所示的页面中，单击 "jQuery Core 3.6.0" 的 "minified" 链接，进入 "Code Integration" 界

面，如图 11-2 所示。

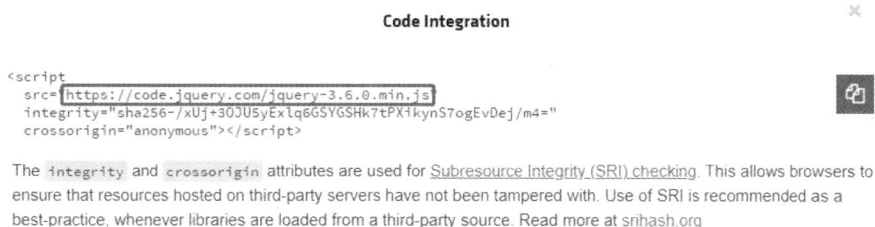

图11-2　Code Integration界面

图 11-2 中，<script>标签中的 src 属性是 jQuery 文件的引用地址；integrity 属性和 crossorigin 属性是 HTML5 中新增的属性，其中，integrity 属性用于通过一串校验码防止脚本文件内容在传输的时候丢失或者被恶意修改；crossorigin 属性用于配置 CORS 跨域请求，设为 anonymous 表示不发送用户凭据。

（3）读者可以将图 11-2 中的整个<script>标签的代码复制到页面文件中使用，或者只复制图 11-2 中的红框部分的地址，在浏览器中访问该地址，将"jquery-3.6.0.min.js"文件保存在本地，然后手动引入。引入 jQuery 的示例代码如下。

```
<script src="jquery-3.6.0.min.js"></script>
```

上述代码表示引入当前目录下的 jquery-3.6.0.min.js 文件。

11.1.3　jQuery 的简单使用

jQuery 的基本使用大致可以分为 3 步：第 1 步是在页面中引入 jQuery；第 2 步是获取要操作的元素；第 3 步是调用操作方法，如调用 hide()方法将元素隐藏。

下面通过代码演示 jQuery 的简单使用，定义 1 个<div>标签，通过 jQuery 获取元素，然后将元素在页面中隐藏，具体代码如例 11-1 所示。

例 11-1　Example01.html

```
1  <head>
2    <script src="jquery-3.6.0.min.js"></script>
3  </head>
4  <body>
5    <div>Hello jQuery</div>
6    <script>
7      $('div').hide();        // 隐藏 div 元素
8    </script>
9  </body>
```

例 11-1 中，第 2 行代码用于引入 jQuery 文件；第 5 行代码定义<div>标签；第 7 行代码实现 div 元素的隐藏。

保存代码，通过浏览器访问 Example01.html 文件，可以看到 div 元素已经被隐藏起来了，如图 11-3 所示。

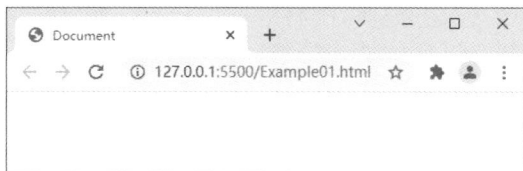

图11-3　隐藏div元素

图 11-3 中，页面未显示任何元素，说明通过 jQuery 实现了 div 元素的隐藏。

如果将例 11-1 中第 7 行代码注释，div 元素就会显示出来，如图 11-4 所示。

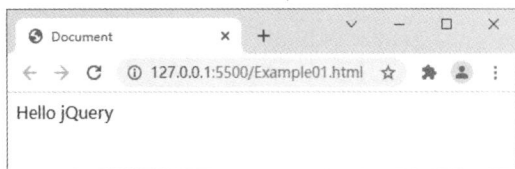

图11-4　显示div元素

11.1.4　jQuery 对象

在页面中引入 jQuery 后，全局作用域下会新增两个变量，分别是"$"和"jQuery"，这两个变量引用的是同一个对象，称为 jQuery 顶级对象。为了方便书写，通常使用"$"变量。下面通过代码演示$和 jQuery 的使用，示例代码如下。

```
// $的使用
$('div').hide();
// jQuery 的使用
jQuery('div').hide();
```

上述示例代码中，分别使用$和 jQuery 实现了 div 元素的隐藏。

jQuery 顶级对象类似一个构造函数，用来创建 jQuery 实例对象（简称 jQuery 对象），但它不需要使用 new 关键字，它的内部会自动进行实例化，返回实例化后的对象。jQuery 对象的本质是 jQuery 顶级对象对 DOM 对象包装后产生的对象。

jQuery 对象以伪数组的形式存储，它可以包装一个或多个 DOM 对象。下面通过代码对比 jQuery 对象和 DOM 对象的区别，示例代码如下。

```
1  <body>
2    <div>Hello jQuery</div>
3    <script>
4      // jQuery 对象
5      var div1 = $('div');
6      console.log(div1);
7      // DOM 对象
8      var div2 = document.getElementsByTagName('div');
9      console.log(div2);
10   </script>
11 </body>
```

上述示例代码中，第 5 行代码用于获取 jQuery 对象；第 6 行代码用于在控制台输出 jQuery 对象；第 8 行代码用于获取 DOM 对象；第 9 行代码用于在控制台输出 DOM 对象。

上述代码的输出结果如图 11-5 所示。

图 11-5 中，①表示获取到的 jQuery 对象，在 jQuery 对象中，索引为 0 的元素是 DOM 对象，length 属性表示 DOM 对象的个数；②表示获取到的 DOM 对象集合，索引为 0 的元素表示集合中的第 1 个 DOM 对象。

在实际开发中，经常会在 jQuery 对象和 DOM 对象之间进行转换，因为 DOM 对象比 jQuery 对象更复杂，DOM 对象的一些属性和方法在 jQuery 对象中没有封装，所以使用这些属性和方法时需要把 jQuery 对象转换为 DOM 对象。另外，DOM 对象也可以转换为 jQuery 对象。下面将讲解如何实现 jQuery 对象和 DOM 对象的相互转换。

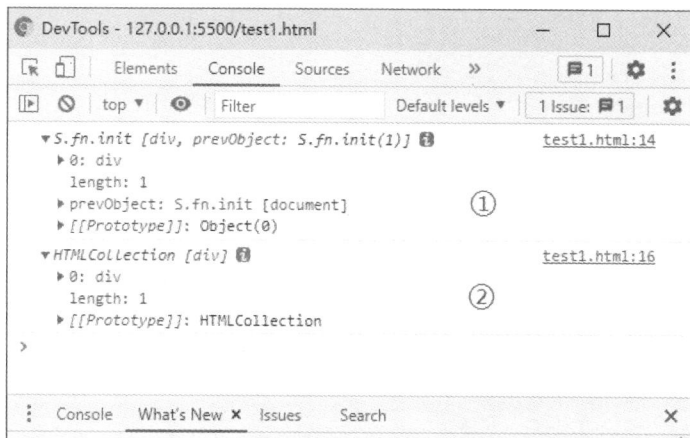

图11-5　jQuery对象和DOM对象

1. 将 jQuery 对象转换为 DOM 对象

实现将 jQuery 对象转换为 DOM 对象有两种方式,第 1 种方式的语法是"jQuery 对象[索引]",第 2 种方式的语法是"jQuery 对象.get(索引)",示例代码如下。

```
var div1 = $('div')[0];        // 第 1 种方式
var div2 = $('div').get(0);    // 第 2 种方式
```

上述示例代码使用两种方式实现了将 jQuery 对象转换为 DOM 对象,转换为 DOM 对象后就可以使用 DOM 方式操作元素。

2. 将 DOM 对象转换为 jQuery 对象

利用"$(DOM 对象)"语法可以将 DOM 对象转换为 jQuery 对象,示例代码如下。

```
// 获取 DOM 对象
var div = document.getElementsByTagName('div')[0];
// 将 DOM 对象转换成 jQuery 对象
div = $(div);
```

上述示例代码中,首先获取了 DOM 对象,然后实现了将 DOM 对象转换为 jQuery 对象,转换为 jQuery 对象后就可以使用 jQuery 对象提供的一些方法实现具体功能。

需要注意的是,jQuery 对象和 DOM 对象的使用方式不同,因此在编写代码时不能混用,否则程序将会出错。

11.2　获取元素

在程序开发中,经常需要对页面中的各种元素进行操作,在操作前必须准确地找到元素。通过第 6 章的学习,读者应该已经掌握了如何使用原生的 JavaScript 获取元素,由于原生的 JavaScript 获取元素的代码写起来烦琐,而且浏览器兼容性情况也不一致,jQuery 为我们提供了更便捷的获取元素的方式,即通过选择器获取元素。本节将讲解如何利用选择器获取元素以及 jQuery 中常用的选择器。

11.2.1　利用选择器获取元素

jQuery 提供了类似 CSS 选择器的机制,利用选择器可以很方便地获取元素。常用的选择器有 id 选择器、class 选择器、标签选择器等。

利用 jQuery 选择器获取元素的基本语法是"$(选择器)",示例代码如下。

```
$('#one');          // 获取 id 为 one 的元素
$('.two');          // 获取 class 为 two 的元素
$('div');           // 获取标签为 div 的元素
```

上述示例代码中，分别使用 id 选择器、class 选择器和标签选择器获取元素。

为了帮助读者更好地理解如何利用选择器获取元素，接下来通过代码进行演示，具体代码如例 11-2 所示。

例 11-2　Example02.html

```
1  <body>
2    <div>
3      <p id="start">独在异乡为异客，</p>
4      <p class="end">每逢佳节倍思亲。</p>
5    </div>
6    <script>
7      // 输出 id 为 start 的元素
8      console.log($('#start'));
9      // 输出 class 为 end 的元素
10     console.log($('.end'));
11     // 输出所有 div 元素
12     console.log($('div'));
13   </script>
14 </body>
```

例 11-2 中，第 8 行代码用于在控制台输出 id 为 start 的元素；第 10 行代码用于在控制台输出 class 为 end 的元素；第 12 行代码用于在控制台输出所有 div 元素。

保存代码，在浏览器中访问 Example02.html 文件，例 11-2 的运行结果如图 11-6 所示。

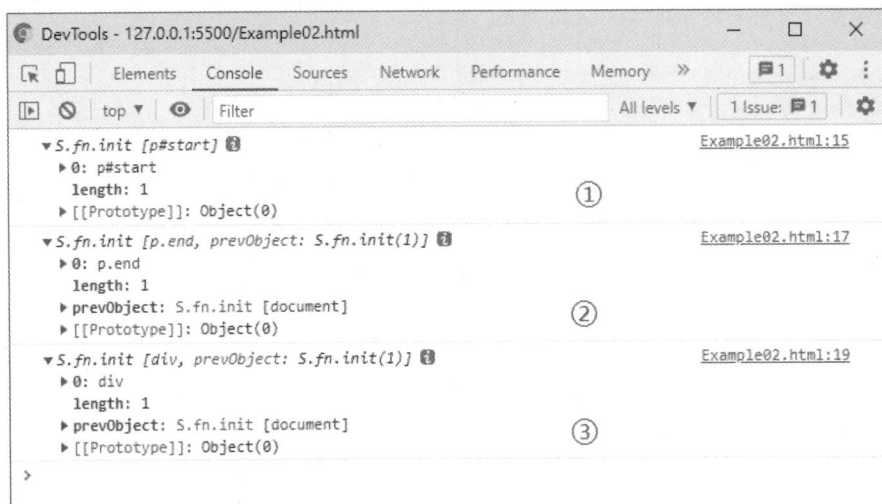

图11-6　例11-2的运行结果

图 11-6 中，①表示获取到的 id 为 start 的元素，其中，索引 0 表示获取到的 DOM 对象的索引，length 属性表示获取到的符合条件的 DOM 对象个数；②和③分别表示获取到的 class 为 end 的元素和获取到的 div 元素。

11.2.2　jQuery 中常用的选择器

jQuery 中的选择器种类非常多，读者不需要全部掌握，当需要使用一些不熟悉的选择器时，可以通过查阅文档学习相关知识。为了方便读者查阅，接下来将介绍一些在开发中可能会用到的选择器。

1. 基本选择器

jQuery 中的基本选择器和 CSS 选择器非常类似，常用的基本选择器如表 11-1 所示。

表 11-1　常用的基本选择器

选择器	功能描述	示例
#id	获取指定 id 的元素	$('#btn')获取 id 为 btn 的元素
*	匹配所有元素	$('*')获取页面中的所有元素
.class	获取同一 class 的元素	$('.tab')获取所有 class 为 tab 的元素
element	获取相同标签名的所有元素	$('div')获取所有 div 元素
selector1,selector2,...	同时获取多个元素	$('div,p,li')同时获取 div 元素、p 元素和 li 元素

2. 层次选择器

在程序中，当我们需要获取某个元素的子元素、后代元素或兄弟元素时，可以利用 jQuery 的层次选择器实现。jQuery 中可以通过一些指定符号（如 ">"、空格、"+"和 "～"）完成多层次元素之间的获取。常用的层次选择器如表 11-2 所示。

表 11-2　常用的层次选择器

选择器	功能描述	示例
parent > child	获取所有子元素	$('ul > li')获取 ul 元素下的所有 li 子元素
selector selector1	获取所有后代元素	$('ul li')获取 ul 元素下的所有 li 后代元素
prev + next	获取后面紧邻的兄弟元素	$('div + .title')获取 div 元素后面紧邻的 class 为 title 的兄弟元素
prev ～ siblings	获取后面的所有兄弟元素	$('.bar ～ li')获取 class 为 bar 的元素后的所有 li 兄弟元素

3. 筛选选择器

开发中，若需要对获取到的元素进行筛选，例如获取第 1 个或最后 1 个元素，就可以利用 jQuery 的筛选选择器完成。常用的筛选选择器如表 11-3 所示。

表 11-3　常用的筛选选择器

选择器	功能描述	示例
:first	获取第一个元素	$('li:first')获取第一个 li 元素
:last	获取最后一个元素	$('li:last')获取最后一个 li 元素
:eq(index)	获取索引等于 index 的元素，索引从 0 开始	$('li:eq(2)')获取索引为 2 的 li 元素
:gt(index)	获取索引大于 index 的元素	$('li:gt(3)')获取索引大于 3 的所有 li 元素
:lt(index)	获取索引小于 index 的元素	$('li:lt(3)')获取索引小于 3 的所有 li 元素
:even	获取索引为偶数的元素	$('li:even')获取索引为偶数的 li 元素
:odd	获取索引为奇数的元素	$('li:odd')获取索引为奇数的 li 元素
:not(seletor)	获取除指定的选择器之外的其他元素	$('li:not(li:eq(3))')获取除索引为 3 之外的所有 li 元素
:focus	获取当前获得焦点的元素	$('input:focus')获取当前获得焦点的 input 元素
:animated	获取所有正在执行动画效果的元素	$('div:animated')获取当前正在执行动画的 div 元素
:target	选择由文档 URI 的格式化识别码表示的目标元素	若 URI 为 http://localhost/#foo，则$('div:target')将获取 id 为 foo 的 div 元素
:contains(text)	获取内容包含 text 文本的元素	$("li:contains('js')")获取内容中含 "js" 的 li 元素

（续表）

选择器	功能描述	示例
:empty	获取内容为空的元素	$('li:empty')获取内容为空的 li 元素
:has(selector)	获取内容包含指定选择器的元素	$("li:has('a')")获取内容中含 a 元素的所有 li 元素
:parent	获取带有子元素或包含文本的元素	$('li:parent')获取带有子元素或包含文本的 li 元素
:hidden	获取所有隐藏元素	$('li:hidden')获取所有隐藏的 li 元素
:visible	获取所有可见元素	$('li:visible')获取所有可见的 li 元素

4．属性选择器

jQuery 中还提供了根据元素的属性获取指定元素的选择器（称为属性选择器）。常用的属性选择器如表 11-4 所示。

表 11-4　常用的属性选择器

选择器	功能描述	示例
[attr]	获取具有指定属性的元素	$('div[class]')获取含有 class 属性的所有 div 元素
[attr=value]	获取属性值等于 value 的元素	$('div[class=current]')获取 class 属性值等于 current 的所有 div 元素
[attr!=value]	获取属性值不等于 value 的元素	$('div[class!=current]')获取 class 属性值不等于 current 的所有 div 元素
[attr^=value]	获取属性值以 value 开始的元素	$('div[class^=box]')获取 class 属性值以 box 开始的所有 div 元素
[attr$=value]	获取属性值以 value 结尾的元素	$('div[class$=er]')获取 class 属性值以 er 结尾的所有 div 元素
[attr*=value]	获取属性值包含 value 的元素	$("div[class*='-']")获取 class 属性值中含有 "–" 符号的所有 div 元素
[attr~=value]	获取属性值包含 value 或以空格分隔并包含 value 的元素	$("div[class~='box']")获取 class 属性值等于 "box" 或通过空格分隔并含有 box 的 div 元素，如 "t box"
[attr1][attr2]...	获取同时拥有多个属性的元素	$("input[id][name$='usr']")获取同时含有 id 属性和属性值以 usr 结尾的 name 属性的 input 元素

5．子元素选择器

开发中，若需要通过子元素的方式获取元素，可以利用 jQuery 提供的子元素选择器。常用的子元素选择器如表 11-5 所示。

表 11-5　常用的子元素选择器

选择器	功能描述
:nth-child(数字/even/odd/公式)	按数字（第几个，从 1 开始）、偶数、奇数或公式（如 $2n$、$2n+1$）获取子元素
:first-child	获取第一个子元素
:last-child	获取最后一个子元素
:only-child	如果当前元素是父元素唯一的子元素，则获取
:nth-last-child(数字/even/odd/公式)	按指定条件获取相同父元素中的子元素，计数从最后一个元素开始到第一个
:nth-of-type(数字/even/odd/公式)	按指定条件获取相同父元素下的同类子元素
:first-of-type	获取同类元素中的第一个子元素
:last-of-type	获取同类元素中的最后一个子元素
:only-of-type	获取没有兄弟元素的同类子元素
:nth-last-of-type(数字/even/odd/公式)	按指定条件获取相同父元素下的同类子元素，计数从最后一个元素开始到第一个

6. 表单选择器

在日常开发中，若需要对表单进行操作，可以利用 jQuery 提供的表单选择器获取表单元素。常用的表单选择器如表 11-6 所示。

表 11-6　常用的表单选择器

选择器	功能描述
:input	获取页面中的所有表单元素，包括 select 元素以及 textarea 元素
:text	获取所有的文本框
:password	获取所有的密码框
:radio	获取所有的单选按钮
:checkbox	获取所有的复选框
:submit	获取提交（submit）按钮
:reset	获取重置（reset）按钮
:image	获取图像域，即\<input type="image">
:button	获取所有按钮，包括\<button>和\<input type="button">
:file	获取文件域，即\<input type="file">
:hidden	获取表单隐藏项
:enabled	获取所有可用表单元素
:disabled	获取所有不可用表单元素
:checked	获取所有选中的表单元素，主要针对 radio 元素和 checkbox 元素
:selected	获取所有选中的表单元素，主要针对 select 元素

11.3　元素操作

通过 11.2 节的学习，大家应该已经掌握了如何利用选择器获取元素，获取元素的目的是操作元素，从而实现某些特定的功能。元素操作主要通过 jQuery 提供的一系列方法来完成，本节将讲解常见的元素操作。

11.3.1　元素遍历操作

当使用 "$(选择器)" 语法获取到的元素有多个时，如果我们想对多个元素分别进行操作，就需要进行元素遍历操作。jQuery 提供了 each() 方法用于快速实现元素遍历操作，each() 方法的基本语法格式如下。

```
$(选择器).each(function (index, domEle) {
  // 具体操作
});
```

上述语法格式中，each() 方法会遍历利用 "$(选择器)" 所获取到的所有 DOM 元素，该方法的参数是一个函数，遍历时每个元素都会调用一次这个函数，函数的 index 参数表示每个元素的索引，domEle 参数表示每个 DOM 元素对象。

下面通过代码演示元素的遍历操作，具体代码如例 11-3 所示。

例 11-3　Example03.html

```
1  <body>
2    <ul>
3      <li>我是第 1 个 li</li>
4      <li>我是第 2 个 li</li>
```

```
5      <li>我是第 3 个 li</li>
6    </ul>
7    <script>
8      $('li').each(function (index, domEle) {
9        console.log('第' + (index + 1) + '个 li 对象: ');
10       console.log(domEle);
11     });
12   </script>
13 </body>
```

例 11-3 中，第 8~11 行代码用于实现 li 元素的遍历，其中第 10 行代码用于在控制台输出每个 li 元素。保存代码，在浏览器中访问 Example03.html 文件，例 11-3 的输出结果如图 11-7 所示。

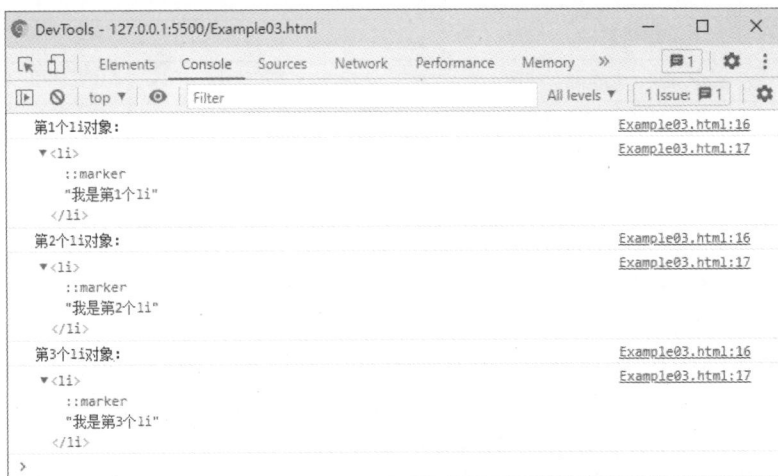

图 11-7　例 11-3 的输出结果

图 11-7 中，控制台中输出了 3 个 li 元素，说明利用 jQuery 的 each() 方法实现了元素的遍历。

11.3.2　元素内容操作

jQuery 提供了内容操作方法，用来操作元素的内容。在开发中，若需要获取或设置元素的 HTML 内容，可以使用 html() 方法实现；若需要获取或设置元素的文本内容，可以使用 text() 方法实现；若需要获取或设置表单元素的 value 值，可以使用 val() 方法实现。元素内容操作方法如表 11-7 所示。

表 11-7　元素内容操作方法

方法	说明
html()	获取第 1 个匹配元素的 HTML 内容
html(htmlString)	设置所有匹配元素的 HTML 内容为 htmlString
text()	获取所有匹配元素包含的文本内容组合起来的文本
text(text)	设置所有匹配元素的文本内容为 text
val()	获取表单元素的 value 值
val(value)	设置表单元素的 value 值

需要注意的是，val() 方法可以操作表单元素 select、radio 和 checkbox 的选中情况，当要获取的元素是 select 元素时，返回结果是一个包含所选值的数组；当要为表单元素设置选中情况时，可以传递数组参数。

为了让读者更好地理解元素内容的操作，下面通过代码演示 html() 方法、text() 方法和 val() 方法的使用。

本案例首先实现获取表单元素的内容，然后实现设置表单元素的内容。定义页面的基本结构用于演示本案例的效果，具体代码如例 11-4 所示。

例 11-4　Example04.html

```
1  <body>
2    <div>
3      <span>我是 div 标签下的 span 标签</span>
4    </div>
5    <input type="text" value="请输入内容">
6    <script>
7      // 获取元素的内容
8      console.log($('div').html());
9      console.log($('div').text());
10     console.log($('input').val());
11   </script>
12 </body>
```

例 11-4 中，第 8~10 行代码用于获取元素的内容，其中第 8 行代码用于获取 div 元素的 HTML 内容，第 9 行代码用于获取 div 元素的文本内容，第 10 行代码用于获取表单元素的 value 值。

保存代码，在浏览器中访问 Example04.html 文件，进入控制台，查看例 11-4 的输出结果，如图 11-8 所示。

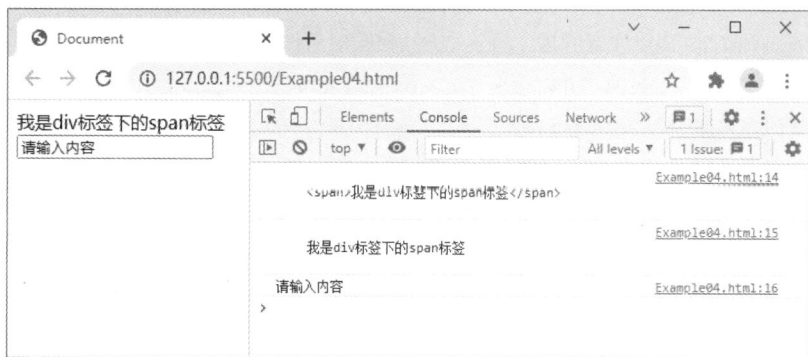

图11-8　例11-4的输出结果

图 11-8 中，通过控制台输出结果可以看出，使用 html()、text() 和 val() 方法成功获取到了元素的内容。其中使用 html() 方法获取的元素内容含有 HTML 标签，而用 text() 方法获取的是去除 HTML 标签的内容。

在 Example04.html 文件的 </script> 标签前添加代码实现设置元素的内容，具体代码如下所示。

```
1  $('div').html('<span>我是内容</span> 我是 div 标签的内容');
2  $('span').text('我是 span 标签的内容');
3  $('input').val('123456');
```

上述代码中，第 1 行代码用于设置 div 元素的 HTML 内容；第 2 行代码用于设置 span 元素的文本内容；第 3 行代码用于设置 input 元素的 value 值。

保存代码，刷新页面，查看设置元素内容后例 11-4 的页面效果，如图 11-9 所示。

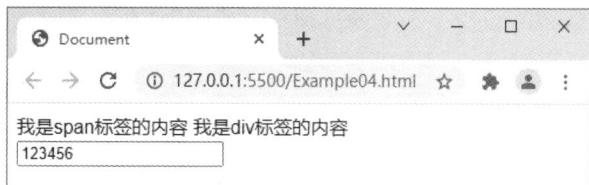

图11-9　设置元素内容后例11-4的页面效果

图 11-9 中，页面中显示"我是 span 标签的内容　我是 div 标签的内容"，文本框中的 value 值为"123456"，说明元素内容已经设置成功。

11.3.3　元素样式操作

在开发中，经常需要通过设置元素的样式来美化页面，给用户带来更好的视觉体验。jQuery 中有 3 种常用的元素样式操作，下面进行详细讲解。

1. 利用 css() 方法操作元素样式

使用 jQuery 提供的 css() 方法可以获取或设置元素的样式，css() 方法的具体用法和说明如表 11-8 所示。

表 11-8　css() 方法的具体用法和说明

用法	说明
css(propertyName)	获取第一个匹配元素的样式
css(propertyName, value)	为所有匹配的元素设置样式
css(properties)	将一个键值对形式的对象 properties 设置为所有匹配元素的样式

表 11-8 中，参数 propertyName 是一个字符串，表示样式属性名；value 表示样式属性值；properties 表示样式对象，如{color: 'red'}。需要注意的是，当 css() 方法接收对象作为参数时，如果属性名由两个单词组成，需要将 CSS 属性名中的"−"去掉，并将第 2 个单词首字母大写，例如，设置元素的 background-color 样式属性时，需要将属性名改为 backgroundColor。

为了帮助读者更好地理解 css() 方法的使用，下面通过代码进行演示。定义 1 个<div>标签，设置其宽度为 100px，高度为 100px，背景颜色为 green，具体代码如例 11-5 所示。

例 11-5　Example05.html

```
1  <head>
2    <style>
3      div { width: 100px; height: 100px; background-color: green; }
4    </style>
5  </head>
6  <body>
7    <div></div>
8    <script>
9      // 获取 div 元素的宽度
10     console.log($('div').css('width'));
11     // 设置 div 元素的宽度为 200px
12     $('div').css('width', '200px');
13     // 设置 div 元素的高度为 200px，背景颜色为 pink
14     $('div').css({ height: '200px', backgroundColor: 'pink' });
15   </script>
16 </body>
```

例 11-5 中，第 3 行代码用于设置 div 元素的初始样式，宽度为 100px，高度为 100px，背景颜色为 green；第 10 行代码用于获取 div 元素的宽度；第 12 行代码用于设置 div 元素的宽度为 200px；第 14 行代码用于设置 div 元素的高度为 200px，背景颜色为 pink。

保存代码，在浏览器中访问 Example05.html 文件，例 11-5 的运行结果如图 11-10 所示。

图 11-10 中，页面显示了一个粉红色的矩形，说明已经成功设置了元素的样式。控制台输出了"100px"，说明已经成功获取到了元素的样式。

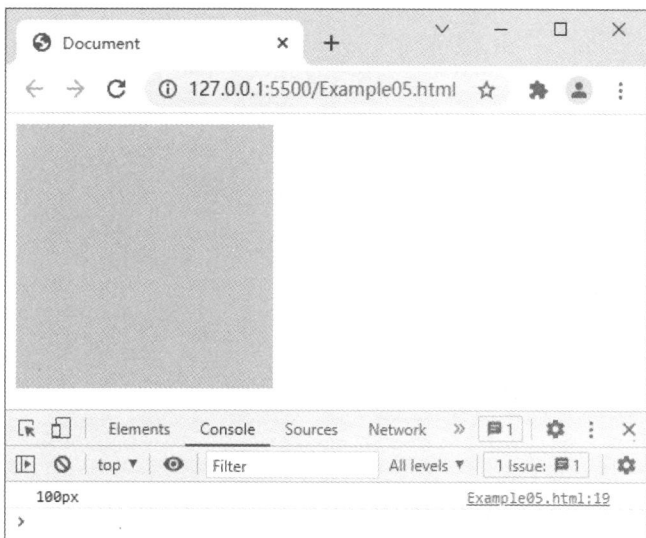

图11-10 例11-5的运行结果

2. 操作元素的尺寸和位置

jQuery 提供的尺寸操作方法用来获取或设置元素的高度和宽度, 位置操作方法用来获取或设置元素的位置。下面列举一些常用的尺寸和位置的操作方法, 具体如表 11-9 所示。

表 11-9 常用的尺寸和位置的操作方法

分类	方法	说明
尺寸	width()	获取第一个匹配元素的当前宽度值 (返回数字型结果)
	width(value)	为所有匹配的元素设置宽度 (value 可以是字符串或数字)
	height()	获取第一个匹配元素的当前高度值 (返回数字型结果)
	height(value)	为所有匹配的元素设置高度 (value 可以是字符串或数字)
	outerWidth([includeMargin])	获取匹配元素集中第一个元素的当前计算的外部宽度, includeMargin 表示是否包括边距, 默认为 false, 表示不包括
	outerWidth(value [, includeMargin])	为所有匹配的元素设置高度为 value
位置	offset()	获取元素的位置, 返回的是一个对象, 包含 left 和 top 属性
	offset(coordinates)	利用对象 coordinates 设置元素的位置, 必须包含 left 和 top 属性
	scrollTop()和 scrollLeft()	获取匹配元素相对滚动条顶部和左部的位置
	scrollTop(value)和 scrollLeft(value)	设置匹配元素相对滚动条顶部和左部的位置

为了帮助读者更好地理解尺寸和位置的操作方法, 下面通过代码进行演示。定义 1 个<div>标签, 设置该标签的初始样式, 宽度为 50px, 高度为 50px, 边框粗细为 1px 且颜色为黑色, 绝对定位, 距离左边 20px, 距离顶部 20px, 具体代码如例 11-6 所示。

例 11-6 Example06.html

```
1  <head>
2    <style>
3      div {
4        width: 50px;
5        height: 50px;
6        border: 1px solid black;
```

```
7        position: absolute;
8        left: 20px;
9        top: 20px;
10   }
11  </style>
12 </head>
13 <body>
14  <div></div>
15  <script>
16    // 获取元素的尺寸和位置
17    console.log($('div').width());
18    console.log($('div').height());
19    console.log($('div').offset());
20    // 设置元素的尺寸和位置
21    $('div').width(100);
22    $('div').height(100);
23    $('div').offset({ top: 50, left: 50 });
24  </script>
25 <body>
```

例 11-6 中，第 3~10 行代码用于设置 div 元素的初始样式；第 17~19 行代码分别用于在控制台输出 div 元素的宽度、高度和位置；第 21~23 行代码分别用于设置 div 元素的宽度、高度和位置。

保存代码，在浏览器中访问 Example06.html 文件，例 11-6 的运行结果如图 11-11 所示。

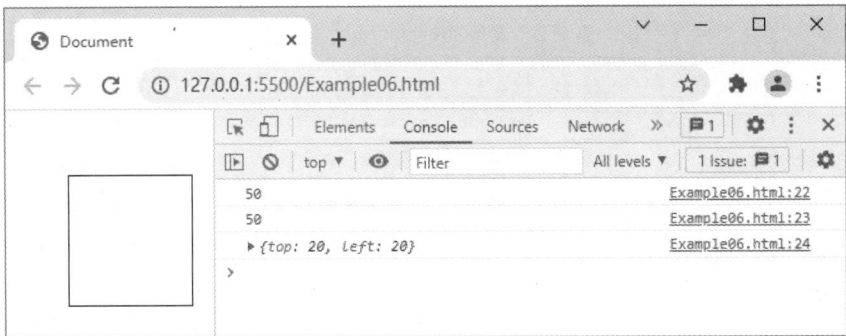

图11-11   例11-6的运行结果

图 11-11 中，控制台输出了 div 元素的初始宽度、高度和位置，说明已经成功获取了元素的尺寸和位置；页面中显示了设置宽度、高度和位置后的 div 元素，说明已经成功设置了元素的尺寸和位置。

3. 操作元素的样式类

在网页中设置样式一般使用类操作，即定义 class，jQuery 也可以通过操作样式类更改元素的样式。下面介绍操作元素样式类的方法，具体如表 11-10 所示。

表 11-10   操作元素样式类的方法

方法	说明
addClass(className)	为每个匹配的元素追加指定类名的样式
removeClass(className)	从所有匹配的元素中删除全部或者指定的类
toggleClass(className)	判断指定类是否存在，存在则删除，不存在则添加

为了帮助读者更好地理解如何操作元素的样式类，下面通过代码进行演示。定义 1 个<div>标签，准备 3 个类，类名分别为 first、second 和 third，具体代码如例 11-7 所示。

例 11-7　Example07.html

```
1  <head>
2    <style>
3      .first { background-color: black; }
4      .second { width: 200px; height: 100px; border: 2px solid red; }
5      .third { position: absolute; left: 50px; }
6    </style>
7  </head>
8  <body>
9    <div></div>
10   <script>
11     // 添加 first 类和 second 类
12     $('div').addClass('first second');
13     // 删除 first 类
14     $('div').removeClass('first');
15     // 切换 third 类
16     $('div').toggleClass('third');
17   </script>
18 </body>
```

例 11-7 中，第 3~5 行代码定义了 first 类、second 类和 third 类的具体样式；第 12 行代码用于为 div 元素添加 first 类和 second 类；第 14 行代码用于为 div 元素删除 first 类；第 16 行代码用于判断 div 元素是否存在 third 类，如果存在则删除该类，否则添加该类。

保存代码，在浏览器中访问 Example07.html 文件，例 11-7 的运行结果如图 11-12 所示。

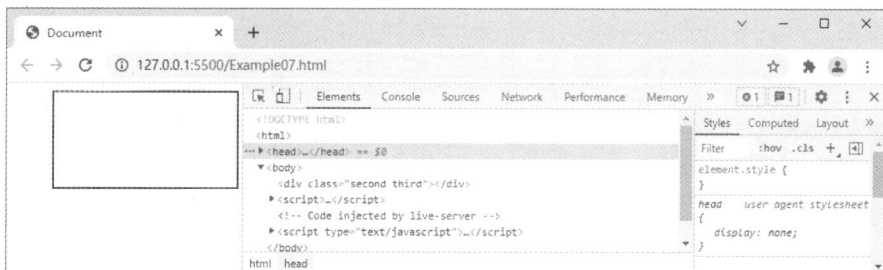

图11-12　例11-7的运行结果

图 11-12 中，div 元素存在 second 类和 third 类，说明已经成功为 div 元素设置了样式类。需要说明的是，图 11-12 中出现的代码与例 11-7 略有不同，这是因为 Visual Studio Code 编辑器的 Live Server 扩展自动向网页中注入了代码，用于在网页文件修改后自动刷新网页。

11.3.4　元素属性操作

通过第 6 章的学习，读者应该已经掌握了如何使用原生 JavaScript 操作元素的属性，而在 jQuery 中，利用 jQuery 提供的一些方法可以快捷地操作元素属性。下面列举一些常用的元素属性操作方法，具体如表 11-11 所示。

表 11-11　常用的元素属性操作方法

方法	说明
attr(name)	获取第一个匹配元素的自定义属性值，获取失败则返回 undefined
attr(name, value)	为所有匹配的元素设置一个自定义属性值
attr(properties)	将一个键值对形式的对象 properties 设置为所有匹配元素的自定义属性
removeAttr(name)	从每一个匹配的元素中删除一个属性
prop(name)	获取第一个匹配元素的属性值，获取失败则返回 undefined

<div align="right">（续表）</div>

方法	说明
prop(name, value)	为所有匹配的元素设置一个属性
prop(properties)	将一个键值对形式的对象 properties 设置为所有匹配元素的属性
data(name)	获取指定元素上存储的数据
data(name, value)	设置指定元素上存储的数据

表 11-11 中，name 表示属性名，value 表示属性值；data()方法除了可以获取或设置指定元素上存储的数据，还可以读取以"data-"开头的属性。

需要注意的是，当用户操作表单元素（如 select、radio）时，如果表单元素的选中状态发生了改变，使用 attr()方法无法获取，则推荐使用 prop()方法。

为了帮助读者更好地理解元素属性的操作，下面以 attr(name)、attr(name, value)和 removeAttr(name)为例进行演示。定义 1 个<div>标签，获取该元素并为其设置自定义属性 index 为 1，data-index 为 3，然后实现自定义属性的获取和删除，具体代码如例 11-8 所示。

<div align="center">例 11-8　Example08.html</div>

```
1  <body>
2    <div>元素属性操作</div>
3    <script>
4      // 设置元素的自定义属性
5      $('div').attr('index', 1);
6      $('div').attr('data-index', 3);
7      // 获取元素的自定义属性
8      console.log($('div').attr('data-index'));
9      // 删除元素的自定义属性
10     $('div').removeAttr('index');
11   </script>
12 </body>
```

例 11-8 中，第 5 行代码用于设置 div 元素的自定义属性 index 为 1；第 6 行代码用于设置 div 元素的自定义属性 data-index 为 3；第 8 行代码用于在控制台输出 div 元素的自定义属性 data-index；第 10 行代码用于删除 div 元素的自定义属性 index。

保存代码，在浏览器中访问 Example08.html，打开开发者工具，首先进入"Elements"面板，查看<div>标签，如图 11-13 所示。

<div align="center">图11-13　查看<div>标签</div>

图 11-13 中，<div>标签上只有 data-index 属性，说明利用 attr(name, value)方法成功设置了元素的自定义属性 index 和 data-index，且利用 removeAttr(name)方法成功删除了元素的自定义属性 index。

切换到控制台查看元素的自定义属性是否获取成功，结果如图 11-14 所示。

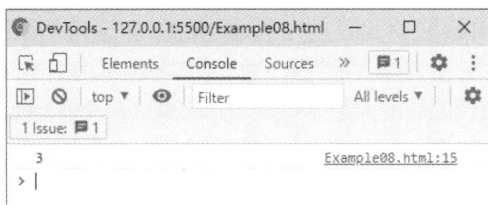

图11-14　查看元素的自定义属性是否获取成功

图 11-14 中，控制台输出了 "3"，说明利用 attr(name)方法成功获取了元素的 data-index 属性。

11.3.5　元素查找和过滤操作

通过前面的学习，我们已经能够利用 jQuery 的选择器获取到满足某个条件的元素，jQuery 还提供了一些查找方法和过滤方法，用于快速获取元素。下面列举一些常用的元素查找方法和过滤方法，具体如表 11-12 所示。

表 11-12　常用的元素查找方法和过滤方法

分类	方法	说明
查找方法	find(selector|ele)	获取当前匹配元素集中每个元素的后代元素，通过选择器（selector）或元素（ele）过滤
	parents([selector])	获取当前匹配元素集中每个元素的祖先元素（不包含根元素）
	parent([selector])	获取当前匹配元素集中每个元素的父元素
	siblings([selector])	获取匹配元素集中每个元素的兄弟元素（不分前后）
	next([selector])	获取匹配元素集中每个元素紧邻的后一个兄弟元素
	prev([selector])	获取匹配元素集中每个元素紧邻的前一个兄弟元素
过滤方法	eq(index)	获取索引（index）对应的元素
	filter(selector|obj|ele|fn)	使用选择器（selector）、对象（obj）、元素（ele）或函数（fn）完成指定元素的筛选
	hasClass(class)	检查当前的元素是否含有某个特定的类（class），如果有，则返回 true，否则返回 false
	is(selector|obj|ele|fn)	根据选择器（selector）、对象（obj）、元素（ele）或函数（fn）检查当前匹配的一组元素，如果这些元素中至少有一个与给定的参数匹配，则返回 true
	has(selector|ele)	保留包含特定后代元素的元素，去掉那些不含有特定后代元素的元素

为了帮助读者更好地理解元素的查找和过滤操作，下面以 find()、parent()和 hasClass()为例进行演示。定义 1 个<div>标签作为父元素，然后定义 3 个<div>标签作为父元素的子元素，具体代码如例 11-9 所示。

例 11-9　Example09.html

```
1  <body>
2   <div class="father">
3    <div class="son1">子元素 1</div>
4    <div class="son2">子元素 2</div>
5    <div class="son3 remove">子元素 3</div>
6   </div>
7   <script>
8    $('div').find('.son1').css('font-weight', '800');
9    $('.son2').parent().css('background-color', 'pink');
```

```
10      console.log($('.son3').hasClass('remove'));
11    </script>
12 </body>
```

例 11-9 中，第 8 行代码首先获取 div 元素的 class 值为 son1 的元素，然后设置该元素的 font-weight 样式属性为 800；第 9 行代码获取 class 值为 son2 的元素的父元素，为父元素设置 background-color 样式属性为 pink；第 10 行代码首先获取 class 值为 son3 的元素，然后判断该元素是否有 remove 类。

保存代码，在浏览器中访问 Example09.html 文件，例 11-9 的运行结果如图 11-15 所示。

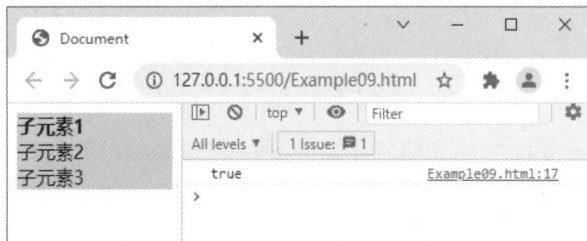

图11-15　例11-9的运行结果

图 11-15 中，页面中"子元素 1"的字体加粗显示，"子元素 1""子元素 2""子元素 3"的背景颜色为粉红色，说明利用 find() 方法和 parent() 方法成功获取到了元素。控制台中输出了"true"，说明利用 hasClass() 方法成功判断了元素是否存在 remove 类。

11.3.6　元素追加操作

元素追加指的是在现有的元素中进行子元素或兄弟元素的添加，jQuery 提供了元素追加的方法，可以帮助我们快速实现元素的追加。常用的元素追加方法如表 11-13 所示。

表 11-13　常用的元素追加方法

分类	方法	说明
追加子元素	append(content|fn)	将参数指定的内容（content）插入匹配元素集中每个元素内部的末尾
	prepend(content|fn)	将参数指定的内容（content）插入匹配元素集中每个元素内部的开头
	appendTo(target)	将匹配元素集中的每个元素插入目标（target）元素内部的末尾
	prependTo(target)	将匹配元素集中的每个元素插入目标（target）元素内部的开头
追加兄弟元素	after(content|fn)	在匹配元素集中的每个元素之后插入由参数指定的内容（content）
	before(content|fn)	在匹配元素集中的每个元素之前插入由参数指定的内容（content）
	insertAfter(target)	在目标（target）元素之后插入匹配元素集中的每个元素
	insertBefore(target)	在目标（target）元素之前插入匹配元素集中的每个元素

表 11-13 中，参数 content 可以是 DOM 元素、文本节点、元素集合、HTML 字符串或 jQuery 对象；参数 fn 是回调函数，通过返回值传入内容（content）；target 表示目标元素，可以传入选择器、HTML 字符串、DOM 元素、元素集合或 jQuery 对象。

为了帮助读者更好地理解元素追加操作，下面以 append(content) 和 after(content) 为例进行演示。创建一个无序列表，实现元素的追加，具体代码如例 11-10 所示。

例 11-10　Example10.html

```
1 <body>
2    <ul>
```

```
3      <li>1</li>
4      <li>2</li>
5    </ul>
6    <script>
7      // 将 li 元素追加到 ul 元素中
8      $('ul').append('<li>3</li>');
9      // 追加 ul 元素的兄弟元素 ul
10     $('ul').after('<ul><li>一</li><li>二</li><li>三</li></ul>');
11   </script>
12 </body>
```

例 11-10 中，第 2～5 行代码用于定义无序列表的结构；第 8 行代码用于将 li 元素追加到 ul 元素内部；第 10 行代码用于追加 ul 元素的兄弟元素。

保存代码，在浏览器中访问 Example10.html 文件，例 11-10 的运行结果如图 11-16 所示。

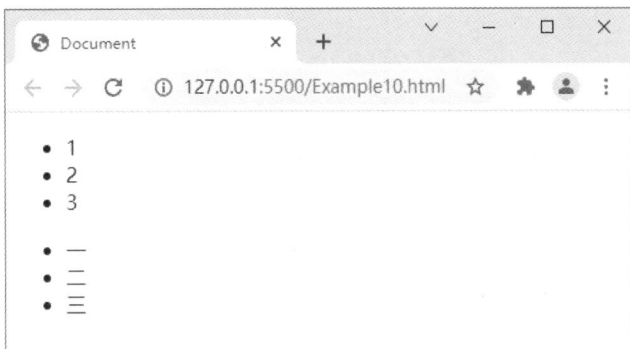

图11-16 例11-10的运行结果

图 11-16 中，页面中第 1 个无序列表中多了一项 "3"，说明 li 元素已经成功追加到了 ul 元素中；页面中显示了第 2 个无序列表，说明已经成功追加了 ul 元素的兄弟元素。

11.3.7 元素替换操作

元素替换是指将选中的元素替换为指定的元素，常用的元素替换方法如表 11-14 所示。

表 11-14 常用的元素替换方法

方法	说明
replaceWith(newContent)	将所有匹配的元素替换成新内容，参数 newContent 表示新内容，可以是 HTML 字符串、DOM 元素、元素数组或 jQuery 对象
replaceAll(selector)	用匹配的元素替换掉所有选择器（selector）匹配到的元素

为了帮助读者更好地理解元素替换，下面通过代码进行演示。定义 1 个<div>标签，在该标签下定义 3 个<p>标签，然后实现将第 2 个<p>标签替换成<b>标签，具体代码如例 11-11 所示。

例 11-11 Example11.html

```
1 <body>
2   <div>
3     <p>我是标题 1</p>
4     <p>我是标题 2</p>
5     <p>我是标题 3</p>
6   </div>
7   <script>
```

```
8      $('div p:eq(1)').replaceWith('<b>我是标题 2</b>')
9    </script>
10 </body>
```

例 11-11 中，第 2～6 行代码用于创建<div>标签和<p>标签，实现页面的结构；第 8 行代码用于将 div 元素下第 2 个<p>标签替换成<b>标签。

保存代码，在浏览器中访问 Example11.html 文件，例 11-11 的运行结果如图 11-17 所示。

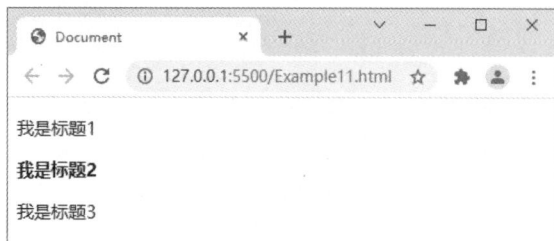

图11-17　例11-11的运行结果

图 11-17 中，"我是标题 2"加粗显示，说明已经成功将第 2 个<p>标签替换成了<b>标签。

11.3.8　元素删除操作

当我们需要删除某个元素或某个元素的子元素时，可以使用 jQuery 提供的元素删除方法实现。元素删除方法如表 11-15 所示。

表 11-15　元素删除方法

方法	说明
empty()	删除元素下的子元素，但不删除元素本身
remove([selector])	删除元素下的子元素和本身，可选参数选择器（selector）用于筛选元素

为了帮助读者更好地理解元素删除，下面通过代码进行演示，具体代码如例 11-12 所示。

例 11-12　Example12.html

```
1  <body>
2    <div id="first">
3      <p>我是第 1 个 div 下的 p 元素</p>
4    </div>
5    <div id="second">
6      <p>我是第 2 个 div 下的 p 元素</p>
7    </div>
8    <script>
9      // 删除 id 为 first 的元素的子元素
10     $('#first').empty();
11     // 删除 id 为 second 的元素的子元素和本身
12     $('#second').remove();
13   </script>
14 </body>
```

例 11-12 中，第 2～7 行代码用于定义页面结构；第 10 行代码用于删除 id 为 first 的元素的子元素；第 12 行代码用于删除 id 为 second 的元素的子元素和本身。

保存代码，在浏览器中访问 Example12.html 文件，例 11-12 的运行结果如图 11-18 所示。

图 11-18 中，"Elements"面板显示页面的结构中只存在一个 id 为 first 的 div 元素，说明已经实现了元素的删除。

图11-18　例11-12的运行结果

11.3.9　元素复制操作

在开发中，当我们进行元素追加操作，将匹配元素插入目标元素的末尾或者开头时，通常会移动匹配元素的位置，若要实现不移动位置，且能将匹配元素插入目标元素中，可以配合 jQuery 提供的元素复制的方法来实现。

clone()方法用于快速实现元素的复制，其语法格式如下。

```
element.clone([Events][, deepEvents])
```

上述语法格式中，clone()方法的参数 Events 表示是否复制元素的事件处理程序和数据，默认为 false，若该参数为 true，将复制事件处理程序和数据；deepEvents 表示是否深层复制，默认为 false，若该参数为 true，将复制元素的子元素的事件处理程序和数据。

为了帮助读者更好地理解元素复制操作，下面通过案例进行演示。定义 1 个<div>标签，并在该标签下定义1 个<p>标签和 1 个<div>标签。然后利用 jQuery 获取 p 元素，将 p 元素复制后，追加到子元素 div 的末尾，具体代码如例 11-13 所示。

例 11-13　Example13.html

```
1  <body>
2    <div>
3      <p class="fir">我是p标签</p>
4      <div class="sec">我是div标签</div>
5    </div>
6    <script>
7      $('.fir').clone().appendTo('.sec');
8    </script>
9  </body>
```

例 11-3 中，第 2~5 行代码用于定义页面结构；第 7 行代码用于将 class 为 fir 的元素复制后追加到 class 为 sec 的元素末尾。

保存代码，在浏览器中访问 Example13.html 文件，例 11-13 的运行结果如图 11-19 所示。

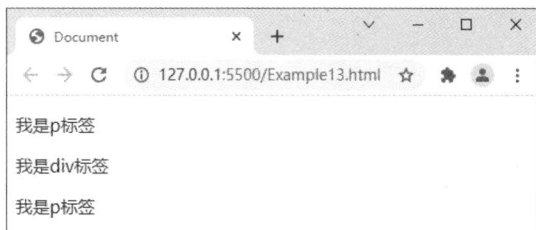

图11-19　例11-13的运行结果

通过例 11-13 的运行结果可知，子元素 p 已经被成功复制并追加到了子元素 div 末尾。

11.4 事件操作

通过第 6、7 章的学习，我们知道事件的处理在 JavaScript 中是一个很重要的功能。jQuery 简化了事件的操作，我们可以直接调用相关事件的操作方法来实现事件的处理。对于页面加载事件、表单事件、鼠标事件以及键盘事件等，我们都可以用 jQuery 来完成。本节将对 jQuery 中的事件操作进行详细讲解。

11.4.1 页面加载事件

页面加载事件用来实现页面的初始化。一般情况下，使用 jQuery 操作 DOM 元素时，为了确保 jQuery 代码能够生效，要将 jQuery 代码写在 DOM 元素后面，否则代码不会生效。如果一定要将 jQuery 代码写在 DOM 元素前面，就需要使用页面加载事件来实现。

jQuery 中的页面加载事件方法有 3 种语法格式，具体如下。

```
$(document).ready(function () { });        // 语法格式 1
$().ready(function () { });                // 语法格式 2
$(function () { });                        // 语法格式 3
```

上述 3 种语法格式实现的功能完全相同，都是将页面 DOM 元素加载完成后要执行的代码写到函数中，传给 jQuery，由 jQuery 在合适的时机去执行。

为了帮助读者更好地理解页面加载事件，下面演示 jQuery 加载事件的使用，具体代码如例 11-14 所示。

例 11-14 Example14.html

```
1  <body>
2    <script>
3      $(function () {
4        $('div').css('background-color', 'pink')
5      });
6    </script>
7    <div>页面加载事件</div>
8  </body>
```

例 11-14 中，jQuery 代码写在 div 元素之前，因此第 3~5 行代码使用页面加载事件，在事件处理函数中完成 div 元素的操作。

保存代码，在浏览器中访问 Example14.html 文件，例 11-14 的运行结果如图 11-20 所示。

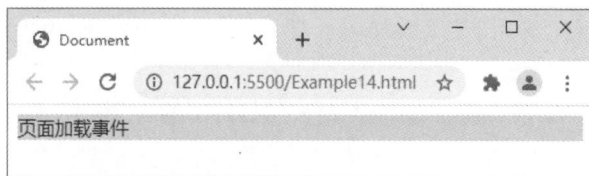

图11-20 例11-14的运行结果

图 11-20 中，div 元素显示了粉红色的背景颜色，说明当 jQuery 代码写在 div 元素之前时，通过页面加载事件完成了元素的相关操作。

需要注意的是，虽然 window.onload 与 jQuery 页面加载事件的功能类似，但是两者在使用时有一定的区别，具体如表 11-16 所示。

表 11-16　对比 window.onload 与 jQuery 页面加载事件

对比项	window.onload	$(document).ready()
执行时机	必须等待网页中的所有内容（包括外部资源，如图片）加载完成后才能执行	网页中的所有 DOM 结构绘制完成后就执行（可能关联内容并未加载完成）
编写个数	不能编写多个事件处理函数	能够编写多个事件处理函数
简化写法	无	$()

从表 11-16 可以看出，jQuery 中的 ready() 与 JavaScript 中的 onload 相比，不仅可以在 DOM 结构加载后立即执行，还允许编写多个事件处理函数。

11.4.2　事件注册

学习 DOM 的事件后，读者应该已经掌握了通过标签的属性进行事件注册，或在 JavaScript 代码中获取元素后使用"元素对象.事件属性"完成事件的注册。在 jQuery 中，实现事件注册有两种方式，第 1 种是通过事件方法实现注册，第 2 种是通过 on() 方法实现事件注册。下面我们将学习这两种事件注册方式。

1.　通过事件方法实现事件注册

在 jQuery 中通过事件方法实现事件注册是通过调用某个事件方法，并传入事件处理函数实现事件注册。jQuery 的事件方法和 DOM 中的事件属性相比，省略了开头的"on"，如 jQuery 中的 click() 对应 DOM 中的 onclick 事件属性。jQuery 中的事件方法允许多次调用从而为一个事件注册多个事件处理函数。下面列举 jQuery 中常用的事件方法，具体说明如表 11-17 所示。

表 11-17　jQuery 中常用的事件方法

分类	方法	说明
表单事件	blur([[eventData], handler])	当元素失去焦点时触发
	focus([[eventData], handler])	当元素获得焦点时触发
	change([[eventData], handler])	当元素的值发生改变时触发
	focusin([[eventData], handler])	在父元素上检测子元素获取焦点的情况
	focusout([[eventData], handler])	在父元素上检测子元素失去焦点的情况
	select([[eventData], handler])	当文本框（包括<input>和<textarea>）中的文本被选中时触发
	submit([[eventData], handler])	当表单提交时触发
键盘事件	keydown([[eventData], handler])	按键盘按键时触发
	keypress([[eventData], handler])	按键盘按键（Shift、Fn、CapsLock 等非字符键除外）时触发
	keyup([[eventData], handler])	键盘按键弹起时触发
鼠标事件	mouseover([[eventData], handler])	当鼠标指针移入元素或其子元素时触发
	mouseout([[eventData], handler])	当鼠标指针移出元素或其子元素时触发
	mouseenter([[eventData], handler])	当鼠标指针移入元素时触发
	mouseleave([[eventData], handler])	当鼠标指针移出元素时触发
	click([[eventData], handler])	当单击元素时触发
	dblclick([[eventData], handler])	当双击元素时触发
	mousedown([[eventData], handler])	当鼠标指针移动到元素上方，并按鼠标按键时触发
	mouseup([[eventData], handler])	当在元素上放松鼠标按键时会被触发
浏览器事件	scroll([[eventData], handler])	当滚动条发生变化时触发
	resize([[eventData], handler])	当调整浏览器窗口的大小时会被触发

表 11-17 中，参数 handler 表示触发事件时执行的事件处理函数，参数 eventData 表示为事件处理函数传入的数据，可以使用"事件对象.data"获取该数据。

下面以 click([[eventData], handler])和 mouseover([[eventData], handler])为例演示事件方法的使用。定义 1 个 <div>标签，为了验证事件是否注册成功，需要为 div 元素设置初始样式，然后为 div 元素注册事件，通过改变 div 元素的样式来检验事件是否会被触发，具体代码如例 11-15 所示。

例 11-15　Example15.html

```
1  <head>
2   <style>
3    div { width: 100px; height: 100px; background-color: gray; }
4   </style>
5  </head>
6  <body>
7   <div></div>
8   <script>
9    // 注册单击事件
10   $('div').click(function () {
11     $(this).css('width', '150px');
12   });
13   // 注册鼠标指针移出事件
14   $('div').mouseout(function () {
15     $(this).css('height', '200px');
16   });
17  </script>
18 </body>
```

例 11-15 中，第 3 行代码用于设置 div 元素的初始样式；第 10~12 行代码用于为 div 元素注册单击事件，实现单击 div 元素时将该元素的宽度设置为 150px，$(this)表示触发事件的元素的 jQuery 对象，this 表示当前 DOM 对象；第 14~16 行代码用于为 div 元素注册鼠标指针移出事件，当鼠标指针从 div 元素上离开时，将该元素的高度设置为 200px。

保存代码，在浏览器中访问 Example15.html 文件，例 11-15 的页面初始效果如图 11-21 所示。

在图 11-21 所示的页面中，单击灰色部分，然后将鼠标指针从灰色部分移开，查看执行单击事件和鼠标指针移出事件之后例 11-15 的页面效果，如图 11-22 所示。

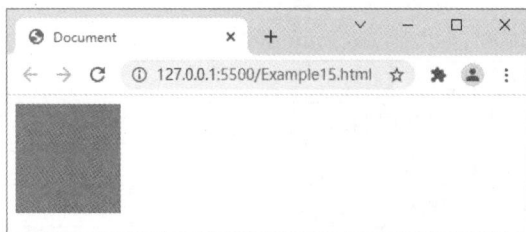

图11-21　例11-15的页面初始效果

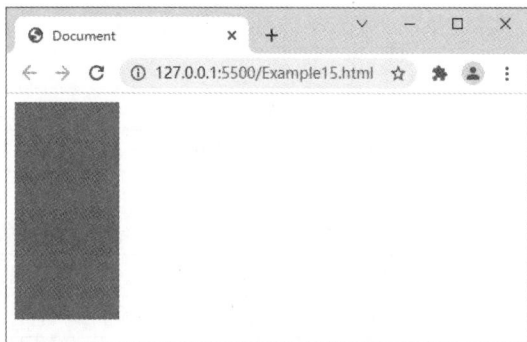

图11-22　执行单击事件和鼠标指针移出事件

图 11-22 中，页面中灰色部分的宽度和高度发生了变化，说明通过事件方法已经成功为 div 元素注册了单击事件和鼠标指针移出事件。

2. 通过 on()方法实现事件注册

jQuery 提供的 on()方法用于为元素注册一个或多个事件处理函数，具体用法如下所示。

```
// 用法 1：一次注册一个事件
element.on(event, fn);
// 用法 2：一次注册多个事件
element.on({ event: fn }, { event: fn }, …);
// 用法 3：为不同事件注册相同的事件处理函数
element.on(events, fn);
```

上述用法中，event 表示事件类型，如 click、mouseover 等；events 表示多个事件类型，每个事件类型使用空格分隔；fn 表示事件处理函数。

了解 on()方法的用法后，下面通过代码进行演示，实现与例 11-15 相同的效果。修改 Example15.html 文件，将文件中第 9~16 行代码注释，然后添加如下代码。

```
1  $('div').on({
2    click: function () {
3      $(this).css('width', '150px');
4    },
5    mouseout: function () {
6      $(this).css('height', '200px');
7    }
8  });
```

上述代码使用 on()方法实现了一次注册单击事件和鼠标指针移出事件。添加代码后，再次运行 Example15.html 文件，效果不变。

> **多学一招：hover()方法**
>
> jQuery 提供了 hover()方法，可以代替鼠标指针移入和移出事件，语法如下。
> ```
> element.hover(over, out)
> ```
> 上述语法中，over 表示鼠标指针移入元素时执行的事件处理函数，out 表示鼠标指针移出元素时执行的事件处理函数。

11.4.3　事件触发

一般情况下，为元素注册事件后，由用户或浏览器触发事件，若希望某个事件在程序中被触发，就需要手动触发这个事件。jQuery 中，实现事件手动触发有 3 种方式：第 1 种是通过事件方法实现事件触发；第 2 种是通过 trigger()方法实现事件触发；第 3 种是通过 triggerHandler()方法实现事件触发。下面将分别进行讲解。

1. 通过事件方法实现事件触发

通过 11.4.2 小节的学习，我们知道通过调用事件方法可以实现事件注册，在 jQuery 中，调用事件方法还可以实现事件触发，两者的区别在于是否传入参数，传入参数表示事件注册，不传入参数则表示事件触发，示例代码如下。

```
1  // 事件注册
2  $('div').click(function () {
3    alert('Hello');
4  });
5  // 事件触发
6  $('div').click();
```

上述示例代码中，第 2~4 行代码用于为 div 元素注册单击事件；第 6 行代码用于触发 div 元素的单击事件。若没有第 6 行代码，实现 div 元素的单击事件，需要我们单击 div 元素去触发，而添加第 6 行代码后，实现了触发单击事件。

2. 通过 trigger()方法实现事件触发

使用 trigger()方法可以触发指定事件，示例代码如下。

```
1  // 事件注册
2  $('div').click(function () {
3    alert('Hello');
4  });
5  // 事件触发
6  $('div').trigger('click');
```

上述示例代码中，第 6 行代码使用 trigger()方法触发了 div 元素的单击事件。

3. 通过 triggerHandler()方法实现事件触发

通过事件方法和 trigger()方法触发事件时，都会执行元素的默认行为，而通过 triggerHandler()方法触发事件时不会执行元素的默认行为。元素的默认行为指的是用户发生某个动作后元素自动发生的行为，例如，文本框获取焦点时有光标闪烁的现象。下面演示 triggerHandler()方法的使用，示例代码如下。

```
1  <body>
2    <input type="text">
3    <script>
4      // 注册获取焦点事件
5      $('input').focus(function () {
6        $(this).val('123456')
7      });
8      // 触发获取焦点事件
9      $('input').triggerHandler('focus');
10   </script>
11 </body>
```

上述示例代码中，第 5～7 行代码用于为 input 元素注册获取焦点事件；第 9 行代码用于实现触发获取焦点事件。

上述代码的执行效果如图 11-23 所示。

图11-23　triggerHandler()方法

图 11-23 中，文本框的 value 值显示为"123456"，说明实现了触发获取焦点事件，此时 value 值后没有光标闪烁。若使用事件方法或 trigger()方法实现触发获取焦点事件，则文本框中会有光标闪烁。

11.4.4　事件委托

事件委托指的是把原本要给子元素注册的事件委托给父元素，也就是将子元素的事件注册到父元素上。jQuery 中事件委托通过 on()方法来实现，具体用法如下。

```
element.on(event, selector, fn)
```

上述代码中，event 表示事件类型，selector 表示子元素选择器，fn 表示事件处理函数。

了解事件委托的用法后，下面演示 jQuery 中如何实现事件委托，定义 1 个无序列表，然后将 li 元素的事件委托给父元素 ul，示例代码如下。

```
1  <ul>
2    <li>我是第 1 个 li</li>
```

```
3    <li>我是第 2 个 li</li>
4    <li>我是第 3 个 li</li>
5    </ul>
6    <script>
7    $('ul').on('click', 'li:first-child', function () {
8      alert('单击了第 1 个 li');
9    });
10   </script>
```

上述示例代码中，第 1~5 行代码用于创建无序列表；第 7~9 行代码用于实现事件委托，将 ul 元素下第 1 个子元素 li 的事件注册到 ul 元素上，只有单击第 1 个 li 元素时，才会执行第 8 行代码。

事件委托的优势在于，可以为未来动态创建的元素注册事件，其原理是将事件委托给父元素后，在父元素中动态创建的子元素也会拥有事件。下面将演示通过事件委托为未来动态创建的元素注册事件，具体代码如例 11-16 所示。

例 11-16　Example16.html

```
1    <body>
2      <div id="father">
3        <p>我是第 1 个 p 标签</p>
4        <p>我是第 2 个 p 标签</p>
5      </div>
6      <script>
7      $('#father').on('click', 'p', function () {
8        $(this).css('background-color', 'pink');
9      });
10     // 动态创建 p 元素
11     $('#father').append('<p>我是新添加的 p 标签</p>');
12     </script>
13   </body>
```

例 11-16 中，第 2~5 行代码用于定义页面初始结构；第 7~9 行代码用于实现将子元素 p 的单击事件注册到 id 为 father 的父元素上，当单击 p 元素时，为 p 元素添加背景颜色，$(this)表示当前触发事件的元素；第 11 行代码用于动态创建 p 元素并追加到 id 为 father 的父元素末尾。

保存代码，在浏览器中访问 Example16.html 文件，页面初始效果如图 11-24 所示。

在图 11-24 所示的页面中，单击"我是新添加的 p 标签"，查看是否为动态创建的元素注册了单击事件，如图 11-25 所示。

图11-24　例11-16的页面初始效果

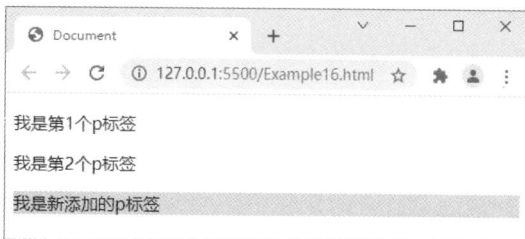

图11-25　单击"我是新添加的p标签"

图 11-25 中，页面中"我是新添加的 p 标签"显示粉红色背景，说明已经成功为动态创建的元素注册了单击事件。

11.4.5　事件解除

事件解除指的是移除元素所注册的事件，jQuery 提供了 off()方法可以移除元素上注册的事件。关于 off()

方法有 3 种常用的方式，具体代码如下。

```
element.off();                    // 解除元素上的所有事件
element.off(event);               // 解除元素上指定的事件
element.off(event, selector);     // 解除元素的事件委托
```

上述代码中，当 off()方法不传入参数时，表示解除元素上所有事件；当 off()方法有 1 个参数时，参数 event 表示事件类型，此时将解除元素上注册的指定事件；当 off()方法有 2 个参数时，selector 表示子元素选择器，此时将解除元素上的事件委托。

为了帮助读者更好地理解事件解除，下面将演示如何通过 off()方法实现事件解除，具体代码如例 11-17 所示。

例 11-17　Example17.html

```
1  <body>
2    <div>我是 div</div>
3    <script>
4     // 事件注册
5     $('div').on({
6       mouseover: function () {
7         console.log('我是鼠标指针移入事件');
8       },
9       mouseout: function () {
10        console.log('我是鼠标指针移出事件');
11      }
12    });
13    // 事件解除
14    $('div').off('mouseout');
15   </script>
16 </body>
```

例 11-17 中，第 5～12 行代码用于为 div 元素注册鼠标指针移入事件和鼠标指针移出事件；第 14 行代码用于解除 div 元素的鼠标指针移出事件。

保存代码，在浏览器中访问 Example17.html 文件，例 11-17 的运行结果如图 11-26 所示。

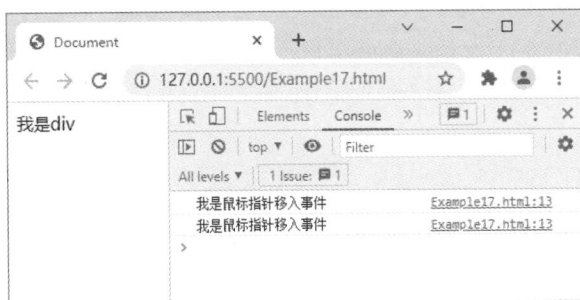

图11-26　例11-17的运行结果

图 11-26 中，控制台两次输出"我是鼠标指针移入事件"，说明鼠标指针移入事件被触发了两次，但是这两次之间还有一个鼠标指针移出的动作，而控制台没有输出"我是鼠标指针移出事件"，说明鼠标指针移出事件已经成功被解除。

多学一招：one()方法

在程序开发中，如果希望元素的某个事件只触发一次，可以利用 one()方法实现，直接注册一次性事件。例如为 div 元素注册一次性单击事件，示例代码如下。

```
$('div').one('click', function () {
  console.log('我只触发一次');
});
```

上述代码执行后，div 元素的单击事件只会被触发一次。

11.5　动画特效

在 Web 开发中，适当地加入动画特效不仅可以美化页面，还可以改善用户体验。jQuery 中提供了两种添加动画特效的方式，一种是内置动画，另一种是自定义动画，本节将对这两种方式进行详细讲解。

11.5.1　内置动画

jQuery 提供了许多动画效果，例如一个元素逐渐出现在用户的视野或者渐渐淡出等。jQuery 中实现动画效果的常用内置动画方法如表 11-18 所示。

表 11-18　jQuery 中常用内置动画方法

分类	方法	说明
显示 隐藏	show([duration][, easing][, complete])	显示隐藏的匹配元素
	hide([duration][, easing][, complete])	隐藏显示的匹配元素
	toggle([duration][, easing][, complete])	元素显示与隐藏切换
滑动 效果	slideDown([duration][, easing][, complete])	垂直滑动显示匹配元素（向下增大）
	slideUp([duration][, easing][, complete])	垂直滑动隐藏匹配元素（向上减小）
	slideToggle([duration][, easing][, complete])	在 slideUp() 和 slideDown() 两种效果间切换
淡入 淡出	fadeIn([duration][, easing][, complete])	淡入显示匹配元素
	fadeOut([duration][, easing][, complete])	淡出隐藏匹配元素
	fadeTo(duration, opacity[, easing][, complete])	以淡入淡出方式将匹配元素调整到指定的透明度
	fadeToggle([duration][, easing][, complete])	在 fadeIn() 和 fadeOut() 两种效果间切换

表 11-18 中，参数 duration 表示动画的速度，可设置为动画时长的毫秒值（如 1000）或预定的 3 种速度（slow、fast 和 normal）；参数 easing 表示缓动效果，默认效果为 swing（开始和结束慢，中间快），还可以使用 linear（匀速）效果；参数 complete 表示在动画完成时执行的函数；参数 opacity 表示透明度数字（范围为 0～1，0 代表完全透明，0.5 代表 50% 透明，1 代表完全不透明）。

为了让读者更好地理解 jQuery 中内置动画方法的使用，下面以淡入淡出效果为例进行讲解。首先编写页面结构，然后为元素添加动画效果，具体代码如例 11-18 所示。

例 11-18　Example18.html

```
1  <head>
2   <style>
3    div { width: 100px; height: 100px; float: left; margin-left: 5px; }
4    .box { width: 425px; height: 100px; padding: 5px; border: 1px solid gray; }
5    .red { background-color: red; }
6    .green { background-color: green; }
7    .yellow { background-color: yellow; }
8    .orange { background-color: orange; }
9   </style>
10 </head>
```

```
11 <body>
12   <div class="box">
13     <div class="red"></div>
14     <div class="green"></div>
15     <div class="yellow"></div>
16     <div class="orange"></div>
17   </div>
18 </body>
```

例 11-18 中，第 3~8 行代码用于设置元素的样式；第 12~17 行代码用于定义 4 个不同颜色的盒子。

在例 11-18 中添加 jQuery 代码，实现元素的动画效果，具体代码如下。

```
1  <script>
2    $('.box div').fadeTo(2000, 0.2);
3    // 鼠标指针移入时的效果
4    $('.box div').mouseover(function () {
5      $(this).fadeTo('fast', 1)
6    });
7    // 鼠标指针移出时的效果
8    $('.box div').mouseout(function () {
9      $(this).fadeTo('fast', 0.2)
10   });
11 </script>
```

上述代码中，第 2 行代码利用 fadeTo() 方法为 4 个不同颜色的盒子设置 2 秒动画实现以 0.2 的透明度显示；第 4~6 行代码用于为 4 个盒子注册鼠标指针移入事件，当鼠标指针移入时，盒子突出显示；第 8~10 行代码用于为 4 个盒子注册鼠标指针移出事件，当鼠标指针移出时，盒子以 0.2 的透明度显示。

保存代码，在浏览器中访问 Example18.html 文件，例 11-18 的页面初始效果如图 11-27 所示。

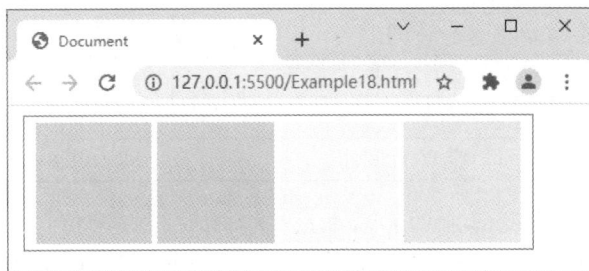

图11-27　例11-18的页面初始效果

图 11-27 中，页面中的盒子以 0.2 透明度显示，且持续时间为 2 秒。当鼠标指针移入第 2 个盒子时，效果如图 11-28 所示。

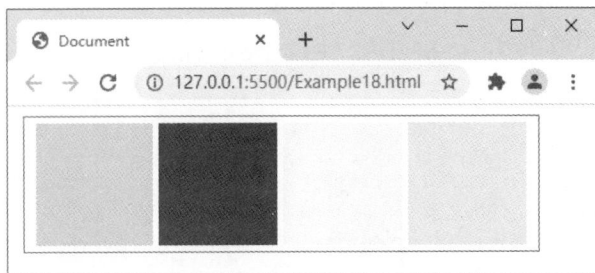

图11-28　鼠标指针移入第2个盒子时的效果

图 11-28 中，第 2 个盒子突出显示，说明已经实现元素的动画效果。

11.5.2　自定义动画

当 jQuery 提供的内置动画无法满足需求时，可以使用自定义动画实现相关效果。使用 animate()方法可以创建自定义动画，语法格式如下。

```
element.animate(properties[, duration][, easing][, complete])
```

上述语法格式中，参数 properties 表示一组包含动画最终属性值的集合，如果属性名由两个单词组成（如 background-color），需要使用驼峰命名法（如 backgroundColor）；参数 duration 表示动画的速度；参数 easing 表示切换效果；参数 complete 表示在动画完成时执行的函数。

了解 animate()方法的语法格式后，下面通过代码演示如何创建自定义动画，示例代码如下。

```
1  <div></div>
2  <script>
3    $('div').mouseover(function () {
4      // 创建自定义动画
5      $('div').animate({ left: '+=100' }, 500);
6    });
7  </script>
```

上述示例代码中，第 3～6 行代码用于为 div 元素注册事件，当鼠标指针移入时元素到左边界的距离加 100px。

如果在同一个元素上调用一个以上的动画方法，那么对这个元素来说，除了当前正在调用的动画，其他的动画将被放到一个队列中，这样就形成了动画队列。动画队列中的动画都是按照顺序执行的，默认只有当第 1 个动画执行完毕，才会执行下一个动画，若希望停止动画效果可以使用 jQuery 提供的 stop()方法实现。stop()方法不仅可以停止 jQuery 提供的内置动画，还可以停止自定义动画，其语法格式如下。

```
element.stop([clearQueue], [jumpToEnd])
```

上述语法格式中，参数 clearQueue 是布尔值，表示是否删除动画队列中的动画，默认为 false；参数 jumpToEnd 也是布尔值，表示是否立即完成当前动画，默认为 false。

stop()方法参数设置的不同，会有不同的作用，下面以 div 元素为例，演示 stop()方法 3 种常用的使用方式，示例代码如下。

```
$('div').stop();            // 停止当前动画，继续下一个动画
$('div').stop(true);        // 清除动画队列中所有动画
$('div').stop(true, true);  // 清除动画队列中所有动画，允许立即完成当前动画
```

上述代码中，当 stop()方法中不传入参数时，表示停止 div 元素当前动画，继续下一个动画；当传入 1 个参数 true 时，表示清除 div 元素动画队列中所有动画；当传入的两个参数都为 true 时，表示清除 div 元素动画队列中所有动画，但允许立即完成当前动画。

11.5.3　【案例】导航跟随效果

日常生活中，我们浏览一些网站，网站中会有一些动画效果，例如导航跟随效果，当鼠标指针移入导航的某一项时，指示条也跟随鼠标指针移动。本案例将演示网页中导航跟随的效果。首先准备页面结构，然后为页面结构添加 CSS 样式，最后通过 jQuery 实现导航跟随效果。

1. HTML 代码

定义一个无序列表，用来实现导航效果，具体代码如例 11-19 所示。

例 11-19　Example19.html

```
1  <body>
2    <ul>
```

```
3      <li>首页</li>
4      <li>产品</li>
5      <li>新闻</li>
6      <li>关于我们</li>
7      <li>联系我们</li>
8      <span></span>
9    </ul>
10 </body>
```

例 11-19 中，<span>标签用作指示条。

2. CSS 代码

为无序列表添加样式，具体代码如下。

```
1  <style>
2    * {
3      padding: 0;
4      margin: 0;
5    }
6    ul {
7      list-style: none;
8      height: 50px;
9      position: relative;
10   }
11   li {
12     float: left;
13     width: 100px;
14     height: 50px;
15     text-align: center;
16     line-height: 50px;
17     cursor: pointer;
18     font-weight: 500px;
19   }
20   span {
21     position: absolute;
22     left: 0;
23     top: 50px;
24     border: 2px solid #3FA1BF;
25     width: 95px;
26   }
27 </style>
```

上述代码中，第 2~5 行代码用于清空元素的样式；第 6~10 行代码用于设置 ul 元素的样式；第 11~19 行代码用于设置 li 元素的样式；第 20~26 行代码用于设置 span 元素的样式。

3. jQuery 代码

添加 jQuery 代码实现导航的动画效果，具体代码如下。

```
1  <script>
2    var num = $('li').outerWidth();
3    $('li').mouseover(function () {
4      var index = $(this).index();
5      $('span').stop().animate({
6        left: num * index,
7      }, 300);
```

```
8     });
9  </script>
```

上述代码中，第2行代码用于获取 li 元素的外部宽度，并赋值给变量 num。第3~8行代码用于为 li 元素注册鼠标指针移入事件，其中第4行代码用于获取当前触发鼠标指针移入事件的 li 元素的索引，并赋值给变量 index；第5~7行代码用于设置 span 元素的自定义动画效果，当鼠标指针移入某个 li 元素时，span 元素会调整到左边界的距离。

保存代码，在浏览器中访问 Example19.html 文件，例 11-19 的页面初始效果如图 11-29 所示。

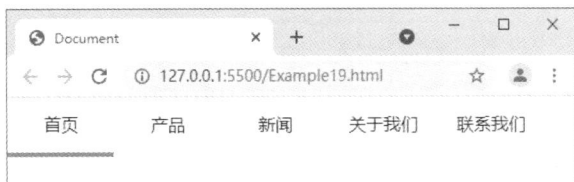

图11-29　例11-19的页面初始效果

在图 11-29 所示的页面中，将鼠标指针移入"新闻"项，查看导航跟随效果，如图 11-30 所示。

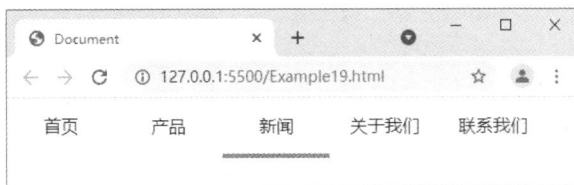

图11-30　导航跟随效果

图 11-30 中，当鼠标指针移入"新闻"项时，指示条也跟随移入该项，说明已经实现了导航跟随效果。

11.6　jQuery 操作 Ajax

原生的 Ajax 是通过 XMLHttpRequest() 实现的，代码非常复杂，jQuery 提供了更加便捷的 Ajax 操作方法，直接调用 Ajax 操作方法即可实现 Ajax 交互。jQuery 中常用的 Ajax 操作方法如表 11-19 所示。

表 11-19　jQuery 中常用的 Ajax 操作方法

分类	方法	说明
快捷方法	$.get(url[, data][, success][, dataType])	通过 GET 请求载入信息
	$.post(url[, data][, success][, dataType])	通过 POST 请求载入信息
	$.getJSON(url[, data][, success])	通过 GET 请求载入 JSON 数据
	$.getScript(url[, success])	通过 GET 请求载入并执行一个 JavaScript 文件
	对象.load(url[, data][, success])	载入远程 HTML 文件代码并插入 DOM
底层方法	$.ajax(url[, settings])	通过 HTTP 请求加载远程数据
	$.ajaxSetup(settings)	设置全局 Ajax 默认选项

表 11-19 中，参数 url 表示请求地址；参数 data 表示要发送的数据；参数 success 表示请求成功时执行的回调函数；参数 dataType 用于设置服务器返回的数据的类型，如 XML、JSON、HTML、TEXT 等；参数 settings 用于设置 Ajax 请求的相关选项，常用的选项如表 11-20 所示。

表 11-20　Ajax 的常用选项

选项名称	说明
url	处理 Ajax 请求的服务器地址
data	发送 Ajax 请求时传递的参数，字符串型
success	Ajax 请求成功时所触发的回调函数
type	发送 HTTP 的请求方式，如 GET、POST
dataType	期待的返回值类型，如 XML、JSON、Script 或 HTML 类型
async	是否异步执行操作，true 表示异步执行，false 表示同步执行，默认值为 true
cache	是否缓存，true 表示缓存，false 表示不缓存，默认值为 true
contentType	Content-Type 请求头，默认值为 application/x-www-form-urlencoded; charset=UTF-8
complete	当服务器 URL 接收完 Ajax 请求传送的数据后触发的回调函数
jsonp	在一个 jsonp 请求中重写回调函数的名称

为了帮助读者更好地理解使用 jQuery 操作 Ajax，下面以$.get()、$.post()和$.ajax()为例进行演示。为了案例效果，需要先搭建一个 Web 服务器。创建 app.js 文件，具体代码如下。

```
1   // 引入 express 模块
2   var express = require('express');
3   // 创建 Web 服务器对象
4   var app = express();
5   // 设置允许跨域
6   app.all('*', (req, res, next) => {
7     res.setHeader('Access-Control-Allow-Origin', '*');
8     next();
9   });
10  // GET 请求
11  app.get('/get', (req, res) => {
12    // 对客户端做出响应
13    res.send('Hello, GET');
14  });
15  // POST 请求
16  app.post('/post', (req, res) => {
17    // 对客户端做出响应
18    var data = {
19      user: 'zhangsan',
20      password: '123456'
21    };
22    res.send(data);
23  });
24  // 监听 3000 端口
25  app.listen(3000, () => {
26    console.log('服务器启动成功...');
27  });
```

上述代码中，使用 Express 框架搭建了服务器，第 6～9 行代码用于设置允许跨域；第 11～14 行代码用于处理 GET 请求；第 16～23 行代码用于处理 POST 请求。

接下来讲解使用$.get()、$.post()和$.ajax()向服务器发送请求。

1. 使用$.get()向服务器发送请求

jQuery 中的$.get()方法用于向服务器发送 GET 方式的请求，示例代码如下。

```
$.get('http://localhost:3000/get', function (msg) {
  console.log(msg);
});
```

上述示例代码中，请求地址为 http://localhost:3000/get，请求成功后，在控制台输出服务器的响应数据。

上述代码的运行结果如图 11-31 所示。

图 11-31 中，控制台输出了 "Hello, GET"，说明使用$.get()方法成功发送了 GET 方式的请求，并接收到了服务器的响应数据。

2. 使用$.post()向服务器发送请求

jQuery 中的$.post()方法用于向服务器发送 POST 方式的请求，示例代码如下。

```
$.post('http://localhost:3000/post', function (msg) {
  console.log(msg);
}, 'json');
```

上述示例代码中，请求地址为 http://localhost:3000/post，请求成功后，在控制台输出服务器响应的 JSON 数据。

上述代码的运行结果如图 11-32 所示。

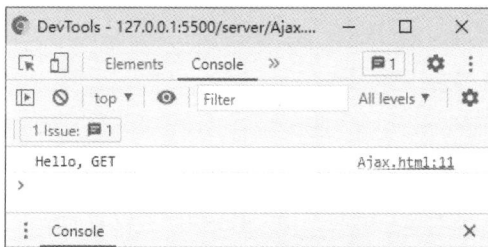

图11-31　$.get()运行结果

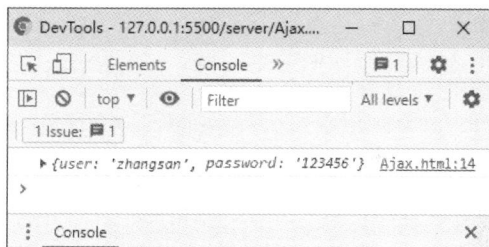

图11-32　$.post()运行结果

通过图 11-32 可知，使用$.post()方法成功发送了 POST 方式的请求，并接收到了服务器返回的 JSON 数据。

3. 使用$.ajax()向服务器发送请求

在 jQuery 的 Ajax 操作方法中，$.ajax()是底层方法，通过设置该方法的 options 参数，可以实现$.get()、$.post()等方法同样的功能。下面使用$.ajax()方法发送 GET 方式的请求，示例代码如下。

```
1  $.ajax({
2    type: 'GET',
3    url: 'http://localhost:3000/get',
4    success: function (msg) {
5      console.log(msg);
6    }
7  });
```

上述示例代码中，第 2 行代码用于设置请求方式；第 3 行代码用于设置请求地址；第 4～6 行代码用于请求成功后，在控制台输出响应数据。

上述代码的运行结果与图 11-31 相同。

动手实践：返回页面顶部

我们在浏览网页时，如果一个页面很长，当浏览到最下面时想要回顶部，需要一直向上滚动，非常麻烦，这时就可以利用"返回顶部"按钮让页面自动回到顶部。本案例将实现当滚动条滚动到一定位置时，页面右下角出现"返回顶部"按钮，单击该按钮可以将页面返回顶部。

本案例分为两步实现：第 1 步，编写 HTML 代码和 CSS 代码，实现页面结构和样式；第 2 步，编写 jQuery 代码，实现案例效果。

1. 编写 HTML 代码和 CSS 代码

为了演示案例的效果，首先准备页面结构并设置页面的 CSS 样式，具体代码如例 11-20 所示。

例 11-20   Example20.html

```
1  <head>
2  <style>
3    body { height: 1000px; }
4    #container { width: 600px; background-color: gray; margin: 0 auto; }
5    nav { height: 200px; background-color: gray; }
6    article { height: 500px; background-color: burlywood; }
7    footer { height: 300px; background-color: cadetblue; }
8    button { position: fixed; right: 30px; bottom: 10px; display: none; }
9  </style>
10 </head>
11 <body>
12   <div id="container">
13     <nav></nav>
14     <article></article>
15     <footer></footer>
16   </div>
17   <button>返回顶部</button>
18 </body>
```

例 11-20 中，第 2～9 行代码用于设置页面中元素的 CSS 样式；第 11～18 行代码用于定义页面结构，其中第 12～16 行代码表示页面的内容，第 17 行代码定义了"返回顶部"按钮。

2. 编写 jQuery 代码

在例 11-20 中</body>标签前添加 jQuery 代码，首先利用 scroll()方法控制"返回顶部"按钮的显示和隐藏，然后为"返回顶部"按钮注册单击事件，实现返回顶部的效果，具体代码如下。

```
1  <script>
2    // 控制"返回顶部"按钮的显示和隐藏
3    var boxTop = $('#container').offset().top;
4    $(window).scroll(function () {
5      if ($(document).scrollTop() >= boxTop) {
6        $('button').fadeIn();
7      } else {
8        $('button').fadeOut();
9      }
10   });
11   // 注册单击事件
12   $('button').click(function () {
13     $('body,html').stop().animate({
14       scrollTop: 0
15     });
16   });
17 </script>
```

上述代码中，第 3～10 行代码用于控制"返回顶部"按钮的显示和隐藏，其中第 3 行代码用于获取页面内容部分位置的 top 值，第 4～10 行代码用于实现当滚动条滚动时触发 scroll()事件，如果滚动条滚动的距离到达或超过内容部分的 top 值，"返回顶部"按钮以淡入效果显示，否则以淡出效果隐藏；第 12～16 行代码用于为"返回顶部"按钮注册单击事件，当触发 button 元素的单击事件时，利用 animate()创建自定义动画，回到顶部。

保存代码，在浏览器中访问 Example20.html 文件，例 11-20 的页面初始效果如图 11-33 所示。

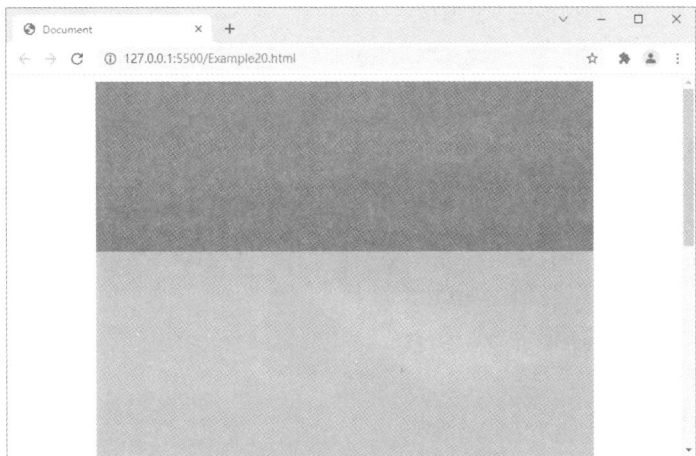

图11-33　例11-20的页面初始效果

图 11-33 中，页面中滚动条的位置在顶部，页面中没有显示"返回顶部"按钮，然后向下滚动滚动条，页面右下角显示"返回顶部"按钮，如图 11-34 所示。

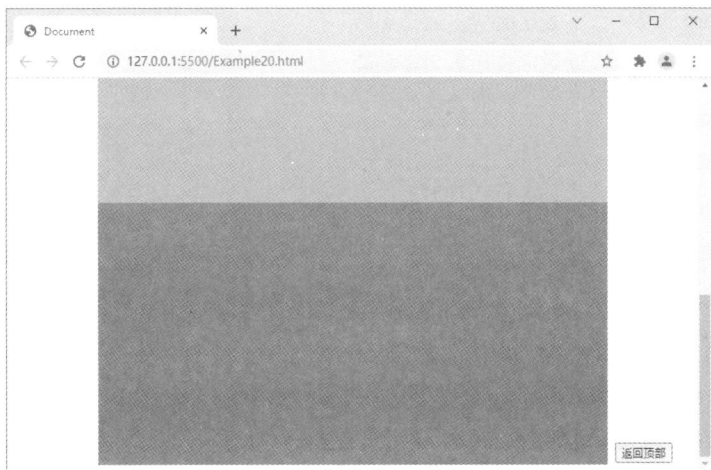

图11-34　显示"返回顶部"按钮

图 11-34 中，页面以淡入方式显示了"返回顶部"按钮，说明使用 scroll()方法成功控制了按钮的显示与隐藏。单击"返回顶部"按钮即可实现返回顶部效果。

本章小结

本章首先讲解了什么是 jQuery、下载和引入 jQuery、jQuery 的简单使用以及 jQuery 对象，然后讲解了获取元素、元素操作、事件操作以及动画特效，最后讲解了 jQuery 中的 Ajax 操作。希望读者通过本章的学习，掌握 jQuery 开发的相关知识，能够利用 jQuery 完成常见的页面交互效果。

课后练习

一、填空题

1. jQuery 中的_____选择器用于获取指定 id 的元素。

2. jQuery 中的_____方法用于快速实现元素的遍历。

3. jQuery 中的_____方法用于获取表单元素的 value 值。

4. jQuery 中的_____方法可以实现事件解除。

5. jQuery 中的_____方法可以创建自定义动画。

二、判断题

1. jQuery 对象可以包装一个或多个 DOM 对象。（   ）

2. ":first" 选择器用于获取第一个元素。（   ）

3. text()方法获取的元素内容包含 HTML 标签。（   ）

4. 事件委托可以为未来动态创建的元素注册事件。（   ）

5. $.ajax()方法只可以发送 GET 方式的请求。（   ）

三、选择题

1. 下列选项中，关于 jQuery 的说法错误的是（   ）。

A. jQuery 是一个轻量级的脚本

B. jQuery 不支持 CSS1～CSS3 定义的属性和选择器

C. jQuery 语法简洁易懂，学习速度快，文档丰富

D. jQuery 插件丰富，可以通过插件扩展更多功能

2. 下列选项中，可以通过标签名获取元素的是（   ）。

A. $('#btn')   B. $('.btn')   C. $('button')   D. $('*')

3. 下列选项中，用于检查元素是否含有某个特定的类的方法是（   ）。

A. hasClass()   B. has()   C. find()   D. is()

4. 下列选项中，用于实现停止动画的方法是（   ）。

A. stop()   B. off()   C. on()   D. hide()

5. 下列选项中，关于 jQuery 事件操作说法正确的是（   ）。

A. jQuery 的页面加载事件和 JavaScript 中的页面加载事件完全相同

B. on()方法不仅可以实现事件注册，还可以实现事件委托

C. trigger()方法和 triggerHandler()方法都不会执行元素默认行为

D. off()方法不传入参数时，表示解除元素上的事件委托

四、简答题

1. 简述 JavaScript 中的 window.onload 和 jQuery 中的$(document).ready()的区别。

2. 简述什么是事件委托以及事件委托的优势。

五、编程题

1. 使用两种方式实现设置页面中的 div 元素的宽度为 200px，高度为 200px，背景颜色为粉红色。

2. 使用 jQuery 实现当单击页面中的一个按钮时，将 div 元素向右移动 100px。

第 12 章

面向对象编程

拓展阅读

学习目标

★ 了解面向过程与面向对象，能够说出面向过程与面向对象的区别

★ 熟悉面向对象的特征，能够说出面向对象的三大特征

★ 熟悉类与对象的概念，能够说出类与对象的区别

★ 掌握类的定义，能够定义类及类中的属性和方法

★ 掌握类的继承，能够实现子类继承父类

★ 掌握原型对象的使用，能够实现原型对象的访问以及使用

★ 掌握传统的继承方式，能够通过 4 种方式实现继承

★ 熟悉成员查找机制，能够说出成员查找的顺序

★ 掌握原型链的相关知识，能够绘制原型链

★ 熟悉 this 的指向规则，能够说出 this 的指向规则

★ 掌握更改 this 指向的方法，能够根据程序需要更改 this 指向

★ 掌握如何进行错误处理，能够在程序出错时进行错误处理

★ 熟悉错误类型，能够说出常见的错误类型

★ 掌握错误对象的抛出，能够在程序出错时抛出错误对象

★ 熟悉错误对象的传递，能够说出错误对象的传递方式

面向对象（Object Oriented）是计算机编程技术发展到一定阶段的产物，它是软件开发的一种编程思想，目前已经应用到数据库系统、交互式界面、应用结构、应用平台、分布式系统、网络管理结构、CAD（Computer Aided Design，计算机辅助设计）技术、人工智能等各种领域。实际开发中，使用面向对象编程可以使项目的结构更加清晰，且代码更易维护和更新。本章将围绕 JavaScript 中的面向对象编程进行讲解。

12.1 面向对象概述

面向对象重点在于"对象"，它描述的是对象与对象之间的关系，与之相对的是面向过程，面向过程描述的是步骤与步骤的关系。本节将讲解面向过程与面向对象的区别以及面向对象的特征。

12.1.1　面向过程与面向对象

在学习面向对象之前，要了解面向过程与面向对象的区别。以解决一个问题来说，面向过程的重点在于"过程"，也就是分析出解决问题需要的步骤，然后按照步骤一步一步去执行。面向过程的缺点在于，当步骤过多时，程序会变得复杂，代码可复用性差，一旦步骤发生修改，就容易出现"牵一发而动全身"的情况。

面向对象则是把这个问题分解成一个个对象，这些对象可以完成它们各自负责的工作，我们只需要发出指令，让这些对象去完成实际的操作。相比于面向过程，面向对象可以让开发者从复杂的步骤中解放出来，让一个团队能更好地分工协作。

为了帮助读者更清楚地理解面向过程和面向对象的区别，下面以现实生活中做菜为例进行演示，具体如图 12-1 所示。

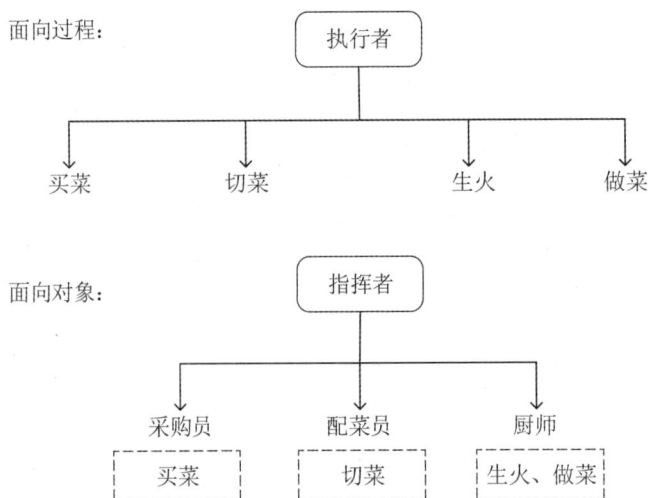

图12-1　面向过程与面向对象的区别

从图 12-1 可以看出，对于面向过程，我们扮演的是执行者，凡事都要靠自己完成；而对于面向对象，我们扮演的是指挥者，只要找到相应的对象，让他们帮我们做具体的事情即可。

了解什么是面向过程和面向对象后，下面对比面向过程和面向对象的优缺点，具体如表 12-1 所示。

表 12-1　面向过程和面向对象的优缺点

分类	优点	缺点
面向过程	代码无浪费，无额外开销，适合对性能要求极其苛刻的情况和项目规模非常小、功能非常少的情况	不易维护、复用和扩展
面向对象	易维护、易复用和易扩展，适合业务逻辑复杂的大型项目	增加了额外的开销

12.1.2　面向对象的特征

面向对象之所以有易维护、易复用和易扩展等优点，是因为面向对象有三大特征，分别是封装性、继承性和多态性，下面将针对这三大特征分别进行讲解。

1. 封装性

封装是指隐藏内部的实现细节，只对外开放操作接口。接口就是对象开放的属性和方法，无论对象的内部多么复杂，用户只需知道这些接口怎么使用即可，而不需要在内部细节上浪费时间。例如，计算机是非常精密的电子设备，其实现原理也非常复杂，而用户在使用时并不需要知道这些原理，只需要操作键盘和鼠标。

封装有利于对象的修改和升级，无论一个对象内部的代码经过了多少次修改，只要不改变接口，就不会影响到使用这个对象时编写的代码。例如，项目中有一个用来进行数组排序的对象，这个对象的作者后来发布了 2.0 版本，2.0 的排序速度比 1.0 快了两倍，但使用方法和 1.0 完全相同，用户可以放心地将 1.0 升级到 2.0。

2. 继承性

继承是指一个对象继承另一个对象的成员，从而在不改变另一个对象的前提下进行扩展。例如，猫和狗都属于动物，程序中便可以描述猫和狗继承自动物。同理，波斯猫和巴厘猫都继承自猫，沙皮狗和斑点狗都继承自狗，它们之间的继承关系如图 12-2 所示。

图 12-2 中，从波斯猫到猫科再到动物，是一个逐渐抽象的过程。通过抽象可以使对象的层次结构清晰。例如，当指挥所有的猫捉老鼠时，波斯猫和巴厘猫会听从命令，而犬科动物不受影响。

图12-2　动物继承关系

利用继承一方面可以在保持接口兼容的前提下对功能进行扩展，另一方面可以增强代码的复用性，为程序的修改和补充提供便利。例如，项目中有一个对象用来实现文件上传，后来项目需要区分图片文件和文本文件，此时可以利用继承，将文件上传对象拆分成图片文件上传对象和文本文件上传对象，这两个对象的基本接口相同，每个对象又具有自己新增的接口。对于用户而言，我们既可以从宏观上把这两个对象看成同一种对象，减少认知负担，也可以从微观上区分两个对象，以满足特定的开发需要。

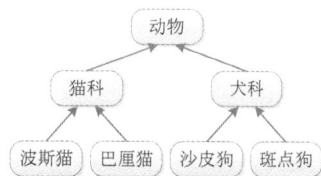

3. 多态性

多态是指同一个操作作用于不同的对象，会产生不同的执行结果。例如，项目中有视频对象、音频对象、图片对象，用户在对这些对象进行增、删、改、查操作时，如果这些对象的接口命名、用法都是相同的，用户的学习成本就会很低，而如果每种对象都有一套自己的接口，那么用户就需要学习每一种对象的使用方法，学习成本高。

实际上 JavaScript 被设计成一种弱类型语言（即一个变量可以存储任意类型的数据），就是多态性的体现。例如，数字、数组、函数都具有 toString() 方法，当使用不同的对象调用该方法时，执行结果不同，示例代码如下。

```
var obj = 123;
console.log(obj.toString());    // 输出结果: 123
obj = [1, 2, 3];
console.log(obj.toString());    // 输出结果: 1,2,3
obj = function () {};
console.log(obj.toString());    // 输出结果: function () {}
```

上述示例代码中，当 obj 被赋值为不同类型的数据时，调用 toString() 方法的输出结果不同。

在面向对象中，多态性的实现往往离不开继承，这是因为多个对象继承同一个对象后，就获得了相同的方法，然后根据每个对象的特点来改变同名方法的执行结果。

虽然面向对象具有封装性、继承性、多态性的特征，但并不代表只要满足这些特征就可以设计出优秀的程序，开发人员还需要考虑如何合理地运用这些特征。例如，在封装时，如何给外部调用者提供完整且最小的接口，使外部调用者可以顺利得到想要的功能，不需要研究其内部的细节；在进行继承和多态设计时，如何为同类对象设计一套相同的方法进行操作等。

面向对象编程思想，初学者仅靠文字介绍是不能完全理解的，必须通过大量的实践思考，才能真正领悟。希望大家带着面向对象的思想学习后续的课程，从而不断加深对面向对象的理解。

12.2　类与对象

12.2.1　类与对象概述

实际开发中，开发一个学生管理系统，系统中每个学生都是一个对象，每个学生都有姓名、学号等属性，且每个学生可能会有一些相同的方法，例如唱歌、说话等，这些属性和方法都存放在对象中，一个学生管理系统会有大量的学生对象，那么这些对象是如何创建的呢？这就需要类的参与了。

JavaScript 从 ES6（ECMAScript 6.0）开始，新增了类的概念。所谓类，指的是创建对象的模板，它的作用是将对象的特征抽取出来，形成一段代码，通过这段代码可以创建出同一类的对象。例如，开发学生管理系统时，我们可以创建一个学生类，将学生的共同特征写在类中，然后通过类创建出所需的学生对象。创建同类对象的意义在于，这些对象拥有相同的属性名和方法名（即拥有相同的特征），在使用对象时，我们只需要记住同类对象的属性名和方法名，而不需要区分每个对象。

在面向对象开发中，我们首先要分析出项目中的对象有哪些，然后分析这些对象的共同特征（共有的属性和方法），将这些特征抽取出来，创建成类，最后通过类实例化对象，实现项目的各个功能。

12.2.2　类的定义

在 ES6 中，使用 class 关键字可以定义一个类，在命名习惯上，类名使用首字母大写的驼峰命名法来命名。在类中可以定义 constructor() 构造方法，用来初始化对象的成员，该构造方法在使用类创建对象时会自动调用，在调用时会将实例化的参数传入。下面以定义 Student 类为例进行演示，示例代码如下。

```
 1  // 定义类
 2  class Student {
 3    constructor(name) {        // 构造方法
 4      this.name = name;        // 为新创建的对象添加 name 属性
 5    }
 6  }
 7  // 利用类创建对象
 8  var stu1 = new Student('小明');
 9  var stu2 = new Student('小强');
10  console.log(stu1.name);
11  console.log(stu2.name);
```

上述示例代码中，第 2~6 行代码用于定义 Student 类，其中第 3~5 行代码通过构造方法为新创建的对象添加 name 属性，this 表示当前创建的对象；第 8 行代码利用 Student 类创建了 stu1 对象，并传入参数'小明'；第 9 行代码利用 Student 类创建了 stu2 对象，并传入参数'小强'；第 10~11 行代码用于在控制台输出 stu1 对象和 stu2 对象的 name 属性。

上述示例代码的运行结果如图 12-3 所示。

图 12-3 中，控制台输出了"小明"和"小强"，说明已经定义了 Student 类，使用该类成功创建了 stu1 对象和 stu2 对象，并且已经成功访问了 stu1 对象和 stu2 对象

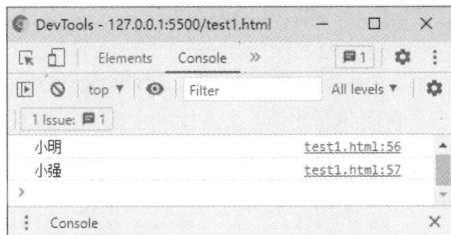

图12-3　运行结果（类的定义）

的 name 属性。

当对象拥有共同的行为时，可以在类中编写对象的共有方法，在定义方法时，不需要使用 function 关键字，并且多个方法之间不需要使用逗号分隔。下面为 Student 类编写 say() 方法，示例代码如下。

```
1  // 定义类
2  class Student {
3    constructor(name) {      // 构造方法
4      this.name = name;       // 为新创建的对象添加 name 属性
5    }
6    say(){
7      console.log('你好，我叫' + this.name);
8    }
9  }
10 // 利用类创建对象
11 var stu1 = new Student('小明');
12 var stu2 = new Student('小强');
13 stu1.say();
14 stu2.say();
```

上述示例代码中，第 6~8 行代码用于定义 say() 方法，this 表示实例对象，当 stu1 调用 say() 方法时，this 就表示 stu1。

上述示例代码的运行结果如图 12-4 所示。

图12-4　运行结果（say()方法）

图 12-4 中，控制台输出了"你好，我叫小明"和"你好，我叫小强"，说明已经成功定义了 say() 方法，并且 stu1 对象和 stu2 对象已经成功调用了该方法。

12.2.3　类的继承

现实生活中，继承一般指的是子女继承父辈的财产，而在 JavaScript 中，继承表示类与类之间的关系，子类可以继承父类的属性和方法，继承之后子类还可以存在自己独有的属性和方法。

ES6 中，子类继承父类的属性或方法可以通过 extends 关键字实现，其语法格式如下。

```
// 定义父类
class Father {}
// 子类继承父类
class Son extends Father {}
```

上述语法格式中，利用 extends 关键字可以实现子类 Son 继承父类 Father。

为了帮助读者更好地理解类的继承，下面演示子类继承父类的 money() 方法，示例代码如下。

```
1  // 父类
2  class Father {
3    constructor() { }
4    money() {
5      console.log('10w');
```

```
6   }
7  }
8  // 子类
9  class Son extends Father { }
10 var son1 = new Son();
11 son1.money();
```

上述示例代码中，第 2~7 行代码用于定义父类，父类中有一个 money() 方法；第 9 行代码用于定义子类，并且继承父类的方法；第 10 行代码用于实例化子类对象 son1；第 11 行代码用于调用 son1.money() 方法。

上述示例代码的运行结果如图 12-5 所示。

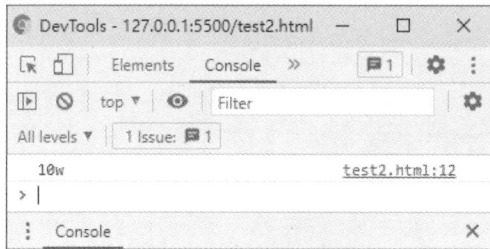

图12-5　运行结果（类的继承）

图 12-5 中，控制台输出了 "10w"，说明子类已经成功继承了父类的 money() 方法。

12.2.4　访问父类的方法

在程序中，若子类需要访问父类的构造方法或普通方法，可以利用 super 关键字实现，下面将详细讲解 super 关键字的使用。

1. 调用父类的构造方法

子类继承父类以后，若想要在自己的构造方法中调用父类的构造方法，可以使用 super 关键字实现父类构造方法的调用，示例代码如下。

```
1  // 父类
2  class Father {
3    constructor(a, b) {
4      this.a = a;
5      this.b = b;
6    }
7    sum() {
8      console.log(this.a + this.b);
9    }
10 }
11 // 子类
12 class Son extends Father {
13   constructor(a, b) {
14     super(a, b);                 // 调用父类的构造方法
15   }
16 }
17 var son1 = new Son(1, 2);
18 son1.sum();
```

上述示例代码中，第 2~10 行代码用于定义父类 Father；第 12~16 行代码用于定义子类 Son 并继承父类，其中第 13~15 行代码用于在子类的构造方法中通过 super 关键字调用父类的构造方法；第 17 行代码用于实例化子类对象，并传入参数 1 和 2；第 18 行代码使用 son1 对象调用 sum() 方法。

上述示例代码的运行结果如图 12-6 所示。

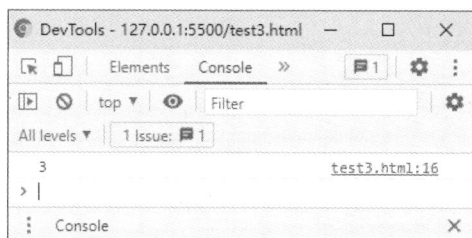

图12-6　调用父类的构造方法

图 12-6 中，控制台输出了 "3"，说明子类对象 son1 成功调用了父类的构造方法，且成功调用了 sum() 方法。

2. 调用父类的普通方法

在子类的方法中，若需要使用父类的普通方法，可以使用 super 关键字实现父类普通方法的调用，示例代码如下。

```
1  // 父类
2  class Father {
3    num() {
4      return 1;
5    }
6  }
7  // 子类
8  class Son extends Father {
9    num() {
10     var num1 = super.num(); // 调用父类的 num() 方法
11     console.log(num1);
12   }
13 }
14 var son = new Son();
15 son.num();
```

上述示例代码中，第 9～12 行代码用于定义子类的 num() 方法，其中，第 10 行代码使用 super.num() 调用了父类的 num() 方法，并赋值给 num1 变量，第 11 行代码用于在控制台输出 num1 变量。

上述示例代码的运行结果如图 12-7 所示。

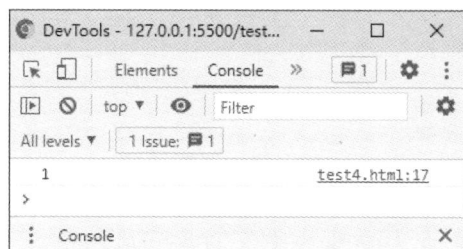

图12-7　调用父类的普通方法

图 12-7 中，控制台输出了 "1"，说明在子类的 num() 方法中，使用 super 关键字成功调用了父类的 num() 方法。

需要说明的是，如果子类想要继承父类的方法，同时在自己内部扩展自己的方法，利用 super 调用父类的构造函数时，super 必须在子类的 this 之前调用。下面将演示子类继承父类后如何扩展自己的方法，具体代码如例 12-1 所示。

例 12-1　Example01.html

```
1  <script>
2    // 父类
3    class Father {
4      constructor(a, b) {
5        this.a = a;
6        this.b = b;
7      }
8      sum() {
9        console.log(this.a + '+' + this.b + '的结果为: ' + (this.a + this.b));
10     }
11   }
12   // 子类
13   class Son extends Father {
14     constructor(a, b) {
15       super(a, b);        // 调用父类的构造函数
16       this.a++;
17       this.b++;
18     }
19     subtract() {
20       console.log(this.a + '-' + this.b + '的结果为: ' + (this.a - this.b));
21     }
22   }
23   var son = new Son(10, 20);
24   son.sum();
25   son.subtract();
26 </script>
```

例 12-1 中，第 3~11 行代码用于定义父类；第 13~22 行代码用于定义子类并使用 extends 关键字实现继承父类，其中第 15 行代码用于调用父类的构造方法，super 必须放在 this 的前面，否则程序将会报错，第 19~21 行代码实现了扩展子类的方法。

保存代码，在浏览器中访问 Example01.html 文件，例 12-1 的运行结果如图 12-8 所示。

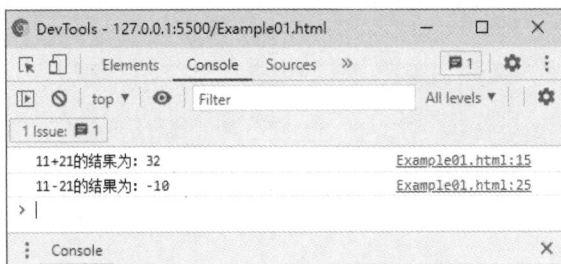

图 12-8　例 12-1 的运行结果

通过图 12-8 所示的结果可知，子类已经继承了父类的 sum()，并且成功扩展了自己的 subtract() 方法。

12.3　原型

原型是 JavaScript 语言的难点，如果掌握了这部分内容，则可以更好地理解 JavaScript 内部的继承机制。本节将对原型进行详细讲解。

12.3.1　原型对象

在第 5 章，我们学习了如何通过构造函数创建对象，而在本章，我们又学习了如何通过类创建对象，这两种方式有什么区别呢？在解答这个问题前，我们看一个例子。下面的代码演示了使用类和构造函数分别创建两个对象，比较这两个对象的方法是否为同一个方法，具体代码如下。

```
1  // 利用类创建对象
2  class Person {
3    run() {
4      console.log('running');
5    }
6  }
7  var p1 = new Person();
8  var p2 = new Person();
9  console.log(p1.run === p2.run);
10 // 利用构造函数创建对象
11 function Person1() {
12   this.run = function () {
13     console.log('running');
14   }
15 }
16 var per1 = new Person1();
17 var per2 = new Person1();
18 console.log(per1.run === per2.run);
```

上述示例代码中，第 2~9 行代码利用类创建对象，其中第 2~6 行代码用于创建 Person 类，并定义了 run()方法，第 7~8 行代码用于实例化对象 p1 和 p2，第 9 行代码用于比较对象 p1 的 run()方法和 p2 的 run() 方法是否为同一个方法；第 11~18 行代码利用构造函数创建对象，其中第 11~15 行代码用于自定义 Person1() 构造函数，并在该构造函数中定义了 run()方法，this 表示新创建的对象，第 16~17 行代码用于实例化对象 per1 和 per2，第 18 行代码用于比较对象 per1 的 run()方法和 per2 的 run()方法是否为同一个方法。

上述代码的运行结果如图 12-9 所示。

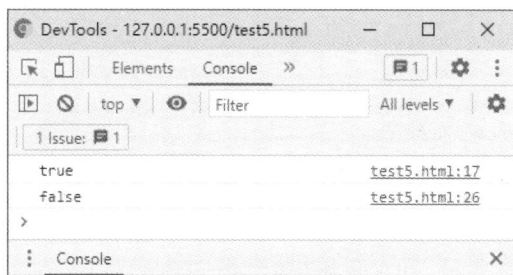

图12-9　类和构造函数的区别

通过图 12-9 可知，利用类创建出的对象，在调用类的方法时，引用的是同一个方法，而利用构造函数创建的对象，在调用方法时，引用的并不是同一个方法，也就是说，每个基于 Person1()构造函数创建的对象都会重复地保存该构造函数中的方法，因此带来不必要的浪费。

需要说明的是，JavaScript 的 class 语法本质上是一个语法糖（Syntactic Sugar），它并没有对 JavaScript 的功能产生影响。在 class 语法出现前，开发中一般使用原型对象来实现实例对象的方法共享。

JavaScript 中，每个构造函数都有一个原型对象，利用构造函数的 prototype 属性可以访问原型对象，下面演示访问构造函数 Person1()的原型对象，示例代码如下。

```
1  console.log(Person1.prototype);            // 输出结果：{constructor: f}
2  console.log(typeof Person1.prototype);     // 输出结果：object
```

上述示例代码中，第 1 行代码使用 Person1.prototype 访问了 Person1() 构造函数的原型对象，第 2 行代码用于检测 Person1() 构造函数的原型对象的类型，输出结果为 object。

为了实现方法共享，我们可以将方法定义在原型对象中，当实例对象调用方法时就会访问原型对象的方法。原型对象其实就是所有实例对象的原型。下面演示原型对象的使用，具体代码如例 12-2 所示。

例 12-2   Example02.html

```
1  <script>
2    function Person1(name) {
3      this.name = name;
4    }
5    Person1.prototype.run = function () {
6      console.log('我叫' + this.name + '，我会跑步');
7    };
8    var per1 = new Person1('小明');
9    var per2 = new Person1('小强');
10   per1.run();
11   per2.run();
12   console.log(per1.run === per2.run);
13 </script>
```

例 12-2 中，第 2～4 行代码用于自定义构造函数 Person1()，并接收参数 name；第 5～7 行代码用于在 Person1() 的原型对象中添加 run() 方法，this 表示调用该方法的实例对象；第 8～9 行代码用于实例化对象 per1 和 per2；第 10～11 行代码分别使用对象 per1 和 per2 调用 run() 方法；第 12 行代码用于判断 per1 的 run() 方法和 per2 的 run() 方法是否为同一个方法。

保存代码，在浏览器中访问 Example02.html 文件，例 12-2 的运行结果如图 12-10 所示。

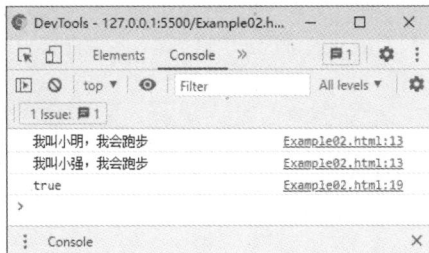

图12-10   例12-2的运行结果

通过图 12-10 所示的运行结果可知，实例对象 per1 和 per2 已经成功访问到了 Person1() 构造函数的原型对象中的 run() 方法，且实例对象 per1 和 per2 调用的是同一个 run() 方法。

12.3.2   传统的继承方式

通过 12.2.3 小节的学习，大家应该已经掌握了类的继承，但在 ES6 之前，JavaScript 中并没有类的概念，该如何实现继承呢？其实，在没有类的情况下，JavaScript 也可以实现对象与对象的继承，有 4 种传统的方式可以实现，下面讲解 JavaScript 中的 4 种传统的实现继承的方式。

1. 利用原型对象实现继承

如果一个对象中本来没有某个属性或方法，但是可以从原型对象中获得，就实现了继承。具体示例如下。

```
1  function Person(name) {
2    this.name = name;
```

```
3  }
4  Person.prototype.sayHello = function () {
5    console.log('你好，我是' + this.name);
6  };
7  var p1 = new Person('Jim');
8  var p2 = new Person('Tom');
9  p1.sayHello();                // 输出结果：你好，我是 Jim
10 p2.sayHello();                // 输出结果：你好，我是 Tom
```

上述代码中，对象 p1、p2 原本没有 sayHello()方法，但是在为构造函数 Person()的原型对象添加 sayHello()方法后，p1、p2 也就拥有了 sayHello()方法。因此，上述代码可以理解为 p1、p2 对象继承了原型对象中的方法。

2. 替换原型对象实现继承

JavaScript 实现继承的方式很灵活，我们可以将构造函数的原型对象替换成另一个对象，基于构造函数创建的对象就会继承新的原型对象。具体示例如下。

```
1  function Person() {}
2  Person.prototype = {          // 替换原型对象
3    sayHello: function () {
4      console.log('你好，我是新对象');
5    }
6  };
7  var p = new Person();
8  p.sayHello();                 // 输出结果：你好，我是新对象
```

上述示例代码中，第 2~6 行代码将 Person()的 prototype 属性指向一个新的对象，用于替换原始的原型对象。第 8 行代码中实例对象访问的 sayHello()方法本身不在对象中，但替换原型对象后，实例对象 p 会找到新的原型对象中的 sayHello()方法，此时就实现了继承。

需要注意的是，在基于构造函数创建对象时，代码应写在替换原型对象之后，否则创建的对象仍然会继承原来的原型对象。具体示例如下。

```
1  function Person() {}
2  Person.prototype.sayHello = function () {
3    console.log('原来的对象');
4  };
5  var p1 = new Person();
6  Person.prototype = {
7    sayHello: function (){
8      console.log('替换后的对象');
9    }
10 };
11 var p2 = new Person();
12 p1.sayHello();                // 输出结果：原来的对象
13 p2.sayHello();                // 输出结果：替换后的对象
```

上述示例代码中，第 2~4 行代码用于为 Person 的原型对象添加 sayHello()方法；第 6~10 行代码用于替换 Person 的原型对象；第 12 行代码用于访问 p1 的 sayHello()方法，因为 p1 是在替换原型对象之前创建的，所以会访问原始的原型对象中的 sayHello()方法；第 13 行代码用于访问 p2 的 sayHello()方法，因为 p2 是在替换原型对象后创建的，所以会访问新的原型对象中的 sayHello()方法。由此可见，在通过替换原型对象的方式实现继承时，应注意代码编写的顺序。

3. 利用 Object.create()实现继承

Object 对象的 create()方法是 ES5 中的一种继承实现方式，其使用方法如下。

```
1  var obj = {
2    sayHello: function () {
3      console.log('我是一个带有 sayHello()方法的对象');
4    }
5  };
6  var newObj = Object.create(obj);
7  newObj.sayHello();                    // 输出结果: 我是一个带有 sayHello()方法的对象
```

上述示例代码中，第 6 行代码使用 Object.create()方法使 newObj 对象继承了 obj 对象，因此 newObj 可以访问 sayHello()方法。

4. 混入继承

混入继承就是将一个对象的成员加入另一个对象中，实现对象功能的扩展。实现混入继承最简单的方法就是将一个对象的成员赋值给另一个对象，具体示例如下。

```
1  var o1 = {};
2  var o2 = {
3    sayHello: function () {
4      console.log('Hello');
5    }
6  };
7  o1.sayHello = o2.sayHello;            // o1 继承 o2 的 sayHello()方法
8  o1.sayHello();                        // 输出结果: Hello
```

上述示例代码中，定义了 o1 和 o2 对象，通过将 o2 的 sayHello()方法赋值给 o1 的 sayHello()方法实现了混入继承。

12.3.3　成员查找机制

当访问一个实例对象的成员时，JavaScript 首先会判断实例对象是否拥有这个成员，如果有，就直接使用；如果没有，将会在原型对象中搜索这个成员。如果原型对象中有这个成员，就使用该成员，否则继续在原型对象的原型对象中查找。如果按照这个顺序一直找到最后都没有找到，则返回 undefined。

下面通过代码演示成员查找机制，具体代码如例 12-3 所示。

例 12-3　Example03.html

```
1  <script>
2    function Person() {
3      this.age = 18;
4    }
5    Person.prototype.age = 20;
6    var p = new Person();
7    console.log(p.age);
8    delete p.age;                       // 删除实例对象的 age 属性
9    console.log(p.age);
10   delete Person.prototype.age;        // 删除原型对象的 age 属性
11   console.log(p.age);
12 </script>
```

例 12-3 中，第 2~4 行代码用于定义 Person()构造函数；第 5 行代码用于为 Person()的原型对象添加 age 属性；第 6 行代码用于实例化对象 p；第 7 行代码用于输出 p 的 age 属性，此时对象 p 存在 age 属性；第 8 行代码用于删除对象 p 的 age 属性，因此第 9 行代码输出对象 p 的 age 属性实际上是输出的原型对象的 age 属性；第 10 行代码用于删除原型对象的 age 属性。

保存代码，在浏览器中访问 Example03.html 文件，例 12-3 的运行结果如图 12-11 所示。

图 12-11 中，控制台中输出的"18"是对象 p 的 age 属性，输出的"20"是原型对象中的 age 属性，输出 undefined 表示查找到最后没有找到 age 属性。

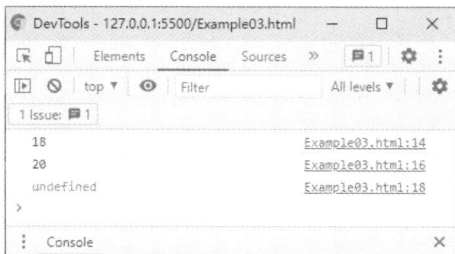

图12-11　例12-3的运行结果

12.3.4　原型链

在 JavaScript 中，实例对象有原型对象，原型对象也有原型对象，这就形成了一个链式结构，称为原型链。下面将讲解原型链相关的知识。

1. 访问对象的原型对象

通过 12.3.1 小节的学习我们知道，利用构造函数的 prototype 属性可以访问原型对象，但如果我们不知道对象的构造函数，该如何访问原型对象呢？这时就可以利用对象的 __proto__ 属性实现访问原型对象。

在 JavaScript 中，每个对象都有一个 __proto__ 属性，这个属性指向了对象的原型对象，且与构造函数的 prototype 属性指向的是同一个对象。接下来演示利用对象的 __proto__ 属性访问对象的原型对象，示例代码如下。

```
1  function Person() { }
2  var p = new Person();
3  console.log(p.__proto__);
4  console.log(p.__proto__ === Person.prototype);    // 输出结果：true
```

上述示例代码中，第 3 行代码使用 __proto__ 属性访问了实例对象 p 的原型对象；第 4 行代码用于比较实例对象的原型对象和构造函数的原型对象。

上述代码的运行结果如图 12-12 所示。

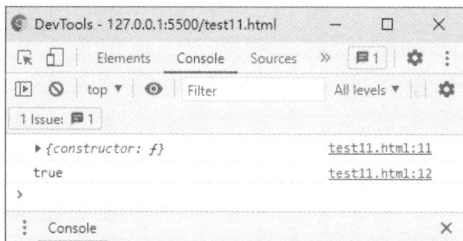

图12-12　访问对象的原型对象

通过图 12-12 可知，通过 __proto__ 属性成功访问了对象的原型对象，且实例对象的 __proto__ 属性和构造函数的 prototype 属性指向的是同一个对象。

需要注意的是，__proto__ 是一个非标准的属性，是浏览器为了方便用户查看对象的原型对象而提供的，在实际开发中不推荐使用这个属性。

2. 访问对象的构造函数

在原型对象里有一个 constructor 属性，该属性指回构造函数。因为实例对象可以访问原型对象的属性和方法，所以实例对象也可以通过 constructor 属性访问实例对象的构造函数。接下来演示利用实例对象的 constructor 属性访问对象的构造函数，示例代码如下。

```
1  function Person() { }
2  var p = new Person();
```

```
3   // 通过原型对象访问构造函数
4   console.log(Person.prototype.constructor);
5   // 通过实例对象访问构造函数
6   console.log(p.constructor);
```

上述示例代码中，第 4 行代码通过原型对象的 constructor 属性访问了构造函数；第 6 行代码通过实例对象的 constructor 属性访问了构造函数。

上述示例代码的运行结果如图 12-13 所示。

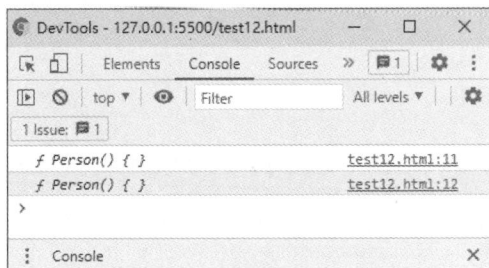

图12-13　访问对象的构造函数

通过图 12-13 可知，通过原型对象和实例对象的 constructor 属性都访问到了对象的构造函数。

需要注意的是，如果将构造函数的原型对象修改为另一个不同的对象，就无法使用 constructor 属性访问原来的构造函数了，示例代码如下。

```
1   function Person() { }
2   Person.prototype = {
3     class: '102 班'
4   };
5   var p = new Person();
6   console.log(p.constructor === Person);
7   console.log(p.constructor);
```

上述示例代码中，第 2~4 行代码用于将 Person 的原型对象指向一个新的对象；第 6 行代码用于检测修改原型对象后，实例化对象 p 的 constructor 属性是否指向 Person() 构造函数。

上述示例代码的运行结果如图 12-14 所示。

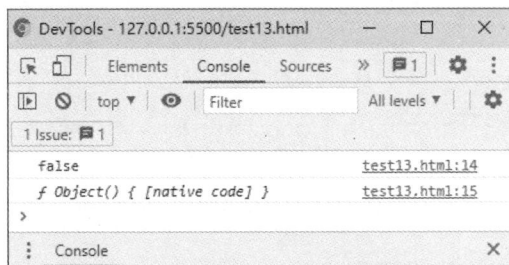

图12-14　修改原型对象

通过图 12-14 所示的输出结果可知，使用对象的 constructor 属性无法获取原始的构造函数 Person()，而获取到的是 Object() 构造函数。之所以会出现这样的效果，是因为定义 Person() 构造函数后，重新改写了该构造函数的原型对象，新的原型对象的 constructor 属性指向 Object() 构造函数，此时实例对象 p 使用 constructor 获取到的就是 Object() 构造函数。

如果希望在改变原型对象的同时，依然能够使用 constructor 属性获取原始的构造函数，我们可以在新的原型对象中将 constructor 属性手动指向原始的构造函数，示例代码如下。

```
1  function Person() { }
2  Person.prototype = {
3    constructor: Person,
4    class: '102班'
5  };
6  var p = new Person();
7  console.log(p.constructor === Person);
8  console.log(p.constructor);
```

上述示例代码中，第 3 行代码用于将新的原型对象的 constructor 属性指向 Person()构造函数，此时实例对象 p 访问 constructor 属性就能找到 Person()构造函数。

上述示例代码的运行结果如图 12-15 所示。

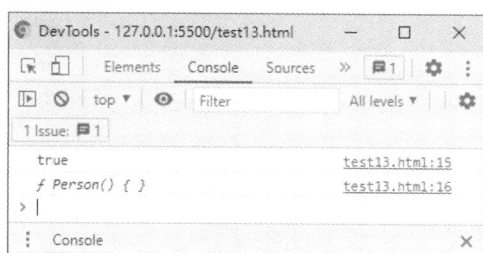

图12-15　手动指向原始构造函数

通过图 12-15 所示的输出结果可知，利用 constructor 属性已经成功将新的原型对象指向了原始构造函数 Person()。

掌握 prototype、__proto__ 和 constructor 属性后，就可以在构造函数、原型对象和实例对象之间互相访问了，这三者的关系如图 12-16 所示。

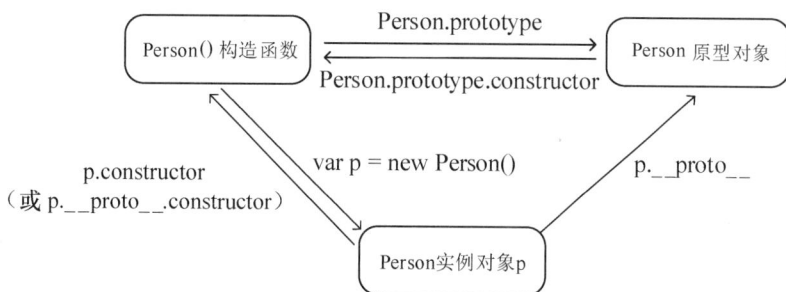

图12-16　构造函数、原型对象、实例对象的关系

3. 访问原型对象的原型对象

JavaScript 中原型对象也是一个对象，通过原型对象的__proto__属性可以访问原型对象的原型对象，示例代码如下。

```
1  function Person() { }
2  console.log(Person.prototype.__proto__);
3  console.log(Person.prototype.__proto__.constructor);
```

上述示例代码中，第 2 行代码用于访问原型对象的__proto__属性，第 3 行代码用于访问原型对象的原型对象的 constructor 属性。

上述示例代码的运行结果如图 12-17 所示。

通过图 12-17 可知，通过原型对象的__proto__属性访问到了原型对象的原型对象，且通过原型对象的原型对象的 constructor 属性访问到了该原型对象的构造函数 Object()。

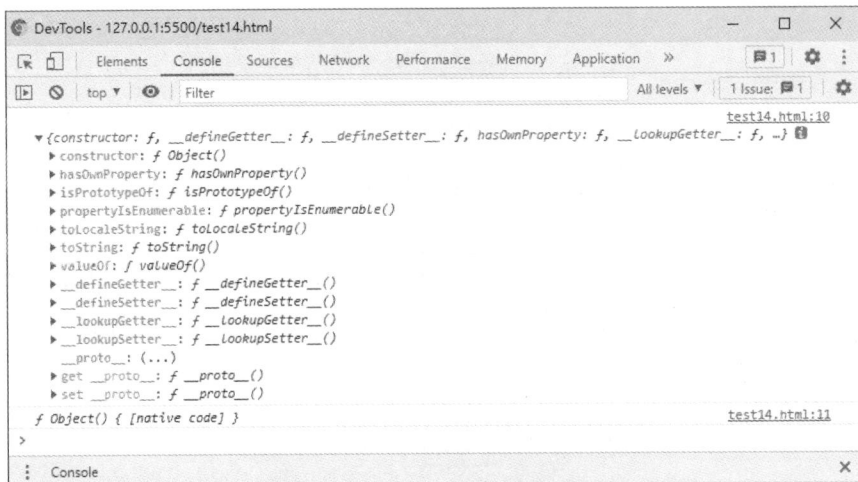

图12-17　访问原型对象的原型对象

实际上，通过原型对象的__proto__属性访问到的对象是 Object()构造函数的原型对象，这个对象是所有 Object 实例对象的原型对象，可通过如下示例代码进行验证。

```
1  function Person() { }
2  console.log(Person.prototype.__proto__ === Object.prototype);
3  var obj = new Object();
4  console.log(obj.__proto__ === Object.prototype);
```

上述代码中，第 2 行代码用于验证 Person.prototype.__proto__对象与 Object.prototype 是否为同一个对象；第 3 行代码利用 new Object()创建了 obj 对象；第 4 行代码用于验证 obj 对象的原型对象是否为 Object.prototype 对象。

上述示例代码的运行结果如图 12-18 所示。

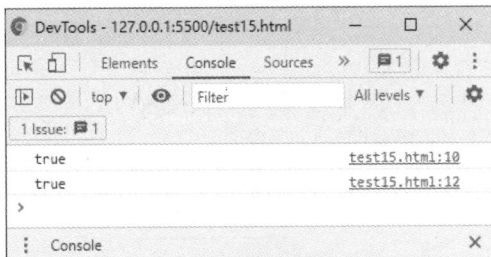

图12-18　验证结果

如果继续访问 Object.prototype 的原型对象，则结果为 null，示例代码如下。

```
console.log(Object.prototype.__proto__);  // 输出结果：null
```

4. 绘制原型链结构

通过前面的分析，我们可以将原型链的结构总结为以下 4 点。

（1）每个构造函数都有一个 prototype 属性指向原型对象。

（2）原型对象通过 constructor 属性指回构造函数。

（3）通过构造函数创建的实例对象通过__proto__属性可以访问原型对象。

（4）原型对象可以通过__proto__属性访问原型对象的原型对象，即 Object 原型对象，再继续访问，__proto__属性为 null。

接下来我们根据以上 4 点绘制原型链的结构图，如图 12-19 所示。

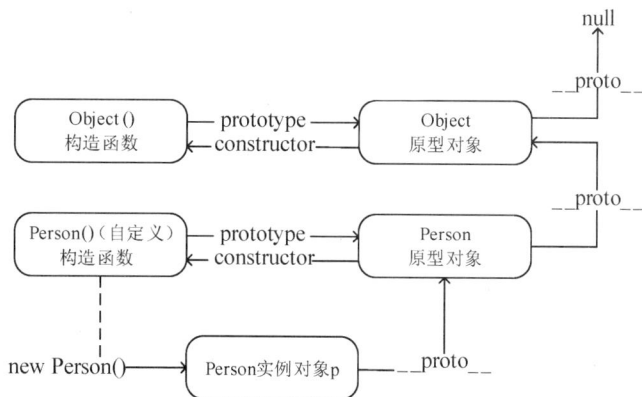

图12-19　原型链结构图

▌ 多学一招：函数的构造函数

JavaScript 中，函数也属于对象类型，它也可以拥有属性和方法。那么函数也可以通过 constructor 属性访问函数的构造函数。实际上，函数的构造函数是 Function()函数，Function()函数的构造函数是它本身。下面将演示如何访问函数的构造函数，示例代码如下。

```
1  function Person() { }
2  console.log(Person.constructor);
3  console.log(Function.constructor);
```

上述示例代码中，第 2 行代码用于访问函数的构造函数；第 3 行代码用于访问 Function()函数的构造函数，输出结果如图 12-20 所示。

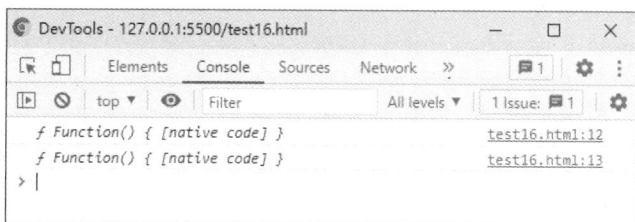

图12-20　访问函数的构造函数

通过图 12-20 所示的输出结果可知，利用函数的 constructor 属性可以访问函数的构造函数，访问结果为 Function()函数，且 Function()函数的构造函数是它本身。

另外，通过实例化 Function()构造函数可以创建函数，语法格式如下。

```
new Function('参数1', '参数2', …,'参数N', '函数体');
```

上述语法格式中，Function()构造函数的参数不是固定的，前面的参数 1、参数 2 等表示新创建函数的参数，最后一个参数表示新创建函数的函数体。

下面将演示 Function()构造函数的使用，示例代码如下。

```
var fn = new Function('a', 'b', 'console.log(a + b)');
fn(10, 20);                                         // 输出结果: 30
```

上述示例代码中，通过实例化 Function()构造函数创建了函数 fn，该函数接收两个参数，分别是 a 和 b，调用该函数传入 10 和 20，控制台输出的结果为 30。

Function()构造函数也可以通过 prototype 属性访问它的原型对象，且该原型对象与 Object()构造函数的__proto__属性指向的对象为同一个对象，通过如下代码可以进行验证。

```
console.log(Function.prototype===Object.__proto__); // 输出结果: true
```

分析函数的构造函数之后，下面我们将Function()构造函数加入原型链结构中，如图 12-21 所示。

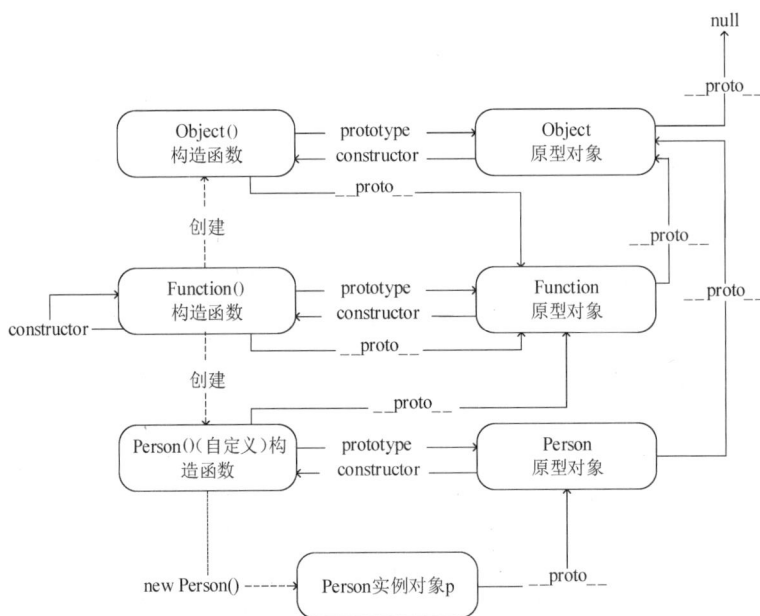

图12-21　加入Function()构造函数的原型链结构

12.3.5　【案例】利用原型对象扩展数组方法

通过第 5 章的学习，我们知道 Array 对象中提供了一些数组的操作方法，本案例将实现扩展 Array 的数组操作方法，为数组对象添加 sum()方法，用于对数组元素求和。根据成员查找机制，当对象不存在某个属性或方法时，将会到该对象的原型对象中进行查找，因此我们可以将 sum()方法写在 Array 对象的原型对象中，这样所有的实例对象就可以使用该方法进行数组求和计算了。

下面编写代码实现为 Array 对象添加 sum()方法，具体代码如例 12-4 所示。

例 12-4　Example04.html

```
1  <script>
2    Array.prototype.sum = function () {
3      var sum = 0;
4      for (var i = 0; i < this.length; i++) {
5        sum += this[i];
6      }
7      return sum;
8    };
9    var arr = [0, 1, 2, 3, 4, 5];
10   console.log(arr.sum());
11 </script>
```

例 12-4 中，第 2~8 行代码通过 Array 对象的原型对象扩展了数组方法，其中第 4~6 行代码用于遍历数组并累加数组中的元素，this 表示数组实例；第 9 行代码用于创建数组并赋值给变量 arr；第 10 行代码用于调用 sum()方法，并在控制台输出求和结果。

保存代码，在浏览器中访问 Example04.html 文件，例 12-4 的运行结果如图 12-22 所示。

图 12-22 中，控制台输出了 "15"，说明利用原型对象已经成功为 Array 对象添加了 sum()方法，实现了数组求和。

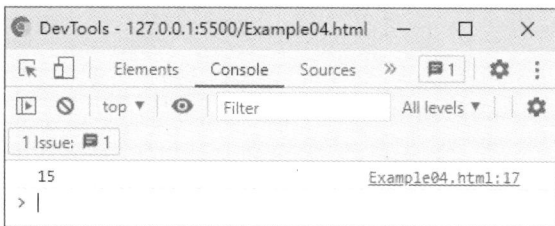

图12-22　例12-4的运行结果

12.4　this 的指向

在 JavaScript 中，函数有多种调用的方式，如直接通过函数名调用、作为对象的方法调用、作为构造函数调用等。根据函数不同的调用方式，函数中的 this 指向也会不同。本节将会讲解 this 指向规则以及如何更改 this 的指向。

12.4.1　this 指向规则

在 JavaScript 中，函数内的 this 指向规则如下。

（1）当函数作为构造函数调用时，构造函数内部的 this 指向新创建的对象。

（2）直接通过函数名调用函数时，this 指向的是全局对象 window。

（3）将函数作为对象的方法调用时，this 将会指向该对象。

在上述 3 种情况中，第 1 种情况前面已经讲过，下面我们来演示第 2、3 种情况。

```
1  function foo() {
2    return this;
3  }
4  var o = {name: 'Jim', func: foo};
5  console.log(foo() === window);          // 对应第 2 种情况，输出结果：true
6  console.log(o.func() === o);            // 对应第 3 种情况，输出结果：true
```

从上述代码可以看出，对于同一个函数 foo()，当直接调用时，this 指向 window 对象，而作为 o 对象的方法调用时，this 指向的是 o 对象。

12.4.2　更改 this 指向

除了默认的 this 指向规则，我们还可以利用 JavaScript 提供的 3 个方法更改 this 的指向，分别是 apply()、call() 和 bind() 方法，这 3 个方法都通过函数对象来调用，表示将函数中 this 的指向更改为指定的对象。apply() 和 call() 方法都会调用函数并更改 this 指向，而 bind() 方法不会调用函数。

apply()、call() 和 bind() 方法的第 1 个参数相同，表示将 this 的指向更改为哪个对象。apply() 方法的第 2 个参数表示给函数传递的参数，以数组形式传递，而 call() 方法和 bind() 方法的第 2～N 个参数表示给函数传递的参数，用逗号分隔。

下面演示更改 this 指向的 3 个方法，示例代码如下。

```
1  var name = '张三';
2  function method(a, b) {
3    console.log(this.name + a + b);
4  }
5  // 演示 apply() 方法
6  method.apply({ name: '李四' }, ['1', '2']);        // 输出结果：李四12
```

```
7   // 演示 call()方法
8   method.call({ name: '李四' }, '1', '2');              // 输出结果：李四 12
9   // 演示 bind()方法
10  var test = method.bind({ name: '李四' }, '1', '2');
11  method('1', '2');                                    // 输出结果：张三 12
12  test();                                              // 输出结果：李四 12
```

上述示例代码中，第 6 行代码通过 apply()方法更改 method()函数的 this 指向，并将一个包含字符串'1'和'2'的数组传递给该函数，输出结果为"李四 12"；第 8 行代码通过 call()方法更改 method()函数的 this 指向，传递的参数以逗号分隔，输出结果为"李四 12"；第 10 行代码通过 bind()方法更改 method()函数的 this 指向，并赋值给变量 test；第 11 行代码直接调用 method()方法，输出结果为"张三 12"；第 12 行代码调用 test()方法，此时 test()方法中 this 指向"{ name: '李四' }"，因此输出结果为"李四 12"。

12.4.3 【案例】实现迷你版 jQuery

通过第 11 章的学习，我们知道 jQuery 是一款 JavaScript 库，通过代码的封装简化了 JavaScript 的操作。本案例将利用 JavaScript 实现迷你版 jQuery，迷你版 jQuery 的主要功能如下。

- $(选择器)函数：用于获取元素。
- each()方法：遍历元素。
- click()方法：绑定和触发单击事件。
- attr()方法：设置和获取元素的自定义属性。
- addClass()方法：为元素添加指定类名。
- removeClass()方法：移除元素的指定类名。

为了演示案例的效果，首先需要创建两个文件，分别是 Example05.html 文件和 my-jq.js 文件，然后完成以上所列出的功能。接下来分步骤完成本案例。

1. 准备工作

创建 Example05.html 文件，在文件中引入 my-jq.js 文件，具体代码如下。

```
<script src="my-jq.js"></script>
```

创建 my-jq.js 文件，为了避免污染全局变量，本案例将使用自调用函数，具体代码如下。

```
1  (function () {
2    // 功能实现
3  })();
```

2. 实现$()获取元素

在 my-jq.js 文件中的 "// 功能实现" 的位置编写代码，实现在全局作用域下添加$和 jQuery 变量，具体代码如下。

```
1  window.$ = function (selector) {
2    var el = selector;
3    // 如果 selector 为字符串型，则使用 querySelectorAll()获取元素
4    if (typeof selector === 'string') {
5      el = document.querySelectorAll(selector);
6    }
7    return new MiniJQ(el);
8  };
9  // 为$对象设置别名为 jQuery
10 window.jQuery = window.$;
11 // 构造函数，用来创建迷你 jQuery 对象
12 function MiniJQ(el) {
13 }
```

上述代码中，第 1～8 行代码用于在全局作用域下添加$()函数，并接收参数 selector，其中第 2 行代码用于定义变量 el 并赋值为接收到的参数 selector，第 4～6 行代码用于判断 selector 是否为字符串型，如果是字符串型，则利用 querySelectorAll()方法进行 DOM 元素获取，并赋值给 el 变量，否则直接返回由 MiniJQ()构造函数创建的对象；第 10 行代码通过赋值的形式实现了在全局作用域下添加 jQuery()方法；第 12～13 行代码用于创建 MiniJQ()构造函数，并接收参数 el。

接下来在 MiniJQ()构造函数中添加代码，实现 DOM 元素的封装，具体代码如下。

```
1  var els = [];
2  // 检测 el 是否为节点对象
3  if (el instanceof Node) {
4    els.push(el);
5  } else if (el[0]) {
6    els = el;
7  }
8  // 遍历 els 数组并赋值给 this
9  for (var i = 0; i < els.length; i++) {
10   this[i] = els[i];
11 }
12 this.length = els.length;
```

上述代码中，第 1 行代码创建空数组 els，用于保存 DOM 元素；第 3～7 行代码用于检测 el 是否为节点对象，如果结果为 ture，则添加到数组 els 中，否则继续判断 el[0]是否可转换为 true，如果是，则将 el 赋值给 els；第 9～11 行代码用于遍历 els 数组并赋值给 this；第 12 行代码用于将 els 数组的 length 属性赋值给 this 对象的 length 属性。

下面通过代码测试$()函数是否能够获取元素。在 Example05.html 文件的<body>标签中添加如下代码。

```
1  <div>第一个 div 元素</div>
2  <div>第二个 div 元素</div>
3  <script>
4    console.log($('div'));
5  </script>
```

上述代码中，第 1～2 行代码创建两个<div>标签；第 4 行代码使用$()函数获取 div 元素，并在控制台输出获取结果。上述代码的运行结果如图 12-23 所示。

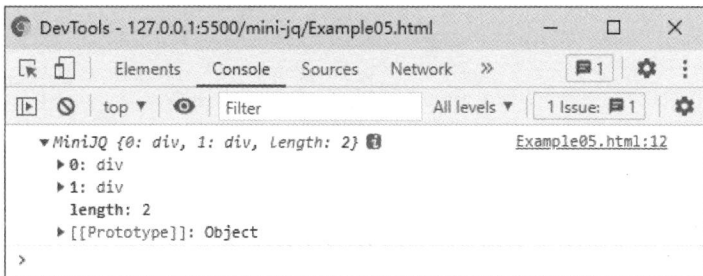

图12-23　运行结果（获取元素）

通过图 12-23 所示的输出结果可知，已经成功获取到了页面中的 div 元素。

3. 实现 each()方法

在 MiniJQ()构造函数的原型对象中添加 each()方法，用于遍历 DOM 元素，具体代码如下。

```
1  MiniJQ.prototype.each = function (func) {
2    for (var i = 0; i < this.length; i++) {
3      // 调用 func()函数，并且把函数中的 this 指向这里的 this[i]对象
```

```
4      func.call(this[i], i, this[i]);
5    }
6  };
```

上述代码中，在 MiniJQ 构造函数的原型对象中添加了 each()方法，并接收 func 参数；第 2～5 行代码用于遍历当前获取到的 DOM 元素，其中第 4 行代码用于调用 func()函数，并利用 call()方法将 func()函数中的 this 指向这里的 this[i]对象。

下面在 Example05.html 文件的<script>标签中测试 each()方法是否能够遍历元素，具体代码如下。

```
1  $('div').each(function (index, domEle) {
2    console.log(index);
3    console.log(domEle);
4  });
```

上述代码中，index 表示元素的索引，domEle 表示元素。上述代码的运行结果如图 12-24 所示。

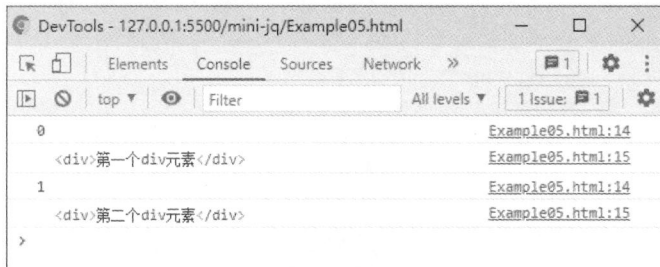

图12-24　运行结果（遍历元素）

通过图 10-24 所示的输出结果可知，通过 each()方法已经实现了遍历 DOM 元素。

4. 实现 click()方法

在 MiniJQ()构造函数的原型对象中添加 click()方法，click()方法的参数表示绑定事件，如果不传参数，则表示触发事件，具体代码如下。

```
1  MiniJQ.prototype.click = function (func) {
2    // 绑定事件
3    if (func) {
4      this.each(function () {
5        this.addEventListener('click', func);
6      });
7      return this;
8    }
9    // 触发事件
10   this.each(function () {
11     this.click();
12   });
13   return this;
14 };
```

上述示例代码中，在 MiniJQ()构造函数中添加了 click()方法，第 3～8 行代码用于为元素绑定单击事件，其中第 4～6 行代码用于遍历元素并通过 addEventListener()方法为元素绑定单击事件，第 7 行代码通过返回 this 实现了链式调用，也就是可以继续调用其他方法。

下面通过代码测试通过 click()方法是否已经绑定成功，具体代码如下。

```
1  $('div').click(function (){
2    console.log('我被单击了');
3  });
4  $('div').click();
```

上述代码中，第 1～3 行代码用于为 div 元素绑定单击事件，实现单击 div 元素时，在控制台输出"我被单击了"；第 4 行代码用于触发 div 元素的单击事件。

代码运行后，控制台的输出结果如图 12-25 所示。

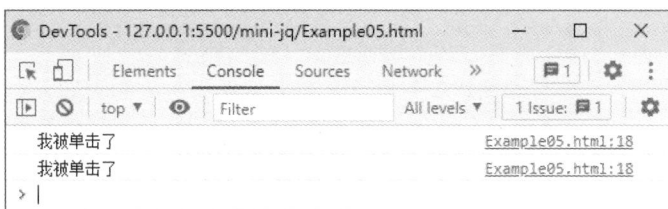

图12-25　运行结果（绑定单击事件）

图 12-25 中，因为页面中的 div 元素有 2 个，所以控制台输出了两次"我被单击了"，可以说明已经成功为 div 元素绑定了单击事件，且单击事件被触发了。

5. 实现 attr() 方法

在 MiniJQ() 构造函数的原型对象中添加 attr() 方法。attr() 方法传入两个参数表示设置元素的属性，传入一个参数表示获取元素的属性值，具体代码如下。

```
1  MiniJQ.prototype.attr = function (name, value) {
2    // 设置属性
3    if (value) {
4      this.each(function () {
5        this.setAttribute(name, value);
6      });
7      return this;
8    }
9    // 获取属性值
10   if (this[0]) {
11     return this[0].getAttribute(name);
12   }
13  };
```

上述代码中，在 MiniJQ() 构造函数中添加了 attr() 方法，第 3～8 行代码用于设置元素的属性；第 10～12 行代码用于获取元素的属性值。

下面通过代码测试利用 attr() 方法是否能够设置或获取元素的属性，具体代码如下。

```
1  $('div').attr('name', 'test');
2  console.log($('div').attr('name'));
```

上述代码的运行结果如图 12-26 和图 12-27 所示。

图12-26　运行结果（设置元素属性）

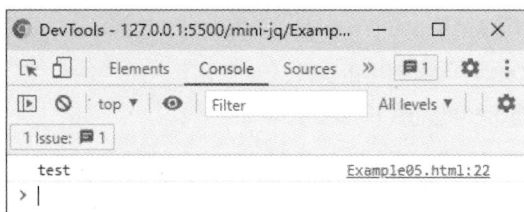

图12-27　运行结果（获取元素属性）

从图 12-26 和图 12-27 可知，使用 attr() 方法已经实现了设置和获取元素的属性。

6. 实现 addClass() 方法和 removeClass() 方法

在 MiniJQ() 构造函数的原型对象中添加 addClass() 方法和 removeClass() 方法，具体代码如下。

```
1  MiniJQ.prototype.addClass = function (classname) {
2    this.each(function () {
3      // 通过 classList 方式操作 class 属性
4      this.classList.add(classname);
5    });
6    return this;
7  };
8  MiniJQ.prototype.removeClass = function (classname) {
9    this.each(function () {
10     this.classList.remove(classname);
11   });
12   return this;
13 };
```

上述代码中，第 1~7 行代码用于在 MiniJQ() 构造函数的原型对象中添加 addClass() 方法；第 8~13 行代码用于在 MiniJQ() 构造函数的原型对象中添加 removeClass() 方法。

下面通过代码测试利用 addClass() 方法和 removeClass() 方法是否能够分别向元素添加类名和从元素中移除类名，具体代码如下。

```
1  $('div').addClass('pink').addClass('green');
2  $('div').removeClass('green');
```

上述代码的运行结果如图 12-28 所示。

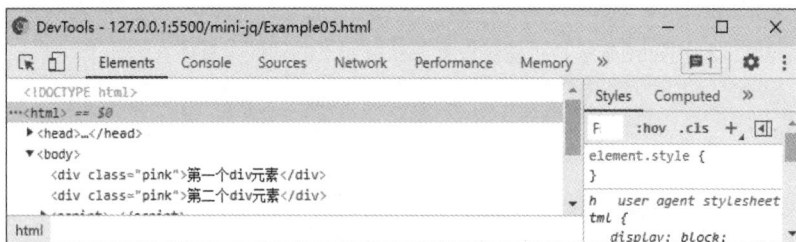

图12-28　运行结果（添加类名和移除类名）

从图 12-28 可知，利用 addClass() 方法已经为 div 元素添加了 pink 类名，利用 removeClass() 方法已经移除了 green 类名。

至此就完成了迷你版 jQuery 的所有功能。

12.5　错误处理

在 Java 等传统面向对象语言中有异常（Exception）的概念，当程序出现错误时可以进行异常处理。

JavaScript 提供了与异常处理类似的机制，即错误处理，使用 try...catch 语句可以进行错误处理。本节将对 JavaScript 错误处理进行详细讲解。

12.5.1　如何进行错误处理

在编写 JavaScript 程序时，经常会遇到各种各样的错误，如调用了不存在的方法、引用了不存在的变量等。下面我们通过代码演示错误发生的情况。

```
1  var o = {};
2  o.func();                  // 这行代码会出错，因为调用了不存在的方法
3  console.log('test');       // 前面的代码出错时，这行代码不会执行
```

通过浏览器进行测试，页面中没有任何内容，在控制台中会看图 12-29 所示的结果。

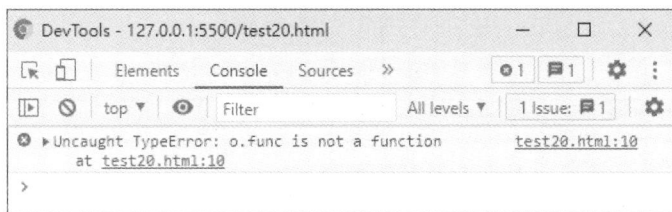

图12-29　查看错误信息

从图 12-29 可以看出，当前发生了一个未捕获的 TypeError 类型的错误，错误信息的含义是 "o.func 不是一个函数"，发生错误的代码位于 test20.html 的第 10 行。

当发生错误时，JavaScript 引擎会抛出一个错误对象，利用 try...catch 语句可以对错误对象进行捕获，捕获后可以查看错误信息。try...catch 的语法格式如下。

```
1  try {
2    // 在 try 中编写可能出现错误的代码
3  } catch(e) {
4    // 在 catch 中处理错误，e 表示错误对象
5  }
```

上述语法格式中，当 try 中的代码发生错误时，利用 catch 可以进行错误处理。需要注意的是，在 try 内部如果有多行代码，只要其中一行出现错误，后面的代码都不会执行。错误发生后，就会进入 catch 中进行处理，处理完成后，catch 后面的代码会继续执行。

下面我们通过代码演示 try...catch 的使用。当 try 内部的代码发生错误时，利用 catch 处理错误，在控制台输出错误对象，示例代码如下。

```
1  var o = {};
2  try {
3    o.func();                // 这行代码会出现错误
4    console.log('a');        // 前面的代码出错了，这行代码不会执行
5  } catch(e) {
6    console.log(e);          // 对错误进行处理，这里我们只输出错误对象 e
7  }
8  console.log('b');          // 错误已经被处理，这行代码会执行
```

上述示例代码中，第 3 行代码调用了对象 o 中不存在的方法 func()，因此代码出错，第 4 行代码将不再执行，直接进入 catch 语句中进行错误处理，在控制台中输出错误对象 e。当 catch 中的代码执行完后，继续执行第 8 行代码，在控制台输出字符 "b"。上述示例代码的运行结果如图 12-30 所示。

从图 12-30 可以看出，控制台已经没有了错误信息，原本的错误信息已经变成了一个普通的信息被正常输出。

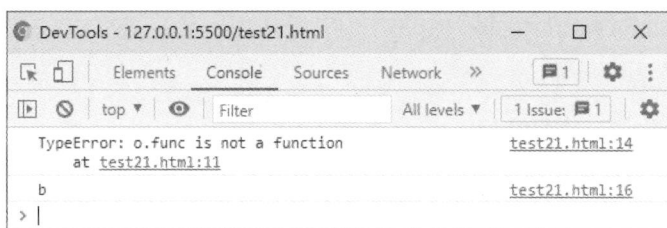

图12-30　捕获错误对象

12.5.2　错误类型

在 JavaScript 中，共有 7 种标准错误类型，每个类型都对应一个构造函数。当发生错误时，JavaScript 会根据不同的错误类型抛出不同的错误对象，具体如表 12-2 所示。

表 12-2　错误类型

类型	说明
Error	表示普通错误，其余 6 种类型的错误对象都继承自该对象
EvalError	表示调用 eval()函数错误，已经弃用，为了向后兼容，低版本还可以使用
RangeError	表示数字超出有效范围，如 "new Array(–1)"
ReferenceError	表示引用了一个不存在的变量，如 "var a = 1; a + b;"（变量 b 未定义）
SyntaxError	表示解析过程语法错误，如 "{ ; }" "if()" "var a = new;"
TypeError	表示变量或参数不是预期类型的，如调用了不存在的函数或方法
URIError	表示解析 URI 编码出错，在调用 encodeURI()、escape()等 URI 处理函数时出现

需要注意的是，在通过 try…catch 处理错误时，无法处理语法错误（SyntaxError），如果程序存在语法错误，则整个代码都无法执行。例如，下面的代码就存在语法错误。

```
1  try {
2    var o = { ; };  // 语法错误
3  } catch(e) {
4    console.log(e.message);
5  }
```

在浏览器中执行，会出现 "Uncaught SyntaxError: Unexpected token ;" 的错误提示，即分号 ";" 造成了语法错误。如果在该行代码的前面还有其他代码，也不会执行。

12.5.3　抛出错误对象

当 JavaScript 程序出现错误时，程序会自动抛出错误对象，错误对象中保存了错误出现的位置、错误的类型、错误信息等数据。错误对象会传递给 catch 语句，通过 catch(e)的方式来接收，其中 e 是变量名，表示错误对象，变量名可以自定义。

除了由程序自动抛出错误对象，用户也可以使用 throw 关键字手动抛出错误对象。错误对象需要先通过 Error()构造函数创建出来，然后使用 throw 关键字抛出。Error()构造函数的参数表示错误信息。在通过 catch 捕获错误后，通过 e.message 可以获取错误信息。

下面通过代码演示错误对象的创建和抛出，具体代码如下。

```
1  try {
2    var e1 = new Error('错误信息');      // 创建错误对象
3    throw e1;                           // 抛出错误对象
4  } catch (e) {
```

```
5    console.log(e.message);              // 输出结果: 错误信息
6    console.log(e1 === e);               // 输出结果: true
7  }
```

上述代码中，第 2 行代码用于创建错误对象 e1；第 3 行代码用于抛出错误对象 e1；第 5 行代码用于在控制台输出错误信息；第 6 行代码用于比较 e1 和 e 是否为同一个错误对象，输出结果为 true。另外，第 2~3 行代码可以合并为一行，如下所示。

```
throw new Error('错误信息');
```

12.5.4　错误对象的传递

当 try 中的代码调用了其他函数时，如果在其他函数中出现了错误，且没有使用 try…catch 处理，程序就会停下来，将错误对象传递到调用当前函数的上一层函数，如果上一层函数仍然没有处理，则继续向上传递，示例代码如下。

```
1  function foo1() {
2    foo2();
3    console.log('foo1');
4  }
5  function foo2() {
6    throw new Error('发生错误');
7  }
8  try {
9    foo1();
10 } catch(e) {
11   console.log('处理错误');
12 }
```

上述代码中，foo1() 函数调用了 foo2() 函数，而 foo2() 函数的代码抛出错误对象。此时如果在 try 中调用 foo1() 函数，则 foo2() 中的错误对象会传递给 foo1()，foo1() 继续传递给外层的 catch。

上述代码执行后，控制台的输出结果中只有"处理错误"，没有"foo1"，说明 foo2() 函数后面的代码没有执行。

动手实践：网页版 2048 游戏

2048 是一款比较流行的数字游戏，由加布里埃尔·西鲁利（Gabriele Cirulli）根据已有的数字游戏玩法开发而成，并将其开源版本放到 Github 上，后来这款游戏意外走红。随后 2048 出现了各种衍生版，如 2048 六边形、挑战 2048、汉服 2048 等。

学习了 JavaScript 和 jQuery，接下来将利用 DOM 操作、动画特效、键盘事件、鼠标事件等结合 HTML 与 CSS 实现网页版的 2048 游戏。

1. 游戏功能展示

网页版的 2048 游戏的玩法是通过键盘方向键上（↑）、下（↓）、左（←）、右（→）控制数字的移动，每移动一次，所有的数字方块都会往移动的方向靠拢，然后系统会在空白的地方随机出现一个数字（2 或 4）方块，相同数字的方块在移动的过程中会叠加，通过不断叠加，最终拼凑出 2048 这个数字就算成功。游戏的页面效果如图 12-31~图 12-33 所示。

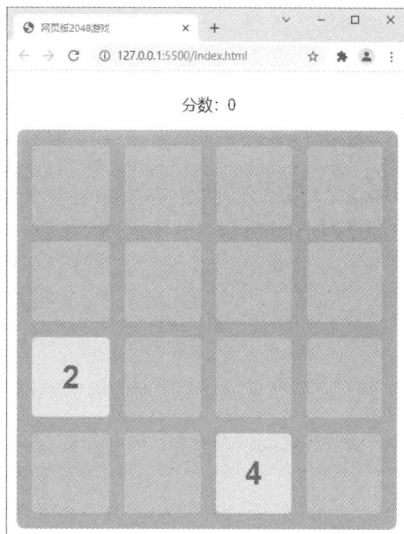

图12-31　游戏初始效果

图12-32　游戏获胜效果　　　　　　　　　　　　图12-33　游戏失败效果

2．实现步骤分析

在实现网页版 2048 游戏之前，我们需要对此游戏进行全方位的分析，然后才能有条理地完成相关功能的实现。一个完整的游戏大体上是由游戏界面和游戏规则构成的，下面将分别从这两个方面对网页版 2048 游戏进行分析。

（1）游戏界面

- 2048 游戏界面由标题、分数和游戏操作区组成。
- 游戏操作区由 4×4 的棋盘格子和数字格组成。
- 数字格由数字和背景色组成。
- 数字的颜色有黑色和白色。
- 数字格的背景色根据数字值的不同而不同。
- 游戏结束时的页面由提示信息（文字和分数）和"重新开始"按钮组成。

（2）游戏规则

- 游戏操作键为：上（↑）、下（↓）、左（←）、右（→）。
- 数字格移动的条件是：当操作方向的其他格子是空的或相邻两个格子的数字相同时才可以移动。
- 值相同的数字格叠加后在分数区域显示对应的分值（相同数字的累加值）。
- 玩家叠加出 2048 的数字格就算顺利通关了。
- 当数字填满所有格子并且相邻的格子无法移动时，游戏结束。

可以通过 HTML 和 CSS 完成游戏界面的设计，通过 JavaScript 和 jQuery 按照游戏的规则完成相应功能的实现，之后玩家就可以在网页中按照我们设定的规则操作 2048 游戏。

▌▌▌　小提示：

读者可以参考本书配套源代码查看网页版 2048 游戏开发完成后的效果。为方便读者学习，本书在配套资源中附送了完整的开发文档。

本章小结

本章首先讲解了面向过程与面向对象的概念、面向对象的特性，然后讲解了类与对象、类的定义和继承，以及如何访问父类的方法，最后讲解了原型对象、传统的继承方式、成员查找机制、原型链、this 的指向以及错误处理。学习本章后，希望读者能够利用面向对象思想实现实际项目的开发。

课后练习

一、填空题

1. 面向对象有封装性、_____和多态性三大特征。

2. 在 ES6 中，使用_____关键字可以定义一个类。

3. 在 ES6 中，子类继承父类的属性或方法可以通过_____关键字实现。

4. 抛出错误对象使用的关键字是_____。

5. 利用构造函数的_____属性可以访问原型对象。

二、判断题

1. 面向对象更适合项目规模非常小、功能非常少的情况。　　　　　　　　　　（　　）

2. 封装指的是隐藏内部的实现细节，只对外开放操作接口。　　　　　　　　　（　　）

3. Object 对象的 create()方法是 ES5 中新增的一种继承实现方式。　　　　　　（　　）

4. __proto__是一个标准的属性。　　　　　　　　　　　　　　　　　　　　　（　　）

5. 如果将构造函数的原型对象修改为另一个不同的对象，就无法使用 constructor 属性访问原来的构造函数了。　　　　　　　　　　　　　　　　　　　　　　　　　　　　　　　　　　　　　　　（　　）

三、选择题

1. 下列选项中，不属于面向对象特征的是（　　　　）。

A. 继承性　　　　　　　　B. 兼容性　　　　　　　　C. 封装性　　　　　　　　D. 多态性

2. 下列选项中，关于类的描述错误的是（　　　　）。

A. 类指的是创建对象的模板

B. 命名习惯上，类名使用首字母大写的形式

C. 在类中定义方法时，不需要使用 function 关键字

D. 使用 super 关键字只能调用父类的构造方法

3. 下列选项中，描述错误的是（　　　　）。

A. 每个对象都有一个__proto__属性

B. 原型对象里有一个 constructor 属性，该属性指回了构造函数

C. 通过实例对象的__proto__属性可以访问该对象的构造函数

D. 通过原型对象的__proto__属性可以访问原型对象的原型对象

4. 下列选项中，执行"console.log(Object.prototype.__proto__)"的结果是（　　　　）。

A. null　　　　　　　　　B. undefined　　　　　　　C. String　　　　　　　　D. Function

5. 下列选项中，用于通过实例对象 p 访问构造函数的语句是（　　　　）。

A. console.log(p.__proto__);　　　　　　　　　　B. console.log(p.prototype);

C. console.log(p.prototype.__proto__);　　　　　　D. console.log(p.constructor);

四、简答题

1. 简述面向过程与面向对象的区别。

2. 简述什么是成员查找机制。

五、编程题

1. 利用 ES6 中的类，实现子类继承父类，其中父类有 money、cars 和 house 属性以及 manage() 方法。

2. 创建一个 Person() 构造函数，通过该构造函数创建实例对象 p，在控制台输出实例对象 p 的原型对象和构造函数的原型对象。